AF359307

DICTIONNAIRE

DES

SCIENCES NATURELLES.

TOME XXX.

MELL — MEZ.

DICTIONNAIRE

DES

SCIENCES NATURELLES,

DANS LEQUEL 

ON TRAITE MÉTHODIQUEMENT DES DIFFÉRENS ÊTRES DE LA NATURE, CONSIDÉRÉS SOIT EN EUX-MÊMES, D'APRÈS L'ÉTAT ACTUEL DE NOS CONNOISSANCES, SOIT RELATIVEMENT A L'UTILITÉ QU'EN PEUVENT RETIRER LA MÉDECINE, L'AGRICULTURE, LE COMMERCE ET LES ARTS.

SUIVI D'UNE BIOGRAPHIE DES PLUS CÉLÈBRES NATURALISTES.

Ouvrage destiné aux médecins, aux agriculteurs, aux commerçans, aux artistes, aux manufacturiers, et à tous ceux qui ont intérêt à connoître les productions de la nature, leurs caractères génériques et spécifiques, leur lieu natal, leurs propriétés et leurs usages.

PAR

Plusieurs Professeurs du Jardin du Roi, et des principales Écoles de Paris.

TOME TRENTIÈME.

F. G. LEVRAULT, Éditeur, à STRASBOURG,
et rue des Fossés M. le Prince, N.° 31, à PARIS.

LE NORMANT, rue de Seine, N.° 8, à PARIS.

1824.

Liste des Auteurs par ordre de Matières.

Physique générale.

M. LACROIX, membre de l'Académie des Sciences et professeur au Collége de France. (L.)

Chimie.

M. CHEVREUL, professeur au Collége royal de Charlemagne. (Ch.)

Minéralogie et Géologie.

M. BRONGNIART, membre de l'Académie des Sciences, professeur à la Faculté des Sciences. (B.)

M. BROCHANT DE VILLIERS, membre de l'Académie des Sciences. (B. de V.)

M. DEFRANCE, membre de plusieurs Sociétés savantes. (D. F.)

Botanique.

M. DESFONTAINES, membre de l'Académie des Sciences. (Desf.)

M. DE JUSSIEU, membre de l'Académie des Sciences, prof. au Jardin du Roi. (J.)

M. MIRBEL, membre de l'Académie des Sciences, professeur à la Faculté des Sciences. (B. M.)

M. HENRI CASSINI, membre de la Société philomatique de Paris. (H. Cass.)

M. LEMAN, membre de la Société philomatique de Paris. (Lem.)

M. LOISELEUR DESLONGCHAMPS, Docteur en médecine, membre de plusieurs Sociétés savantes. (L. D.)

M. MASSEY. (Mass.)

M. POIRET, membre de plusieurs Sociétés savantes et littéraires, continuateur de l'Encyclopédie botanique. (Poir.)

M. DE TUSSAC, membre de plusieurs Sociétés savantes, auteur de la Flore des Antilles. (De T.)

Zoologie générale, Anatomie et Physiologie.

M. G. CUVIER, membre et secrétaire perpétuel de l'Académie des Sciences, prof. au Jardin du Roi, etc. (G. C. ou CV. ou C.)

Mammifères.

M. GEOFFROY SAINT-HILAIRE, membre de l'Académie des Sciences, prof. au Jardin du Roi. (G.)

Oiseaux.

M. DUMONT, membre de plusieurs Sociétés savantes. (Ch. D.)

Reptiles et Poissons.

M. DE LACÉPÈDE, membre de l'Académie des Sciences, prof. au Jardin du Roi. (L. L.)

M. DUMERIL, membre de l'Académie des Sciences, professeur à l'École de médecine. (C. D.)

M. CLOQUET, Docteur en médecine. (H. C.)

Insectes.

M. DUMERIL, membre de l'Académie des Sciences, professeur à l'École de médecine. (C. D.)

Crustacés.

M. W. E. LEACH, membre de la Société roy. de Londres, Correspond. du Muséum d'histoire naturelle de France. (W. E. L.)

M. A. G DESMAREST, membre titulaire de l'Académie royale de médecine, professeur à l'école royale vétérinaire d'Alfort, etc.

Mollusques, Vers et Zoophytes.

M. DE BLAINVILLE, professeur à la Faculté des Sciences (De B.)

M. TURPIN, naturaliste, est chargé de l'exécution des dessins et de la direction de la gravure.

MM. DE HUMBOLDT et RAMOND donneront quelques articles sur les objets nouveaux qu'ils ont observés dans leurs voyages, ou sur les sujets dont ils se sont plus particulièrement occupés. M. DE CANDOLLE nous a fait la même promesse.

M. F. CUVIER est chargé de la direction générale de l'ouvrage, et il coopérera aux articles généraux de zoologie et à l'histoire des mammifères. (F. C.)

DICTIONNAIRE

DES

SCIENCES NATURELLES.

MELL

MELLA. (*Bot.*) Vandell., *Flor. Chil. et Lusit.*, pag. 45, tab. 3, fig. 23. Genre de plantes dicotylédones, jusqu'à présent peu connu, de la *didynamie angiospermie* de Linnæus, qui présente pour caractère essentiel : Un calice à cinq divisions inégales, ovales, lancéolées; la supérieure plus longue que les autres; une corolle monopétale, campanulée; le tube cylindrique, un peu recourbé, plus court que le calice; le limbe à cinq petits lobes obtus; quatre étamines didynames; les filamens plus courts que la corolle, insérés sur son tube; les anthères arrondies; un ovaire supérieur, globuleux, surmonté d'un style filiforme, de la longueur des étamines, terminé par un stigmate bifide. Le fruit est une capsule à deux loges, à quatre valves, contenant des semences nombreuses, fort petites. Les feuilles sont larges, lancéolées, dentées en scie. (Poir.)

MELLA. (*Ichthyol.*) Les pêcheurs des environs de Rome donnent ce nom à la liche. Voyez Liche et Luzia. (H. C.)

MELLA - HOLA. (*Bot.*) Nom de l'*olax zeylanica* dans l'île de Ceilan, suivant Hermann. (J.)

MELLEN. (*Mamm.*) Nom du rhinocéros chez les Cafres de la baie de Lagoa. (F. C.)

30.   1

MELLET. (*Ichthyol.*) A Nice on appelle ainsi l'athérine joël. Voyez Joel. (H. C.)

MELLETTA. (*Ichthyol.*) Un des noms vulgaires de l'argentine sphyrène. Voyez Sphyrène. (H. C.)

MELLIFERA. (*Ornith.*) Ce nom et celui de *florisuga* sont donnés par Seba, vol. 1, p. 108, à l'oiseau-mouche à gorge topaze, figuré pl. 68. (Ch. D.)

MELLIFÈRES. (*Entom.*) Voyez Mellites. (C. D.)

MELLILITE. (*Min.*) C'est, dans Kirwan, la même chose que le Mellite. Voyez ce mot et Mélilite. (B.)

MELLINE, *Mellinus*. (*Entom.*) Nom donné par Fabricius à un genre d'insectes hyménoptères, de la famille des floriléges ou anthophiles. Ce genre a les antennes en fil, peu coudées ; l'abdomen pédiculé ; le chaperon non métallique. Il diffère par ces divers caractères, d'abord des philanthes et des scolies, dont les antennes sont renflées, et ensuite des crabrons, qui ont comme eux la tête plus large que le corselet et les antennes en fil ; mais dans les crabrons les yeux sont rapprochés, et le chaperon est couvert de poils à reflets métalliques. Nous avons fait figurer, sous le n.º 4 de la pl. 31, une espèce du genre Melline, dite à antennes rousses. Ces insectes ont les mêmes mœurs que les crabrons ; leur nom vient du grec μειλονος, *couleur de miel* ou *jaune de paille*. Les principales espèces de ce genre sont les suivantes :

1.º Melline a moustaches : *Mellinus mystaceus ; Sphex mystacea*, Linn.

    Car. Noir ; à écusson jaune ; abdomen à trois bandes jaunes, dont la première est interrompue.

    2.º Melline ruficorne ; *Mellinus ruficornis.*

    C'est celui que nous avons fait figurer.

    Car. Noir ; corselet à taches et à écusson jaunes ; abdomen à trois bandes jaunes, dont les deux premières sont interrompues.

3.º Melline quatre-bandes ; *Mellinus quadricinctus.*

    Car. Noir ; corselet à taches jaunes ; abdomen à quatre bandes jaunes, dont la troisième n'est pas interrompue.

4.º Melline champêtre ; *Mellinus campestris.*

    Car. Noir ; à écusson jaune ; abdomen à quatre bandes jaunes, dont la première est interrompue.

5.° Melline des champs ; *Mellinus arvensis.*

Car. Noir ; à écusson jaune ; abdomen à quatre bandes jaunes, dont la troisième est interrompue.

6.° Melline cinq-bandes ; *Mellinus quinquecinctus.*

C'est le genre *Ceropales* de M. Latreille.

Car. Noir ; à écusson jaune ; abdomen à cinq bandes jaunes continues. (C. D.)

MELLINIORES. (*Entom.*) M. Latreille avoit désigné sous ce nom, dans le 3.ᵉ volume de l'histoire générale et particulière des insectes, une famille d'hyménoptères qui comprenoit les genres *Psen*, *Trypoxylon*, *Melline*, *Céropales* et *Nysson.* Depuis, dans ses Considérations générales sur l'ordre naturel des insectes, publié en 1810, il a rangé les genres *Nysson*, *Psen* et *Trypoxylon* parmi les larrates, en même temps qu'il a placé le genre *Melline* dans la famille des crabonites, et celui des *Céropales* parmi les *Pompiliens.* Voyez les articles Melline et Anthophiles. (C. D.)

MELLIPHAGA. (*Ornith.*) M. J. W. Lewin a établi sous ce nom, dans l'ouvrage qu'il vient de publier sous le titre de *Birds of new South-Wales,* un nouveau genre d'oiseaux qui correspond aux philédons de M. Cuvier. (Ch. D.)

MELLISUGA. (*Ornith.*) Ce nom et celui de *Mellivora* ont été appliqués, en général, aux oiseaux-mouches et aux colibris. (Ch. D.)

MELLITATES. (*Chim.*) Combinaisons salines de l'acide mellitique avec les bases salifiables. Voyez Mellitique acide. (Ch.)

MELLITE, *Mellita.* (*Entom.*) Nom donné par M. Kirby à un genre qui correspond à peu près au genre Andrène de Fabricius. (Desm.)

MELLITE. (*Foss.*) Gualtieri a donné le nom de *melita rotula* à des échinites fossiles en forme de disque avec des lacunes et des découpures sur leurs bords. Ces échinites se trouvent rangées aujourd'hui dans le genre Scutelle. (D. F.)

MELLITE. (*Min.*) Ce minéral se présente en cristaux octaèdres ou en grains irréguliers, d'un jaune de paille, de miel ou d'huile figée, ayant l'aspect de certaines substances résineuses, et ressemblant particulièrement au succin jaune de miel : de là les noms de *Honigstein* et de *Mellite* (pierre de miel) qui lui ont été donnés.

Les cristaux de mellite dérivent d'un octaèdre rectangulaire aplati. Quand ils sont transparens, ils jouissent de la double réfraction, et le frottement développe en eux l'électricité résineuse. Le mellite se brise facilement : sa cassure est ordinairement conchoïde et quelquefois écailleuse ; mais il est plus dur que le succin et beaucoup moins léger que lui, puisque sa pesanteur spécifique va jusqu'à 1,66, tandis que celle du succin s'élève à peine à 1,10. Enfin, la manière dont ce minéral se comporte au feu, le distingue encore plus nettement du succin, avec lequel on étoit tenté de le confondre ; car, au lieu de brûler avec une flamme vive et odoriférante, il se réduit seulement en une cendre blanche, et sans donner ni flamme, ni fumée, ni odeur.

Klaproth, en analysant ce minéral, y découvrit un acide particulier, combiné avec l'alumine et beaucoup d'eau. Voici les proportions des principes constituans de cette *alumine mellitatée* :

Acide mellique............ 46
Alumine 16
Eau de cristallisation........ 38
―――――
100

Vauquelin, en répétant cette analyse, l'a confirmée.

Les principales variétés de forme qui ont été observées jusqu'à présent parmi les cristaux de cette substance particulière, sont :

Mellite primitif. Octaèdre à faces triangulaires isocèles ; incidence de deux faces adjacentes des deux pyramides, 93°,22'.

Mellite basé. L'octaèdre primitif, dont les deux sommets sont tronqués et remplacés par une facette carrée. Les autres variétés décrites par Haüy et M. Leman présentent toujours l'octaèdre primitif plus ou moins déguisé par des facettes additionnelles, dont ses bords et ses angles sont surchargés. Les cristaux de mellite sont rares et peu volumineux ; mais il est probable que quelques succins trouvés dans les lignites appartiennent à cette espèce et ne sont que du mellite amorphe.

Le mellite ne s'est encore trouvé que parmi les bois altérés et en partie carbonisés que l'on appelle *lignites* : il leur est généralement attaché et semble s'être déposé dans leurs fissures. On le cite particulièrement à Artern, dans le comté de Mansfeld ; à Langenbogen, dans le cercle de la Saale ; en Suisse, etc. Enfin, je crois l'avoir reconnu en grains agglutinés, jaunâtres, à la surface des lignites nouvellement découverts au col de Pialpinson, département de la Corrèze.

Le gisement du mellite, ses caractères et ceux de son acide particulier, font penser qu'il est un produit végéto-minéral, formé aux dépens des substances ligneuses dans lesquelles il se trouve constamment, et de l'alumine contenue dans l'argile, qui récèle ordinairement ces débris des forêts du vieux monde. (BRARD.)

MELLITES ou APIAIRES. (*Entomol.*) Nom d'une famille d'insectes de l'ordre des hyménoptères, qui comprend les abeilles, et qui est caractérisée essentiellement par le prolongement extrême qu'ont pris les mâchoires et la lèvre inférieure, qui font ainsi l'office d'une trompe, et qui donnent à ces insectes la faculté de sucer le nectaire des fleurs pour en extraire la matière sucrée.

Nous avons emprunté du mot grec μελιτlαì le nom de mellites ; il signifie abeilles, ainsi que l'expression, tirée du latin, *apiaires*, que nous indiquons comme synonyme. Cette famille correspond à peu près à celle que M. Latreille a appelée *mellifères* et en latin *anthophila*. Ce dernier nom, d'origine grecque, correspond à amateurs de fleurs.

Les mellites sont figurés dans les planches 3o et 31 de l'atlas qui représente les insectes dans ce Dictionnaire. On les reconnoît à leur abdomen pédiculé ou attaché au corselet par une partie très-étroite et fort courte, ce qui les distingue des uropristes, comme les mouches-à-scie, dont l'abdomen est sessile, c'est-à-dire, accolé au corselet ; ensuite à l'alongement très-notable de leurs mâchoires et de leur lèvre inférieure, qui sont beaucoup plus étendues que les mandibules : disposition qu'on ne peut observer dans aucune autre famille du même ordre. (Voyez HYMÉNOPTÈRES.)

Sous l'état parfait, ces insectes, comme nous l'avons dit, pompent les sucs miellés que sécrètent en particulier les nectaires de fleurs ; mais ils se nourrissent aussi du pollen : du moins ils recueillent la poussière fécondante des étamines pour en alimenter les larves.

Beaucoup d'espèces de cette famille se réunissent en grand nombre en une sorte de société souvent gynocratique, et il y a parmi elles beaucoup d'individus privés des organes sexuels, au moins extérieurement, et qui, par cela même, sont devenus stériles. Ces sortes de mulets sont des femelles dont les parties extérieures de la génération sont avortées. Elles ne sont pas propres à la reproduction ; mais une sorte de besoin instinctif les attache à la progéniture de la race, dont l'éducation physique leur est entièrement dévolue.

Ces neutres ont pour la plupart une disposition remarquable dans la forme et les usages de la première pièce de leur tarse postérieur, qui est élargie, creusée en corbeille, garnie de brosses ou poils roides, à l'aide desquels ces insectes recueillent, pétrissent et transportent la poussière fécondante des fleurs, qui est ensuite élaborée pour former la cire et le miel. (Voyez ABEILLES, tom. I.ᵉʳ, pag. 48.)

Nous avons rapporté dix genres à cette famille : le premier, celui des *bembèces*, semble différer, quant aux couleurs et quant à la forme, de la plupart des autres apiaires, pour se rapprocher des guêpes ou des anthophiles, comme les crabrons, les mellines, les philanthes ; mais leur lèvre inférieure est prolongée, ainsi que les mâchoires, et de plus leur lèvre antérieure est amincie en forme de bec, qui couvre et cache, dans l'état de repos, presque toutes les parties de la bouche.

Dans les autres genres on n'observe pas cette disposition. Il en est deux, les *hylées* et les *nomades*, qui ont le corps peu velu ou lisse, sans duvet : les premiers ont le front plat, la tête en triangle ; les seconds ont le front renflé et la tête arrondie.

Viennent ensuite les *abeilles*, qui se divisent en *bourdons*, *phyllotomes* et *xylocopes* ; les *eucères*, les *euglosses* et les *andrènes*.

Voici un tableau propre à indiquer ces genres par la méthode de l'analyse.

Caract. Abdomen pédiculé ; lèvre inférieure et mâchoires plus longues que les mandibules, formant une trompe ou une langue.

```
                                                          très-longue, prolongée en bec, couvrant la bouche.   10. BEMBÉCE.
                                                          peu brisées, très-prolongées..........   6. EUCÈRE.
                                                          tronqué; jambes épineuses.......   5. EUGLOSSE.
A lèvre antérieure courte; tête velue : antennes
brisées; abdomen conique.                  non tronqué;  étroite, comparée au cor-
                                           tête          selet...............   2. BOURDON.
                                                         large;  poils rares, roides.   4. XYLOCOPE.
                                                         ventre  duvet;  distinct.   1. ABEILLE.
                                                         à       écusson  nul....   7. ANDRÈNE.
                                           non conique ; concave en-dessous....   3. PHYLLOTOME.
                                 lisse,    triangulaire; à front plat........   8. HYLÉE.
                                           arrondie; à front renflé.........   9. NOMADE.
```

(C. D.)

MELLITIQUE [ACIDE]. (*Chim.*)

Acide organique formé d'oxigène, de carbone et d'hydrogène, dans des proportions qui n'ont point été déterminées. Il a été découvert par Klaproth dans le *mellite*, où il est combiné avec l'alumine.

Procédé de Klaproth pour extraire l'acide du mellite.

On fait bouillir le mellite, réduit en poudre fine, dans l'eau distillée, jusqu'à ce que ce liquide n'ait plus d'action sensible : on laisse reposer l'eau et on la verse sur un filtre ; on épuise le résidu par l'eau bouillante. Par ce moyen on obtient, 1.° une matière insoluble, qui est de l'alumine retenant très-probablement un peu d'acide mellitique ; et 2.° une liqueur aqueuse qui contient de l'acide mellitique, un peu d'alumine et une matière organique jaune.

On fait concentrer la liqueur aqueuse au bain-marie ; on applique l'alcool au résidu ; on filtre ; on fait évaporer l'alcool ; on traite le résidu par l'eau froide ; on filtre : la liqueur filtrée, évaporée doucement, donne des cristaux d'acide mellitique colorés, qu'il est nécessaire de redissoudre plusieurs fois dans l'eau pour les purifier. Klaproth pense que l'acide ne peut cristalliser qu'autant que sa solution aqueuse absorbe l'oxigène de l'air.

Propriétés.

Il cristallise en petits prismes durs, ou en aiguilles susceptibles de se grouper en sphéroïdes.

Sa saveur est aigre d'abord, et amère ensuite.

Il est dissous par l'eau et par l'alcool.

Klaproth n'a pu le convertir en acide oxalique au moyen de l'acide nitrique.

Distillé dans une cornue, il se comporte comme une matière végétale non azotée : le charbon qu'il laisse, a présenté à Klaproth un peu de cendre, parce que, vraisemblablement, ce chimiste n'a pas obtenu l'acide mellitique à l'état de pureté.

Action de l'acide sur les bases salifiables.

L'acide mellitique précipite l'eau de chaux en blanc. Le précipité est soluble dans les acides nitrique et hydrochlorique.

Il se comporte de la même manière avec les eaux de strontiane et de baryte. Il précipite sur-le-champ l'acétate de baryte : sa dissolution, ajoutée à celle de l'hydrochlorate de baryte, donne à la longue de petites aiguilles transparentes.

Il s'unit à la potasse en deux proportions.

Le mellitate de potasse neutre cristallise en prismes alongés, solubles dans l'eau.

Le surmellitate de potasse est moins soluble que le précédent ; car, si on ajoute de l'acide nitrique à une solution de mellitate neutre de potasse, on obtient du surmellitate cristallisé en aiguilles. Ce dernier sel se distingue du suroxalate de potasse, en ce qu'il précipite l'alun.

Le mellitate de soude cristallise en cubes et en prismes courts triangulaires.

L'acide mellitique précipite le nitrate de peroxide de fer en flocons jaunes.

Il précipite l'acétate de plomb en blanc. Le précipité est soluble dans l'acide nitrique.

Il précipite l'acétate de cuivre en flocons verts. Il ne précipite pas l'hydrochlorate de cuivre.

Il ne décompose pas le nitrate d'argent.

Il forme avec l'ammoniaque un sel qui cristallise en prismes à six pans efflorescens. (Сн.)

MELLITURGE. (*Entom.*) M. Latreille a désigné sous ce nom de genre quelques espèces d'abeilles voisines des eucères, mais dont les mâles ont les antennes un peu en massue. (C. D.)

MELLIVORE. (*Mamm.*) Voyez Ratel. (F. C.)

MELLOOR, MELLATEE. (*Bot.*) Marsden, dans son Voyage à Sumatra, parle d'une plante basse ainsi nommée, qui porte une petite fleur rouge, très-odorante et fort agréable aux femmes de ce pays. Il la rapporte au *nyctanthes* ; mais ce ne peut être la seule espèce connue de ce genre, qui est un arbre à fleurs blanches : c'est plutôt un jasmin, et peut-être le *jasminum grandiflorum*, dont les fleurs sont rouges extérieurement. (J.)

MELLOPHAGUS. (*Ornith.*) Voyez Melisso-Phago. (Сн. D.)

MELO. (*Bot.*) Nom latin du melon, dont Tournefort faisait un genre maintenant réuni au Concombre, *Cucumis*, par Linnæus : le *melo pepo* du même auteur, en françois *potiron*, fait partie du genre Cucurbite. (J.)

MÉLOBÉSIE, *Melobesia*. (*Corallin.*) M. Lamouroux, sans trop connaitre la nature réelle d'une petite plaque calcaire fort mince, qu'on observe souvent sur la tige ou les feuilles de certaines thallassiophytes de nos mers, et qu'Esper rangeoit parmi les corallines, a cru devoir en former un genre sous la dénomination de Mélobésie, nom d'une océanide, suivant Hésiode. Ces mélobésies forment des plaques plus ou moins grandes, quelquefois rondes et régulières, d'autres fois irrégulières, assez grandes souvent pour couvrir presque entièrement les plantes marines et ne rien laisser apercevoir de la couleur ni de la forme de leurs feuilles. A la surface de ces plaques on voit souvent quelques tubercules plus ou moins saillans, dans le centre desquels est un trou qu'on suppose être habité par un polype. Mais tout cela paroit être bien hypothétique, et même la nature organique de ces corps : aussi M. Lamouroux lui-même paroit-il conserver beaucoup de doute sur la nature de ces corps organisés, qu'il ne place auprès des corallines qu'à cause de l'analogie de la matière calcaire composante, et dont il n'a parlé que pour éveiller l'attention des naturalistes. M. de Lamarck n'en a rien dit.

Les espèces que le premier caractérise dans ce genre, ne sont qu'au nombre de quatre, quoiqu'il y en ait, dit-il, un très-grand nombre.

La M. MEMBRANEUSE; *M. membranacea*, Esp., Zooph., t. 12, fig. 1-4. Des plaques très-minces, suborbiculaires, avec quelques cellules saillantes au centre. Sur les floridées des côtes occidentales de France.

La M. PUSTULEUSE; *M. pustulata*, Lamx., Polyp., pl. 12, fig. 2, *a B*. Des plaques orbiculaires relevées en bosse, avec des cellules saillantes et visibles à l'œil nu. Sur les mêmes plantes.

La M. FARINEUSE; *M. farinosa*, Lamx., Polyp., pl 12, fig. 3. Des plaques polymorphes très-minces, très-petites, formant, à la surface des feuilles de fucus, une couche comme furfuracée : les mamelons très-petits, sans cellules visibles. Très-abondante sur le *fucus linifolius* de Turner.

La M. VERRUQUEUSE; *M. verrucosa*, Lamx. Des plaques fragiles, couvertes de petites élévations en forme de verrues. Sur les fucus de la mer Méditerranée. (DE B.)

MELOCACTUS. (*Bot.*) Espèce de cacte à tige basse, relevée de plusieurs côtes, imitant un peu la forme d'un melon. Voyez CACTE. (J.)

MELOCHIA. (*Bot.*) Ce nom arabe, donné primitivement à une corète, *corchorus æstuans* de Forskal, est maintenant celui d'un genre d'abord rangé parmi les malvacées, mais qui, à raison du périsperme existant dans sa graine, doit être reporté aux hermanniées. La corète ordinaire, *corchorus olitorius*, est le *meloukhyeh*, cité par M. Delile. (J.)

MÉLOCHIE, *Melochia*. (*Bot.*) Genre de plantes dicotylédones, à fleurs complètes, polypétalées, de la famille des *hermanniées*, de la *monadelphie pentandrie* de Linnæus; offrant pour caractère essentiel : Un calice persistant, campanulé, à cinq divisions; cinq pétales; cinq étamines : les filamens réunis à leur base en un tube court; un ovaire supérieur; cinq styles; une capsule à cinq loges; une ou deux semences dans chaque loge, munies d'un périsperme.

MÉLOCHIE PYRAMIDALE : *Melochia pyramidata*, Linn.; Lamk.,

Ill. gen., tab. 571, fig. 1; Cavan., *Diss.*, 6, tab. 172, fig. 1; Pluken., *Almag.*, tab. 131, fig. 3; Gærtn., *De fruct.*, t. 113. Plante d'environ trois pieds, dont la tige est grêle, cylindrique, dure, ligneuse à sa base, un peu rougeâtre et pubescente : les feuilles alternes, pétiolées, ovales, aiguës, dentées en scie, glabres, longues d'environ deux pouces ; les pétioles pubescens ; deux petites stipules lancéolées, rougeâtres, un peu ciliées ; les fleurs disposées en petites ombelles latérales ou axillaires, opposées à l'insertion des pétioles ; les pédicelles, au nombre de trois à cinq, courts, accompagnés de petites bractées stipulaires ; le calice pubescent ; ses découpures lancéolées, rougeâtres à leur extrémité ; la corolle d'un rouge violet ; les pétales ovoïdes, une fois plus longs que le calice. Le fruit est une capsule pendante, pentagone, terminée en une pyramide courte ; ses angles aigus, comprimés latéralement.

Cette plante croît dans les Indes orientales, ainsi que dans l'Amérique ; on la cultive au Jardin du Roi. Elle exige, ainsi que les autres espèces, la serre chaude, une terre consistante, renouvelée tous les ans ou tous les deux ans, des arrosemens fréquens en été. On multiplie ces plantes de marcottes, de boutures, faites dans des pots sur couche et sous châssis : elles ont peu d'apparence, et ne sont guères recherchées que dans les jardins de botanique.

Mélochie tomenteuse : *Melochia tomentosa*, Linn. ; Lamk., *Ill. gen.*, tab. 571, fig. 2 ; Cavan., *Diss.*, 6, t. 172, fig. 2 ; Sloan., *Jam.*, tab. 139, fig. 1. Sa tige est ligneuse, haute de deux ou trois pieds, divisée en un grand nombre de rameaux effilés, garnis de feuilles alternes, ovales, aiguës, dentées en scie, un peu glauques, tomenteuses et blanchâtres en-dessous, longues d'environ un pouce ; les stipules subulées et velues. Les fleurs naissent vers le sommet des rameaux, dans les aisselles des feuilles ; elles forment de petites ombelles solitaires, plus courtes que les feuilles, munies à leur base d'une petite collerette à folioles sétacées ; le calice un peu tomenteux, teint de rouge ; la corolle d'un pourpre violet ; les pétales ovales-oblongs, beaucoup plus longs que le calice, à onglets verdâtres ; l'ovaire oblong, pentagone, tomenteux.

Cette plante croît dans l'Amérique méridionale, on la cultive au Jardin du Roi.

Mélochie odorante : *Melochia odorata*, Linn. fils, *Suppl.*; Cavan., *Diss.*, 6, tab. 173, fig. 2. Espèce distinguée par la grandeur de ses feuilles et celle de ses fleurs, par ses panicules lâches, composées, portées sur de longs pédoncules. Sa tige est garnie de feuilles alternes, pétiolées, ovales, aiguës, un peu en cœur à la base, glabres, à doubles dentelures, marquées de nervures obliques et saillantes. Les panicules sont amples, élevées sur de longs pédoncules, couvertes d'un duvet court et tomenteux, ainsi que les pétioles ; le calice est strié, à cinq découpures lancéolées, aiguës ; la corolle une fois plus longue que le calice ; les pétales ovoïdes, alongés, rétrécis en pointe à la base, arrondis au sommet : l'ovaire globuleux, velu ; une capsule sphérique, sillonnée, velue, à cinq loges polyspermes.

Cette plante croît dans les îles de la mer du Sud.

Mélochie a feuilles de corète : *Melochia corchorifolia*, Linn. ; Cavan., *Diss.*, 6, tab. 174, fig 2 ; Dill., *Eltham.*, tab. 176, fig. 217 ; *Tsieru-uren*, Rheed., *Malab.*, 9, fig. 73. Plante herbacée, dont la tige est grêle, rameuse, longue de deux pieds, pileuse, un peu rude ; les feuilles ovales-lancéolées, aiguës, un peu en cœur à leur base, presque trilobées, glabres à leurs deux faces ; les pétioles un peu velus ; les stipules linéaires-lancéolées, légèrement ciliées ; les fleurs réunies en têtes terminales et denses, presque sessiles ; le calice petit, urcéolé, à cinq dents, entouré d'un involucre à trois folioles presque sétacées ; la corolle d'un rouge jaunâtre, plus longue que le calice ; l'ovaire globuleux, surmonté de cinq styles réunis à leur base : une capsule sphérique, à cinq valves monospermes, un peu pileuse. Cette plante croît dans les Indes orientales ; elle est cultivée au Jardin du Roi.

Mélochie a grappes : *Melochia concatenata*, Linn. ; Cavan., *Diss.* 6, tab. 175, fig. 2 ; Pluken., *Phytogr.*, tab. 9, fig. 5. On distingue cette espèce par ses fleurs disposées en grappes lâches, fasciculées, terminales. La tige est droite, rameuse, légèrement velue, ainsi que toute la plante ; les feuilles alternes, pétiolées ; les inférieures ovales-oblongues ; les supérieures lancéolées, plus étroites, aiguës, dentées en scie ;

les stipules linéaires ; les fleurs petites, presque sessiles, disposées en grappes simples, fasciculées ; le calice à cinq divisions ; un involucre à trois folioles linéaires, entouré de poils roides, nombreux ; la corolle jaunâtre ; une capsule sphérique, à cinq loges monospermes. Cette plante croît dans les deux Indes et au Sénégal.

MÉLOCHIE CRÉNELÉE ; *Melochia crenata*, Vahl., *Symb.*, 3, p. 86, tab. 68. Arbrisseau de l'Amérique méridionale, dont la tige est revêtue d'une écorce purpurine ; les rameaux blanchâtres, velus, tomenteux ; les feuilles distantes, arrondies, à peine longues d'un pouce, molles, blanchâtres, tomenteuses à leurs deux faces, surtout dans leur jeunesse ; les stipules ovales et pileuses ; les pédoncules axillaires, solitaires, munis de quelques petites bractées sétacées ; les découpures du calice hérissées, lancéolées, une fois plus courtes que la corolle ; l'ovaire velu ; une capsule blanchâtre, alongée, une fois plus longue que le calice, terminée par les styles velus et persistans. (POIR.)

MELOCHITE. (*Min.*) Nom donné à la pierre d'Arménie, qui est elle-même une variété terreuse du *cuivre azuré* ou *carbonaté bleu*. Voyez CUIVRE. (B.)

MÉLODIN, *Melodinus*. (*Bot.*) Genre de plantes dicotylédones, à fleurs complètes, monopétalées, de la famille des *apocinées*, de la *pentandrie digynie* de Linnæus, dont le caractère essentiel est d'avoir un calice persistant, à cinq divisions ; une corolle hypocratériforme, à limbe double ; l'extérieur à cinq découpures en roue ; l'intérieur composé de cinq appendices plus courtes ; cinq étamines ; un ovaire supérieur ; deux styles ; une baie globuleuse presque à deux loges, polysperme.

MÉLODIN GRIMPANT : *Melodinus scandens*, Forst., *Gen.*, t. 19 ; Lamk., *Ill. gen.*, tab. 179. Arbrisseau dont la tige est grimpante, sarmenteuse, garnie de feuilles opposées, oblongues-ovales, veinées, très-entières, et de fleurs composées ; d'un calice persistant, à cinq divisions ovales, aiguës, dont les bords s'appliquent les uns sur les autres ; d'une corolle monopétale, à tube cylindrique, trois fois plus long que le calice, pourvu de deux limbes, l'extérieur partagé en cinq découpures ouvertes en roue, falciformes, finement crénelées, contournées, ayant moitié de la longueur du tube, et l'intérieur composé de cinq appendices courtes, alternes avec les divisions du limbe extérieur; de filamens très-courts, attachés dans le tube au-dessous de son milieu, portant des anthères ovales, aiguës; d'un ovaire presque globuleux, à un style de la longueur du calice, divisé en deux dans toute sa longueur. Le fruit est une baie charnue, sphérique, contenant un grand nombre de semences ovales-arrondies, un peu comprimées, éparses dans la pulpe, dont le milieu est dépourvu de semences et la fait paroître comme biloculaire. Cet arbrisseau croît dans la Nouvelle-Écosse. (Poir.)

MELODORUM. (*Bot.*) Ce genre de Loureiro a été réuni par nous à l'assiminier, *asimina* d'Adanson, ainsi que l'*orchidocarpum* de Michaux et le *porcelia* de la Flore du Pérou. MM. Dunal et De Candolle les réunissent à l'*unona*, mais dans une section distincte. Voyez Unone. (J.)

MÉLOÉ, *Meloe.* (*Entom.*) Nom d'un genre d'insectes coléoptères à cinq articles aux deux paires de tarses antérieurs, et à quatre seulement aux postérieurs : à élytres mous, flexibles : par conséquent du sous-ordre des hétéromérés et de la famille des épispastiques ou vésicans.

Ce nom de *méloé*, dont l'étymologie est obscure, a été donné, à ce qu'il paroît, d'abord par Paracelse. C'est Linnæus qui l'a emprunté à cet auteur pour en faire le type d'un genre auquel il rapportoit le même insecte que Paracelse, c'est-à-dire le Proscarabée des Latins, qui paroît être le synonyme de l'insecte que les Grecs nommoient αντικαν-θαρος. Quelques auteurs, se fondant sur l'analogie et sur les propriétés de ce coléoptère, ont donné des explications différentes. Ainsi les uns, comme Agricola, croyant reconnoître dans la démarche lente, dans la sorte d'obésité, et même dans la matière d'apparence huileuse qui suinte des articulations de cet insecte, celui que les Grecs appeloient ελαιο-κανθαρος, l'ont désigné sous le nom de *pinguiculus (grassouillet),* et c'est encore ainsi que les Anglois le nomment *oil beetle, oil clock.* Les uns veulent que le nom de méloé soit tiré de la consistance mielleuse de l'humeur que rend l'insecte dans le danger (*a melleo sudore affatim exstillante,* Mouffet) ; d'autres, comme Olivier, font venir ce nom du grec μέλας, qui veut dire *noir*, à cause de la couleur générale de ces insectes.

Dans l'état actuel de la science le genre Méloë est facile à distinguer et à caractériser par cette phrase.

Antennes à articles grenus, souvent irréguliers (dans les mâles): *tête plus large que le corselet, qui est carré ; élytres mous, courts, sans ailes, ne recouvrant pas l'abdomen, qui est renflé.*

Nous avons fait figurer une espèce de ce genre, planche 10, fig. 5. Nous prions le lecteur de consulter ce dessin pour suivre l'examen auquel nous allons nous livrer.

Parmi les coléoptères à élytres mous, flexibles, il n'y a que les insectes de la famille des vésicans qui soient hétéromérés ; car les mollipennes, tels que les *lampyres*, les *téléphores*, etc., ont cinq articles à tous les tarses, et parmi les tétramérés il n'y a que quelques galéruques que l'on pourroit confondre avec les méloës.

La forme des antennes, qui sont grenues ou en chapelet, et non en masse, suffit pour les distinguer d'avec les *cérocomes* et les *mylabres ;* et comme les articulations des antennes sont arrondies en grain de chapelet, elles offrent un moyen sûr de faire reconnoître les méloës d'avec les *cantharides*, les *zonites* et les *apales*, chez lesquels tous ces articles se suivent, se ressemblent pour la grosseur, dans toute leur étendue, et forment une sorte de fil continu. Dans les *notoxes* et les *anthices*, ainsi que dans les *dasytes* et les *lagries*, les élytres recouvrent des ailes membraneuses, qui manquent constamment dans le genre des méloës.

Les *méloës* sont de très-gros coléoptères, que l'on observe communément, au premier printemps, sur les gazons et dans les prairies, ce qui leur a fait donner, dans différens pays, le nom de scarabées de Mai (*Maykäfer, Maywürmlein*). Ils se traînent péniblement sur la terre, surtout les femelles, à cause du poids énorme de leur abdomen. Leur couleur est généralement d'un noir violet, bronzé, doré ou rougeâtre. Leurs élytres mous ne recouvrent, comme nous l'avons dit, qu'une très-petite partie du ventre, dont les anneaux semblent distendus par l'obésité et la quantité de sucs qu'ils renferment. Les pattes sont longues, mais grêles ; elles ont peine à soulever et à porter en avant la masse énorme que forme l'abdomen de ces insectes, qui se nourrissent de végétaux et qui en dévorent beaucoup. Cette succulence apparente les exposeroit sans doute par trop à la voracité des oiseaux et de quelques mammifères, s'ils n'avoient la faculté de faire suinter, au moment du danger, de presque toutes leurs articulations principales, l'humeur jaunâtre, onctueuse, dont l'odeur et probablement la causticité repoussent leurs ennemis par le dégoût qu'elles leur inspirent.

Ces insectes ont été autrefois employés en médecine ; ils entroient dans la composition de plusieurs médicamens auxquels on attribuoit de grandes vertus. On les administroit à l'intérieur. Il paroit qu'ils participoient de-la propriété, reconnue dans les cantharides, d'agir puissamment sur les voies urinaires ; car Agricola, en parlant de leur emploi, dit : *Urinam potenter pellunt, sed una sanguinem.*

On ne connoit pas encore complétement l'histoire des méloës. Degéer, qui s'en est occupé, nous apprend dans ses Mémoires, tome V, page 31, que les femelles déposent leurs œufs sous la terre, réunis en masse ou en un tas oblong d'une couleur jaunâtre ; qu'ils sont très-petits, et que les larves en sortent au bout d'un mois. Ces larves, qu'il décrit, sont d'une forme très-bizarre, et ce qu'il raconte de leur manière de vivre, a besoin d'être vérifié, mais paroit fort extraordinaire ; car il en a vu plusieurs s'attacher fortement comme animaux parasites sur le corselet de quelques diptères vivans, et y adhérer en les suçant jusqu'à ce qu'elles les eussent privés de la vie.

Les principales espéces du genre Méloë sont les suivantes.

1.° Méloë proscarabée ; *M. proscarabœus.* C'est celui dont nous avons fait figurer la femelle, planche 10, n.° 5.

Car. *Il est d'un noir violet chagriné ; le mâle a les antennes dilatées et courbées au milieu ; la plupart des mâles présentent la même particularité dans les antennes.*

2. Méloë de mai ; *M. majalis.*

Car. *L'abdomen est d'un rouge cuivreux.*

3. Méloë automnal ; *M. autumnalis.*

Car. *Noir lisse, avec quelques points enfoncés sur les élytres.* (C. D.)

MELŒBENE. (*Bot.*) Voyez Lebbæide. (J.)

MÉLOLONTHE ou HANNETON, *Melolontha.* (*Entom.*)

Nom latin don̄né par Fabricius à un genre d'insectes coléoptères pentamérés pétalocères, et qui comprend en particulier notre hanneton vulgaire. Nous avons fait connoître tout ce qui tient à l'historique de ce genre, à son étymologie et à ses mœurs, dans l'article HANNETON, tome XX, p. 264.

Geoffroy a aussi donné ce nom de *mélolonthe* à un genre d'insectes coléoptères phytophages, qui comprend les *gribouris* et les *clytres*. Ils n'ont que quatre articles à tous les tarses. (C. D.)

MELON. (*Bot.*) Voyez CONCOMBRE MELON, tom. X, p. 227. (L. D.)

MELON. (*Conchyl.*) Les marchands de coquilles donnent quelquefois ce nom à la volute gondole, sans doute à cause de sa forme ovale renflée et de sa couleur d'un jaune rougeàtre. (DE B.)

MELON D'EAU. (*Bot.*) Nom vulgaire de la courge pastèque; voyez tom. XI, pag. 242. (L. D.)

MELON D'EAU DES HOTTENTOTS. (*Bot.*) C'est l'*aphyteia hydnora*, Linn. : plante charnue comme le melon, et que les Hottentots mangent. (LEM.)

MELON A TROIS FEUILLES. (*Bot.*) C'est, dans les îles, le tapier, *cratæva marmelos*. (LEM.)

MELONÉE. (*Bot.*) C'est une espèce de courge. Voyez t. XI, p. 234. (L. D.)

MELONGÈNE. (*Bot.*) La plante de ce nom, dont Tournefort faisoit un genre caractérisé par un fruit très-considérable, a été réunie par Linnæus à la morelle, *solanum.* (J.)

MELONIE, *Melonia.* (*Conchyl.*) Genre de coquilles polythalames, de la famille des nautilacés, établi par M. Denys de Montfort, Conchyl. systém., t. 1, p. 67, pour de petites espèces microscopiques, dont une est figurée par Soldani, *Saggio oritt.*, p. 100, fig. 16, tab. II, VV, XX. Ses caractères sont d'être ombiliqué et d'avoir l'ouverture semilunaire fermée par une cloison diaphragmatique, sans siphon. L'espèce qui sert de type à ce genre, et que M. Denys de Montfort nomme la M. ÉTRUSQUE, *M. etruscus*, figurée dans l'ouvrage de Von Fichtel, et de S. P. E. von Moll, tab. 2, fig. *a*, *b*, *c*, sous la dénomination de *Nautilus pompiloides*, est une petite coquille d'une demi-ligne de diamètre, subglo-

30. 2

buleuse, blanche, rayée de bleuâtre, qu'on trouve vivante sur les corps marins de la Méditerranée, et fossile en Toscane. (De B.)

MÉLONIE. (*Foss.*) Denys de Montfort, auteur de la Conchyliologie systématique, annonce (p. 68) qu'à la Coroncine en Toscane on trouve des coquilles de ce genre à l'état fossile; mais il ne donne la description d'aucune espèce à cet état. Il est très-remarquable que la figure du type de ce genre que cet auteur a donnée, a des rapports avec la forme des nautiles, et n'en a aucun avec les coquilles figurées dans l'Encyclopédie, pl. 469, fig. 1, et citées comme des mélonies par M. de Lamarck dans son ouvrage sur les animaux sans vertébres, t. 7, pag. 615. Celles-ci ne se rapportent à aucun autre genre connu, et il est difficile d'en concevoir la structure. Il paroît que ces coquilles, soit à l'état frais ou à l'état fossile, sont rares, puisqu'on n'en voit pas dans les collections. (D. F.)

MÉLONITE ou MELONS PÉTRIFIÉS. (*Foss.*) Voyez ce dernier article. (D. F.)

MELONS FOSSILES. (*Min.*) C'est par une fausse ressemblance qu'on a donné ce nom à quelques silex jaspoïdes creux, qui n'ont d'ailleurs aucune origine végétale. On a nommé plus particuliérement Melons du Mont-Carmel, des cornalines impures, sphéroïdales, creuses, dont l'intérieur est tapissé de cristaux de quarz. Leur couleur rougeâtre et leur forme les ont fait comparer à cette espèce de melon du Midi qu'on appelle melons verts ou pastéques, qui ont l'écorce verte et la chair rouge.

Le nom de ces pierres indique leur principal lieu d'origine : on en cite encore dans l'Arménie, en Sibérie, sur les rives de la Chilca, etc. (B.)

MELONS PÉTRIFIÉS. (*Foss.*) On a pris quelquefois pour des melons pétrifiés, des géodes ou des cailloux chambrés, dont les cavités sont remplies de cristaux. Il nous paroît impossible que des fruits mous, tels que les melons, aient pu garder leur forme assez long-temps pour passer à l'état fossile. (D. F.)

MELOPEPO. (*Bot.*) Voyez Melo. (J.)

MÉLOPEPONITE. (*Foss.*) C'est le nom qu'on a donné au-

trefois aux pierres que l'on prenoit pour des melons pétrifiés.
(D. F.)

MÉLOPHAGE, *Melophagus*. (*Entom.*) M. Latreille a nommé ainsi un genre d'insectes qui comprend l'espèce d'hippobosque ou de diptère à suçoir corné, qui se trouve dans la laine du mouton vivant, et qu'il auroit dû appeler mélobosque par analogie. Nous l'avons décrit, tome XXI, p. 176, sous le n.º 2. Ce genre ne paroît pas assez déterminé par la privation des ailes et par le peu d'apparence des yeux. (C. D.)

MÉLOPS. (*Ichthyol.*) Nom spécifique d'un poisson que plusieurs auteurs ont rangé parmi les labres, et que nous avons décrit à l'article CRÉNILABRE. Voyez ce mot. (H. C.)

MELOSPINUS. (*Bot.*) Selon Guilandinus, cité par C. Bauhin, le *datura metel*, espèce de stramoine, étoit ainsi nommé chez les Vénitiens. (J.)

MÉLOTHRIE, *Melothria*. (*Bot.*) Genre de plantes dicotylédones, à fleurs complètes, monopétalées, de la famille des *cucurbitacées*, de la *triandrie monogynie* de Linnæus, offrant pour caractère essentiel : Un calice campanulé, à cinq divisions; une corolle monopétale, adhérente au calice, à cinq découpures; trois étamines insérées à la base du limbe de la corolle; les anthères conniventes, dont deux comme doubles sur chaque filament; la troisième simple; un ovaire inférieur; un style; trois stigmates; une baie à trois loges polyspermes.

MÉLOTHRIE PENDANTE; *Melothria pendula*, Linn., Lamk., *Ill. gen.*, tab. 28; Pluck., *Phytogr.*, tab. 85, fig. 5; Sloan., *Hist.*, 1, tab. 142, fig. 1? Plante herbacée, dont les tiges sont grêles, anguleuses, traînantes ou grimpantes, longues de trois à quatre pieds, munies de vrilles axillaires; les feuilles alternes, pétiolées, en cœur à leur base, à cinq lobes, un peu ondulées, à peine longues de deux pouces, médiocrement dentées en scie. Les fleurs naissent sur des pédoncules simples, axillaires, solitaires, filiformes, plus longs que les pétioles : ces fleurs sont pendantes, d'un jaune de soufre, et parmi elles il se trouve quelques mâles au milieu d'un grand nombre d'hermaphrodites. La corolle est finement denticulée, et parsemée de poils fort courts. Le fruit est une petite baie lisse, ovale, de la forme d'une olive, noirâtre, pendante, de la grosseur d'un pois, renfermant cinq à six semences. Cette plante croit dans le Canada, la Caroline, la Virginie, etc. On la cultive au Jardin du Roi.

Mélothrie fétide : *Melothria fetidissima*, Lamk., Encycl.; *Trichosantes fetidissima*, Jacq., Icon. rar., vol. 2. Cette espèce a une odeur fétide, très-désagréable, approchant de celle d'une substance animale en putréfaction. Sa racine est charnue, fusiforme ; ses tiges sont grêles, herbacées, longues de cinq à six pieds, anguleuses et grimpantes, rudes, un peu pileuses, munies de vrilles latérales ; les feuilles oblongues, profondément échancrées en cœur, mucronées, un peu ondulées, à peine anguleuses, d'un vert grisâtre, légèrement visqueuses ; les fleurs petites, axillaires, monoïques, de couleur jaune ; les mâles disposées en petites grappes pédonculées ; les femelles sessiles ; l'ovaire est ovale, un peu pyramidal, strié ; il lui succède une baie velue, un peu anguleuse, rougeâtre ou d'un jaune sale, longue d'environ un pouce, à trois loges, renfermant chacune une ou deux semences ovales, comprimées. Cette plante croit dans la Guinée. (Poir.)

MELOTHRON. (*Bot.*) Théophraste donnoit ce nom grec à la bryone, qui étoit l'*ampelolece* de Dioscoride, le *vitis alba* de Pline, et qui ailleurs étoit encore nommée *ophiostaphylon* et *psilothrum*. Quelques auteurs, suivant C. Bauhin, ont cru que le *melothron* de Théophraste étoit plutôt la douce-amère, *solanum dulcamara*. (J.)

MELOUKHYEH. (*Bot.*) Voyez Melochia. (J.)

MEL-RAC. (*Mamm.*) Nom norwégien du renard isatis. (F. C.)

MELROA. (*Ornith.*) C'est en portugais le nom du merle commun, *turdus merula*, Linn. (Ch. D.)

MELSANEH. (*Bot.*) Nom arabe du *balsamita vulgaris* de Willdenow, suivant M. Delile. Il est aussi nommé *belsama*, selon Forskal. (J.)

MELURSUS. (*Mamm.*) Nom générique donné à un animal défiguré qu'on avoit pris pour un paresseux et qui étoit un ours de l'Inde. (F. C.)

MELYCITUS. (*Bot.*) Voyez Mélicite. (Poir.)

MÉLYRE, *Melyris*. (*Entom.*) Nom d'un petit genre d'insectes coléoptères étrangers à l'Europe, du sous-ordre des pentamérés et de la famille des mollipennes ou apalytres.

Ce genre, établi par Fabricius, ne comprend qu'un petit nombre d'espèces. Ce nom est tout-à-fait grec ($\mu\epsilon\lambda\grave{\upsilon}\rho\grave{\iota}\varsigma$); mais nous ignorons quel sens on y attachoit.

Nous avons fait figurer l'espèce principale sous le n.° 6 de la planche IX.

Les caractères du genre, comparés à ceux de la même famille des apalytres, peuvent être ainsi exprimés :

Corselet aussi large que long, à bords relevés, recouvrant un peu la tête ; antennes dentelées ; point de tentacules rétractiles.

A l'aide de ces notes, en effet, on peut facilement distinguer les mélyres : car les *lampyres* ont le corselet demi-circulaire, et les *téléphores*, ainsi que les *cyphons*, qui ont le corselet carré, portent des antennes simples ; les *malachies* ont des vésicules charnues rétractiles ; et dans les *omalises*, les *lyques* et les *driles*, le corps est déprimé, alongé, tandis qu'il est ovale et convexe dans les *mélyres*.

On ignore les mœurs de ces insectes, dont on ne connoît bien que deux espèces : peut-être même l'une n'est-elle qu'une variété de l'autre. Les deux se rencontrent au cap de Bonne-Espérance, d'où on les reçoit communément, de sorte que probablement elles n'y sont pas rares. Au reste, ce sont de jolis insectes d'une couleur verte dorée et grésillée, tant en-dessus que sous le corps. (C. **D.**)

MÉLYRIDES. (*Entom.*) On trouve ce nom dans les derniers ouvrages de M. Latreille, pour désigner la 5.ᵉ tribu de sa troisième famille des coléoptères pentamérés, qu'il nomme serricornes et qu'il avoit précédemment appelés malacodermes, famille qui correspond aux APALYTRES. (C. **D.**)

MELZCANAUHTLI. (*Bot.*) Nom mexicain rapporté par Fernandez, et que M. Vieillot regarde comme étant celui de la sarcelle du Mexique. (DESM.)

MELZIOZALLO. (*Ornith.*) Nom italien du loriot d'Europe, *oriolus galbula*, Linn. (CH. D.)

MEMBRACE, *Membracis*. (*Entom.*) Fabricius s'est servi de ce nom pour indiquer un genre d'insectes hémiptères de la famille des collirostres, voisin des cicadelles.

Ce nom, quoique tiré du grec (μεμβρας), a une étymologie obscure ; car, à en juger par un passage du Déipnosophiston d'Athénée, on appeloit ainsi une sorte de poisson.

Quoi qu'il en soit, ce genre, dont nous avons fait figurer une espéce à la planche 58 de l'Atlas de ce Dictionnaire, sous le n." 5, peut être caractérisé ainsi qu'il suit :

Tête aplatie horizontalement ; corselet prolongé, difforme, bossu, cornu, voûté ou foliacé; antennes courtes.

Ces particularités suffisent pour distinguer les espèces de ce genre d'avec celles de la même famille, c'est-à-dire, qui ont, comme elles, un bec paroissant naître du cou; les antennes très-courtes en soie: les ailes non croisées, à peu près d'égale consistance, mais en toit oblique, et trois articles à tous les tarses.

Le mode d'insertion des antennes, qui paroissent naître entre les yeux, les sépare des *delphaces*, des *cercopes*, des *flates* et des *fulgores;* ensuite la présence de deux stemmates ou yeux lisses les fait distinguer d'avec les *lystres*, qui n'en ont pas, et les *cigales*, qui en ont trois. Les seules *cicadelles* sont dans le même cas, c'est-à-dire qu'elles n'ont aussi que deux stemmates; mais leur corselet n'est pas dilaté ni prolongé en pointe aiguë.

Les mœurs des membraces sont à peu près les mêmes que celles des cicadelles; elles vivent sur les plantes, dont elles sucent les sucs sous les trois états de larve, de nymphe mobile et d'insecte parfait. Elles volent rarement, mais elles sautent avec agilité. Leur conformation est bizarre, et souvent elles se confondent, par la couleur générale de leur corps, avec les tiges et les feuilles des végétaux sur lesquels elles se développent.

Beaucoup d'espèces sont étrangères. Fabricius, dans les derniéres éditions de ses ouvrages, a séparé ce genre en quatre autres, sous les noms de *Membracis, Dernis, Ledrus* et *Centrotus*, d'après des différences qu'il a cru observer dans la disposition du bec ou suçoir.

Nous n'en décrirons que quelques espèces.

1.° MEMBRACE FOLIÉE ; *Membracis foliata.*

C'est cette espéce que nous avons fait figurer, planche 58, n.° 3. Elle se trouve dans l'Amérique méridionale.

Son corselet se prolonge en une sorte de crête jaune, avec une grande bande et une tache noire.

2.° MEMBRACE A OREILLES ; *M. aurita.* C'est le *cicada aurita* de Linnæus ; le type du genre *Ledra* de Fabricius ; le *grand Diable* de Geoffroy, sous le n.° 17.

Le corselet est très-dilaté sur les côtés ; sa couleur est grise, à taches un peu plus pâles.

3.° MEMBRACE CORNUE ; *M. cornuta.*

C'est le centrote de Fabricius, que Geoffroy a décrit sous le nom de *petit diable.* Nous l'avons fait figurer dans l'Atlas de ce Dictionnaire, pl. 38, n.° 8. (Voyez CENTROTE.)

Son corselet présente trois pointes aiguës, deux latérales, et une postérieure aussi longue que l'abdomen ; l'insecte est gris ; les ailes sont brunes.

4.° MEMBRACE DU GENÊT ; *M. genistæ.* C'est le *demi-diable*, décrit par Geoffroy, page 424, n.° 19.

Il est moitié plus petit que le précédent, auquel il ressemble ; mais son corselet n'a qu'une seule pointe, qui forme l'écusson. (C. D.)

MEMBRADAS. (*Ichthyol.*) Voyez CÉLERIN. (H. C.)

MEMBRANACÉES, *Membranaceæ.* (*Bot.*) Septième série du premier ordre (*mucedines*) de la famille des champignons, dans la méthode de Link. Ce sont des champignons floconneux, qu'on peut regarder comme formés par un tissu de membranes rameuses. Le CERATIUM est le seul genre de cette série. Voyez ce mot. (LEM.)

MEMBRE D'ÉVÊQUE. (*Bot.*) Ancien nom vulgaire du gouet maculé. (L. D.)

MEMBRE MARIN, *Mentula marina.* (*Actinoz.*) On trouve assez souvent, dans les auteurs anciens, ce nom, qui équivaut à celui de priape de mer, pour désigner les holothuries, à cause d'une ressemblance grossière avec l'organe excitateur mâle de l'espèce humaine ; mais il est maintenant abandonné. (DE B.)

MEMBRES [DANS LES INSECTES]. (*Entom.*) On nomme ainsi les appendices qui sont placés sur les parties latérales de leur tronc, et qui servent à leur transport ou à la locomotion.

Les uns sont articulés sur les parties latérales et supérieures

du mésothorax et du métathorax, ou 2.e et 3.e pièces du corselet : ce sont les *ailes*.

Les autres membres, au moins dans la plupart des insectes
proprement dits ou hexapodes, sont appelés les *pattes*.

Les Ailes (voyez ce mot) sont de véritables instrumens
de mouvement : le plus ordinairement elles ont la forme de
membranes ou de rames larges et légères, souples et solides,
à l'aide desquelles l'insecte s'appuie et se transporte sur
l'air.

Leur présence, leur nombre varient, ainsi que leur consistance ; ce qui a servi à établir huit ordres parmi les insectes. (Voyez l'article Insectes.)

Les *pattes* sont les pieds des insectes ; elles sont distribuées
par paires, au nombre de trois de chaque côté, chez la plupart, et insérées sur des pièces différentes du corselet ou
thorax. On y distingue la *hanche*, la *cuisse*, la *jambe* ou le *tibia*,
et le *tarse*, qui, lui-même, se compose le plus souvent d'un
nombre variable d'articles, et se termine par des grapins
ou crochets, suivant les usages auxquels ces membres sont
destinés. Voyez Pattes. (C. D.)

MEMBRILLEJO. (*Bot.*) Les auteurs de la Flore du Pérou
citent ce nom vulgaire de leur *cordia rotundifolia*, espèce de
sebestier. Dans l'herbier du Pérou, de Dombey, le même nom
est donné au *cordia lutea*. (J.)

MEMBRILLOS. (*Bot.*) Un des noms espagnols du cognas-
sier, *cydonia*. (J.)

MÉMÉCYLON, *Memecylon*. (*Bot.*) Genre de plantes dicotylédones, à fleurs complètes, polypétalées, de la famille
des *onagraires*, de l'octandrie monogynie de Linnæus ; offrant
pour caractère essentiel : Un calice entier, turbiné, persistant ; quatre pétales étalés ; huit étamines ; les anthères
attachées latéralement à l'extrémité des filamens ; un ovaire
inférieur ; un style ; un stigmate ; une baie couronnée par
le calice.

Mémécylon en tête ; *Memecylon capitellatum*, Linn., Burm.,
Zeyl., pag. 76, tab. 30 : Lamk., *Ill. gen.*, tab. 284, fig. 1.
Arbrisseau de l'île de Ceilan, dont les rameaux sont cylindriques, articulés, noueux aux articulations, revêtus d'une
écorce blanchâtre, garnis de feuilles opposées, presque

sessiles, ovales, un peu obtuses, fermes, coriaces, longues
d'environ deux pouces. Les fleurs naissent, par petits bouquets, dans l'aisselle des feuilles, en espèce d'ombellules
solitaires, presque en tête, soutenues par des pédoncules
fort courts. Leur calice est entier; les fruits sont sphériques,
couronnés, à peine de la grosseur d'un pois.

MÉMÉCYLON RAMIFLORE : *Memecylon ramiflorum*, Lamk.,
Encycl.; Burm., *Zeyl.*, pag. 76, tab. 31 ; *Memecylon tincto-
rium*, Willd., *Spec.*, 2, p. 347. Arbrisseau dont les branches sont grisâtres et les jeunes rameaux quadrangulaires,
garnies de feuilles opposées, un peu pétiolées, ovales, un
peu obtuses, très-entières, d'un vert tirant sur le jaune,
longues d'environ deux pouces. Les fleurs sont disposées en
petites panicules latérales, fasciculées, deux à quatre ensemble, d'abord très-courtes, puis alongées et plus lâches ; le
calice est court, évasé; les étamines très-saillantes ; les anthères
presque réniformes. L'ovaire devient un fruit glabre, sphérique, couronné, de la grosseur d'un grain de coriandre.
Cette plante croit dans les Indes orientales.

MÉMÉCYLON EN FEUILLES DE CŒUR ; *Memecylon cordatum*,
Lamk., Encycl. et *Ill. gen.*, tab. 284, fig. 2. Espèce bien
distinguée par la forme de ses feuilles. Ses rameaux sont
ligneux, d'un vert cendré, tirant un peu sur le blanc, garnis de feuilles opposées, assez grandes, presque sessiles, en
cœur, presque amplexicaules, entières, un peu alongées,
d'un vert gai, longues de deux ou trois pouces ; les fleurs
disposées en petites ombelles lâches, munies de très-petites
bractées ; le calice est entier, turbiné, un peu tétragone, strié
dans le fond ; le fruit glabre, sphérique, de la grosseur d'une
merise. On en cite une variété à feuilles plus petites; peut-
être forme-t-elle une espèce distincte. Ces plantes croissent
dans les Indes orientales. La première a été recueillie à
l'Isle-de-France par Commerson.

MÉMÉCYLON A GRANDES FEUILLES ; *Memecylon grande*, Retz.,
Obs., 4, p. 26. Cette espèce, d'après Retzius, est un grand
arbre, dont les rameaux sont cylindriques ; les feuilles opposées, longues d'un demi-pied, ovales, très-entières, longuement acuminées ; les pédoncules alternes, situés dans l'aisselle des feuilles, divisés en quatre ou cinq pédicelles à plu-

sieurs fleurs; les anthères vacillantes, toutes inclinées. Cette plante croit dans les Indes orientales. (Poir.)

MÉMÉCYLOS et MÉMÉCYLON. (*Bot.*) Noms que les Grecs donnoient à l'arbuse et à l'arbousier (*arbutus unedo*). (Lem.)

MEMECYLUM. (*Bot.*) Ce nom avoit d'abord été donné par Mitchell à un genre que Linnæus a ensuite nommé *Epigea*. Depuis, ce dernier l'a employé pour désigner un genre des onagraires, très-voisin des myrtées. Voyez Mémécylon. (J.)

MEMERIAN BACCALA. (*Mamm.*) Nom d'une race de mouton au Congo. (F. C.)

MEMINNA, MEMINA. (*Mamm.*) Nom propre d'une espèce de Chevrotains. Voyez ce mot. (F. C.)

MEMIRAM. (*Bot.*) Un des noms arabes de la grande chélidoine, cité par Daléchamps. (J.)

MEMPHITE. (*Min.*) Ce nom a été pris dans trois acceptions très-différentes.

1.° C'étoit chez les anciens le nom d'une variété particulière d'agathe à deux couches, l'une blanchâtre, l'autre noirâtre, qu'on tiroit d'Arabie, et sur laquelle on gravoit des figures en relief, d'une couleur différente de celle du fond. genre de gravure que nous appelons camée.

2.° Dioscoride dit que le *lapis memphites* étoit un caillou rond, qui paroissoit gras au toucher, qui étoit de diverses couleurs, et qu'on trouvoit près de Memphis en Égypte. Les naturalistes regardent ce second memphite comme un marbre.

3.° De la Métherie a désigné sous ce nom la roche composée d'amphibole et de felspath, à laquelle nous avons donné le nom de Diabase. (B.)

MEMPHITIS. (*Mamm.*) Voyez Mephitis. (F. C.)

MENAC ou MENAK. (*Min.*) C'est le nom que Werner avoit donné au métal soupçonné dans un minérai de la vallée de Menakan, reconnu depuis et décrit comme un métal particulier par Klaproth sous le nom de Titane. Voyez ce mot. (B.)

MENACANITE. (*Min.*) Voyez Menakanite. (Lem.)

MENAIS. (*Bot.*) Genre de plantes dicotylédones, à fleurs

complètes, monopétalées, de la famille des *borraginées*, de la *pentandrie monogynie* de Linnæus; offrant pour caractère essentiel : Un calice à trois folioles persistantes; une corolle monopétale, hypocratériforme; cinq étamines; un ovaire supérieur; un style; un stigmate bifide; une baie à quatre loges monospermes.

Ménais d'Amérique; *Menais topiaria*, Linn., *Spec.*; Lœfl., *Itin.*, 3o6. Plante à tige ligneuse, cylindrique, légèrement velue, garnie de feuilles alternes, ovales, entières, rudes au toucher. Les fleurs sont composées d'un calice à trois folioles lâches, petites, concaves, acuminées; le tube de la corolle est cylindrique, plus long que le calice; le limbe plane, divisé profondément en cinq découpures arrondies; les étamines sont attachées au tube de la corolle; les filamens très-courts; les anthères subulées; l'ovaire est arrondi; le style de la longueur du tube de la corolle, terminé par deux stigmates oblongs. Le fruit consiste en une baie globuleuse, quadriloculaire, à loges monospermes; les semences sont presque ovales. Cette plante est originaire de l'Amérique méridionale. (Poir.)

MENAKANITE ou MENACANITE. (*Min.*) C'est le fer oxidé titanifère ou fer menakanite, du nom de la vallée de Menakan en Cornouailles, où il a été remarqué pour la première fois par Gregor. Voyez Titane. (B.)

MENANDRA. (*Bot.*) Gronovius, dans sa *Flora Virgin.*, donnoit ce nom au *lechea major* de Linnæus, genre voisin du lin. (J.)

MENA-RABOU. (*Ornith.*) Voyez Founingo. (Ch. D.)

MENCHERA. (*Bot.*) Le *phlomis lychnitis* est ainsi nommé aux environs de Grenade, suivant Clusius. (J.)

MENDIMEN. (*Ichthyol.*) En Sibérie on donne ce nom à un poisson qui paroît être une grosse truite. (H. C.)

MENDOLE. (*Ichthyol.*) C'est le nom vulgaire d'un poisson nommé *sparus mœna* par Linnæus, et que nous décrirons à l'article Picarel. Voyez aussi Spare. (H. C.)

MENDONI. (*Bot.*) Nom malabare, cité par Rhéede, du *gloriosa* de Linnæus, *methonica* des modernes. (J.)

MENDOZE, *Mendozia*. (*Bot.*) Genre de plantes dicotylédones, à fleurs complètes, monopétalées, irrégulières, de la *didynamie angiospermie*, dont le caractère essentiel consiste dans un calice à deux grandes folioles persistantes ; une corolle monopétale, irrégulière ; le tube renflé en bosse, resserré à son orifice ; le limbe à cinq divisions arrondies, ouvertes, quatre étamines didynames; un ovaire supérieur ; un style ; un stigmate bifide ; un drupe monosperme.

Vandelli, en décrivant ce genre, en cite une espèce dont les tiges sont grimpantes ; les feuilles velues, ovales, aiguës ; le calice et les pédoncules pileux. Les auteurs de la Flore du Pérou ajoutent à ce genre un caractère qui n'est pas mentionné dans Vandelli ; il consiste en un double appendice en anneau, situé dans la corolle. Ils en présentent deux espèces, mais sans description ; savoir : 1.º *Mendozia aspera*, Ruiz et Pav., *Syst. veget. Flor. Per.*, pag. 158 ; ses tiges sont grimpantes, garnies de feuilles ovales, rudes à leurs deux faces ; les pédoncules uniflores. 2.º *Mendozia racemosa*, *Fl. Per.*, *l. c.* : cette espèce diffère de la précédente par ses fleurs disposées en grappes ; ses tiges sont également grimpantes. Ces deux plantes croissent dans les grandes forêts du Pérou. (Poir.)

MENDOZIA. (*Bot.*) Ce genre de la Flore du Pérou est le même que le *mendocia* de Vandelli. Voyez Mendoze. (J.)

MENDRUTA. (*Bot.*) Voyez Limonion. (J.)

MENDYA. (*Bot.*) L'arbre qui porte ce nom à Ceilan n'est pas bien connu. Burmann, dans son *Thes. Zeyl.*, en fait un laurier, et en donne la gravure. Il a les feuilles simples, dentelées et alternes ; les fleurs petites, blanches, disposées en épi axillaire. Son calice est adhérent ou supère, divisé à son limbe en cinq dents, cinq pétales arrondis, vingt étamines ou plus ; un ovaire simple et adhérent, devenant une baie couronnée par le limbe du calice. La présence d'une corolle et le fruit infère prouvent que ce n'est pas un laurier, mais que cet arbre a plus de rapport avec les myrtées. Il existe encore à Ceilan un autre arbre nommé *mandya*, *waelmendya*, dont le bois est dur et non cassant, que l'on emploie dans le pays pour faire des arcs. Linnæus, dans son *Fl. Zeyl.*, le nomme *apocino-nerium*, et le décrit avec des feuilles opposées, des fleurs en ombelles axillaires et une corolle monopétale en entonnoir ; il le rapproche du *nerium*, et il paroît en effet appartenir aux apocinées. Voyez Bombu, Bombu-Æthaz. (J.)

MÉNÉ, *Mene*. (*Ichthyol.*) M. de Lacépède, d'après le mot grec μήνη, qui signifie *lune*, a ainsi nommé un genre de poissons qui appartient à la famille des gymnopomes, et que l'on distingue aux caractères suivans :

Tête, corps et queue très-comprimés; ventre dentelé, carené, convexe; nageoire dorsale unique et très-longue; catopes étroits, abdominaux, sans piquans; opercules lisses, alépidotes; épaules et bassin très-développés.

On distinguera aisément les Ménés des Athérines, des Cyprins, des Argentines, des Stoléphores, des Hydrargyres, qui ont le ventre arrondi, non dentelé, ni carené ; des Buros, qui ont des catopes à piquans; des Xystères et des Dorsuaires, qui ont la nageoire dorsale courte ; des Serpes, qui l'ont double ; des Clupées et des Clupanodons, qui ont le ventre presque droit. (Voyez ces différens noms de genres et Gymnopomes.)

Ce genre ne renferme encore qu'une espèce ; c'est la

Méné Anne-Caroline : *Mene Anna-Carolina*, Lacép.; *Zeus maculatus*, Schneider. Nageoire dorsale, triangulaire ; caudale fourchue; ligne latérale tortueuse; trois pièces à chaque opercule; forme générale discoïde.

Ce poisson, sur lequel on possède fort peu de détails, brille d'un éclat doux et argentin, avec des reflets verdâtres et des taches vagues d'un violet foncé en-dessus. Son iris et sa prunelle représentent un cercle d'argent autour d'un saphir.

M. de Lacépède l'a dédié à la compagne de sa vie, et l'a décrit d'après une figure qui se trouve dans la collection de peintures chinoises conservées au Muséum d'histoire naturelle de Paris.

La Méné Anne-Caroline vit dans la mer des Indes. Il paroît que c'est l'*ambatta kuttée* de Russel. (H. C.)

MENECHETE. (*Bot.*) Voyez Mekaikata. (J.)

MENEKOUI. (*Bot.*) Nicolson cite ce nom pour un arbre de Saint-Domingue, qui est le *capparis cynophallophora*, nommé aussi bois de couilles. Ce dernier nom est encore donné au *marcgravia umbellata* dans l'île de la Martinique. (J.)

MÉNÉLAS. (*Entom.*) Nom d'un très-beau papillon d'Amérique, dont les ailes sont bleues, brillantes en-dessus et brunes en-dessous. (C. D.)

MENERI. (*Bot.*) Un petit millet est ainsi nommé à Ceilan, suivant Hermann ; le *menerilana* du même lieu est le *poa tenella*. (J.)

MENGEL. (*Ornith.*) M. Savigny dit, pag. 13 de son Hist. nat. de l'ibis, que dans la basse Éthiopie on donne à l'ibis blanc ce nom et celui d'*abou-mengel*, qui signifient la faucille, ou, à la lettre, le père de la faucille, et expriment ainsi la courbure de son bec. (Ch. D.)

MENIANTHE. (*Bot.*) Voyez MENYANTHE. (L. D.)

MENICHEA. (*Bot.*) Ce genre de plantes, publié par Sonnerat, n'est qu'une espèce de *stravadium*, dans la famille des myrtées. (J.)

MÉNIDIE, *Menidia*. (*Ichthyol.*) Nom spécifique d'une ATHÉRINE. Voyez ce mot. (H. C.)

MÉNILITE. (*Min.*) Nom de lieu (Mesnil-Montant près Paris), donné à une variété de silex résinite. Voyez SILEX MÉNILITE. (B.)

MÉNIME. (*Mamm.*) Vicq d'Azyr donne ce nom à l'espèce de sarigue appelée aussi petite loutre de la Guiane, dont Illiger a formé son genre CHIRONECTE. Voyez YAPOK. (DESM.)

MENINJO, MEDINJO. (*Bot.*) Voyez CULANG. (J.)

MÉNIOQUE, *Meniocus*. (*Bot.*) Genre de plantes dicotylédones, à fleurs complètes, polypétalées, de la famille des *crucifères*, de la *tétradynamie siliculeuse*; offrant pour caractère essentiel : Un calice à quatre folioles ; quatre pétales en croix ; six étamines tétradynames, les plus grandes munies d'une dent vers le milieu du filament ; un ovaire supérieur ; un style court ; une petite silique plane, ovale, sans rebord, à deux loges séparées par une cloison membraneuse ; six à huit semences disposées sur deux rangs.

MÉNIOQUE A FEUILLES DE LIN : *Meniocus linifolius*, Dec., *Syst. veget.*, 2, pag. 525 ; *Meniocus serpyllifolius*, Desv., Journ. bot., 3, pag. 173 ; *Alyssum linifolium*, Willd., *Spec.* Plante herbacée, dont la racine est blanchâtre, simple ou rameuse, qui produit plusieurs tiges grêles, cylindriques, plus ou moins rameuses, longues de six à sept pouces, couvertes de poils étalés et blanchâtres, garnies de feuilles étroites, linéaires, blanchâtres ou d'un vert cendré, très-entières, légèrement pubescentes, longues de cinq à six lignes ; les fleurs sont disposées en grappes terminales, opposées aux feuilles ; les pédicelles très-courts ; le calice est droit, pubescent ; la corolle un peu plus longue que le calice. Le fruit est une petite silique glabre, longue de trois lignes, renfermant six semences dans chaque loge. Cette plante croît dans les environs d'Astracan, dans la Tauride, sur le Caucase, etc. (Poir.)

MÉNIPÉE, *Menipea*. (*Polyp.*) Les auteurs qui se sont le plus occupés de la connoissance de ces jolis zoophytes, dont l'aspect a quelque chose de celui des plantes, ce qui leur a valu le nom vulgaire de plantes marines, ont beaucoup varié sur la place qu'ils donnent à un certain nombre d'espèces de cellaires, dont les cellules, réunies en masses enchaînées, ont leur ouverture du même côté. Pallas en faisoit des espèces de son genre Cellulaire, qu'Ellis et Solander ont nommé Cellaire ; Gmelin les rangeoit parmi les sertulaires, et, enfin, pour Esper ce sont des tubulaires. M. de Lamarck n'a pas cru devoir les séparer des cellaires ; mais M. Lamouroux y a vu le type d'une petite coupe générique, qu'il nomme Ménipée, du nom d'une nymphe, suivant Hésiode. Ces espèces de cellaires diffèrent des autres, en ce qu'elles se bifurquent à chaque masse articulaire ; leurs rameaux se courbent en forme de panache ; les cellules, plus ou moins nombreuses, forment des masses cunéiformes, et ont leur ouverture parallèle et du même côté , ordinairement sur trois rangs. Les ménipées sont subcalcaires, très-friables ; leur couleur est d'un blanc jaunâtre à l'état de dessiccation : leur grandeur ne dépasse pas un décimètre. On les trouve attachées par des fibres nombreuses à la base des corps marins des mers équatoriales.

M. Lamouroux en caractérise quatre espèces :

La M. CIRREUSE ; *M. cirrata*, Gmel., Sol. et Ell., tom. 4, fig. *d* D. Polypier très-rameux, dichotome, recourbé ; les articulations ovales, tronquées, planes et cellifères d'un côté seulement.

M. Lamouroux rapporte à cette espèce, qui vient dé l'Inde et de la Méditerranée, le *Cellularia crispa* de Pallas.

La M. ÉVENTAIL; *M. flabellum*, Gmel., Sol. et Ell., t. 4, fig. *c* L. Les articulations de cette espèce, qui est plus en éventail que les autres, sont entières, cunéiformes et tronquées aux deux extrémités. La mer des Indes et d'Amérique ; M. de Lamarck dit l'Océan.

La M. PELOTONNÉE; *M. floccosa*, Gmel. Dans cette espèce, qui paroît très-voisine de la précédente, les articulations, également cunéiformes, sont légèrement dentelées sur les bords. L'Océan indien.

La M. HYALE; *M. hyalœa*, Lamour., Polyp., pl. 5, fig. 4, *a*, *B*, *C*, *D*. Les articulations, convexes, lisses et luisantes en arrière, concaves ou planes en avant, sont subcunéiformes, amincies sur les bords, et terminées supérieurement par deux appendices aculéiformes. De la mer des Indes. (DE B.)

MENISCIUM. (*Bot.*) Genre de plantes de la famille des fougères, voisin des genres *Hemionitis* et *Celerach*. Il a été fondé par Schreber, puis adopté par Swartz et Willdenow. Il a pour type les fougères suivantes, déjà connues : *Polypodium reticulatum*, Linn. ; *Asplenium sorbifolium*, Jacq., et *Hemionitis prolifera*, Retz. A ces fougères il faut en joindre quatre ou cinq autres espèces nouvelles.

Ce genre est caractérisé par sa fructification privée d'*indusium*, et disposée en paquets linéaires, arqués, presque parallèles et placés en travers entre les veines de la fronde. Les espèces qui le composent croissent dans l'Inde et dans l'Amérique méridionale. Nous citerons :

Le M. TRIPHYLLE ; *M. triphyllum*, Sw., Spreng., *Anleit.*, 5, tab. 3, fig. 20. A frondes composées de trois frondules : les stériles oblongues, pointues, sinuées sur les bords ; les fertiles lancéolées, pointues, également sinuées, mais moins sensiblement. Il croit en Chine et dans les Indes orientales. C'est une petite espèce de fougère.

Le M. ARBORESCENT; *M. arborescens*, Willd., Kunth, *Syn. pl. æquin.*, 1, p. 70. A fronde ailée et frondules lancéolées, acuminées, cunéiformes ou arrondies à la base, alternes, presque sessiles, ondulées, crénelées, à veines paralléles, glabres, fructifères à leur base. Cette fougère s'élève sur un tronc ou stipe arborescent, haut de six pieds. Ses frondes ont un pied de longueur. MM. Humboldt et Bonpland l'ont cueillie dans les lieux ombragés et tempérés de la Nouvelle - Andalousie, particulièrement près Caripe, à la hauteur de 480 toises, dans les missions de Chaymas. (LEM.)

MÉNISPERME , *Menispermum.* (*Bot.*) Genre de plantes dicotylédones, à fleurs dioïques, de la famille des *ménispermées*, de la *dioécie dodécandrie* de Linnæus; offrant pour caractère essentiel : 1.° dans les fleurs dioïques, un calice de six à douze folioles disposées sur plusieurs rangs, six ou huit pétales sur deux rangs; 2.° dans les fleurs *mâles*, douze à vingt-quatre étamines sur plusieurs rangs, les filamens longs, les anthères à quatre lobes; 3.° dans les fleurs *femelles*, deux ou quatre ovaires médiocrement pédicellés, munis chacun d'un style légèrement bifide au sommet; autant de drupes arrondis, réniformes, monospermes.

J'ai cité, pour le caractère essentiel de ce genre, celui présenté par M. De Candolle, et d'après lequel les ménispermes, d'abord très-nombreux, se trouvent réduits à un très-petit nombre, la plupart des espèces ayant été renfermées dans d'autres genres, surtout dans les *cocculus*. (Voyez COQUECULE.)

MÉNISPERME DU CANADA : *Menispermum canadense*, Linn., Lamk., *Ill.*, tab. 824; Duham., Arbr., 2, tab. 3. Arbuste grimpant, dont les tiges sont glabres, menues, sarmenteuses, longues de huit à dix pieds, garnies de feuilles alternes, pétiolées, peltées, en cœur, presque arrondies, glabres à leurs deux faces, un peu pubescentes dans leur jeunesse, longues d'environ trois pouces, à trois ou cinq angles : les pédoncules des fleurs mâles sont axillaires, filiformes, en grappes ramifiées, presque paniculées, soutenant de petites fleurs herbacées, munies d'un calice à huit folioles, d'autant de pétales plus courts que le calice; de seize à vingt étamines, à anthères obtuses, tétragones, à quatre sillons : les fleurs femelles sont moins nombreuses, presque en corymbe; de petites bractées lancéolées sont à la base des pédicelles. Cette plante croît dans la Caroline et au Canada, parmi les buissons, dans les bois, sur le bord des fleuves. Elle est cultivée au Jardin du

30.   3

Roi. Elle ne craint pas les grands froids. On la multiplie par semis, par marcottes et par boutures. Il lui faut un terrain substantiel et consistant. On peut l'employer à garnir des tonnelles, à couvrir la nudité des murs, à orner le tronc des arbres isolés, etc.

Il faut, d'après M. De Candolle, rapporter à ce genre le *cissampelos smilacina*, Linn., très-peu distingué de l'espèce précédente, dont il ne diffère essentiellement que par ses feuilles glauques et blanchâtres en-dessous. Il croît à la Caroline. Pursh en a mentionné une autre espèce sous le nom de *menispermum Lyoni*, *Flor. amer.*, 2, pag. 371, dont les feuilles sont en cœur, palmées et lobées, longuement pétiolées; les grappes simples; les fleurs à six pétales, à douze étamines; les baies noires et grosses. (Poir.)

MÉNISPERMÉES. (*Bot.*) Famille de plantes qui tire son nom du *menispermum*, son genre principal. Elle est rangée dans la classe des hypopétalées ou dicotylédones polypétales, à pétales et étamines insérées au support du pistil. Sa place dans la série est entre les anonées et les berbéridées. Son caractère général résulte de l'addition des caractères suivans à ceux déjà énoncés.

Les fleurs sont généralement diclines ou à sexes séparés (peut-être par suite d'avortement). Les mâles et les femelles ont également un calice composé de plusieurs sépales en nombre déterminé, disposés sur un ou deux rangs, et autant de pétales qui leur sont opposés (ceux-ci manquent quelquefois). Dans les mâles, les étamines, également en nombre déterminé, tantôt correspondent avec les pétales par ce nombre égal ou triple ou quadruple, tantôt et plus rarement cette correspondance n'a pas lieu. Leurs filets sont séparés, ou plus souvent monadelphes, c'est-à-dire, réunis en un seul corps. Les anthères, ordinairement distinctes, sont appliquées contre l'extrémité des filets, ou partent de leur sommet.

Les fleurs femelles ont un pistil composé, tantôt d'un seul ovaire contenant plusieurs loges monospermes (ou par avortement une seule), surmonté d'autant de styles et de stigmates, tantôt de plusieurs ovaires monospermes, ayant chacun leur style et leur stigmate : ces ovaires deviennent des drupes charnus ou secs, le plus souvent comprimés et courbés en forme de rein, ainsi que la graine qu'ils contiennent. L'embryon, également plus ou moins courbé, a ses cotylédons minces et plans, rapprochés ou quelquefois écartés l'un de l'autre, sa radicule presque toujours dirigée supérieurement. Il est entouré d'un périsperme charnu et mince, qui disparoît quelquefois entièrement.

La tige est généralement ligneuse et sarmenteuse : les feuilles sont alternes, pétiolées, simples ou composées. Les fleurs sont portées sur des pédoncules axillaires uni- ou multiflores.

M. De Candolle a fait la monographie de cette famille, qu'il divise en deux sections. L'une, qui ne contient que le *Schizandra* de Michaux, est caractérisée par le nombre d'étamines non correspondant à celui des pétales. Dans l'autre, qui réunit les vraies ménispermées, cette correspondance existe entre les étamines et les enveloppes florales. Les genres rapportés par l'auteur à cette section, sont le *Lardisabala* de la Flore péruvienne, le *Burasaia* et le *Spirospermum* de M. du Petit-Thouars, le *Psellium* de Loureiro, l'*Abuta* d'Aublet, le *Cissampelos* de Linnæus; le *Menispermum* du même, dont M. De Candolle a détaché le *Cocculus*, auquel il réunit comme congénères les genres *Chondodendrum* de MM. Ruiz et Pavon, *Baumgartia* de Mœnch, *Androphylax* de Wendland, *Braunea* et *Wendlandia* de Willdenow, *Cebatha* et *Leæba* de Forskal, *Fibraurea*, *Nephroia* et *Limacia* de Loureiro, *Epibaterium* de Forster. A cette série M. De Candolle propose l'addition de deux genres nouveaux, qui sont le *Stauntonia*, établi par lui et originaire de la Chine, et le *Agdestis*, publié récemment dans la Flore du Mexique. (J.)

MÉNISPERMUM. (*Bot.*) Voyez MÉNISPERME. (LEM.)

MENISPORA, Pers.; *Camptosporium*, Link. (*Bot.*) Genre de la famille des champignons, intermédiaire entre les genres *Monilia*, *Actinocladium* et *Botrytis*, selon M. Persoon. Il est formé par des fibrilles droites, presque en corymbes, portant de petits conceptacles, ou sporules linéaires, courbés en croissant.

Le *M. glaucum*, Link, Ehrenb., *Sylv. mycol.*, p. 11, croît sur la surface intérieure des écorces tombées du chêne et du bouleau, et en tout temps. Ce champignon microscopique, remarquable par ses conceptacles, forme des taches semblables à du moisi, d'une couleur blanchâtre et glauque.

Ce genre se rapproche, suivant Nées et Ehrenberg, des genres *Scolicotrichum*, Kuntze, *Fusisporium*, Lk., et *Arthrinium*, Kuntze. (Lem.)

MENNONITE ou VOLUTE MENNONITE. (*Conchyl.*) On trouve ce nom dans des conchyliologistes anciens, employé pour désigner le Cierge blanc, espèce de Cône. Voyez ces mots. (De B.)

MÉNODORE, *Menodora*. (*Bot.*) Genre de plantes dicotylédones, monopétalées, régulières, de la *diandrie monogynie* de Linnæus, offrant pour caractère essentiel : Un calice à plusieurs divisions linéaires ; une corolle à cinq divisions égales ; le tube court; deux étamines situées à l'orifice du tube ; un ovaire supérieur, échancré au sommet, à demi enfoncé dans un réceptacle charnu ; un style; un stigmate en tête ; une capsule ou une baie (?) à deux loges.

Ménodore a feuilles de ciste; *Menodorum helianthemoides*, Humb. et Bonpl., *Plant. æquin.*, 2, pag. 92, tab. 110. Petit arbuste dont les tiges sont couchées, pileuses, quadrangulaires, relevées vers leur sommet, longues de quatre à six pouces, garnies de feuilles presque sessiles, opposées, ovales-lancéolées, pileuses, presque entières, longues de cinq à six lignes, larges de deux ; les fleurs sont solitaires, axillaires, latérales, terminales; les pédoncules à peine de la longueur des feuilles; les divisions du calice droites, profondes, linéaires, aiguës; la corolle est monopétale, régulière ; le tube court, cylindrique, pileux à son sommet ; le limbe à cinq découpures étalées, ovales, alongées: les étamines sont insérées au sommet du tube, plus courtes que la corolle ; les anthères à deux lobes, attachées par leur milieu ; l'ovaire est supérieur, bilobé à son sommet, enfoncé à sa base dans un disque charnu; le style plus long que les étamines; le stigmate en tête. Le fruit paroit être une baie ou une capsule à deux loges, renfermant quelques semences.

Cette plante croît au Mexique, sur les collines. Les vaches, les mulets et les moutons la broûtent avec avidité, d'où lui vient son nom, composé de deux mots grecs, *menos* et *doron*, qui donne de la force. Son fruit étant imparfaitement connu, il n'est pas possible d'établir avec certitude la place qu'elle doit occuper parmi les familles naturelles ; elle paroît se rapprocher des *jasminées* ou des *gentianées*. (Poir.)

ME-NO-KI. (*Bot.*) Nom japonois d'un micocoulier, *celtis orientalis*, cité par M. Thunberg. (J.)

MENON. (*Mamm.*) C'est, dans le Levant, le nom particulier de la race de chèvre dont la peau sert à faire le maroquin. (F. C.)

MÉNONVILLÉE, *Menonvillea.* (*Bot.*) Genre de plantes dicotylédones, à fleurs complètes, polypétalées, régulières, de la famille des *crucifères*, de la *tétradynamie siliculeuse* de Linnæus, dont le caractère essentiel est d'avoir : Un calice à quatre folioles droites, un peu en bosse à leur base ; quatre pétales linéaires, entiers, en croix ; six étamines tétradynames, sans dents ; un ovaire supérieur, pedicellé ; un style ; un stigmate presque en tête ; une petite silique à deux loges convexes sur le dos, étalée en lame à son bord, formant comme deux disques parallèles ; dans chaque loge une semence ovale, comprimée, non échancrée.

Ménonvillée linéaire ; *Menonvillea linearis*, Decand., *Syst. veg.*, 2, p. 420. Cette plante a des racines dures, épaisses, perpendiculaires, presque simples, écailleuses à leur collet ; il s'en élève plusieurs tiges courtes, vivaces, un peu ligneuses, cendrées ; les feuilles radicales sont glabres, droites, touffues, linéaires, entières, ou grossièrement dentées en scie vers leur sommet, quelquefois presque pinnatifides, longues d'environ deux pouces ; les caulinaires éparses, linéaires, distantes, entières, à peine longues d'un pouce. Les fleurs sont disposées en grappes droites, terminales, longues d'environ deux pouces ; les pédicelles courts, filiformes ; les folioles du calice linéaires, obtuses, membraneuses à leurs bords ; les pétales linéaires, une fois plus longs que le calice ; de grosses glandes à quatre lobes sont placées entre le pistil et les deux étamines intérieures ; la silique est petite, glabre, ovale, orbiculaire, légèrement pédicellée ; les semences sont roussâtres. Cette plante croît au Pérou. Elle forme un genre consacré à la mémoire de Thiéry de Ménonville, qui se rendit dans l'Amérique espagnole pour la recherche de la cochenille, et du cactus qui la nourrit, qu'il fit transporter aux Antilles. (Poir.)

MENSANA, MAHENDANE. (*Bot.*) Noms arabes de l'é-
purge, *euphorbia lathyris*, selon Daléchamps. (J.)

MENSCHENETER. (*Ornith.*) Nom flamand du vautour du
Brésil, *vultur urubu*, Linn. (Cн. **D.**)

MENSONI. (*Bot.*) Nom japonois de l'*ornithogalum japoni-
cum* de M. Thunberg, déjà cité sous celui de *kui-simira*, d'a-
près Kæmpfer. (J.)

MENSTRUE. (*Chim.*) Nom que les anciens employoient
comme synonyme de dissolvant ; il n'est presque plus usité.(Cн.)

MENTAVAZA. (*Ornith.*) L'oiseau gris que, selon Flacourt
(Histoire de Madagascar, pag. 165), on appelle ainsi dans
cette île, est de la taille d'une perdrix ; il a le bec long et
crochu, fréquente les bords de la mer, et est de très-bon
goût. Le même auteur désigne ensuite, sous le nom de
mentavaza-angathou, un autre oiseau aquatique de la même
couleur et de la même taille, mais qui en diffère en ce qu'il
a le bec droit et plus petit. Ne seroit-il pas ici question d'un
courlis et d'un chevalier ? (Cн. **D.**)

MENTE. (*Bot.*) Voyez Menthe. (L. **D.**)

MENTENEH. (*Bot.*) Nom arabe, signifiant fétide, donné
à une anserine, *chenopodium murale*, suivant M. Delile. (J.)

MENTHA. (*Bot.*) Ce nom, appartenant spécialement à un
genre de plantes labiées, a été donné à d'autres labiées,
telles que des cataires, des basilics, une sarriète, un *hyptis.*
On trouve encore sous le nom de *mentha corymbifera*, soit
la menthe-coq, *balsamita*, soit l'eupatoire de Mésué, *achillea
ageratum ;* sous celui de *mentha sarracenica*, la ptarmique,
achillea ptarmica ; sous celui de *mentha lutea*, l'herbe de Saint-
Roch, *inula dysenterica.* (J.)

MENTHASTRUM. (*Bot.*) Clusius et Brunfels donnent ce
nom à quelques espèces de menthe. Le *mentastro* des Portugais du Brésil est le *camara* des Brésiliens, le *lantana* des
botanistes. (J.)

MENTHE; *Mentha*, Linn. (*Bot.*) Genre de plantes dicotylédones monopétales de la famille des *labiées*, Juss., et de la
didynamie gymnospermie, Linn., dont les principaux caractères sont d'avoir : Un calice monophylle, tubuleux, à cinq
dents presque égales ; une corolle monopétale, à quatre lobes
presque égaux, le supérieur ordinairement plus large que les

autres et un peu échancré; quatre étamines didynames, droites, écartées; un ovaire supère, quadrifide, du milieu duquel s'élève un style filiforme, terminé par deux stigmates divergens.

Les menthes sont des plantes herbacées, presque toutes vivaces, à tiges plus ou moins tétragones, garnies de feuilles simples, opposées, et à fleurs petites, disposées, un assez grand nombre ensemble, par verticilles rapprochés en épi ou en tête au sommet des rameaux, ou écartés les uns des autres dans les aisselles des feuilles. On en connoît soixante et quelques espèces, qui croissent en général dans les contrées tempérées des différentes parties du monde, mais dont la majeure partie cependant appartient à l'Europe; en France seulement on en trouve près de vingt, parmi lesquelles nous citerons les suivantes, dont plusieurs ont des propriétés qui les font employer en médecine.

* *Verticilles de fleurs rapprochés en épi au sommet des tiges et des rameaux.*

MENTHE SAUVAGE : *Mentha sylvestris*, Linn., *Spec.*, 804; *Menthastrum*, Dod., *Pempt.* 96. Sa tige est cotonneuse, ainsi que toute la plante, droite, haute d'un pied à dix-huit pouces, garnie de feuilles sessiles, oblongues-lancéolées, inégalement dentées, blanchâtres. Ses fleurs sont d'un rouge clair, disposées en épis alongés; leurs étamines sont plus longues que les corolles. Cette espèce croît dans les prairies humides, en France, en Allemagne, en Angleterre.

MENTHE A FEUILLES RONDES, vulgairement BAUME SAUVAGE : *Mentha rotundifolia*, Linn., *Spec.*, 805; *Menthastrum anglicum*, Rivin, t. 51. Sa tige est droite, haute d'un pied à dix-huit pouces, cotonneuse, garnie de feuilles sessiles, ovales ou arrondies, ridées en-dessus, tomenteuses et blanchâtres en-dessous, dentées en leurs bords. Ses fleurs sont blanches ou d'un rouge très-clair, disposées en épis alongés; leurs étamines sont plus longues que les corolles, et les calices presque glabres, à dents très-courtes. Cette plante est commune dans les lieux humides, et sur les bords des chemins et des fossés, en France, en Angleterre et en Allemagne.

MENTHE CRÉPUE : *Mentha crispa*, Linn., *Spec.*, 805; Rivin, t. 50. Cette espèce diffère de la précédente par ses feuilles bordées de grandes dents inégales ; par ses fleurs, dont les étamines sont plus courtes que la corolle , et surtout par ses calices très-velus, à dents presque égales aux corolles. Ce dernier caractère la distingue suffisamment. Ses fleurs sont d'un rouge très-clair, disposées de même en épis alongés. On la trouve en France, en Suisse, en Allemagne et ailleurs.

MENTHE VERTE , vulgairement BAUME VERT : *Mentha viridis*, Linn., *Spec.*, 804 ; *Mentha quarta*, Dod. , *Pempt.*, 95. Sa tige est droite, glabre comme toute la plante, haute d'un pied à dix-huit pouces, garnie de feuilles lancéolées, sessiles, bordées de dents écartées. Ses fleurs sont purpurines, nombreuses à chaque verticille , et disposées en épi alongé ; les étamines sont plus longues que la corolle. Cette espèce croit en France, en Allemagne , en Suisse, en Angleterre.

MENTHE POIVRÉE; *Mentha piperita*, Smith , *Flor. Brit.*, 2 , p. 613. Sa tige est droite, rameuse, un peu velue, haute d'un pied et demi à deux pieds, garnie de feuilles pétiolées, ovales-aiguës ou ovales-lancéolées, quelquefois tout-à-fait lancéolées, dentées, glabres et d'un vert foncé en-dessus. Ses fleurs sont purpurines, nombreuses à chaque verticille ; elles forment, au sommet des tiges, un épi obtus, interrompu à la base ; leurs calices sont striés, glanduleux, et les étamines plus courtes que la corolle. Cette menthe paroit être originaire d'Angleterre, et on la cultive fréquemment dans les jardins : c'est l'espèce dont on fait le plus d'usage en médecine.

✱✱ *Verticilles de fleurs peu nombreux et presque rapprochés en tête au sommet de la tige et des rameaux.*

MENTHE ODORANTE : *Mentha odorata*, Smith , *Flor. Brit.*, 2 , p. 615; *Engl. Bot.*, t. 1025. Sa tige est droite, rameuse, haute d'un pied et demi à deux pieds, garnie de feuilles cordiformes , pétiolées, glabres. Ses fleurs sont purpurines, disposées en trois verticilles, dont le supérieur arrondi, les deux inférieurs un peu écartés, axillaires et pédonculés ; les calices sont très-glabres , et les étamines contenues dans la corolle. Cette espèce croit au bord des rivières, dans la Belgique et en Allemagne.

MENTHE VELUE : *Mentha hirsuta*, Linn., *Mant.*, 81 ; *Mentha palustris spicata*, Rivin, t. 49. Sa tige est haute d'un pied et demi à deux pieds, velue, ainsi que toute la plante, garnie de feuilles pétiolées, ovales en cœur, dentées. Ses fleurs sont purpurines, disposées en trois verticilles, dont l'inférieur écarté, et les deux supérieurs formant une tête ovale; les étamines sont plus longues que la corolle. Cette menthe croît dans les lieux humides et marécageux en France, en Hollande, en Allemagne, en Angleterre.

MENTHE AQUATIQUE; *Mentha aquatica*, Linn., *Spec.*, 805. Cette espèce ressemble beaucoup à la précédente; mais sa tige et ses feuilles sont glabres. Elle croît dans les lieux humides et sur le bord des eaux, en France et dans le Nord de l'Europe.

✱✱✱ *Verticilles de fleurs éloignés les uns des autres,*
et placés dans les aisselles des feuilles.

MENTHE CULTIVÉE: *Mentha sativa*, Linn., *Spec.*, 805; *Engl. Bot.*, t. 448. Sa tige est droite, simple ou peu rameuse, haute d'un pied à un pied et demi, glabre, garnie de feuilles ovales, aiguës, dentées et pétiolées. Ses fleurs purpurines, à étamines plus longues que la corolle, forment plusieurs verticilles dans les aisselles des feuilles supérieures. Cette espèce croît dans les lieux humides en France et dans le Midi de l'Europe.

MENTHE APPARENTÉE : *Mentha gentilis*, Linn., *Spec.*, 805; *Mentha arvensis verticillata versicolor*, Moris., sect. 11, t. 7, fig. 5. Sa tige est un peu velue, haute d'un pied ou environ, très-rameuse, garnie de feuilles ovales, pétiolées, dentées. Ses fleurs sont purpurines, à étamines plus courtes que la corolle; elles forment, dans les aisselles des feuilles supérieures, des verticilles presque sessiles : les calices sont campanulés, glabres à leur base, ainsi que les pédicelles. Cette plante croît sur les bords des fossés en France et dans le Midi de l'Europe.

MENTHE POULIOT, vulgairement POULIOT : *Mentha pulegium*, Linn., *Spec.*, 807 ; *Pulegium*, Fuchs., *Hist.*, 198. Sa tige est presque cylindrique, pubescente, très-rameuse, couchée à sa base, longue de six à douze pouces, garnie de feuilles ovales, obtuses, à peine dentées. Les fleurs, purpurines et disposées par verticilles épais, occupent une grande partie de la longueur des tiges. Cette menthe croît dans les lieux humides et sur les bords des fossés, en France, en Allemagne, en Suisse, en Angleterre.

Menthe des cerfs : *Mentha cervina*, Linn., *Spec.*, 807 ; *Pulegium angustifolium*, Moris., sect. 11, t. 7, fig. 7. Sa tige est très-rameuse, couchée à sa base, glabre, longue de six à douze pouces, garnie de feuilles linéaires-lancéolées. Ses fleurs sont purpurines ou blanches, et disposées en verticilles épais dans les aisselles des feuilles supérieures. Cette plante croit dans les lieux humides du Midi de la France.

Les menthes sont des plantes très-anciennement connues. Μίνθος ou μίνθη paroissent être les premiers noms sous lesquels elles furent désignées, et ils rappellent une de ces métamorphoses dans lesquelles la brillante imagination des Grecs se plaisoit à chercher l'origine des différens êtres qui peuplent la terre. Voici comme Oppien, poëte grec, raconte cette fable. Pluton, épris d'amour pour Minthe, fille du Cocyte, devint infidèle à la fille de Cérès, qui, ayant surpris sa rivale avec son époux, s'en vengea en la changeant en plante. Ovide indique aussi cette métamorphose en quelques mots :

> *An tibi quondam*
> *Femineos artus in olentes vertere menthas*
> *Persephone licuit ?*   (*Metam. X.*)

L'agréable odeur de la menthe lui fit aussi donner le nom d'ηδυοσμος, qui répond assez à celui de baume ; dénomination qu'on donne vulgairement à plusieurs espèces de menthes. Mais les Latins lui conservèrent de préférence son premier nom, et ils l'appelèrent toujours *mentha*.

Célébrées dans la mythologie, les menthes étoient également, dès la plus haute antiquité, estimées comme plantes utiles, et l'on voit la menthe, cultivée sous les noms de μίνθος et ηδυοσμον, faire déjà partie de la matière médicale d'Hippocrate. Théophraste et Dioscoride en font mention sous se dernier nom.

Avec quelques notions exactes sur les vertus de la menthe, on trouve dans les anciens un plus grand nombre de superstitions ridicules : ainsi, pour guérir les maladies de la rate, il falloit, pendant neuf jours, manger quelques feuilles de

menthe sur le pied même sans les cueillir, et prononcer en
même temps certaines paroles. Pour que cette plante, pul-
vérisée, pût produire un effet salutaire contre les douleurs
d'estomac, il falloit ne prendre cette poudre qu'avec trois
doigts. Selon Dioscoride, la menthe excite à l'amour ; mais
bientôt après le même auteur ajoute que cette plante, appliquée sur l'organe sexuel des femmes, les empêche de concevoir.
Hippocrate et Pline assurent qu'elle refroidit, énerve et rend
impropre à exercer l'acte vénérien. C'est d'après Dioscoride
qu'on a souvent répété que l'immersion de la menthe dans du
lait l'empêchoit de se coaguler et d'être converti en fromage,
et que son application sur les mamelles distendues par ce
fluide le détournent de ces organes. De là aussi est venu
l'emploi assez fréquent qu'on faisoit autrefois de cette plante
pour favoriser l'absorption du lait amassé dans les mamelles
des nourrices, et pour en faire cesser la sécrétion.

Non-seulement les anciens faisoient un usage fréquent des
menthes comme remèdes, mais elles leur servoient aussi
comme plantes d'agrément. Pline nous apprend qu'on s'en
couronnoit et qu'on en parfumoit les tables dans les repas
champêtres. Mais il est temps de nous occuper de ces plantes
sous le rapport de leurs propriétés plus positives, celles qui
leur ont été reconnues par les modernes.

Les menthes peuvent être considérées comme un des genres
dont les espèces offrent le plus d'uniformité dans leurs vertus, et parmi les labiées elles paroissent être celles qui jouissent dans le plus haut degré de la propriété tonique et excitante qui appartient en général à toutes les plantes de cette
famille. Elles ont toutes une odeur agréable, pénétrante,
plus ou moins exaltée : leur saveur est amère, aromatique,
un peu camphrée, et l'impression qu'elles font sur la langue
est d'abord chaude ; mais elles laissent un sentiment de fraî-
cheur piquante assez durable. La dessiccation paroit plutôt
augmenter que diminuer ces qualités, qui sont dues à un
principe gommo-résineux, amer, un peu âcre, et à une
huile volatile très-odorante ; principes plus solubles dans
l'alcool que dans l'eau.

L'emploi des menthes est avantageux toutes les fois qu'il
est nécessaire de ranimer les forces, surtout celles du sys-

tême nerveux ; l'impression fortifiante qu'elles portent sur l'estomac, est bientôt transmise par les nerfs à tout l'organisme. Les cas dans lesquels on peut en faire l'application sont nombreux ; mais il suffira d'indiquer ici les principales maladies dans lesquelles ces plantes paroissent plus particulièrement devoir être utiles. On prescrit les menthes contre les débilités de l'estomac, les flatuosités qui ont pour cause l'atonie du système digestif, les vomissemens spasmodiques, les coliques nerveuses, l'hypocondrie, l'hystérie, la céphalalgie : on les conseille aussi dans les fièvres accompagnées de symptômes nerveux, dans les affections soporeuses, la paralysie, l'asthme humide, les catarrhes atoniques des vieillards, la leucorrhée, le défaut de menstruation.

Jouissant toutes des mêmes propriétés, les différentes menthes pourroient être employées dans les cas ci-dessus ; mais on préfère le plus souvent pour l'usage la menthe crépue, et surtout la menthe poivrée. Cette dernière est celle qui possède dans le degré le plus éminent l'odeur, la saveur et toutes les qualités propres aux autres plantes de ce genre. On la donne le plus souvent en infusion aqueuse et théiforme.

Dans les pharmacies, la menthe poivrée sert à plusieurs préparations : on en fait une eau distillée, une teinture alcoolique, une conserve, et l'on en retire une huile essentielle. L'eau distillée s'emploie dans les potions antispasmodiques et stomachiques, à la dose d'une à quatre onces ; elle fait la base d'une potion, très-estimée et très-efficace contre les vomissemens nerveux, dans laquelle elle entre à la dose de quatre onces, et dont les autres ingrédiens sont une once de sirop de limon et un demi-gros de carbonate de potasse. La teinture alcoolique et l'huile essentielle se donnent dans les potions cordiales ; la première à la dose d'un à deux gros sur quatre à cinq onces de liquide, et la seconde à celle de deux à quatre gouttes.

C'est avec la même espèce qu'on fait une excellente liqueur de table, et les pastilles de menthe si connues et si agréables. Les parfumeurs se servent de son huile essentielle pour aromatiser des huiles et des pommades destinées à la toilette.

Dans les cuisines on emploie quelquefois les feuilles de la menthe poivrée dans les ragoûts, dans les sauces. Quelques personnes les mêlent dans les salades, pour les aromatiser et en relever la saveur. La menthe cultivée et la menthe verte sont aussi assez souvent employées à ces derniers usages.

Il y a quelques années que M. Astier, alors pharmacien à l'hôpital d'Alexandrie, a recommandé l'emploi d'une forte infusion de menthe poivrée, en lotions, contre la gale, et les expériences faites à ce sujet dans les hôpitaux ont confirmé l'efficacité de ce remède, qu'il faut employer quinze jours de suite pour obtenir une guérison complète. Depuis M. Astier, M. Boullay, pharmacien à Paris, a proposé de substituer à ces lotions une pommade de moelle de bœuf et d'essence de menthe poivrée : on s'en serviroit pour faire des frictions comme avec les onguens antipsoriques.

La menthe crépue étoit autrefois plus usitée que la menthe poivrée, qu'on lui a substituée depuis ; car, dans le *Codex* de l'ancienne faculté, la première est citée comme devant faire partie d'un assez grand nombre de compositions pharmaceutiques, dont la plus grande partie est aujourd'hui tombée en désuétude.

Les autres espèces qui ont été employées ou qui le sont encore quelquefois, sont ; 1.º la menthe à feuilles rondes, connue aussi sous les noms de menthe sauvage et de baume d'eau à feuilles ridées; 2.º la menthe apparentée, vulgairement menthe commune, baume des jardins, herbe de cœur; 3.º la menthe verte ou à feuilles étroites, nommée encore menthe à épi, menthe de Notre-Dame, menthe romaine ; 4.º la menthe aquatique, communément menthe rouge, baume d'eau à feuilles rondes ; 5.º la menthe pouliot, ou tout simplement le pouliot, et 6.º enfin, la menthe des cerfs ou menthe cervine.

Parmi ces dernières espèces, celle qui a eu le plus de réputation, comme possédant des vertus particulières, est la menthe pouliot. Peu de plantes étoient plus estimées et plus employées qu'elle dans la médecine ancienne. On avoit une si haute idée de ses propriétés, qu'on alloit jusqu'à croire qu'il suffisoit d'en porter une couronne pour guérir les maux de tête et les vertiges, et qu'on pouvoit s'exposer au soleil le plus ardent sans éprouver de sueur, lorsqu'on avoit eu soin d'en placer derrière ses oreilles. Le nom de *mentha podagraria* qu'a porté cette espèce, atteste qu'elle a eu une grande réputation contre la goutte. Elle a passé aussi pour vermifuge, et des médecins recommandables en ont voulu faire un spécifique contre la toux convulsive. Aujourd'hui le pouliot n'est plus guère usité; cependant, à cause de son odeur forte, pénétrante, et à cause de son amertume et de son âcreté, il doit être considéré comme une des menthes les plus énergiques. (L. D.)

MENTHE A BOUQUETS. (*Bot.*) Nom vulgaire de la balsamite odorante. (L. D.)

MENTHE DE CHAT. (*Bot.*) C'est la cataire commune. (L. D.)

MENTHE DE CHEVAL. (*Bot.*) C'est la menthe sauvage. (L. D.)

MENTHE COMMUNE. (*Bot.*) C'est la menthe apparentée, *mentha gentilis.* (L. D.)

MENTHE COQ. (*Bot.*) C'est la balsamite odorante; voyez tom. III, pag. 487. (L. D.)

MENTHE A ÉPI ou MENTHE DE NOTRE-DAME. (*Bot.*) Noms vulgaires de la menthe verte. (L. D.)

MENTHE GRECQUE. (*Bot.*) Autre nom vulgaire de la balsamite odorante. (L. D.)

MENTHE A GRENOUILLES. (*Bot.*) Nom vulgaire de la menthe aquatique. (L. D.)

MENTHE ROMAINE. (*Bot.*) Ce nom est commun à plusieurs espèces de menthes, comme *mentha gentilis, viridis* et *sativa*, et à la balsamite odorante. (L. D.)

MENTHE ROUGE. (*Bot.*) C'est la menthe aquatique. (L. D.)

MENTHE DE SAINTE-MARIE. (*Bot.*) C'est encore un des noms vulgaires de la balsamite odorante. (L. D.)

MENTHE SAUVAGE. (*Bot.*) On donne vulgairement ce nom à plusieurs espèces de cataire, et à la menthe à feuilles rondes. (L. D.)

MENTIANE. (*Bot.*) Nom vulgaire de la viorne. (L. D.)

MENTON ou GANACHE, *Mentum.* (*Entom.*) On nomme ainsi, dans les insectes, la partie cornée de la tête qui soutient la lèvre inférieure. Voyez Bouche, tom. V, pag. 248. (C. D.)

MENTONNIER. (*Ichthyol.*) Nom spécifique d'un Tricho-
pode. Voyez ce mot. (H. C.)

MENTZÈLE, *Mentzelia*. (*Bot.*) Genre de plantes dicotylédones, à fleurs complètes, polypétalées, régulières, de la
famille des *loasées*, de la *polyandrie monogynie* de Linnæus,
offrant pour caractère essentiel : Un calice à cinq folioles ;
cinq pétales attachés au collet du calice ; des étamines nombreuses ; un ovaire inférieur ; un style ; un stigmate ; une
capsule cylindrique, uniloculaire, polysperme, s'ouvrant en
trois valves à son sommet.

Mentzèle rude : *Mentzelia aspera*, Linn. ; Plum., *Gen.*, 41,
tab. 6 ; Burm., *Amer.*, tab. 174, fig. 1. Cette plante est
hérissée sur toutes ses parties de poils nombreux, terminés
en une petite étoile à rayons courbés en hameçon et accro-
chans. Les tiges sont herbacées, diffuses, rameuses, garnies
de feuilles alternes, pétiolées, ovales-oblongues, aiguës,
longues d'environ deux pouces, souvent divisées plus ou moins
profondément en trois lobes, les deux latéraux très-courts,
obtus, dentés en scie, d'un vert foncé à leurs deux faces.
Les fleurs naissent dans les aisselles des feuilles supérieures ;
elles sont jaunes, solitaires, un peu pédonculées, assez grandes ; les folioles du calice lancéolées, aiguës, caduques ; les
pétales crénelés, obtus à leur sommet ; les étamines nombreuses, de la longueur du calice. Le fruit est une capsule
hérissée, alongée, cylindrique. Cette plante croît au Mexique.

Mentzèle hispide : *Mentzelia hispida*, Juss., Ann. Mus., 3,
pag. 14 ; Lamk., *Ill. gen.*, tab. 425 ; *Mentzelia aspera*, Cavan.,
Icon. rar., 1, pag. 51, tab. 70. Confondue avec l'espèce précédente, celle-ci en diffère par ses tiges, ses feuilles et ses
fleurs. Ses racines produisent plusieurs tiges rudes et ramifiées ; les rameaux inférieurs dichotomes ; les feuilles alternes, très-peu pétiolées, sessiles, ovales-lancéolées, en cœur
à leur base, crénelées et à doubles dentelures ; les supérieures presque opposées à la bifurcation des rameaux : les
fleurs presque sessiles, axillaires, solitaires dans la bifurcation des rameaux ; leur calice turbiné, alongé ; ses folioles
longues, aiguës ; les pétales entiers, arrondis, acuminés,
plus longs que le limbe du calice. Cette plante croît au
Mexique.

On trouve une troisième espèce de *Mentzelia* dans le *Magaz. botan.*, tab. 1760, sous le nom de *Mentzelia olygosperma*. Ce genre a été consacré par Plumier à Mentzelius, médecin de l'électeur de Brandebourg, qui a fait figurer plusieurs jolies plantes. (Pois.)

MENU. (*Ichthyol.*) Nom spécifique d'un cycloptère que nous avons décrit dans ce Dictionnaire, t.ᵉ XII, p. 295. (H. C.)

MENUET ou MENUCHON ROUGE. (*Bot.*) **Noms** vulgaires du mouron des champs. (L. D.)

MENUISAILLE et MENUISE. (*Ichthyol.*) **Les pêcheurs,** dans beaucoup de cantons, emploient ces mots comme des synonymes de Frétin. (H. C.)

MENUISIÈRES [ABEILLES]. (*Entom.*) Réaumur a nommé ainsi les espèces d'abeilles qui déposent leurs larves dans le bois, qu'elles coupent et perforent. On en a fait depuis le genre Xylocope. L'*abeille violette* de Linnæus et de Geoffroy est de ce nombre. Voyez, dans ce Dictionnaire, la planche 29, n.ᵒ 1. (C. D.)

MENU-PENSÉE. (*Bot.*) Variété de la pensée ou violette tricolore. (L. D.)

MENURE ; *Mœnura*, Shaw. (*Ornith.*) Cet oiseau, de la Nouvelle-Hollande, a le bec triangulaire et plus large que haut à la base, sur laquelle se projettent des plumes sétacées partant du front. La mandibule supérieure, qui est presque droite, s'incline un peu vers la pointe ; les narines, situées au milieu, sont garnies d'une membrane : les tarses, dénués d'éperons, sont maigres et recouverts en devant de larges écailles ; leur longueur est double de celle de l'intermédiaire des trois doigts de devant, qui est uni à l'extérieur jusqu'à la seconde articulation : les ongles, aussi larges qu'épais, sont peu courbés et obtus ; celui du pouce est le plus alongé : les ailes sont courtes et concaves ; la première rémige est la plus courte, et les huit suivantes augmentent graduellement en longueur ; les pennes caudales, très-longues, ont des formes diverses.

Les deux plus longues pennes de la queue des mâles représentant les branches d'une lyre, cette circonstance a tellement frappé les yeux, que plusieurs naturalistes en ont tiré la dénomination générique de l'oiseau. Un d'eux, qui a

conservé, pour le genre, celle de *ménure*, originairement
donnée par les auteurs anglois, a même créé une famille de
ce nom, quoique cette extension fût encore moins naturelle pour un attribut purement spécifique, que très-vraisem-
blablement d'autres espèces n'offriroient pas, si l'on en dé-
couvroit par la suite, et auxquelles, d'après cela, les noms
générique ou de famille ne conviendroient plus, quand elles
en réuniroient les autres caractères.

Le ménure est de la taille des faisans, et les Anglois le
nomment *faisan de montagne* dans les cantons rocailleux de la
Nouvelle-Hollande, où il se tient sur les arbres, et n'en
descend que pour chercher sa nourriture. C'est, en effet,
avec cet oiseau et avec le petit tétras, qu'il paroît avoir le
plus de rapports : aussi avoit-on d'abord rangé près d'eux les
individus qui existent au Muséum de Paris; mais plusieurs
considérations ont fait juger, depuis, que le ménure devoit
être plutôt un passereau qu'un gallinacé, et on l'a trans-
porté près des merles, parmi les insectivores. C'est également la place que ce genre occupe dans le système ornithologique de M. Temminck, dont l'analyse est en tête de la
seconde édition de son Manuel. L'opinion de ce naturaliste et
celle de M. Cuvier, relativement à la nature des alimens dont
se nourrit l'oiseau, paroissent avoir pour base principale la
remarque, par eux faite, que le bec est légèrement échancré
vers la pointe. M. Vieillot, qui annonce cette partie comme
entière, le place entre les calaos et l'hoazin ou sasa. Au
reste, on a maintenant d'assez fréquentes relations avec la
Nouvelle-Hollande, pour espérer que l'état d'incertitude
dans lequel nous sommes encore sur le genre de vie du ménure ne subsistera pas long-temps, puisque, en supposant
qu'on n'eût pas l'occasion d'étudier ses mœurs, une prompte
dissection d'individus tués suffiroit pour résoudre la question.

M. Parkinson ayant procuré aux auteurs de l'Histoire naturelle des *Oiseaux dorés* les individus qu'ils ont les premiers
fait peindre en France, il n'est pas étonnant qu'ils aient désigné l'unique espèce du genre sous le nom de *Ménure Parkinson;* et l'on auroit suivi leur exemple dans ce Dictionnaire, si, en écartant le nom de *lyre*, comme terme générique, il n'avoit paru naturel de le conserver à l'espèce que.

5o. 4

seul, il désigne si bien qu'on pourroit se dispenser, pour le mâle, d'une plus ample description.

MÉNURE PORTE-LYRE; *Mænura lyrata*, Dum. Cet oiseau, très-bien figuré, pl. 15 et 16, à la suite des Paradisiers, dans le second volume des *Oiseaux dorés*, de feu Audebert et de M. Vieillot, a environ trente-huit pouces de longueur totale, et quinze du bout du bec à l'origine de la queue. Quoique le ménure ne brille ni par le luxe ni par la richesse du plumage, il peut figurer parmi les plus beaux oiseaux. A la taille élégante du faisan il joint le port et la démarche du paon, et le mâle se fait surtout remarquer par la forme extraordinaire de sa queue, qu'il tient relevée lorsqu'il est à terre. Des seize pennes qui la composent, douze ne présentent qu'une tige garnie de filets presque parallèles et très-écartés dans toute sa longueur, à l'exception de la base, où l'espace qui sépare ces filets est rempli par des barbules soyeuses; deux pennes, qui partent du centre, ne sont garnies que d'un seul rang de barbes serrées et étroites, et se recourbent en arc, chacune de leur côté; enfin, les deux pennes externes ayant la figure d'une S dans un sens opposé aux précédentes, et dont les barbes extérieures sont très-courtes, tandis que les barbes intérieures sont grandes et serrées, forment un large ruban, avec des bandes régulières, alternativement brunes et rousses, dont une partie a la transparence du cristal, et qui, à l'extrémité, sont d'un noir velouté, frangé de blanc. La gorge, les couvertures et les pennes des ailes sont rousses; les autres pennes sont d'un gris brun sur le corps et cendrées en-dessous. Les plumes du dessus de la tête sont assez alongées pour former une petite huppe.

La femelle, d'une taille un peu inférieure à celle du mâle, n'a que douze pennes caudales, étagées, dont la forme ne présente rien de particulier. Ses plus longues pennes ont environ dix-sept pouces, et les plus extérieures n'en ont que dix. Les plumes de sa tête sont plus courtes, et son plumage est, en général, d'un brun sale foncé, à l'exception du ventre, qui est cendré. Il y a peu de différence entre la femelle et les jeunes mâles jusqu'à ce que ceux-ci aient subi leur première mue. (CH. D.)

MÉNYANTHE; *Menyanthes*, Linn. (*Bot.*) Genre de plantes

dicotylédones monopétales, de la famille des *gentianées*, Juss.,
et de la *pentandrie monogynie*, Linn., dont les principaux caractères sont : Un calice monophylle, à cinq divisions profondes; une corolle monopétale, infondibuliforme, à limbe partagé en cinq lobes, chargés de cils nombreux; cinq étamines
alternes avec les divisions de la corolle et à anthères bifides
à leur base; un ovaire supère, surmonté d'un style terminé
par un stigmate à deux lobes; une capsule globuleuse, à une
loge, à deux valves, contenant des graines nombreuses,
attachées le long de deux réceptacles parallèles aux valves.

Les ményanthes sont des plantes herbacées, naturelles aux
lieux aquatiques. On n'en compte plus que trois espèces,
depuis que plusieurs autres plantes, qui en faisoient autrefois partie, ont servi à établir le genre *Villarsia*.

MÉNYANTHE TRIFOLIÉ; vulgairement TRÈFLE AQUATIQUE, TRÈFLE
DES MARAIS : *Menyanthes trifoliata*, Linn., *Spec.*, 208; Bull.
Herb., tab. 131. Sa racine est vivace, grosse comme une
plume à écrire, noueuse, jaunâtre, horizontale : elle produit
une tige nue, cylindrique, haute de huit à douze pouces,
terminée par vingt à vingt-cinq fleurs blanches, mêlées
d'une légère teinte purpurine, portées chacune sur un pédoncule muni d'une bractée à sa base, et disposées en une
grappe d'un charmant aspect. Ses feuilles sont toutes radicales, longuement pétiolées, en petit nombre à côté des tiges,
et composées de trois folioles ovales-oblongues, d'un vert
foncé, très-glabres, ainsi que toute la plante. Celle-ci croît
dans les prés humides et marécageux, en France, en Europe
et dans l'Amérique septentrionale.

Ses racines et ses feuilles ont une forte saveur amère :
leurs propriétés sont d'être toniques, fébrifuges, anthelmin-
tiques; on les a aussi regardées comme diurétiques, fondantes
et emménagogues. Le scorbut est une affection dans laquelle
le ményanthe a été le plus vanté et le plus usité, et on cite
un grand nombre d'exemples de cette maladie guérie avec
le suc de cette plante, ou avec sa décoction dans la bière
ou dans l'eau. Le ményanthe a aussi été employé avec avantage dans les scrophules, l'hydropisie, l'ictère, les obstruc-
tions abdominales, la goutte, les rhumatismes chroniques,
les fièvres intermittentes; on en a aussi fait usage contre les

vers, l'hypocondrie, la paralysie, les dartres, les maladies cutanées en général, la phthisie. Enfin, dans certains pays on a fait de cette plante une sorte de panacée, et on l'a conseillée dans une foule d'autres maladies.

La dose des racines et des feuilles de ményanthe est de deux gros à une once en décoction dans une pinte d'eau; sèches et réduites en poudre, on les donne depuis vingt-quatre grains jusqu'à deux gros. Le suc exprimé de la plante fraîche peut être administré à la quantité d'une à deux onces, et même plus; enfin, l'extrait à celle d'un à deux gros.

En Suède et dans quelques pays du Nord, on emploie, dans la fabrication de la bière, les feuilles de cette plante en place de houblon. Les bestiaux en général ne paroissent pas s'en soucier: la chèvre est le seul animal qui les mange, et même elle paroît en être avide.

Les racines du ményanthe contiennent une sorte de fécule qui les rend un peu nourrisantes. Dans des temps de disette et dans les pays du Nord, on en a mêlé avec de la farine pour augmenter la masse de celle-ci, et on en a fait du pain pour servir à la nourriture des pauvres. Ce pain est très-amer et de mauvaise qualité. Dans les mêmes contrées on emploie aussi les racines, quand le fourrage manque, pour nourrir les animaux domestiques.

Les deux autres espèces de ményanthe sont le *menyanthes cristata*, Roxburg, qui se trouve dans l'Inde, et le *menyanthes hydrophyllum*, Lour., *Fl. Coch.* 1, p. 129, qui croît à la Cochinchine. (L. D.)

MÉNYANTHES. (*Bot.*) Ce nom doit être réservé au trèfle d'eau, *menyanthes trifoliata*. Linnæus lui avoit joint le *nymphoides* de Tournefort, qui, plus récemment jugé différent soit de genre, soit de famille, doit constituer un autre genre. Il a été nommé *Limnanthemum* par Gmelin, *Limnanthus* par Necker, *Waldschmidia* par Wigg; *Villarsia*, par Gmelin, Ventenat et M. De Candolle. C'est ce dernier nom qui a prévalu, et le nouveau genre a été placé à la suite des gentianées. (J.)

MÉNYET ou MENJET. (*Mamm.*) Selon Erxleben, ce nom est celui de la belette en Hongrie. (DESM.)

MÉNYHAL. (*Ichthyol.*) Un des noms hongrois de la lotte des rivières. Voyez LOTTE. (H. C.)

MENZIÈSE ; *Menziesia*, Smith. (*Bot.*) Genre de plantes dicotylédones monopétales, de la famille des *rhodoracées*, Juss., et de l'*octandrie monogynie*, Linn., dont le caractère distinctif est d'avoir : Un calice monophylle, persistant, à quatre divisions ; une corolle monopétale, ovoïde, en grelot, plus grande que le calice, découpée à son sommet en quatre dents ; huit étamines à filamens égaux, insérés au réceptacle, surmontés d'anthères droites, oblongues, s'ouvrant au sommet par deux pores ; un ovaire supère, conique, creusé de quatre sillons, surmonté d'un style droit, à stigmate obtus, quadrilobé ; une capsule ovale-conique, quadrangulaire, à quatre valves, dont les bords rentrans forment autant de loges, contenant chacune des graines petites et nombreuses.

Les menziéses sont des arbustes à feuilles entières, alternes ou opposées, et à fleurs axillaires, ou disposées en grappes terminales. On en connoit cinq espèces, parmi lesquelles nous citerons les deux qui suivent :

Menziése daboéci : *Menziesia daboeci*, Decand., Fl. fr., 3, p. 674 ; *Menziesia polyfolia*, Juss., Annal. du Mus. I, p. 55, t. 4, fig. 3 ; *Erica deboecia*, Linn., *Spec.*, 509. Arbuste de dix à vingt pouces de hauteur, dont la tige se divise en rameaux nombreux, grêles, hérissés de beaucoup de poils, et garnis de feuilles ovales, un peu roulées en leurs bords, vertes et hérissées de poils en-dessus, blanches et cotonneuses en-dessous ; les inférieures sont opposées ou ternées, et les supérieures alternes. Les fleurs sont purpurines, pédonculées, disposées au sommet des rameaux en grappe lâche et d'un aspect très-agréable. Cette espèce croît dans les Pyrénées, principalement aux environs de Bayonne ; elle se trouve aussi en Irlande. On la cultive dans les jardins, où on la plante en pleine terre dans du terreau de bruyère.

Menziése ferrugineuse : *Menziesia ferruginea*, Smith., *fasc.* 3, p. 56, t. 56 ; Lam., *Illust.*, t. 285. Ses tiges sont droites, rameuses, un peu diffuses, hautes de deux à trois pieds. Ses feuilles sont alternes, légèrement pétiolées, ovales-lancéolées, finement dentées en scie, ciliées, disposées dans la partie supérieure des rameaux. Les fleurs sont d'une couleur ferrugineuse, pendantes, portées sur des pédoncules inclinés et fasciculés au-dessous des feuilles des bourgeons de l'année précédente. Cet arbrisseau croit naturellement dans les parties occidentales de l'Amérique du Nord. (L. D.)

MÉON; *Meum*, Gærtn. (*Bot.*) Genre de plantes dicotylédones polypétales, de la famille des *ombellifères*, Juss., et de la *pentandrie digynie* du système sexuel, qui a pour caractères : Collerette générale nulle ; collerette partielle de plusieurs folioles ; calice presque entier ; cinq pétales entiers ; cinq étamines ; un ovaire infère, surmonté de deux styles ; fruit oblong, relevé sur chaque graine de cinq côtes saillantes.

Les méons sont des plantes herbacées, annuelles ou vivaces, à feuilles plusieurs fois ailées, et à fleurs disposées en ombelle. Les botanistes modernes rapportent maintenant huit espèces à ce genre, qui se trouve ainsi composé de plantes qui appartenoient à d'autres genres, dont on a trouvé qu'elles n'avoient pas les caractères.

MÉON ATHAMANTIQUE : *Meum athamanticum*, Jacq., *Flor. Austr.*, tab. 503 ; *Athamantha meum*, Linn., *Spec.*, 355 ; *Ligusticum meum*, Crantz, *Aust.*, 199. Sa racine est vivace, alongée, de la grosseur du doigt, entourée à son collet de fibres nombreuses, qui sont les débris des anciens pétioles ; elle produit une tige droite, cannelée, un peu rameuse, haute d'un pied à dix-huit pouces. Ses feuilles sont deux ou trois fois ailées, portées sur des pétioles dilatés, ventrus, et composées de folioles très-nombreuses, courtes, capillaires, glabres et d'un vert foncé. Les fleurs sont blanches, petites, disposées en deux à trois ombelles, l'une terminale et les autres latérales. Cette plante croit dans les Alpes, les Pyrénées et autres montagnes de l'Europe.

Toutes ses parties ont une odeur aromatique, et dans les prairies alpines, où elle est abondante, sa présence parfume les foins qu'on y récolte. Sa racine étoit autrefois employée en médecine, comme stomachique, carminative, diurétique, emménagogue, et elle a incontestablement une propriété excitante très-prononcée. On attribue à ses graines les mêmes vertus qu'aux racines, et ces vertus doivent même y être plus développées, puisque, dans les ombellifères, les semences sont ordinairement plus aromatiques que les autres parties. Aujourd'hui le méon est inusité en médecine ; il n'est plus employé que par les habitans des montagnes, où il croît spontanément.

Méon mutelline; vulgairement Méon, Méum des Alpes : *Meum mutellina*, Gærtn., *Fruct.*, 1, p. 105, tab. 23; *Phellandrium mutellina*, Linn., *Spec.*, 366; *Ligusticum mutellina*, Crantz, *Aust.*, 198. Sa racine est vivace, épaisse, oblique, brunâtre en dehors. Ses feuilles radicales sont au nombre de quatre à six, deux fois ailées, à folioles profondément découpées en lanières étroites, aiguës, glabres. Sa tige est cylindrique, haute de quatre à huit pouces, simple et nue dans la plus grande partie de son étendue, excepté vers son sommet, où elle porte une foliole partagée en quelques découpures et dont le pétiole est dilaté et ventru. Les fleurs sont petites, d'un blanc rougeâtre, disposées sur deux ombelles, l'une terminale et l'autre latérale. Cette plante croît sur toutes les hautes montagnes de l'Europe.

Les autres espèces de ce genre sont le *meum piperitum* et le *meum sibiricum*, Rœm. et Schult., *Syst. veget.*, 6, p. 435. On y rapporte aussi l'*æthusa bunius*, Linn.; le *sison inundatum*, l'*anethum fœniculum* et l'*anethum segetum*, Linn. (L. D.)

MÉON ou MÉUM BATARD. (*Bot.*) C'est le séséli de montagne. (L. D.)

MEOSCHIUM. (*Bot.*) Genre que Palisot de Beauvois, *Agrost.*, pag. 111, tab. 21, fig. 4, a établi pour quelques espèces d'*ischæmum*, auxquelles il attribue pour caractère essentiel : Un rachis articulé ; les fleurs disposées en épis géminés; les épillets biflores; les valves calicinales plus longues que celles de la corolle, un peu coriaces; la fleur inférieure mâle, la supérieure hermaphrodite; leurs valves membraneuses ; l'inférieure terminée par deux dents, du milieu desquelles s'élève une arête torse à sa partie inférieure ; l'ovaire échancré ; une semence à deux cornes. D'après le même auteur, il faut rapporter à ce genre les *ischæmum aristatum et barbatum*. Voyez Ischème. (Poir.)

MÉOUVE. (*Bot.*) Le mélèze porte ce nom en Languedoc. (L. D.)

MER. (*Géogr. phys.*) Suivant l'acception la plus générale, on entend par *la mer* ou *les mers*, l'universalité des eaux salées qui, sans discontinuité, couvrent près des trois quarts de la surface du globe, entourent de toutes parts l'autre portion de cette surface qui s'élève au-dessus de leur niveau, et la partagent en plusieurs continens et en iles.

D'après plusieurs auteurs il faudroit réserver cette définition pour le mot *océan*, et n'appeler *mer* que les portions de l'océan qui pénètrent dans l'intérieur des terres par des ouvertures plus ou moins larges, comme la *mer Méditerranée*, la *mer Rouge*, etc., ou bien encore celles qui sont entourées par un continent et par des rangées d'iles, comme la *mer des Antilles*, la *mer de la Chine*.

Le mot *mer* a souvent été employé pour désigner tout grand amas d'eau salée ou d'eau douce, lors même qu'il est entouré complétement par les terres. On appelle encore généralement *mer Caspienne*, *mer d'Aral*, les vastes bassins qui, sur les frontières de l'Europe et de l'Asie, reçoivent un grand nombre de fleuves, sans verser leurs eaux au réservoir commun, et qui par conséquent sont de véritables lacs (voyez l'article Eau du Dictionnaire). Le lac asphaltique, en Palestine, est appelé *mer morte;* le lac de Tibériade, dont l'eau paroit être douce, est pour les Hébreux la *mer de Galilée* ou *de Genezareth*, etc. Les Allemands disent même dans leur langue la *mer de Constance*, la *mer de Genève* (*Constanzer-See*, *Genfer-See*), en parlant des grands lacs de la Suisse que traversent le Rhin et le Rhône.

L'étymologie ne sauroit servir à indiquer la distinction que l'on voudroit établir entre le sens propre des mots *mer* et *océan*.

Mer vient, suivant les uns, de l'hébreux *marah* ou *mar*, qui signifie amertume, salé, et suivant d'autres, du celtique *mor*.

Océan dérive du grec Ωκεανος, formé de ωκεος, vite, rapidement, et de ναιω, couler.

Il seroit sans doute aussi philosophique, qu'il seroit utile pour les sciences exactes, d'attacher à chaque mot une idée précise, différente de celle qu'expriment d'autres mots. Mais, lorsque le langage habituel a étendu et confondu le sens de plusieurs expressions, ne peut-il pas résulter de graves inconvéniens, si, pour établir ce qui devroit être d'après la raison, on s'écarte entièrement de l'usage reçu? C'est dans la crainte de rencontrer ces inconvéniens que nous prenons l'usage pour guide.

Les anciens paroissent avoir employé, comme nous le faisons souvent, les mots *mare* ou *oceanus* sans épithète, pour désigner d'une manière générale le réservoir commun des eaux ; ils se servoient plus spécialement de *mare*, en y ajoutant un nom de pays, pour les portions de la mer voisines des côtes, attachant à *oceanus* l'idée de la pleine ou grande mer, qu'ils appeloient quelquefois aussi *mare oceanum*, en opposition du *mare internum*, qui pour eux étoit la Méditerranée. Il nous semble que dans le plus grand nombre de cas notre langue a consacré les mêmes applications : ainsi nous disons simplement *la mer* ou *l'océan*, pour désigner l'universalité des mers; nous appelons grand océan, océan atlantique, mer océane, etc., les vastes plaines liquides qui séparent les continens; et pour les parties de la mer générale qui bordent les côtes ou qui pénètrent dans l'intérieur des terres, nous disons plutôt mer d'Allemagne, mer des Indes, mer Baltique, mer Rouge, etc.

Quant aux amas d'eau salée qui ne communiquent pas avec la mer générale, et ceux d'eau douce qui en sont également séparés, ou bien qui seulement reçoivent des fleuves, ce sont des lacs, quelle que soit leur étendue, et c'est improprement et par exception qu'on leur donneroit le nom de mer dans notre langue, comme nous l'avons dit précédemment.

Nous ne saurions donc, sans vouloir innover, tracer une ligne de démarcation entre le sens que l'on doit attacher au mot *mer*, et celui que l'on devroit attribuer au mot *océan*; nous regardons ces deux expressions comme synonymes, en les prenant dans une acception générale. Aussi, dans l'intention de rendre l'histoire des mers la plus complète qu'il nous sera possible, et de la renfermer dans un même cadre, nous nous bornerons, dans le présent article, à exposer les généralités qui sont relatives à la mer actuelle, en la considérant seulement dans ses rapports avec le globe et avec les terres qui s'élèvent au-dessus de sa surface. Nous croyons pouvoir renvoyer au mot Océan tout ce qui est relatif à l'examen des propriétés physiques et chimiques de ses eaux : nous étudierons alors les mouvemens réguliers et irréguliers dont elles sont douées, les phénomènes auxquels elles don-

nent lieu ; nous examinerons leur action sur les continens,
leurs productions et les êtres qu'elles renferment, l'influence
qu'elles exercent sur les plantes, sur les animaux, sur l'homme,
et le rôle important qu'elles jouent dans l'état de civilisation
auquel il est parvenu.

Ces recherches préliminaires, appuyées sur tout ce que
l'observation a appris relativement aux mers, telles qu'elles
existent, depuis les traditions les plus anciennes jusqu'à nos
jours, nous permettront peut-être, à l'aide de l'analogie et
des documens que nous fournit la géologie, de remonter à
une époque plus ancienne de leur histoire. Nous recherche-
rons : quelle peut avoir été leur origine et leur état primitif ; quels changemens peuvent s'être opérés dans le volume et la nature de leurs eaux : nous constaterons les phénomènes et les effets produits à la surface du globe par
le déplacement, la diminution et la rapidité des mouvemens
de celles-ci ; nous comparerons par son action l'ancien océan
avec le nôtre, et nous verrons en quoi les êtres qui le peu-
ploient à ses divers âges différoient de ceux qui l'habitent
aujourd'hui.

Rapport de la mer avec le globe et les terres.

La surface totale du globe étant évaluée à 5,100,000 my-
riamètres carrés, 3,700,000 myr. carr., c'est-à-dire, un peu
moins des trois quarts, sont recouverts par les mers. Elles
sont réparties sur le globe d'une manière très-inégale : l'hé-
misphère austral en contient plus que le boréal, dans la
proportion à peu prés de 8 à 5, et dans chaque zone le rapport des terres à celui des mers est très-différent.

Dans la zone glaciale du Nord on compte sur 1000 m. c. Terre 400, Mer, 600.
Dans la zone tempérée N. . . . . *id.* = T. 559, M. 441.
Dans la zone torride N. . . . . *id.* = T. 197, M. 803.
Dans la zone torride du Sud . . . . . *id.* = T. 312, M. 688.
Dans la zone tempérée S. . . . . *id.* = T. 75, M. 925.
Dans la zone glaciale S. . . . . *id.* = T. 0, M. 1000.

§. 1.er *Figure générale des terres et des mers.*

Les continens, qui ne diffèrent des îles que par la dimension, sont, comme elles, entourés de tous côtés par la mer ;

les uns et les autres sont les parties saillantes de l'enveloppe solide du globe, qui, plus élevées que le niveau général des eaux, ne sont point inondées par elles. Les continens paroissent comme groupés autour du pôle nord de la
terre : en effet, l'ancien et le nouveau monde sont très-peu
éloignés l'un de l'autre dans la zone glaciale, et ce n'est
qu'en s'approchant de l'équateur qu'ils laissent entre eux
deux vastes bassins, qui, avant d'arriver au 60° sud, se
réunissent pour n'en plus former qu'un seul.

Un fait des plus remarquables, et dont plusieurs philosophes ont cherché à tirer de grandes conséquences, c'est, 1.°
que les terres continentales sont découpées par les mers
de manière à présenter des pointes ou caps saillans dirigés
vers le sud, et 2.° que, dans le rapport des continens et des
groupes d'îles entre eux et avec la mer, les angles saillans
formés par les uns semblent correspondre aux angles rentrans
que présentent les autres. On peut citer pour exemple de
la première disposition la forme de l'Amérique méridionale,
celle de l'Afrique, de la presqu'île de l'Inde, de la Nouvelle-
Hollande, du Groënland : et si l'on observe d'une manière
générale un globe terrestre ou une mappemonde, on ne
peut se refuser à voir, en considérant seulement les masses,
que la saillie de l'ancien continent, formée par l'Europe
occidentale et l'Afrique du 5° au 50° latitude nord, correspond exactement à l'enfoncement qui sépare les deux Amé-
riques sous les mêmes latitudes; qu'au contraire, l'angle
saillant produit par le Brésil entre l'équateur et le tropique
du capricorne, est vis-à-vis le golfe de Guinée, qui s'enfonce
dans les terres d'Afrique, également entre l'équateur et le
même tropique sud; et, enfin, que les archipels du grand
océan, dont la réunion semble former un tout que l'on a
compris sous le nom d'*Océanie*, s'avançent en pointe vers la
vaste échancrure dessinée par les bords occidentaux de l'A-
mérique.

§. 2. *Division des mers.*

Quoique la mer soit une, et que l'on puisse pour ainsi
dire communiquer d'un point quelconque de sa surface à
un autre sans discontinuité, on a jugé nécessaire de diviser,
au moins par la pensée, l'espace immense qu'elle remplit,

et l'on a distingué par des dénominations générales ses régions principales.

Le grand enfoncement que laissent entre eux l'ancien et le nouveau continent, c'est-à-dire, celui qui est entre l'Europe et l'Afrique d'un côté, et l'Amérique de l'autre, est occupé par l'*océan atlantique*: le vaste goufre qui sépare l'Asie du même continent américain, contient le *grand océan*, qui en longitude occupe environ 240 degrés, c'est-à-dire, les deux tiers de la circonférence totale du globe.

L'océan atlantique et le grand océan sont chacun subdivisés en *boréal*, *équinoxial* et *austral*, suivant les zones qu'ils occupent; les mers qui entourent l'un et l'autre pôle, prennent les noms d'*océan glacial arctique* et d'*océan glacial antarctique*.

Ces divisions n'établissent encore que de grandes coupes, dont il seroit impossible de tracer les limites, et elles se rapportent le plus ordinairement aux espaces de la mer qui sont éloignés des terres; car, ainsi que nous l'avons déjà dit, les portions qui se rapprochent de celles-ci, empruntent souvent le nom des côtes qu'elles baignent, et cela sans autre règle que celle déterminée par l'usage, qui varie suivant les localités: c'est ainsi que l'on dit la mer d'*Allemagne*, la mer d'*Écosse*, la mer d'*Espagne*, etc.

§. 3. *Bords de la mer.*

Il résulte de l'inégalité de la surface des terres et du niveau constant que prennent les eaux, que la ligne de contact extérieure des unes et des autres est découpée et comme déchirée d'une manière irrégulière et plus ou moins profondément, la mer s'avançant sur les parties basses des terres, et les points élevés de celles-ci se prolongeant au contraire dans la mer. Cette disposition particulière donne lieu à ce que l'on appelle des *méditerranées*, des *golfes*, des *baies*, des *rades*, des *ports*, des *anses*, etc., des *caps*, des *plages*, des *falaises*.

Les *mers méditerranées* sont celles qui, entourées par les terres dans la presque-totalité de leur circonférence, ne communiquent avec la mer générale que par un canal ou détroit: telles sont la Méditerranée proprement dite, par rapport à laquelle on peut encore considérer la mer Adriatique, la mer de Marmara, la mer Noire, comme des méditerranées; telles sont encore la mer Baltique, la mer Blanche du Nord, la mer Rouge, et la mer qui s'avance entre l'Arabie et la Perse et que l'on appelle improprement golfe persique.

On appelle encore quelquefois mers méditerranées celles qui sont en partie circonscrites par la terre ferme et en partie par des rangées d'îles rapprochées les unes des autres, comme la mer des Antilles, la mer de la Chine, la mer du Japon, la mer d'Okotsk.

Les *golfes* sont plus grands que les *baies* : ce sont des échancrures plus ou moins profondes que forme la mer en s'avançant dans les terres : on peut citer le golfe de Gascogne entre la France et l'Espagne, le golfe de Guinée sur les côtes d'Afrique, et dans les Indes orientales les golfes d'Oman et du Bengale.

Les *rades*, les *ports* et les *anses* sont des découpures de même sorte, mais de dimensions graduellement intérieures, et qui offrent en outre par leur disposition un abri aux vaisseaux.

Les *rivages* ou *côtes* sont les points de la terre découverte qui sont frappés et baignés par la mer. On remarque que, dans un grand nombre de lieux, les rivages opposés d'un même bassin présentent la même structure géognostique, et souvent les couches des terrains se correspondent d'une manière si exacte qu'il semble qu'une rupture récente les a séparés : les côtes de la France et de l'Angleterre en offrent un exemple bien remarquable, ainsi que les rives de la Méditerranée et de l'Adriatique ; et si sur une plus grande échelle on comparoit avec soin les côtes du Nord de l'Europe avec celles correspondantes de l'Amérique septentrionale, on trouveroit peut-être les mêmes rapports, comme, au surplus, les connoissances déjà acquises sur la structure de ces deux pays paroissent l'indiquer.

Lorsque les côtes sont escarpées, elles forment des *récifs* ou des *falaises* que la mer vient battre avec violence ; lorsqu'au contraire les terres s'approchent de la mer par une pente douce et insensible, elles donnent lieu à de longues *plages*, le plus souvent sablonneuses, que les eaux recouvrent et abandonnent périodiquement avec tranquillité.

Les *caps* sont les pointes de terre qui s'avancent dans la mer (le *cap de Bonne-Espérance*, à l'extrémité de l'Afrique; le *cap Horn*, au sud de la Terre de feu).

Nous avons dit que les mers méditerranées n'étoient en communication avec la mer générale que par un canal resserré ou un *détroit*. On donne encore le nom de canal, de manches ou de détroits, à des portions de la mer qui séparent des iles ou des continens peu éloignés les uns des autres. La France est séparée de l'Angleterre par le canal de la Manche; l'Irlande est de même isolée de l'Angleterre par le canal de Saint-Georges : l'ancien et le nouveau continens seroient en communication sans le détroit ou canal de Behring; la Terre de feu est une portion de l'Amérique méridionale coupée par le canal ou détroit de Magellan.

Profondeur.

La mer, à ce que l'on présume, n'a dans aucun point une profondeur indéfinie, quoique dans plusieurs endroits, notamment entre les tropiques et dans le Nord, on n'ait pu atteindre son fond avec des sondes de 1,800 mètres : mais, indépendamment de la difficulté de s'assurer que celles-ci sont bien descendues perpendiculairement et qu'elles n'ont pas été entrainées par des courans, une profondeur de 2 à 3,000 mètres seroit encore à peine appréciable par rapport au diamètre de la terre. Dans le plus grand nombre des cas on rencontre le sol à des distances variables, depuis quelques mètres jusqu'à 300 ou 400. Ce n'est que dans la pleine mer, et plus rarement, que les sondes descendent jusqu'à 1,000 ou 1,200 mètres. La théorie déduite des connoissances les plus exactes sur les lois générales qui régissent l'univers, a conduit M. de Laplace à démontrer que la profondeur moyenne ne pouvoit être qu'une fraction de la différence qui existe entre les deux axes de la terre, et qu'elle ne pouvoit excéder 8,000 mètres. Si l'on compare la forme que doit avoir le fond de la mer avec la surface des continens que nous habitons, l'analogie et les faits nombreux recueillis par le sondage portent plutôt à diminuer cette profondeur qu'à l'augmenter, et à faire présumer que les abymes les plus profonds de la mer s'enfoncent à peine autant au-dessous

de sa surface que les hautes montagnes des continens s'élèvent au-dessus de son niveau. Il n'est pas plus facile de pré-
ciser quel peut être le volume des eaux de la mer, et de
juger si, comme l'ont avancé plusieurs auteurs, elles for-
meroient, étant réunies, une sphère de 5o ou de 6o lieues
de diamètre, et si, en supposant la surface du globe parfaitement unie, elles la submergeroient de 6oo pieds ou de plus. Il
est certain que, quelles que soient les profondeur et volume
que l'on puisse supposer aux mers actuelles sans s'écarter
des inductions tirées des faits constatés et de l'analogie, la
masse de leurs eaux est bien peu considérable, comparée à
la masse totale de la planète dont elles humectent quelques
points de la surface extérieure ; car, en admettant par sup-
position cette surface unie et enveloppée de toute part d'une
couche d'eau de 10,000 mètres ou 3o,ooo pieds environ d'é-
paisseur, un globe auquel on donneroit un mètre de diamètre
ne seroit pas, dans la même proportion, recouvert d'un millimètre d'eau, puisqu'en effet 10,000 mètres sont la 1275.^e
partie du diamètre de la planète terrestre.

Fond de la mer.

La structure géologique des continens actuels et des îles,
l'origine présumée de leur formation, la nature des substances qui composent le fond des mers, la connoissance
acquise sur les profondeurs relatives d'un grand nombre
de points dans un espace donné, tout porte à croire que
le fond des mers présente une configuration en tout analogue
à celle de la surface des terres habitées ; de longues chaînes
de montagnes le traversent et semblent même se continuer
avec celles que nous gravissons. Si les sommités escarpées de
ces alpes sous-marines s'approchent de la surface extérieure
des mers, ou s'élèvent au-dessus, elles forment ou des lignes
de récifs dangereux pour les vaisseaux, ou des groupes d'îles,
comme cela arriveroit si nos Alpes, si nos Pyrénées étoient
inondées jusqu'à leur sommet ou jusqu'aux trois quarts de
leur hauteur. Ces grandes chaînes principales se divisent,
se ramifient ; des chaines latérales et secondaires les bordent ;
de larges et profondes vallées les découpent ; à leur pied
sont d'immenses plaines ou des collines plus ou moins élevées

et arrondies, qui sont, ainsi que nous l'avons dit pour les chaînes de montagnes, en rapport avec la nature du sol des côtes contiguës. En effet, l'observation démontre aux navigateurs que, tels sont les rivages, tel est, jusqu'à une grande distance, le fond des mers qui les baignent; si les côtes sont escarpées ou à pic, si la pente du sol est rapide, la mer sera profonde; elle sera basse, au contraire, si elle s'avance sur une plage presque horizontale. Cette concordance entre la forme du fond de la mer et celle des terres voisines se fait bien remarquer sur les deux bords opposés de l'Amérique méridionale; mais le principe paroît être vrai pour toutes les côtes.

Le fond des mers doit éprouver des changemens analogues à ceux qui s'opèrent journellement sur la terre; car, bien que les masses minérales qui en composent le sol soient à l'abri de l'influence de l'atmosphère, l'action continuelle de l'eau, les chocs qui résultent de ses divers mouvemens, doivent dégrader les points élevés et remplir les profondeurs, qui reçoivent en outre les matériaux chariés continuellement par les fleuves, ou qui sont enlevés aux rivages par les vagues : de sorte qu'en dernière analyse, sous les eaux, comme à la surface des continens, le sol tend à se niveler. Les éruptions volcaniques, qui ont lieu sous les eaux comme à la surface de la terre, produisent des modifications analogues à celles que les volcans occasionnent autour de nous. Mais un changement dont nous ne voyons pas d'exemple sur la terre, c'est celui qui résulte de la formation de masses calcaires solides et immenses, dont le volume augmente chaque jour dans certains parages, et qui sont l'ouvrage de myriades d'animaux dont elles sont l'habitation.

Pour les propriétés physiques et chimiques de l'eau de la mer, pour l'histoire des *marées*, *courans*, etc., et des phénomènes géologiques dus à la mer ancienne et à la mer actuelle, voyez OCÉAN. (CONST. PRÉVOST.)

MERA. (*Bot.*) Arbre de Madagascar, cité par Flacourt, ayant la dureté du buis, le cœur jaune et les feuilles semblables à celles de l'olivier. Cette description pourroit se rapporter au *securinega* de Commerson, genre de la famille des euphorbiacées. (J.)

MÉRAN. (*Mamm.*) Nom des lièvres chez quelques races de Tartares. (F. C.)

MÉRANGÈNE ou MÉRINJEAUNE. (*Bot.*) Noms vulgaires de la morelle mélongène. (L. D.)

MERASPERMA. (*Bot.*) Ce genre de la famille des conferves, établi par Rafinesque, comprend des conferves aplaties, inarticulées, ayant les semences adhérentes dans l'intérieur des tubes dont elles sont formées.

Rafinesque ne fait que citer les *merasperma dichotoma, bifurcata, cylindrica,* etc., qui se rencontrent en Pensylvanie. (Lem.)

MÉRATIE, *Meratia.* (*Bot.*) Le professeur Curt. Sprengel, de Halle, a publié, dans le Bulletin des sciences d'Avril 1823, la description et la figure d'un genre de plantes de l'ordre des synanthérées, dédié à M. Delile, l'un des auteurs de la Description de l'Égypte, et nommé *Delilia.* Mais un autre genre avoit déjà été dédié long-temps auparavant au même botaniste, par M. Bonpland, qui le nomme *Lilæa* (Pl. équin., pag. 223). Obligé par conséquent de changer le nom donné par M. Sprengel à son genre, nous proposons celui de *Meratia,* dérivé du nom de l'auteur d'une Flore des environs de Paris.

Le genre dont il s'agit appartient à notre tribu naturelle des Hélianthées, et à la section des Hélianthées-Millériées, dans laquelle nous le plaçons entre les deux genres *Milleria* et *Elvira.* Quoique nous n'ayons point vu le *Meratia,* nous croyons pouvoir le décrire tout autrement que l'auteur de ce genre, en combinant la description et la figure qu'il a données, avec nos propres observations faites sur les deux genres voisins, et en nous fondant sur les lois de l'analogie, que ce botaniste nous paroît avoir tout-à-fait méconnues. Voici donc, selon nous, les vrais caractères génériques du *Meratia.*

Calathide triflore, discoïde : disque biflore, régulariflore, masculiflore ; couronne uniflore, liguliflore, féminiflore. Péricline double : l'extérieur beaucoup plus grand, un peu inférieur aux fleurs, formé de trois squames libres, inégales, suborbiculaires, échancrées à la base, mucronées au sommet, membraneuses, triplinervées, veinées en réseau, hispidules ; l'une d'elles plus grande ; les deux autres à peu près égales entre elles, presque superposées, et opposées à la première ; péricline intérieur beaucoup plus petit, très-inférieur aux fleurs, plécolépide, probablement composé de trois squames égales, unisériées, oblongues, coriaces, glabres, entregreffées par les bords d'un bout à l'autre, et formant par leur réunion un étui obovoïde-oblong, triquètre, qui engaine étroitement l'ovaire ou le fruit de la fleur femelle et les deux faux-ovaires des fleurs mâles. Clinanthe ponctiforme, probablement nu. *Fleurs du disque :* Faux-ovaire long, grêle, filiforme. Corolle à tube long et grêle ; à limbe obconique, à cinq divisions. Cinq étamines à anthères foiblement cohérentes. Style à deux faux-stigmatophores courts, hispidules, exserts, très-divergens. *Fleur de la couronne :* Ovaire obovoïde-oblong, triquètre, inaigretté, étroitement engainé, avec les faux-ovaires du disque, par le péricline intérieur. Corolle longue à peu près comme celles du disque, à tube surmonté d'un limbe liguliforme, en cornet, non étalé, élargi de bas en haut, arrondi au sommet, fendu sur la face intérieure. Style à deux stigmatophores grêles, très-longs, arqués en dehors.

M. Sprengel ne connoît qu'une espèce de ce genre.

Mératie de Sprengel : *Meratia Sprengelii*, H. Cass.; *Delilia Berterii*, Spreng., Bull. des sciences, Avril 1823, p. 54. C'est une plante herbacée, annuelle, hispidule sur toutes ses parties, ayant, selon M. Sprengel, quelque ressemblance extérieure avec le *Melampodium* ; ses feuilles sont opposées, pétiolées, oblongues-lancéolées, triplinervées, un peu crénelées ; les calathides, très-courtement pédonculées, sont rassemblées en faisceaux terminaux et axillaires ; les corolles sont jaunes. Cette plante a été découverte dans l'Amérique méridionale, près la rivière de la Magdeleine, par M. Bertero, jeune Piémontois, élève de M. Balbis, et qui en a envoyé des graines.

M. Sprengel, qui paroît avoir observé des individus vivans nés de ces graines, prétend que chaque ovaire porte sur son sommet trois fleurs, dont une femelle et deux hermaphrodites ; en conséquence il croit que sa plante doit constituer une tribu particulière dans l'ordre des synanthérées, et il propose d'intituler cette tribu *Synanthæ*.

Cavanilles, en décrivant son genre *Lagasca*, avoit pris le vrai péricline pour la surface de l'ovaire ou du fruit. L'erreur de M. Sprengel est encore bien plus grave, et il est surprenant qu'un botaniste aussi instruit se soit persuadé sérieusement que trois corolles de synanthérées, contenant chacune des organes génitaux, pouvoient naître ensemble immédiatement sur le sommet d'un seul et même ovaire proprement dit. Il n'est pas moins surprenant que ce botaniste n'ait point aperçu la très-grande et très-évidente affinité qui existe entre sa plante et la *Milleria biflora* de Linné : la ressemblance est telle que nous avons été tenté de croire qu'il y avoit réellement identité, et que M. Sprengel avoit commis quelque erreur d'observation, d'où pouvoient résulter des différences imaginaires.

Le genre *Milleria* de Martyn se compose de deux espèces, qui ne sont pas réellement congénères, et qui doivent constituer deux genres distincts, mais voisins, et séparés seulement par l'interposition du *Meratia*, qui nécessite absolument cette distinction générique. Nous conservons le nom de *Milleria* à la *Milleria quinqueflora* de Linné ; et nous nommons *Elvira* le genre ayant pour type la *Milleria biflora*, et offrant les caractères suivans, que nous avons observés sur un échantillon sec.

Elvira. Calathide biflore, quasi-radiée : disque uniflore, régulariflore, masculiflore ; couronne uniflore, liguliflore, féminiflore. Péricline simple, plécolépide ; formé de trois squames entregreffées à la base, unisériées, très-inégales, dressées, appliquées, planiuscules, membraneuses-foliacées, minces, vertes, demi-transparentes, hispides, munies de nervures réticulées : la plus grande squame à peu près égale à la fleur femelle, suborbiculaire, ayant la base cunéiforme, trinervée, accompagnée de deux oreillettes, les bords un peu crénelés, et le sommet terminé par une pointe courte, tuberculiforme ; la squame moyenne opposée à la plus grande, à peu près égale à la fleur mâle, elliptique-obovale, terminée au sommet par une pointe saillante ; la plus petite squame lancéolée, acuminée, cachée entre les deux autres, et réunie inférieurement avec la squame moyenne, dont elle semble être une division. Clinanthe petit, plan, portant ordinairement deux fimbrilles inégales, filiformes, très-peu apparentes. *Fleur du disque*, correspondant à la jonction de la petite squame avec la moyenne : Faux-ovaire long, grêle, filiforme. Corolle articulée sur le faux-ovaire, à tube cylindrique, grêle, long comme le limbe, qui est pyriforme ou obconique, à cinq divisions courtes, munies chacune d'un long poil. Anthères noirâtres, foiblement cohérentes ; articles anthérifères longs et grêles. Style ayant deux faux stigmatophores hispides. *Fleur de la couronne*, correspondant au milieu de la grande squame : Ovaire obovoïde-oblong, subtriquètre, inaigretté, lisse, parsemé de très-petits poils. Corolle articulée sur l'ovaire, à tube long, grêle, à languette courte, large, elliptique, bidentée au sommet. Style à deux stigmatophores longs et grêles.

Si l'on adopte notre genre *Elvira*, il sera juste et convenable de nommer *Elvira Martyni* l'espèce sur laquelle ce genre est fondé.

Quoique nous n'ayons pu observer les caractères génériques de la *Milleria quinqueflora* que sur des calathides sèches en fort mauvais état, nous avons néanmoins reconnu avec certitude des différences essentielles qui ne permettent pas de confondre en un seul genre le *Milleria* et l'*Elvira*. En effet, le péricline du *Milleria* s'accroît après la fleuraison. devient subglobuleux, brun ou noirâtre, s'épaissit, s'endurcit, et acquiert à la maturité la consistance du cuir : indépendamment de ce péricline extérieur, comparable au péricline simple de l'*Elvira*, il y a un péricline intérieur, plus court, composé de plusieurs squames unisériées, libres, inégales, oblongues, submembraneuses ; et en outre nous avons cru voir, sur le clinanthe, des squamelles séparant la fleur femelle unique des fleurs mâles, qui sont au nombre de quatre au moins : la corolle de la fleur femelle est aussi différente de celle de l'*Elvira*; le fruit, d'après Gærtner, n'offre pas tout-à-fait les mêmes caractères : enfin. selon Linné, le style masculin seroit simple dans la *Milleria quinqueflora*.

Le *Meralia* est intermédiaire entre l'*Elvira* et le vrai *Milleria*. Il ressemble à l'*Elvira* par la disposition des calathides et par leur aspect général, qui représente assez bien les apparences extérieures des fruits de l'orme ; il lui ressemble aussi par tous les détails de la structure, excepté sur les quatre points suivans : 1.º le disque est composé de deux fleurs ; 2.º le péricline est double, s'il est vrai, comme nous en sommes convaincu, que la partie considérée par M. Sprengel comme le péricarpe de l'ovaire soit un péricline intérieur en forme d'étui engainant l'ovaire et les faux-ovaires ; 3.º le péricline extérieur, analogue au péricline unique de l'*Elvira*, a ses trois squames entièrement libres jusqu'à la base ; 4.º les deux squames opposées à la plus grande paroissent être égales entre elles. Le *Meratia* ressemble beaucoup moins au vrai *Milleria* ; et cependant il s'en rapproche plus que l'*Elvira*, puisqu'il a le disque composé de deux fleurs, et le péricline double : mais les squames du péricline intérieur, qui sont entièrement libres dans le *Milleria*, seroient, selon nous, entregreffées par les bords d'un bout à l'autre dans le *Meratia*. (H. Cass.)

MERCADONIA. (*Bot.*) Voyez Mecardonia, tom. XXIX, p. 580, qui auroit dû être écrit *Mercadonia*. (Poir.)

MERCANETTE. (*Ornith.*) Un des noms vulgaires de la sarcelle commune, *anas querquedula*, Linn. (Ch. **D.**)

MERCOIA. (*Bot.*) Voyez Marigouia. (J.)

MERCOLFUS. (*Ornith.*) Un des noms latins employés par Aldrovande pour désigner le rollier commun, *coracias garrula*, Linn. (Ch. **D.**)

MERCORET. (*Bot.*) Un des noms vulgaires de la mercuriale annuelle. (L. D.)

MERCURE, vulgairement Vif-Argent. (*Min.*) Tout le monde connoît la fluidité naturelle du mercure, son éclat argentin et son extrême mobilité ; aussi ne peut-on confondre ce métal avec aucun des corps qui nous entourent habituellement.

La pesanteur spécifique du mercure coulant est de 13,5 à 14,1 ; 950 livres le pied cube, ou environ treize fois plus forte que l'eau à volume égal : il reste fluide sous la température ordinaire de l'Europe ; mais, outre que l'on parvient à le fixer et à le solidifier par un froid artificiel de 31 à 32° du thermomètre de Réaumur, Pallas, Gmelin, Patrin et d'autres naturalistes voyageurs l'ont vu se congeler par l'effet du froid naturel de la Sibérie, entre les 55.ᵉ et 57.ᵉ degrés de latitude. On conçoit alors que, s'il existe des dépôts de mercure vers l'extrémité des zones polaires, ce métal, que nous sommes habitués à rencontrer fluide et coulant, doit être là tout aussi solide que les autres métaux mous, tels que le plomb, l'étain, etc. Il ne faut donc voir dans le mercure liquide dont nous nous servons habituellement, qu'un métal excessivement fusible, qui se fond dès l'instant où le froid n'est plus de 32 degrés; et, malgré cette grande fusibilité, il n'y a peut-être pas autant de différence entre la température où le mercure se liquéfie et celle où l'amalgame fusible de Darcet cesse d'être solide, qu'entre la température de l'eau bouillante, qui suffit pour fondre cet alliage, et celle qu'exige le platine pour entrer en fusion.

Le mercure, en se solidifiant, cristallise en octaèdre, et dans ce nouvel état il s'aplatit sous le marteau en rendant un son sourd, analogue à celui du plomb. Sa cassure est grenue, et lorsqu'on vient à le toucher, il blanchit la peau et fait éprouver une cuisson qui ne peut être comparée qu'à la douleur causée par la brûlure. Le mercure, enfin, en passant de l'état fluide à l'état solide, augmente de pesanteur dans le rapport de plus de 9 à 10, puisque dans ce nouvel état il pèse jusqu'à 1093 livres le pied cube, au lieu de 950 livres que nous avons vu qu'il pesoit dans son état ordinaire de fluidité; effet qui est absolument contraire à ce qui se passe dans la congélation de l'eau, puisqu'on sait que l'eau glacée flotte à la surface de celle qui est restée liquide.

Le mercure a la propriété de s'amalgamer avec plusieurs métaux, et particulièrement avec l'or, l'argent, le zinc, l'étain et le bismuth; de les dissoudre, pour ainsi dire, et de les abandonner ensuite, quand une haute chaleur le force à se volatiliser. Les arts ont su tirer le plus grand parti de cette propriété, soit pour extraire l'or et l'argent des substances avec lesquelles on les trouve mélangés (voyez AMALGAMATION, ARGENT, OR), soit pour dorer ou argenter les métaux communs, pour donner aux glaces la propriété de répéter tous les objets qui passent devant elles, etc. C'est même l'emploi du mercure dans l'art d'extraire les métaux précieux qui absorbe la plus grande partie du produit des mines que nous exploitons journellement; car, malgré tous les soins apportés à le recueillir, il s'en perd toujours une quantité énorme. M. de Humboldt estime à seize mille quintaux, le mercure qui est employé annuellement au traitement des mines d'argent de la Nouvelle-Espagne, dont les trois quarts proviennent des exploitations européennes.

Les anciens ont parfaitement connu ce singulier métal, ainsi que plusieurs de ses usages actuels, entre autres celui de servir à la dorure du cuivre et des autres métaux communs.

1.re *Espèce.* MERCURE NATIF. Le mercure coulant, tel que nous venons de le décrire, se trouve natif dans la plupart des mines où l'on exploite les différens minérais qui le contiennent à l'état de combinaison ou d'amalgame ; mais il ne s'y présente ordinairement que sous la forme de gouttelettes attachées sur les roches, ou logées dans les cavités des autres minérais dont elles se détachent, lorsqu'on vient à les briser ou à les secouer fortement. Ce mercure natif s'amasse quelquefois dans les cavités des roches qui le contiennent disséminé, et alors il y forme des dépôts, que l'on épuise d'autant plus facilement qu'ils sont peu considérables ; car le mercure natif seul ne forme nulle part l'objet d'une exploitation suivie. Quand on en rencontre des quantités notables, il suffit de le filtrer à travers une peau de chamois pour le débarrasser des corps étrangers qui altèrent sa pureté, et cette seule préparation suffit pour l'amener à l'état de pouvoir être versé dans le commerce. On conçoit que l'extrême fluidité du mercure lui permet de se faire jour à travers les plus légères fissures des roches, et que par cette raison-là même il ne peut en exister de grands amas dans le sein de la terre, puisqu'il doit toujours tendre à gagner les parties les plus profondes des cavités ou des crevasses, et parvenir même, en raison de sa grande pesanteur, à se faire jour à travers les terrains meubles. La malveillance, toujours habile à saisir les circonstances qui lui permettent d'exercer son esprit diabolique, a, dit-on, mis le mercure en usage pour pratiquer des voies d'eau dans les digues des étangs et des usines, en y jetant à la dérobée quelques livres de mercure qui, à la longue, parvient à se frayer un passage à travers le pied des barrages et à causer les plus grands dommages dans ces sortes d'ouvrages.

2.e *Espèce.* MERCURE ARGENTAL, vulgairement AMALGAME NATIF. Cet amalgame est d'un blanc d'argent : il est plus ou moins mou, ou plus ou moins solide, suivant que l'argent ou le mercure y domine; il en existe même qui est un peu fluide, ou qui a la consistance d'une pâte épaisse. Lorsqu'il contient un tiers d'argent, il se présente sous la forme de lames, de grains ou de cristaux curvilignes, dont les facettes sont quelquefois très-multipliées. Sa pesanteur spécifique est de 14,11. Il se brise sous le marteau, blanchit le cuivre sur lequel on vient à le frotter, et, soumis au feu du chalumeau, il se décompose : le mercure se volatilise, et l'argent se fond en un bouton métallique.

Le mercure argental, analysé par Klaproth, a donné

$$\text{Argent.} \ldots \ldots 36$$
$$\text{Mercure} \ldots \ldots 64$$
$$\overline{\phantom{\text{Mercure} \ldots}100;}$$

tandis que M. Cordier l'a constamment trouvé composé de

$$\text{Argent.} \ldots \ldots 27,5$$
$$\text{Mercure} \ldots \ldots 72,5$$
$$\overline{\phantom{\text{Mercure} \ldots}100.}$$

Les variétés cristallines du mercure argental dérivent d'un dodécaèdre à plans rhombes, qui est considéré comme sa forme primitive; les plus simples sont :

1.° Mercure argental *primitif* : un dodécaèdre à plans rhombes.

2.° Mercure argental *unitaire* : le dodécaèdre primitif, dont huit angles solides, composés de trois plans, sont tronqués et remplacés par huit faces triangulaires. Cette forme ressemble à un octaèdre dont toutes les arêtes seroient abattues.

3.° Mercure argental *biforme* : le dodécaèdre primitif tronqué sur ses six angles solides, composés de quatre plans.

4.° Mercure argental *triforme* : le précédent, dont toutes les arêtes appartenant au noyau sont abattues.

L'on cite encore la variété nommée *sextiforme*, qui offre l'assemblage des quatre précédentes; plus de deux autres qui ne se sont point encore rencontrées : ce qui forme un assemblage de cent vingt-deux facettes, qui donnent à ce

polyèdre un aspect curviligne et sphéroïdal, augmenté par
le peu de vivacité des arêtes.

Comme ces variétés pourroient aussi dériver de l'octaèdre,
tout aussi bien que du dodécaèdre à plans rhombes, Haüy a
eu soin, dans la nouvelle édition de son Traité de minéralogie, de donner le double signe représentatif. Ainsi, pour
la variété sextiforme le signe relatif au dodécaèdre seroit :

$$P\ \overset{\scriptscriptstyle 1}{B}\ B\ A\ {}^{1}E^{1}\ {}^{2}E^{2}$$
$$\underset{\scriptscriptstyle 1}{P}\ \underset{\scriptscriptstyle 2}{s}\ \underset{\scriptscriptstyle 1}{l}\ r\ z\ t;$$

et dans l'hypothèse de l'octaèdre il s'exprimeroit ainsi :

$$\underset{\scriptscriptstyle 1}{B}\ \overset{\scriptscriptstyle 3}{B}\ A^{3}A^{3}\ \left(\underset{\scriptscriptstyle 4}{A}{}^{4}A^{4}B^{2}\,B^{1}\right)\ P\underset{\scriptscriptstyle 1}{A}{}^{1}A^{1}\ \left(\underset{\scriptscriptstyle 2}{A}{}^{2}A^{2}B^{3}B^{2}.\ B^{2}\,B^{3}\right).$$

A ces variétés cristallines il faut ajouter :

Le mercure argental *granuliforme*, qui n'est autre chose
que le produit d'une cristallisation imparfaite.

Le mercure argental *lamelliforme* : qui se présente sous la
forme de lames excessivement minces, appliquées à la surface d'une lithomarge dure, blanche, tachetée de rouge et
de violet. Je l'ai observé également sur une gangue ferrugineuse en petits filamens entrelacés : quant aux grains et
aux cristaux, on les voit assez souvent attachés dans les cavités d'un grès qui a beaucoup de rapports avec le psam-
mite. Il est ordinairement associé au mercure sulfuré, dont
nous allons nous occuper immédiatement.

Le mercure argental ne paroît point appartenir à toutes
les mines où l'on exploite ce métal ; car on n'en cite ni à
Almaden en Espagne, ni à Idria en Carniole. Les mines
du pays de Deux-Ponts semblent être celles qui en fournissent les plus beaux échantillons ; mais on le cite également à
Rozenau et à Niderstana, en Hongrie, ainsi que dans un
canton du Tyrol, à Sahlberg en Suède, à Kolyvan en Sibérie, et même à Allemont en Dauphiné.

Nous avons fait remarquer, en parlant de la congélation
du mercure, qu'en passant de l'état fluide à l'état solide il
augmentoit de densité : ici le phénomène est encore le
même ; car, en cessant d'être fluide par son association avec
l'argent, il augmente aussi de pesanteur, puisque, d'après les

proportions trouvées par l'analyse de M. Cordier, l'amalgame ne devroit peser que 12,5 , tandis qu'il pèse 14,11 , et cette différence est d'autant plus frappante , que l'argent, avec lequel le mercure est allié pour un tiers, est beaucoup moins lourd que lui.

3.ᵉ *Espèce*. Mercure sulfuré, vulgairement Cinabre. On ne peut point dire que la couleur rouge soit le caractère distinctif du mercure sulfuré, puisqu'il y a plusieurs autres minérais rouges ; mais cependant il est certain que cette couleur, plus ou moins altérée et plus ou moins modifiée, est la livrée constante de ce minéral. Le mercure sulfuré pur brûle avec une flamme bleue au chalumeau, et se volatilise entièrement en répandant une odeur de soufre : il en est de même quand on l'expose sur un charbon ardent ; le soufre brûle et le mercure se volatilise de telle sorte, qu'en plaçant une lame de cuivre au-dessus de sa surface, elle devient d'un blanc d'argent par l'effet du mercure qui s'y attache. La poussière du cinabre, passée avec frottement sur un morceau de cuivre, y laisse aussi un enduit argentin.

La pesanteur spécifique du cinabre varie de 6,9 à 10,2 ; il s'électrise résineusement par le frottement et quand il est isolé. Rarement il est cristallisé, et ses cristaux, qui sont ordinairement fort petits, dérivent d'un rhomboïde aigu qui leur sert de forme primitive ou de noyau, et non d'un prisme hexaèdre. Comme le mercure sulfuré s'écrase facilement, sa poussière plus ou moins rouge, et sans mélange de jaune ou d'orange, offre un caractère qui lui est commun avec l'argent rouge seulement, puisque le plomb chromaté et l'arsenic sulfuré rouge ont une teinte d'orangé qui devient de plus en plus sensible, à mesure qu'on les pulvérise, et qu'il suffit d'avoir l'œil tant soit peu exercé pour distinguer ces teintes composées d'avec le rouge pur du cinabre. Il ne peut donc y avoir d'incertitude qu'entre l'argent rouge et le mercure sulfuré : or, il suffit de l'action du chalumeau, ou plus simplement d'un charbon ardent, pour lever toute espèce de doute à cet égard, le mercure se volatilisant, et l'argent rouge se réduisant en un bouton métallique, si le coup de feu est assez violent.

Le mercure sulfuré de la Chine, analysé par Klaproth, a donné

Mercure. 84,50
Soufre 14,75
Perte 0,75
—————
100,00

Les principales variétés de forme du mercure sulfuré sont

Mercure sulfuré prismatique : un prisme hexaèdre régulier, plus ou moins comprimé, et passant quelquefois à la table hexagonale.

Mercure sulfuré octoduodécimal, progressif, mixtiunitaire et *bisalterne :* quatre variétés qui dérivent de la variété prismatique, dont trois bords des bases, pris alternativement, sont remplacés par des facettes additionnelles plus ou moins inclinées, ce qui leur donne l'aspect de prismes triangulaires, ordinairement comprimés. M. Leman, d'après Jameson, cite encore le mercure sulfuré *rhomboïdal primitif*, le même dont les angles obtus sont tronqués ; le *prismatique*, terminé par une pyramide trièdre, etc. Haüy et d'autres minéralogistes avoient pensé que le prisme hexaèdre étoit la forme primitive du mercure sulfuré : de nouvelles observations le firent changer d'avis, et le déterminèrent à considérer le rhomboïde aigu comme le vrai noyau des cristaux de ce minéral [1]. Après les formes cristallines déterminables viennent celles qui en dérivent, telles que les suivantes.

Mercure sulfuré curviligne : il appartient à des cristaux dont les faces et les arêtes ont subi un arrondissement ou une sorte de flexion, qui s'observent dans beaucoup d'autres minéraux, qui ne présentent souvent qu'une surface hérissée d'angles solides couchés, pour ainsi dire, à la suite les uns des autres.

Mercure sulfuré laminaire, flabelliforme ou divergent, composé de lames aplaties ou de prismes minces qui divergent en partant d'un même point.

Viennent ensuite les variétés où toute trace de cristallisation a disparu.

Le mercure sulfuré écailleux ;

— — — fibreux, étoilé ;

— — — granulaire ;

—————

[1] Haüy, Traité de minéralogie, 2.ᵉ édit., tom. III, p. 324 et suiv.

Le mercure sulfuré concrétionné ;

—   —   —   massif ;

—   —   —   amorphe ;

—   —   —   pulvérulent.

C'est à ce dernier que l'on a souvent donné le surnom de *vermillon natif* ; il se présente en poudre impalpable, remplissant les cavités des gangues ferrugineuses qui contiennent les autres variétés de ce minérai. Les plus beaux cristaux de mercure sulfuré viennent de la Chine, et d'Almaden en Espagne : les premiers sont surtout remarquables par leur volume et la pureté de leurs faces. Ils contiennent, d'après Klaproth, près de 85 pour cent de mercure.

Les deux variétés suivantes nous paroissent mériter une place distincte, l'une par son abondance, et l'autre par son aspect particulier.

Mercure sulfuré bituminifère. Ce minérai de mercure, qui paroit être la base de la grande exploitation d'Idria, est d'un rouge sombre hépatique ; sa contexture est plus ou moins schisteuse, à feuillets droits ou contournés. Il y en a de testacé, c'est-à-dire qu'il est alors composé de feuillets très-minces qui se détachent les uns des autres, à la manière des tuniques de l'oignon ; d'autres qui sont parfaitement compactes et dont la couleur sombre tire sur le noir. Il se trouve en grandes masses dans le schiste bitumineux d'Idria : mais on le cite aussi, quoique en moindre quantité, dans la plupart des autres mines de mercure. M. Beurard a décrit celui de Munster-Appel, dans le duché de Deux-Ponts, qui renferme des empreintes de poissons, mouchetés agréablement par du cinabre. On jugera par l'analyse suivante, que l'on doit à Klaproth, combien ce minérai est mélangé de substances étrangères. C'est la variété la plus compacte provenant des mines d'Idria.

Mercure.	81,80
Soufre.	13,75
Carbone	2,50
Silice	0,65
Alumine	0,55
Fer oxidé.	0,20
Cuivre	0,02
Eau	0,73
	100,00

M. Beurard en cite une autre variété, du Palatinat, qui donne une grande quantité de bitume par la distillation. L'on voit cependant que, malgré son peu de pureté, il doit être considéré comme un minérai de mercure très-riche.

Mercure sulfuré ferrifère. M. Lucas est le premier qui ait signalé cette variété remarquable de mercure sulfuré, qui se trouve à Moschellandsberg, dans le Palatinat, sous la forme de petits cristaux d'un gris d'acier, qui deviennent attirables à l'aimant quand on les expose à la simple flamme d'une bougie. Leur gangue est le grès, sur lequel nous reviendrons en parlant du gisement général des minérais de mercure, et des principales mines qui sont exploitées en Europe, en Asie et en Amérique.

4.ᵉ *Espèce.* Mercure muriaté, vulgairement Mercure corné. Ce minéral, peu apparent, se présente en très-petits cristaux d'un gris perlé ou d'un gris verdâtre, ou en petits mamelons qui tapissent, comme les premiers, les cavités, les fissures ou les géodes qui se trouvent particulièrement dans les gangues ferrugineuses des autres minérais de mercure : c'est ainsi que cette roche couleur de rouille doit servir de premier indice, quand on cherche à se procurer des échantillons de ce minéral sous les haldes du Landsberg, où on le trouve avec le plus d'abondance. Le mercure muriaté se volatilise entièrement au chalumeau et se brise facilement : deux caractères qui suffisent pour le faire distinguer d'avec l'argent muriaté, qui lui ressemble assez à l'extérieur, puisque ce dernier reçoit l'impression des corps durs ; à la manière de la cire, et qu'il se réduit au chalumeau en un grain d'argent métallique. On ne connoît qu'une seule variété de forme régulière ; c'est le *trioctonal*, qui rappelle la figure du zircon dioctaèdre : ces cristaux sont rares et petits. Le plus ordinairement le mercure muriaté se trouve en concrétions mamelonnées.

On le trouve particulièrement à Moschellandsberg en Palatinat, à Almaden en Espagne.

Il nous manque une bonne analyse du mercure muriaté naturel, en sorte que l'on ne sait point encore si l'on doit l'associer au *mercure doux* ou au *sublimé corrosif*, qui, comme on le sait, sont deux préparations pharmaceutiques.

Il existe encore en Hongrie, en Bohème et dans plusieurs autres parties de l'Allemagne, quelques foibles exploitations de mercure, dont le produit total est évalué à environ trois à quatre cents quintaux métriques, année commune.

Quant au territoire françois, l'on n'y connoit que de légers indices de ce métal, entre autres en Normandie, près de Saint-Lô, aux environs de La Mure, en Dauphiné, et dans l'ancienne mine d'Allemont près Grenoble. Celui de Montpellier est contesté par plusieurs naturalistes, et je suis de ce nombre; car j'ai vu dans la collection de feu Draparnaud un échantillon de ce prétendu minérai de mercure qui n'étoit, bien certainement, qu'un morceau de mortier ou de décombre, dans lequel il existoit en effet quelques gouttelettes de mercure.

Les mines de Guanca-Velica, au Pérou, sont d'autant plus intéressantes que les produits en sont directement employés dans le traitement des minérais d'or et d'argent qui abondent dans cette partie de l'Amérique. Ces mines de mercure, exploitées depuis 1570, ont produit jusqu'en 1800 cinq cent trente-sept mille quintaux métriques de ce métal; mais le produit actuel des exploitations de ces contrées est par an de dix-sept à dix-huit cents quintaux métriques.[1]

On connoît beaucoup d'autres gîtes de mercure en Amérique, soit au Chili, soit au Mexique; mais il paroît que l'exploitation en est totalement négligée, puisque les mines d'Europe versent la plus grande partie de leurs produits en Amérique, et qu'on avoit eu recours, en 1782, au mercure qu'on extrait en Chine dans la province de L'Yun-nan. Nous ne parlerons point ici du mercure que l'on prétend retirer, à la Chine, des feuilles du *pourpier sauvage*, quoique le père Dentrecolles prétende s'être assuré du fait près des lettrés et des savans chinois : il décrit même les manipulations; mais ces procédés sont des plus absurdes.[2]

Le traitement métallurgique des minérais de mercure est assez simple. En général, quand le mercure sulfuré, qui est le plus commun, a été pulvérisé et quelques fois lavé, on

---

1 Helms, Itinéraire du Pérou.
2 De la Chine, par l'abbé Grosier, tom. II, p. 214.

l'introduit dans des cornues de fonte, de tôle ou même de grès, en le mêlant avec une égale proportion de chaux vive ; on place ces cornues dans des fourneaux à galère, qui en contiennent deux rangées ; elles sont lutées à des récipiens extérieurs qui contiennent de l'eau, et, à mesure que le soufre abandonne le mercure pour se porter sur la chaux avec laquelle il a plus d'affinité, le métal se condense dans les récipiens. Tel étoit le procédé employé aux mines du Palatinat, lorsque je les visitai en 1808. A Almaden et à Idria, la distillation se fait plus en grand, mais aussi d'une manière assez imparfaite ; car on assure qu'il se perd une si grande quantité de mercure, qu'il tombe aux environs de l'usine et qu'on en trouve sur terre à une assez grande distance. Le fourneau se compose de deux espèces de pavillons, séparés par une terrasse qui s'incline vers le milieu en forme de toit renversé. L'un des pavillons fait l'office de cornue ; on y chauffe le minérai sur une sole percée, qui donne passage à la flamme du combustible placé au-dessous, et le mercure sublimé est conduit dans le pavillon opposé, qui sert de récipient, par plusieurs files d'aludèles en terre, lutées les unes aux autres, qui remplacent les tubes des petits appareils ordinaires : on voit que le tout consiste en une distillation très en grand.

Quant au mercure natif, comme il n'est jamais fort abondant, il ne forme point seul l'objet d'une exploitation proprement dite ; lorsqu'on en rencontre quelques amas, on se contente de le purifier en le filtrant à travers une peau de chamois.

Les procédés chinois, décrits dans l'Encyclopédie japonoise, ont quelques rapports avec ceux des mines d'Europe : le cinabre (yn-tchu) est placé dans des vases clos que l'on chauffe, et le mercure natif ou coulant s'y purifie, en le filtrant aussi à travers une peau.

L'essai en petit des minérais de mercure se fait ordinairement en mêlant de la limaille de fer avec le minérai pulvérisé, et en chauffant le tout dans un creuset au-dessus duquel on place un corps froid. Si le minérai en épreuve contient effectivement du mercure, ce métal se sublime et s'attache à la lame de cuivre, par exemple, que l'on aura placée au-dessus du creuset. D'autres exploitans se servent d'un petit creuset de fer que l'on fait rougir, dans lequel on verse le minérai pulvérisé : on recouvre le tout d'une cloche de verre, et le mercure s'attache à sa surface intérieure sous la forme de gouttelettes.

La quantité de mercure métallique importée en France, pour les années 1816 et 1817 réunies, s'éleva à soixante-trois mille trois cent douze kilogrammes, dont la plus grande partie est consommée par les ateliers de bronze doré, dont il existe à Paris un grand nombre en pleine activité. A l'égard du vermillon, dont nous possédons aujourd'hui une fabrique à Paris même, l'importation s'est élevée, pour les deux mêmes années, à dix-sept mille deux cent soixante et dix-sept kilogrammes, et l'on sait cependant que son principal usage est de servir à colorer la cire à cacheter.

Le mercure a encore d'autres usages aussi répandus que variés. Il entre dans la construction de plusieurs instrumens d'observations de chimie, de physique et de météorologie. Sa pesanteur, la pureté et l'homogénéité auxquelles on peut l'amener facilement, et sa liquidité, lui donnent des propriétés qu'aucun autre corps ne présente à un degré aussi éminent ou aussi commode.

Il a une puissante action sur l'économie animale. Le mercure agit fortement sur le système nerveux, et occasionne des tremblemens, difficiles à guérir, sur les ouvriers qui l'emploient dans leurs travaux et sur ceux qui travaillent dans les mines au traitement métallurgique de ce métal. La médecine a su profiter de cette puissante action pour le faire entrer dans un grand nombre de médicamens très-efficaces, lorsqu'on sait les employer avec les précautions convenables. (BRARD.)

MERCURE. (*Chim.*) Corps simple compris dans la 5.ᵉ section des Métaux. (Voyez CORPS, tome X, page 511.)

Le mercure est solide à — 40^{d}, la pression de l'atmosphère étant égale à celle d'une colonne de mercure de 0^{m},760; il entre en ébullition à 360^{d}: il est donc liquide dans un espace de température de 400^{d}.

Suivant MM. Dulong et Petit, de 0 à 100^{d}, il se dilate de $\frac{1}{55}$ de son volume à zéro, ou pour chaque degré centigrade de $\frac{1}{5550}$.

A zéro, sa densité est de 13,598207.

Lorsqu'on veut opérer la congélation du mercure, on prend deux kilogrammes d'hydrochlorate de chaux cristallisé et réduit en poudre : on les mêle dans une terrine avec un kilogramme de glace pilée ou de neige. Le sel, la glace ou la neige et la terrine doivent avoir été préalablement refroidis à quelques degrés au-dessous de zéro. On plonge dans le mélange 25^{gr} de mercure renfermés dans un petit matras de verre. La congélation s'opère. Si on n'attend pas qu'elle soit complète, et qu'on décante la portion qui est restée liquide, on obtient le mercure cristallisé en octaèdres. Le mercure à l'état solide, mis sur la peau, produit une sensation analogue à celle d'un corps brûlant ; il gèle les parties sur lesquelles il est appliqué. Le mercure solide a une ductilité sensible, lorsqu'on le frappe sur une enclume refroidie et avec un marteau également refroidi.

Au moment où le mercure se congèle, il éprouve une contraction de volume assez forte ; c'est ce qui a fait croire aux premiers observateurs qu'il exigeoit, pour se geler, une température inférieure à 40^d.

Le mercure liquide a un éclat vif. Sa couleur est le blanc tirant très-légèrement au bleuâtre. C'est un excellent miroir.

Quoiqu'il n'ait aux températures ordinaires qu'une tension très-foible, cependant on démontre que, si on met une centaine de grammes de ce métal dans un flacon d'un litre, et qu'on suspende une feuille d'or dans l'atmosphère du vaisseau, cette feuille finit par se convertir en amalgame, suivant l'observation de M. Faraday.

C'est un excellent conducteur de la chaleur et de l'électricité.

Il n'a ni odeur ni saveur sensibles.

Il existe deux oxides de mercure.

A la température ordinaire, le mercure sec et en masse tranquille ne se combine point sensiblement à l'oxigène ; cependant il paroît qu'il est susceptible d'en dissoudre une petite quantité, soit que l'oxigène soit dans le même état que l'air dissous dans l'eau, soit qu'il ait formé, avec une portion de mercure, un oxide qui est dissous dans la portion du métal qui ne s'est pas oxidée.

Le mercure agité continuellement, pendant plusieurs jours, dans un flacon avec de l'air, se convertit en une poudre noire, appelée *éthiops per se*. Cette matière a été considérée par beaucoup de chimistes comme un protoxide, tandis qu'elle l'a été par d'autres comme un métal simplement divisé.

A une température voisine de celle où le mercure entre en ébullition, il se combine à l'oxigène de l'air et se convertit en petites paillettes rouges de peroxide.

L'eau n'a aucune action sur le mercure ; cependant elle favorise la conversion de ce métal en poudre noire, surtout si elle est unie à une matière organique qui lui donne de la viscosité. L'eau qu'on a fait bouillir sur le mercure, acquiert des propriétés vermifuges ; cependant, si on pèse le mercure après l'opération, on ne trouve pas qu'il ait diminué sensiblement de poids.

A la température ordinaire le mercure s'unit au chlore. à une température suffisamment élevée, ces corps se combinent en dégageant une lumière rouge pâle : le produit est du perchlorure.

L'iode s'unit au mercure à la température ordinaire en deux proportions : le protoiodure est jaune, le periodure est rouge.

L'azote ne s'y unit pas.

Le mercure s'unit au soufre en deux proportions, suivant la plupart des chimistes, et en une seule, suivant M. Guibourt.

Lorsqu'on triture 4 parties de soufre et 1 partie de mercure dans un mortier, on obtient une poudre noire, que les anciens nommoient *éthiops minéral par trituration*. Dans l'état actuel de la science, il est assez difficile de dire s'il y a du sulfure de mercure tout formé dans ce produit. Il est certain qu'il contient une très-grande quantité de soufre à l'état de simple mélange, ainsi que du mercure divisé.

Si on fait tomber une pluie de mercure sur une masse de soufre égale à la sienne, tenue en fusion dans un vaisseau de terre non vernissé ; si on remue les substances avec une spatule de fer, et qu'on les chauffe ensuite doucement, on obtient une matière qui étoit connue des anciens sous le nom d'*éthiops par fusion*. Il est vraisemblable que cette matière est du sulfure de mercure, plus du soufre. Par la sublimation elle donne du cinabre.

Le phosphore ne s'unit pas au mercure métallique. Il en est de même du bore, du carbone et de l'hydrogène.

La plupart des métaux forment, avec le mercure, des combinaisons qui sont appelées des amalgames. Le manganèse, le fer, le cobalt, le nickel, le rhodium, ne s'y combinent pas.

Le mercure n'éprouve aucune action de la part des acides borique et carbonique, quel que soit l'état dans lequel on les lui présente. Il en est de même des acides hydrophatorique, hydrochlorique, phosphorique et sulfureux.

A froid, l'acide sulfurique concentré n'a pas d'action sur le mercure ; mais, à chaud, il se dégage de l'acide sulfureux. Si le mercure est en excès, et si l'ébullition n'est pas prolongée, on obtient du sulfate de protoxide. Dans le cas contraire, on obtient du sulfate de peroxide.

L'acide nitrique, à 30^d, dissout le mercure à froid ; il se dégage du gaz nitreux, et le métal s'oxide au minimum.

L'acide nitrique, à 30^d, bouillant, et l'acide nitrique plus concentré, forment avec le mercure du nitrate de peroxide.

L'acide hydriodique, à froid, est décomposé par le mercure. Celui-ci, en se combinant à l'iode, met l'hydrogène en liberté.

L'acide hydrosulfurique est aussi décomposé, mais plus lentement. On observe que, si on bat le mercure avec de l'eau hydrosulfurée, il faut un temps assez long pour décomposer la totalité de l'acide, parce que la portion qui se réduit en hydrogène, entraîne avec elle une certaine quantité d'acide hydrosulfurique.

L'ammoniaque n'a pas d'action sur le mercure. Seulement, lorsque celui-ci est mal-propre, il le rend brillant. Fourcroy pense que dans ce cas l'hydrogène d'une portion d'ammoniaque réduit de l'oxide de mercure.

J'ai observé que l'eau de potasse concentrée, mise sur du mercure qui est renfermé dans du gaz oxigène, détermine l'oxidation du métal.

Oxides de mercure.

Protoxide.

	Guibourt.	Sefstroem
Oxigène............	4,5	5,99
Mercure	100	.... 100.

Cet oxide ne peut être séparé de ses combinaisons salines au moyen de la potasse ou de la soude, sans se réduire en peroxide et en mercure coulant, qui reste interposé entre les parties du peroxide; c'est parce que le peroxide est mêlé avec du mercure, que le précipité qu'on obtient, en traitant par la potasse le nitrate de protoxide de mercure ou le perchlo- rure de ce métal, est d'un brun noir. Il suffit de presser ce précipité lavé dans un mortier d'agate avec un pilon, pour apercevoir des globules de mercure. C'est à M. Guibourt que nous devons cette observation intéressante.

Peroxide de mercure.

		Sefstroem.
Oxigène.....	8	7,99
Mercure.....	100	100.

On peut le préparer.

1.° En chauffant le mercure dans des matras ouverts à fond plat, qui sont placés dans une galère : ces matras étoient appelés autrefois *enfer de Boyle*. L'oxidation se fait aux dépens de l'air, mais elle exige de vingt jours à un mois. L'oxide préparé par ce procédé est le *mercure précipité per se* des anciens. Ils lui avoient donné ce nom, parce qu'il avoit perdu son état métallique sans l'addition apparente d'aucun corps.

2.° En chauffant au bain de sable du protonitrate ou du pernitrate de mercure dans des matras ou des fioles à mé- decine, jusqu'à ce qu'il ne se dégage plus de gaz rutilant. L'oxide préparé de cette manière étoit connu autrefois sous le nom de *précipité rouge*. Suivant que les nitrates sont en poudre ou en petits feuillets cristallins, l'oxide de mercure est en poudre jaune tirant plus ou moins sur l'orangé, ou en petites paillettes cristallines d'un rouge orangé plus ou moins vif, ainsi que M. Vauquelin et M. Gay-Lussac l'ont observé.

5.° En décomposant les sels de peroxide de mercure par la potasse, la soude, etc., le précipité est un hydrate jaune.

Cristallisé, il est rouge-orangé; pulvérisé, il est jaune.

Il a une saveur métallique très-prononcée qu'il communique à l'eau, dans laquelle il est légèrement soluble. Cette solution verdit le sirop de violette; elle devient brune par son mélange avec l'eau hydrosulfatée. L'ammoniaque y fait un précipité d'amnoniure.

L'ammoniure de peroxide de mercure, exposé à la chaleur, donne, 1.° de l'ammoniaque; 2.° de l'eau; 5.° de l'azote; 4.° du mercure; 5.° de l'oxigène. Il paroît que, dans l'ammoniure de mercure, l'ammoniaque contient une quantité d'hydrogène capable de neutraliser l'oxigène du peroxide; car M. Guibourt, qui a observé les faits précédens, a vu que 108 parties de peroxide donnent 114,7 parties d'ammoniure : par le calcul, on trouve 115,7.

Le peroxide de mercure, exposé à une chaleur insuffisante pour le décomposer, devient d'un rouge violet brun. Par le refroidissement il reprend sa première couleur.

Il se réduit en mercure et en oxigène quand il est chauffé au rouge-brun.

Il est réduit avec une grande facilité par l'hydrogène, le carbone, le soufre, le phosphore, etc. Il faut opérer ces réductions avec prudence, parce qu'il y a souvent détonation : c'est ce qui arrive en particulier avec le soufre et le phosphore.

Il réduit les hydrosulfates en sulfites.

Il est soluble dans l'acide hydrochlorique; mais, en éprouvant une altération, il se produit de l'eau et du perchlorure de mercure.

Avec l'acide hydrocyanique il se conduit d'une manière analogue, car il se produit de l'eau et du cyanure de mercure.

CHLORURES DE MERCURE.

PROTOCHLORURE DE MERCURE. — *Mercure doux.*

Chlore...................... 18

Mercure 100

On peut préparer ce composé en précipitant le nitrate de protoxide de mercure dissous dans l'eau par une solution de chlorure de sodium, aiguisée d'acide hydrochlorique. On décante le liquide qui surnage sur le précipité, et on lave celui-ci avec de l'eau.

Il existe un autre procédé, que nous ferons connoître à l'article du perchlorure de mercure.

Le protochlorure de mercure qui a été sublimé, est d'un blanc très-brillant : mais il brunit très-promptement par son exposition à la lumière.

Réduit en poudre, il est de couleur citron pâle.

Il est presque insipide.

Il est légèrement purgatif.

Rouelle estime qu'il faut 1152 parties d'eau bouillante pour en dissoudre 1 de protochlorure : mais il paroît qu'une portion est réduite en mercure et en perchlorure.

Il est volatil.

Le chlore, en s'y combinant, le convertit en perchlorure.

L'acide nitrique bouillant le dissout avec effervescence. Par le refroidissement on obtient du perchlorure, et il reste du nitrate en dissolution.

Le protochlorure d'étain le réduit en mercure, en s'emparant de son chlore.

La potasse, la soude humectée le réduisent en matière noire formée d'un mélange de peroxide et de mercure. Ces bases sont converties en chlorure.

PERCHLORURE DE MERCURE. — *Sublimé corrosif.*

> Chlore.................. 56
> Mercure................. 100

Il y a un grand nombre de procédés pour préparer ce composé : mais les deux suivans sont préférables aux autres.

1.° On remplit un matras au tiers de sa capacité d'un mélange de parties égales de nitrate de mercure sec, de sulfate de fer sec et de chlorure de sodium. On élève graduellement la température du mélange jusqu'au rouge. On obtient du gaz azote et du gaz nitreux, du perchlorure de mercure sublimé, et un résidu de sulfate de soude et de peroxide de fer. Dans cette opération le sodium et le protoxide de fer s'oxident aux dépens de l'acide nitrique et de l'oxide de mercure : le chlore s'unit au mercure, tandis que la soude produite se combine à l'acide sulfurique.

2.º On fait bouillir 5 parties d'acide sulfurique concentré sur 4 parties de mercure, jusqu'à ce qu'il reste 5 parties de sulfate de mercure. On mêle ce sulfate avec 4 parties de chlorure de sodium et 1 partie de peroxide de manganèse. On introduit 1 ½ kilog. de ce mélange dans un matras à fond plat de trois litres de capacité, et on chauffe au bain de sable, pendant quinze à dix-huit heures; à la fin de l'opération, le fond du matras doit être porté au rouge. Par ce moyen le perchlorure de mercure sublimé éprouve un commencement de fusion, qui lui donne le degré de compacité exigé par le commerce. Dans cette opération le sodium s'oxide aux dépens d'une portion de l'oxigène du manganèse et aux dépens de l'oxigène du mercure; la soude produite s'unit à l'acide sulfurique, tandis que le chlore et le mercure réduit se subliment à l'état de perchlorure.

Le perchlorure de mercure sublimé est en pains lamelleux ou en aiguilles d'un beau blanc, qui ne s'altèrent pas par le contact de la lumière, ainsi que cela arrive au protochlorure de mercure.

Réduit en poudre il est blanc.

Il a une saveur métallique astringente excessivement forte. C'est un violent poison : il corrode l'estomac et les intestins.

Par une sublimation lente il cristallise en prismes aciculaires. Sa vapeur est excessivement délétère.

Il exige 3 parties d'eau bouillante et 20 parties d'eau froide pour se dissoudre. Lorsqu'il se sépare lentement de l'eau, il est sous la forme de belles aiguilles satinées.

Il est soluble dans l'alcool, surtout dans l'alcool bouillant.

Les acides sulfurique, nitrique, hydrochlorique le dissolvent sans le décomposer.

Le charbon ne l'altère pas.

A chaud, l'hydrogène en sépare le chlore, ainsi que la plupart des composés organiques hydrogénés.

Le phosphore se comporte de la même manière : c'est même un moyen de se procurer le chlorure de phosphore, en supposant que le phosphore soit en excès.

Plusieurs métaux lui enlèvent le chlore : tels sont l'arsenic, l'étain, le bismuth, l'antimoine.

La potasse, la soude, la baryte, la strontiane, la chaux

décomposent le perchlorure de mercure dissous dans l'eau. Si les alcalis sont en excès, le précipité est un hydrate de peroxide qui est jaune. Dans ce cas le mercure s'oxide aux dépens de l'oxigène de la base alcaline, ou aux dépens de l'oxigène de l'eau, suivant qu'il se produit un chlorure ou un hydrochlorate alcalin soluble. Si les alcalis ne sont pas employés en excès, le précipité, au lieu d'être jaune, est rouge de brique. On peut le considérer comme une espèce de sel dans lequel du perchlorure de mercure fait fonction d'acide, et du peroxide de mercure fait fonction de base.

La solution de perchlorure de mercure, précipitée par l'eau de chaux, en excès, présente un mélange de peroxide de mercure hydraté et de solution d'hydrochlorate de chaux et de chaux, qui étoit appelé par les anciens *eau phagédénique.*

L'ammoniaque précipite le perchlorure de mercure en une poudre blanche, qui, d'après l'examen de M. Guibourt, paroîtroit une espèce de sel double, formé, 1.° d'ammoniaque, qui est neutralisée par du perchlorure de mercure, faisant fonction d'acide ; 2.° d'ammoniaque unie à du peroxide de mercure, faisant fonction d'acide. Suivant M. Guibourt, les deux sels contiennent des quantités égales de mercure et d'ammoniaque : une conséquence de ces proportions est que les compositions équivalentes de cette espèce de sel double sont : 1.° protochlorure de mercure —+— oxigène —+— ammoniaque ; 2.° protoxide de mercure —+— chlore —+— ammoniaque ; 3.° eau —+— acide hydrochlorique + mercure —+— azote.

La chaleur appliquée au composé précédent le convertit en ammoniaque, en eau, en azote, en protochlorure mêlé d'une petite quantité de perchlorure, en oxigène et en mercure.

L'hydrochlorate d'ammoniaque peut se combiner avec le perchlorure de mercure : c'est cette union qui rend le perchlorure plus soluble dans l'eau qui contient de l'hydrochlorate d'ammoniaque, que dans l'eau pure.

Lorsqu'on chauffe convenablement parties égales de perchlorure de mercure et d'hydrochlorate d'ammoniaque dans une fiole, on obtient, suivant M. Thénard, 1.° un sublimé très-soluble dans l'eau, qui contient de l'hydrochlorate d'ammoniaque et du perchlorure de mercure; 2.° un résidu qui exige plus de chaleur pour se volatiliser que le sublimé précédent, et qui en diffère en ce qu'il est moins soluble dans l'eau et qu'il contient plus de perchlorure de mercure.

Lorsqu'on ne verse qu'une petite quantité d'acide hydrosulfurique dans la solution de perchlorure de mercure, on obtient un précipité d'un blanc grisâtre, dans lequel MM. Fourcroy et Thénard ont trouvé du soufre et de l'acide muriatique. M. Guibourt regarde ce précipité comme un *chlorosulfure de mercure*.

Phtorure de mercure.

Voyez tome XXII, p. 267.

Iodures de mercure.

Ils sont au nombre de deux.

Protoiodure de mercure.

Iode................ x
Mercure 100

On le prépare en versant de l'hydriodate de potasse dans le nitrate de protoxide de mercure. L'acide nitrique s'unit à la potasse, tandis que l'acide hydriodique et le protoxide de mercure forment de l'eau et du protoiodure de mercure.

Il est jaune et insoluble dans l'eau et l'alcool.

Si on le chauffe lentement, il se convertit en mercure et en periodure.

Periodure de mercure.

Iode................ $2x$
Mercure............. 100

On le prépare en décomposant la solution de perchlorure de mercure par l'hydriodate de potasse. Dans ce cas le chlore s'unit au potassium, tandis que l'hydrogène de l'acide hydriodique s'unit à l'oxigène de la potasse.

Il est d'un très-beau rouge : ce qui est remarquable, c'est que par la chaleur il devient jaune.

Il est fusible et susceptible de se sublimer en lames rhomboïdales.

Il est insoluble dans l'eau.

Il est soluble dans l'hydriodate de potasse, les sels mercuriels, les acides et l'alcool.

SULFURES DE MERCURE.

PROTOSULFURE DE MERCURE.

Guibourt.
Soufre   8,2
Mercure 100

Telle est la proportion du soufre au mercure dans le précipité noir qu'on obtient en versant de l'acide hydrosulfurique dans du nitrate de protoxide de mercure. M. Guibourt, qui a examiné ce précipité, le considère comme un mélange de mercure et de sulfure de mercure rouge, par la raison qu'en le comprimant on fait sortir de l'intérieur de la masse des globules de mercure. Ce précipité chauffé se réduit en mercure, et en sulfure de mercure rouge.

PERSULFURE DE MERCURE. — *Cinabre.*

Guibourt.
Soufre   16
Mercure 100

Lorsqu'on décompose la solution de perchlorure de mercure par l'acide hydrosulfurique en excès, on obtient un précipité noir comme le précédent; mais il ne peut être confondu avec ce dernier, parce que la compression n'en fait pas suinter de mercure, et que la sublimation le change complétement en sulfure rouge. M. Guibourt pense que, s'il n'est pas rouge avant la sublimation, cela tient à l'interposition de quelques atomes de matières étrangères : car il dit avoir obtenu du sulfure rouge de la précipitation immédiate du perchlorure de mercure par l'acide hydrosulfurique.

Il seroit curieux de rechercher si le sulfure noir, qui se produit dans la réaction du mercure sur un hydrosulfate de potasse sulfuré, et qui est susceptible de se dissoudre dans l'hydrosulfate de potasse pur, est du protosulfure de mercure ou du persulfure : quel que fût le résultat, il seroit important, 1.° parce que, si c'étoit un protosulfure comme on l'a cru jusqu'à M. Guibourt, il ne seroit pas exact de dire, avec ce chimiste, qu'il n'existe qu'un seul sulfure; 2.° parce que, dans le cas où il seroit un persulfure, cela prouveroit que ce composé, lorsque ses molécules sont disposées de manière à absorber la lumière blanche, jouit d'une propriété chimique différente de celle du sulfure de mercure rouge : car, suivant M. Proust, le sulfure de mercure noir est soluble dans les hydrosulfates alcalins, tandis que le sulfure rouge y est insoluble. Dans ce cas, ce seroit un exemple à ajouter à ceux qui prouvent combien la disposition des molécules peut exercer d'influence sur les propriétés des combinaisons.

Pour fabriquer le persulfure de mercure en grand, on fait fondre 1 partie de soufre dans une chaudière en fonte, puis on presse au-dessus une peau de chamois qui contient 4 parties de mercure; le métal tombe en pluie fine à la surface du soufre : on agite, pour faire un mélange intime; et, enfin, on recouvre la chaudière d'un chapiteau dans lequel on reçoit la combinaison, que l'on échauffe assez pour la sublimer.

En chauffant du mercure avec du sulfure hydrogéné de potasse, on peut encore préparer du persulfure de mercure rouge.

Le cinabre sublimé est en aiguilles parallèles, brillantes, d'un violet pourpre. Quand il est réduit en poudre fine, qu'il a été traité par l'eau, puis séché, il présente une belle poudre rouge, qui est employée en peinture et comme cosmétique sous le nom de *vermillon*.

Sa densité est de 10.

Le cinabre est volatile, comme je l'ai dit; mais, s'il est exposé à une température trop élevée, il détone et se réduit en soufre et en mercure.

Il est insipide et inodore.

L'eau et les acides sulfurique et hydrochlorique n'ont point d'action sur lui.

L'oxigène froid ne l'altère pas; mais, si la température est élevée, le soufre se convertit en acide sulfureux, et le mercure est mis en liberté.

Le chlore l'enflamme.

L'eau régale bouillante le convertit en acide sulfurique et en perchlorure de mercure.

Le cinabre distillé avec la moitié de son poids de limaille de fer se décompose, le mercure se dégage, et il se produit du sulfure de fer : le plomb, l'antimoine le décomposent également par la distillation ; il en est de même de la potasse, de la soude, de la chaux.

PHOSPHURE DE MERCURE.

Pelletier dit avoir formé du phosphure de mercure en chauffant dans une cornue de l'oxide rouge de mercure avec du phosphore : une portion du phosphore fut employée à désoxider le mercure.

Ce composé est noir, assez solide, susceptible de se couper au couteau. Il répand à l'air des vapeurs qui ont l'odeur du phosphore.

M. H. Davi a obtenu du phosphure de mercure en chauffant fortement du phosphore avec du protochlorure de mercure : suivant lui, le phosphure de mercure est couleur de chocolat, et infusible à 360 degrés.

HYDRURE DE MERCURE AMMONIACAL.

Pour former cette combinaison, on met du mercure dans une coupelle d'hydrochlorate d'ammoniaque humectée, qui repose sur une lame de platine ; on met le fil positif de la pile en communication avec le platine, tandis qu'on fait plonger le fil négatif dans le mercure. Peu à peu le mercure augmente de volume et s'épaissit, en conservant son brillant métallique. Le maximum de l'effet est produit, quand le volume du mercure est quintuplé ou sextuplé. Dans cette opération il se dégage du chlore et de l'oxigène au pôle positif.

Le même composé est produit avec tous les sels ammoniacaux humectés, et lors même qu'ils sont dissous dans l'eau.

C'est M. Séebeck qui observa le premier ces phénomènes en 1808 ; on les a expliqués de deux manières.

1.° On regarde l'ammoniaque comme l'oxide d'un métal appelé *ammonium*. Dans l'expérience précitée le sel ammo-

niacal est décomposé: le chlore de l'acide hydrochlorique et
l'oxigène de l'ammoniaque vont au pôle positif, tandis que
l'ammonium réduit va au pôle négatif, où il s'amalgame avec
le mercure. Cette explication est de MM. Berzelius et Pontin.

2.° Dans la seconde manière d'expliquer les faits, on dit
que sous l'influence électrique le sel ammoniacal est décomposé, le chlore de l'acide et l'oxigène de l'eau qui humecte
le sel ammoniacal vont au pôle positif, tandis que l'ammoniaque et l'hydrogène de l'eau décomposée vont au pôle négatif, où, à l'état naissant, ils s'unissent au mercure. Cette explication est de MM. Gay-Lussac et Thénard.

Entre 21 et 26^1, l'hydrure de mercure ammoniacal a là
consistance du beurre; à zéro, il est dur et cristallisé en
cubes: sa densité est généralement inférieure à 3 ; il occupe
5 fois plus de volume que le mercure qu'il contient.

Exposé à l'air, il se recouvre d'une poudre de pur carbonate d'ammoniaque.

Si on le verse dans un petit flacon long et étroit, parfaitement sec, et si on l'y agite après avoir fermé le vaisseau,
le composé est réduit en mercure, en gaz hydrogène et en
gaz ammoniacal. MM. Gay-Lussac et Thénard ont observé
qu'il ne disparoit pas d'oxigène atmosphérique pendant l'action. Le composé ne peut subsister que sous l'influence électrique.

Pour expliquer le dégagement d'hydrogène, dont nous
venons de parler, dans l'hypothèse où l'on admet l'ammonium, il faut nécessairement supposer que l'hydrure de mercure ammoniacal contient assez d'eau pour que celle-ci, en
oxidant l'ammonium, forme l'ammoniaque, et donne lieu au
dégagement d'hydrogène qu'on observe dans la décomposition
de l'hydrure. Or, toutes les tentatives que MM. Gay-Lussac
et Thénard ont faites pour reconnoître l'existence de l'eau
dans l'hydrure, ont été absolument infructueuses.

L'alcool, l'éther, dont les molécules sont très-mobiles,
décomposent sur-le-champ l'hydrure de mercure ammoniacal:
ce qui prouve que c'est à l'extrême mobilité des particules
de ces liquides qu'il faut attribuer la décomposition instan-
tanée, c'est que l'hydrure reste quelques minutes au milieu
de l'air, quand celui-ci est en repos absolu; tandis que, s'il

est agité, il se décompose instantanément. Les mêmes phénomènes ont lieu avec l'eau et l'acide sulfurique, suivant l'observation de MM. Gay-Lussac et Thénard.

Il est remarquable que l'hydrogène de ce composé ne se brûle pas, lors même que l'hydrure se décompose au milieu du chlore liquide.

MM. Gay-Lussac et Thénard pensent que 1800 p. en poids de mercure sont combinées à 1 partie d'hydrogène et d'ammoniaque.

AMALGAMES.

AMALGAME DE MAGNESIUM, AMALGAME DE CALCIUM, AMALGAME DE STRONTIUM, AMALGAME DE BARIUM, AMALGAME DE LITHIUM.

On prépare tous ces amalgames en exposant aux pôles d'une pile énergique des mélanges humides de 1 p. de peroxide de mercure, de 3 p. de magnésie ou de 3 p. de chaux, 3 p. de strontiane, 3 p. de baryte, 3 p. de lithine, de manière que le fil négatif plonge dans une cavité du mélange qui a été préalablement remplie de mercure, tandis que le fil positif est en contact avec une lame de platine sur laquelle ce mélange est immédiatement placé. (Voyez, pour les détails, le Supplément du volume II, pag. 18, au mot BARIUM.)

Tous ces amalgames sont blancs, brillans, plus denses que l'eau, qu'ils décomposent avec effervescence ; le métal alcalin seul s'oxide : ils sont décomposés par la chaleur ; le mercure se volatilise, et le métal alcalin reste fixe.

AMALGAME DE SODIUM.

On peut préparer cet amalgame, 1.° en décomposant, par l'électricité voltaïque de l'eau de soude très-concentrée qui surnage du mercure dans lequel plonge le pôle négatif de la pile ; 2.° en chauffant du sodium avec du mercure dans un tube de verre fermé à un bout : au moment de la combinaison il y a un dégagement de chaleur et de lumière.

Il est remarquable qu'une partie de sodium suffit pour former un amalgame solide avec 80 p. de mercure.

AMALGAME DE POTASSIUM.

Il se prépare de la même manière que le précédent.

MM. Gay-Lussac et Thénard ont observé qu'en chauffant 1 partie de potassium avec 145 p. de mercure dans un tube de verre, l'amalgame se fait dès que le potassium entre en fusion, et qu'il se dégage beaucoup de chaleur sans lumière.

Cet amalgame est liquide; il ressemble au mercure : il se décompose, par la chaleur, en mercure et en potassium. A la température ordinaire il absorbe l'oxigène de l'air, qui se combine seulement au potassium.

Une partie de potassium et 72 p. de mercure font un amalgame blanc, solide à la température ordinaire, très-fusible, cristallisable, et qui a des propriétés analogues à celles du précédent (Gay-Lussac et Thénard).

L'amalgame liquide de potassium, mis dans une coupe d'hydrochlorate d'ammoniaque humectée d'eau, présente les phénomènes suivans, qui ont été observés pour la première fois par M. H. Davy. L'amalgame s'épaissit, prend un volume 6 à 7 fois plus grand que celui qu'il avoit avant l'expérience. Le nouveau composé est, pour M. Berzelius, un amalgame de potassium et d'ammonium, et, pour MM. Gay-Lussac et Thénard, un hydrure de mercure ammoniacal uni au potassium.

M. Berzelius explique ainsi les phénomènes. Une portion de potassium de l'amalgame s'empare de l'oxigène de l'ammoniaque; il en résulte d'une part de la potasse, et d'une autre part de l'ammonium, qui s'unit au mercure et à la portion de potassium qui ne s'est pas brûlée.

MM. Gay-Lussac et Thénard expliquent autrement les mêmes phénomènes. Une portion de potassium s'oxide aux dépens de l'eau; la potasse produite décompose une partie du sel ammoniacal; l'ammoniaque mise en liberté, ainsi que l'hydrogène provenant de l'eau décomposée, s'unissent simultanément au mercure et à la portion de potassium qui n'a pas brûlé.

Le composé dont nous parlons, diffère de l'hydrure de mercure ammoniacal, en ce qu'il est stable. Il conserve sa stabilité tant qu'il contient du potassium. MM. Gay-Lussac et Thénard ayant mis ce composé, parfaitement sec, dans une petite cloche presque entièrement pleine de mercure qui avoit bouilli, et dans laquelle un amalgame de potassium pouvoit être agité sans se décomposer ; puis ayant fermé la cloche avec un obturateur, et l'ayant renversée dans du mercure bien sec, ont vu qu'en agitant la cloche l'amalgame étoit décomposé en amalgame de potassium, qui restoit dissous dans le mercure, et en gaz ammoniaque et hydrogène. Ces gaz étoient l'un à l'autre :: 2,5 : 1.

Dans l'expérience précédente, on conçoit que la décomposition de l'hydrure s'opère, parce que le potassium, qui le rend stable, perd son énergie en se dissolvant dans une grande quantité de mercure.

AMALGAME D'ÉTAIN.

Une partie d'étain et 1 p. de mercure forment un amalgame blanc, brillant, solide.

Une partie d'étain et 5 p. de mercure forment un amalgame mou, qui est susceptible de cristalliser.

Une partie d'étain et 10 p. de mercure font un amalgame liquide, ayant l'éclat du mercure ; mais il en diffère par moins de mobilité.

Tous ces amalgames se préparent en exposant les deux métaux à une douce chaleur.

Tous sont décomposables par une chaleur rouge suffisamment élevée pour vaincre l'affinité mutuelle des métaux. On doit considérer les amalgames blancs liquides comme des dissolutions d'un amalgame cristallisable à proportions fixes dans un excès de mercure.

C'est avec l'amalgame d'étain qu'on rend les glaces capables de réfléchir les images des objets placés devant la surface qui n'est pas étamée. Pour cela, on met une feuille d'étain sur un plan horizontal, on la recouvre d'une couche de mercure, qui s'y amalgame par sa surface inférieure ; on fait ensuite glisser horizontalement une glace sur la feuille d'étain : par ce moyen on expulse la plus grande partie du mercure non amalgamé de dessus la feuille d'étain : on achève d'expulser le reste en chargeant la glace de poids. L'amalgame adhère bientôt très-fortement au verre. Pour réussir, le verre doit être bien sec ; car l'humidité est une cause qui non-seulement s'oppose à l'adhésion de l'amalgame, mais qui peut détacher celui qui a été appliqué sur un verre sec.

Amalgame de zinc.

Si l'on verse du mercure sur du zinc chauffé à 300^d environ, la combinaison s'opère.

Une partie de zinc et un huitième de mercure donnent un amalgame cassant.

Une partie de zinc et 2.5 p. de mercure donnent un amalgame solide, cassant, susceptible de cristalliser. Il est employé, comme l'or musif, pour augmenter le développement de l'électricité par frottement. C'est Higgins qui l'a prescrit le premier, en 1778, pour cet usage.

Amalgame d'arsenic.

Bergman dit avoir obtenu un amalgame d'arsenic formé d'une p. d'arsenic et de 5 p. de mercure, de couleur grise, en tenant pendant plusieurs heures sur le feu du mercure avec de l'arsenic réduit en poudre fine.

Amalgame d'antimoine.

L'antimoine fondu, versé dans du mercure chauffé à 340^d, s'y combine. Cet amalgame paroît se décomposer facilement.

Amalgame de bismuth.

Ces deux métaux s'unissent à froid par trituration ; mais la combinaison est plus rapide si la température est élevée.

L'amalgame d'une partie de bismuth et de 2 p. de mercure est mou au moment où il vient d'être fait ; mais avec le temps il prend de la consistance : il est susceptible de cristalliser.

Une partie de bismuth et 5 p. de mercure font un amalgame liquide, qui a la faculté de dissoudre 1 p. de plomb. Cet amalgame triple peut être passé à travers la peau de chamois ; mais il diffère du mercure, en ce qu'il fait la *queue*, c'est-à-dire qu'il ne forme plus de globules sphériques quand on le divise sur un plan de verre.

Amalgame de tellure.

Cet amalgame se prépare en triturant les deux métaux dans un mortier de silex.

Amalgame de cuivre.

A froid, le cuivre ne s'amalgame que difficilement au

mercure ; mais à chaud l'union se fait bien. Elle réussit, en mettant du mercure dans une capsule de porcelaine, avec une solution de sulfate de cuivre et des lames de fer ; celles-ci précipitent du cuivre très-divisé, qui s'unit facilement au mercure à la température de 80 à 100^d.

Cet amalgame est blanc ; il est mou d'abord, mais il prend à la longue beaucoup de consistance : c'est ce qui le rend propre à recevoir des empreintes.

AMALGAME DE PLOMB.

L'union de ces deux métaux se fait facilement à froid, et à plus forte raison à chaud ; l'amalgame est blanc, brillant : il est susceptible de cristalliser quand le mercure n'est pas en excès.

AMALGAME D'ARGENT.

L'argent rouge de feu, plongé dans du mercure également chaud, s'y combine très-bien. L'amalgame est susceptible de donner des cristaux qui paraissent formés de 1 p. d'argent et de 8 p. de mercure. Ces cristaux sont peu solubles dans le mercure : aussi observe-t-on qu'en pressant dans une peau de chamois l'amalgame d'argent qui est avec excès de mercure, celui-ci se sépare en entraînant un peu d'argent, et l'amalgame reste dans la peau à l'état d'une matière molle.

On peut préparer cet amalgame par la voie humide, en précipitant l'argent du nitrate par le mercure en excès.

AMALGAME DE PLATINE.

Le mercure bouillant s'allie au platine, ainsi que Guyton l'a prouvé. Pour obtenir cet amalgame, le meilleur procédé consiste à chauffer avec le mercure de la mousse de platine. Cet amalgame est blanc, brillant : au moyen de la peau de chamois on peut en séparer le mercure en excès. L'amalgame mou qui reste dans la peau, prend à la longue de la consistance.

AMALGAME D'OR.

Quoique le mercure s'unisse à l'or aussitôt qu'il est en contact avec ce métal à la température ordinaire, cependant, pour préparer l'amalgame d'or, il est préférable de plonger de l'or rouge de feu dans du mercure chaud. On sépare l'amalgame du mercure en excès au moyen de la peau de chamois, comme on le fait pour l'amalgame d'argent. On observe que le mercure filtré retient plus d'or ou plutôt d'amalgame d'or, que le mercure séparé de l'amalgame d'argent par le même procédé ne retient d'argent ou plutôt d'amalgame d'argent.

L'amalgame d'or qui reste dans la peau de chamois, est formé de 1 p. d'or et de ½ p. de mercure environ : il est blanc ; il prend peu à peu de la dureté.

Cet amalgame est employé pour dorer l'argent et le laiton. Le procédé consiste essentiellement à appliquer l'amalgame sur des surfaces métalliques bien décapées, à chasser le mercure par la chaleur, et à donner ensuite à la dorure la couleur qu'elle doit avoir : pour cela on la recouvre d'une bouillie de nitre, d'alun, de chlorure de sodium ; on la fait chauffer ; on la lave à l'eau bouillante, et on l'essuie ensuite.

Usages.

Le mercure est un des métaux les plus précieux pour le physicien et le chimiste ; car il seroit bien difficile de le remplacer dans la construction des baromètres, et s'il n'existoit pas, on ne pourroit obtenir les gaz solubles dans l'eau qu'en les recevant dans ce liquide préalablement saturé du gaz qu'on voudroit préparer. Ce procédé, tout imparfait qu'il seroit, ne s'appliqueroit pas encore à tous les gaz solubles indistinctement.

Le mercure sert à l'anatomiste pour faire les injections les plus délicates.

Il est la base d'un assez grand nombre de remèdes très-actifs, et excellens quand ils sont ordonnés avec discernement. Il est surtout d'un grand usage dans les maladies de la peau et les affections syphilitiques.

Dans les arts le mercure est employé, à l'état de cinabre, comme matière colorante ; à l'état de nitrate de mercure, pour préparer l'oxide de chrôme et les peaux destinées à la chapellerie ; à l'état d'amalgames d'or et d'argent, pour dorer et argenter ; à l'état d'amalgame d'étain, pour faire les miroirs de verre : en métallurgie, il est employé dans le traitement des mines d'or et d'argent. (Ch.)

MERCURE. (*Entom.*) C'est le nom que Fabricius a donné à un papillon. (C. D.)

MERCURE ANIMÉ. (*Chim.*) Préparation mercurielle faite par les alchimistes pour la pierre philosophale. (Ch.)

MERCURE DOUX. (*Chim.*) Un des anciens noms du protochlorure de mercure. Ce nom lui venoit de ce qu'on le préparoit au moyen du perchlorure de mercure ou sublimé corrosif, et que l'on comparoit sa foible action sur l'économie animale à l'action corrosive du sublimé. (Ch.)

MERCURE DES PHILOSOPHES. (*Chim.*) Les alchimistes considéroient le mercure comme une substance grossière qui contenoit un élément précieux, *le mercure des philosophes*. (Ch.)

MERCURE PRÉCIPITÉ BLANC. (*Chim.*) C'est le protochlorure de mercure préparé au moyen de la précipitation du nitrate de protoxide de mercure par le chlorure de sodium ou l'acide hydrochlorique. (Ch.)

MERCURIALE; *Mercurialis*, Linn. (*Bot.*) Genre de plantes dicotylédones apétales, de la famille des *euphorbiacées*, Juss., et de la *dioécie ennéandrie*, Linn., dont les fleurs mâles sont séparées des femelles, et ordinairement sur des individus différens. Le caractère des mâles est d'avoir un calice composé de trois folioles et contenant neuf à douze étamines à filamens capillaires, portant des anthères globuleuses et didymes. Les fleurs femelles ont, comme les mâles, un calice de trois folioles, et un ovaire supère, arrondi, un peu comprimé, surmonté de deux styles divergens, denticulés ou frangés du côté interne, terminés chacun par un stigmate pointu : chaque face de l'ovaire est creusée d'un sillon longitudinal dans lequel est logé un filet grêle ou étamine stérile. Le fruit est une capsule arrondie, scrotiforme, didyme, à deux loges, contenant chacune une seule graine presque globuleuse.

Les mercuriales sont des plantes herbacées ou des arbustes, à feuilles simples, ordinairement opposées, accompagnées de stipules, et à fleurs petites, verdâtres, axillaires. On en connoit aujourd'hui dix espèces, parmi lesquelles les suivantes sont indigènes.

MERCURIALE VIVACE ; vulgairement MERCURIALE DES BOIS, SAUVAGE, DE MONTAGNE, OU CHOU DE CHIEN : *Mercurialis peren-*

nis, Linn., *Spec.*, 465 ; *Flor. Dan.*, tab. 400. Sa racine est menue, traçante ; elle produit çà et là des tiges droites, très-simples, chargées de quelques poils, hautes de six à douze pouces, et garnies de feuilles opposées. ovales-lancéolées, dentées, un peu rudes au toucher, brièvement pétiolées, et d'un vert sombre. Les fleurs sont dioïques : les mâles forment des épis axillaires, ordinairement plus longs que les feuilles ; les femelles sont aussi assez longuement pédonculées. Cette plante croît en France et en Europe dans les bois. Quelques auteurs l'ont conseillée comme purgative, et Gesner la rangeoit même parmi les herbes potagères ; mais son usage paroît devoir être proscrit, ou au moins demander beaucoup de circonspection : car des auteurs dignes de foi, et entre autres Sloane et Vicat, assurent que la mercuriale vivace a des qualités tellement mal-faisantes, qu'elle produit divers accidens, comme des assoupissemens profonds et prolongés, des vomissemens violens, une diarrhée excessive, une chaleur brûlante de la tête, des convulsions ; et l'on a vu une fois tous ces accidens se terminer promptement par la mort. Cette plante passe aussi pour être nuisible aux moutons, quoique les chèvres la mangent, dit-on, impunément. Les autres bestiaux n'en veulent pas. Son suc teint en bleu le papier blanc ; mais cette couleur n'est pas solide, et les essais qu'on a faits pour la fixer n'ont point eu de succès.

Mercuriale annuelle ; vulgairement Foirande, Foirole : *Mercurialis annua*, Linn.. *Spec.*, 1465 : *Mercurialis mas et fæmina*, Blackw., *Herb.*, tab. 162. Sa racine est fibreuse, annuelle ; elle produit une tige droite, branchue, glabre comme toute la plante. haute de douze à dix-huit pouces, garnie de feuilles ovales-lancéolées. pétiolées, d'un vert clair, dentées en leur bord. Les fleurs, d'une couleur herbacée. sont dioïques. les mâles disposées en épis grêles, axillaires. pédonculés, et les femelles solitaires ou géminées et presque sessiles. Cette plante est très-commune dans les jardins et les lieux cultivés.

La mercuriale est émolliente et laxative. Elle a été employée en médecine dès les temps les plus reculés ; car elle étoit en usage dès Hippocrate, qui la recommande et en fait l'éloge pour les maladies des **femmes.** Les anciens avoient reconnu deux individus dans cette espèce : ils distinguoient la plante mâle et la plante femelle ; mais il paroît, par la description de Pline, qu'ils avoient interverti l'ordre des sexes. Les propriétés qu'on lui attribuoit alors étoient bien singulières, et le naturaliste latin dit qu'on tenoit pour certain que la mercuriale mâle faisoit engendrer des garçons, tandis que la femelle faisoit faire des filles ; et la femme qui avoit conçu n'avoit besoin, pour satisfaire le désir qu'elle avoit d'avoir un enfant du sexe masculin ou du sexe féminin, que de prendre du suc de la plante mâle ou de la plante femelle avec du vin, ou de manger l'herbe elle-même, préparée en potage ou autrement. Aujourd'hui que de tels contes ne trouvent plus croyance, l'usage de la mercuriale est assez borné, et elle n'est plus guère employée que pour faire partie de la composition des lavemens émolliens et laxatifs. On se sert de l'herbe entière à la dose d'une ou deux poignées par pinte de décoction. Elle est peu usitée maintenant, cuite et appliquée à l'extérieur, comme émolliente. Elle f..it encore la base d'une préparation pharmaceutique qui porte son nom ; c'est le miel mercurial qu'on emploie dans les lavemens laxatifs, et que les pharmaciens rendent plus décidément purgatif par l'addition d'une certaine quantité de pétioles de séné. Elle entre aussi dans le sirop de longue-vie et l'électuaire lénitif, drogues qui ont vieilli. Cette plante infeste souvent les jardins, les terres cultivées dans le voisinage des habitations ; elle aime un sol frais et fertile, et il est difficile de l'y détruire entièrement, parce que ses graines conservent pendant plusieurs années leur faculté germinative. Elle a un goût désagréable, qui fait que les bestiaux la rebutent. Les chèvres seules la mangent, et encore ce n'est que lorsqu'elles ne trouvent rien de mieux. Cependant elle étoit, chez les anciens, une herbe potagère d'un usage commun, et on la mange encore dans quelques cantons de l'Allemagne, accommodée comme des épinards. Les mauvaises qualités de la mercuriale vivace rendent celle-ci suspecte ; mais Murray pense que la coction lui enlève ses principes nuisibles.

Mercuriale ambigue ; *Mercurialis ambigua*, Linn., *Spec.*,

1465. Cette espèce diffère de la précédente, en ce qu'elle porte des fleurs mâles et des fleurs femelles mêlées ensemble sur les mêmes pieds, et en ce que ses feuilles sont plus ovales, quelques-unes presque cordiformes. Elle croît en Provence, aux environs de Toulon, de Saint-Tropez, et en Espagne.

MERCURIALE ELLIPTIQUE; *Mercurialis elliptica*, Lam., Dict. enc., 4, p. 119. Sa tige est droite, un peu ligneuse à sa base, très-branchue, haute d'un à deux pieds, garnie de feuilles elliptiques, crénelées, pétiolées. Ses fleurs sont petites, verdâtres, dioïques; les mâles disposées en épis grêles, axillaires, et les femelles solitaires, presque sessiles. Toute la plante et surtout ses sommités prennent, par la dessiccation, une teinte violette ou rougeâtre. Cette plante croît dans le Midi de l'Europe : elle a été trouvée en Corse.

MERCURIALE COTONNEUSE OU DE MONTPELLIER; *Mercurialis tomentosa*, Linn., *Spec.*, 1465. Sa racine, qui est vivace, produit une tige droite, branchue, haute d'un pied à un pied et demi, cotonneuse comme toute la plante, garnie de feuilles ovales-oblongues, blanchâtres, brièvement pétiolées, et même les supérieures sessiles. Les fleurs, dans les individus mâles, sont ramassées en deux à trois petits paquets vers l'extrémité des pédoncules plus longs que les feuilles; dans les femelles elles sont sessiles ou presque sessiles, axillaires et le plus souvent solitaires. Cette espèce croît sur le bord des champs, dans le Midi de la France et de l'Europe. (L. D.)

MERCURIALE SAUVAGE. (*Bot.*) Nom commun à la mercuriale vivace et à la balsamine des bois. (L. D.)

MERCURIALE DE VIRGINIE. (*Bot.*) C'est l'*acalypha virginica*, espèce du genre RICCINELLE. Voyez ce mot. (LEM.)

MERCURIALIS. (*Bot.*) Ce nom, qui appartient à un genre de la famille des euphorbiacées, a été aussi donné à d'autres plantes de la même série, telles que deux *acalypha* et un *tragia*, et à des plantes de familles différentes : par Hermann, au *solandra*, qui est une ombellifère; par Tragus, à une balsamine, *balsamina noli tangere*. (J.)

MERCURIASTRUM. (*Bot.*) Heister nommoit ainsi le *cupameni* de Rhéede et d'Adanson, *ricinocarpus* de Boerhaave, maintenant *acalypha* de Linnæus, genre de la famille des euphorbiacées. (J.)

MERCURIAL. (*Bot.*) Nom provençal de la mercuriale, suivant Garidel. (J.)

MERCURIFICATION. (*Chim.*) Ce mot a été employé par les alchimistes suivant deux acceptions principales : 1.º pour indiquer une opération au moyen de laquelle ils prétendoient réduire les métaux en une liqueur analogue au mercure ; 2.º pour désigner une opération au moyen de laquelle ils retiroient de certaines substances métalliques une quantité de mercure qu'ils regardoient comme un élément de ces corps. Il est évident que ceux qui disoient pratiquer la première opération étoient des imposteurs, tandis que ceux qui pratiquoient la seconde, pouvoient être trompés par du mercure que des matières premières qu'ils employoient contenoient sans qu'ils le sussent. (Ch.)

MERCYMAKONA. (*Bot.*) Les habitans du Mexique nomment ainsi le *janipha fœtida* de MM. de Humboldt et Kunth, qui est l'*ayotequeli* des anciens Mexicains. (J.)

MERDE DE CORMORAN. (*Bot.*) Les pêcheurs donnent ce nom à des substances desséchées et dures, qui semblent être des varecs desséchés. (Lem.)

MERDE DU DIABLE. (*Bot.*) L'*assa fœtida* doit à sa fétidité le nom vulgaire de *merde du diable.* (Lem.)

MERDE D'OIE. (*Min.*) Voyez Cobalt arséniaté terreux argentifère. (Lem.)

MÈRE DES CAILLES. (*Ornith.*) Ce nom, qui s'écrit aussi *mère-caille*, est vulgairement donné, dans quelques départemens, ainsi que celui de *roi des cailles*, au râle de genêt, *rallus crex*, Linn. (Ch. D.)

MÈRE-CAREY. (*Ornith.*) L'oiseau auquel, suivant Forster, les matelots du capitaine Cook donnèrent ce nom, est le *quebranta huessos*, ou très-grand pétrel des Espagnols, *procellaria gigantea*, Gmel. (Ch. D.)

MÈRE-D'EAU. (*Erpétol.*) On a quelquefois donné ce nom au serpent devin. Voyez Boa. (H. C.)

MÈRE DE GÉROFLE. (*Bot.*) Voyez Matrice de girofle. (J.)

MÈRE-DES-HARENGS. (*Ichthyol.*) On appelle ainsi vulgairement l'alose. Voyez Alose et Clupée. (H. C.)

MÈRE-PERLE, *Mater perlarum*. (*Conchyl.*) On désigne par là, dans les Conchyliologies, la belle coquille bivalve qui fournit le plus ordinairement les perles dans l'Inde, et qui, après avoir été long-temps placée parmi les avicules, est maintenant le type du genre MARGARITE de Leach, ou PINTADINE de M. de Lamarck. Voyez ces mots. (DE B.)

MÈRE-A-POUX. (*Entom.*) Nom vulgaire donné à certains insectes dans quelques pays : d'abord aux scarabées géotrupes et onites, dont le corps est en effet très-souvent couvert de petits cirons ; et ensuite, probablement par préjugé. aux blaps présage-mort (*mortisaga*), que l'on a accusés de donner de la vermine aux enfans. (C. D.)

MERENDERAS. (*Bot.*) Nom du colchique de montagne aux environs de Salamanque. suivant Clusius. M. Ramond l'a adopté pour désigner un genre nouveau, voisin du colchique. Cette espèce est aussi nommée *villorita* dans les mêmes lieux. (J.)

MÉRENDÈRE ; *Merendera*, Ramond. (*Bot.*) Genre de plantes monocotylédones, de la famille des *colchicacées*, Juss., et de l'*hexandrie trigynie* du système sexuel, dont les principaux caractères sont les suivans ; Corolle divisée jusqu'à sa base en six découpures oblongues, rétrécies inférieurement en onglets alongés ; six étamines à filamens insérés sur le sommet des onglets, portant à leur extrémité des anthères droites, linéaires ; un ovaire supère, surmonté de trois styles alongés, terminés chacun par un stigmate simple ; une capsule à trois valves, dont les bords se replient vers l'intérieur et forment autant de loges, qui s'ouvrent vers le sommet du côté intérieur, et qui contiennent des graines nombreuses attachées sur deux rangs au bord rentrant des valves.

Les mérendères sont de petites plantes à racine bulbeuse, à feuilles simples. radicales, et à fleurs solitaires sur une hampe également radicale. On en connoit trois espèces.

MÉRENDÈRE BULBOCODE ; *Merendera bulbocodium*, Ram., Bull. philom.. n.° 47, tab. 12, fig. 2 ; Red., Lil., 1, n.° et tab. 25. Sa bulbe est ovoïde, grosse comme une petite noisette ; elle produit à la fin de l'été une fleur solitaire, d'une couleur purpurine, très-grande, comparativement à la petitesse de la plante : aussitôt que celle-ci commence à passer, il naît autour d'elle trois à quatre feuilles linéaires, canaliculées, étalées sur la terre, longues de quatre à six pouces. La hampe, qui étoit cachée en terre lors de la floraison, s'alonge en portant le fruit, qui mûrit au printemps; et elle atteint alors une hauteur de trois à quatre pouces. Cette plante croît sur les pelouses dans les Pyrénées et sur les collines en Barbarie.

Les deux autres espèces sont le *merendera bulbocodioides*, qui croît en Portugal, et le *merendera caucasica*, qui habite le mont Caucase. (L. D.)

MERETRIX. (*Conchyl.*) M. de Lamarck a employé quelque temps cette dénomination pour désigner un genre de coquilles démembré de celui des Vénus, et que depuis il a cru plus convenable de nommer Cythérée; ce qui a été adopté. Voyez ce mot et Vénus. (De B.)

MERGANSER. (*Ornith.*) Ce nom, employé par Gesner, Aldrovande, Brisson, pour désigner génériquement le harle, ne s'applique qu'à une espèce dans le système de Linnæus, où le nom latin des harles est *mergus*. (Ch. D.)

MERGULE. (*Ornith.*) M. Vieillot a fait sous ce nom, en latin *mergulus*, et d'après Ray, un genre de la famille des brachyptères. Il lui donne pour caractères : le bec plus court que la tête, couvert à la base de plumes veloutées, un peu arqué, conico-convexe, échancré vers le bout sur ses deux parties ; la mandibule supérieure courbée vers sa pointe, plus longue que l'inférieure ; les narines arrondies, à demi couvertes par les plumes du capistrum : trois doigts en devant, palmés; point de pouce : les ongles falculaires, pointus ; les premières et deuxièmes rémiges les plus longues de toutes.

La seule espèce qui compose ce genre, est l'oiseau vulgairement nommé colombe ou pigeon du Groënland, *colymbus minor* et *grylle*, Gmel., pl. enlum. de Buffon, 917, que M. Cuvier, dans son Règne animal, tom. 1, p. 510, a proposé de séparer des guillemots sous la dénomination de *cephus*. Cette espèce a déjà été décrite dans ce Dictionnaire, tom. 20, p. 77, sous le nom de guillemot mergule ou nain, *uria alle*, Temm. (Ch. D.)

MERGULUS. (*Ornith.*) Voyez Mergule. (Ch. D.)

MERGUS. (*Ornith.*) Ce terme, qui a été, tour à tour, employé pour désigner des oiseaux aquatiques de genres différens, tels qu eles plongeons, les harles, les grèbes, les pingouins, est définitivement consacré au genre *Harle*. (Ca. **D.**)

MÉRIANA. (*Bot.*) Le genre de plante nommé ainsi par Trew et Adanson, réuni par Miller au *Watsonia*, par Linnæus à l'*Antholyza*, fait maintenant partie du *Gladiolus*, d'après la détermination de Thunberg et de Vahl. Le *Meriania* actuel est un genre de la famille des mélastomées. (J.)

MÉRIANE, *Meriana*. (*Bot.*) Genre de plantes dicotylédones, à fleurs complètes, polypétalées, régulières, de la famille des *mélastomées*, de la *décandrie monogynie* de Linnæus, offrant pour caractère essentiel : Un calice campanulé, à cinq découpures ; cinq pétales attachés sur le calice ; dix étamines inclinées, insérées entre les pétales, sur le bord du calice ; les anthères percées de deux trous au sommet ; un ovaire situé au fond du calice ; un style ; une capsule enveloppée à sa base par le calice, à cinq loges polyspermes.

Ce genre est très-peu distingué des *Rhexia* et des *Melastoma* ; il n'y a que le grand nombre d'espèces renfermées dans ces deux genres qui puisse en autoriser l'établissement. Ce même genre portoit le nom de *Wrightea* dans le jardin de Bapts.

MÉRIANE A FLEURS BLANCHES : *Meriana leucantha*, Swartz, *Flor. Ind. occid.*, 2, pag. 826 ; *Rhexia leucantha*, Id., Prodr., β ; *Meriana rosea*, Tussac, Flor. des Antill., 1, p. 76, tab. 6. Arbre de vingt à trente pieds, d'un port élégant, dont les rameaux sont glabres, cylindriques ; les plus jeunes tétragones, un peu comprimés ; les feuilles opposées, pétiolées, ovales, alongées, acuminées, glabres, luisantes, plus pâles en-dessous, denticulées à leur base, longues de quatre à cinq pouces, agréablement veinées, réticulées en-dessous, à trois nervures ; les pédoncules solitaires, opposés, axillaires, plus longs que les pétioles, avec deux bractées ovales sous chaque fleur ; les fleurs grandes, blanchâtres, un peu inclinées ; le calice est campanulé, à cinq découpures larges, membraneuses, munies à leur base d'une dent roide, subulée ; les pétales sont épais, oblongs, caducs, rougeâtres à leur base ; les étamines de la longueur de la corolle ; le stigmate est obtus, pubescent. La capsule est arrondie, à cinq loges. Dans la variété β les fleurs sont d'un rose clair ; les feuilles munies à leur base de deux petits corps calleux. Cette plante croît sur les hautes montagnes, à la Jamaïque.

MÉRIANE A FLEURS PURPURINES : *Meriana purpurea*, Swartz, *Flor.*, *l. c.*; Tussac, Flor. des Antill., 1. pag. 82, tab. 7 ; *Rhexia purpurea*, Swartz, *Prodr.*, 61. Arbrisseau de quinze à vingt pieds, dont les rameaux sont glabres, cylindriques, d'un vert foncé ; les feuilles pétiolées, opposées, ovales-lancéolées, glabres, veinées, à trois nervures, denticulées à leurs bords ; les denteiures d'un brun noirâtre ; les pédoncules axillaires, opposés, plus courts que les feuilles, plus longs que les pétioles, solitaires, uniflores ; ayant sous chaque fleur quatre bractées lancéolées, denticulées ; les fleurs grandes, d'un rouge de sang ; les filamens un peu inclinés ; l'ovaire est pentagone. Cette plante croit à la Jamaïque, sur les hautes montagnes.

MÉRIANE CILIÉE : *Meriana ciliata*, Vent., Choix de plant., pag. et tab. 54. Plante herbacée, hérissée sur toutes ses parties de poils roussâtres ; les tiges sont ascendantes, cylindriques, longues de trois pieds ; les feuilles opposées, pétiolées, lancéolées, aiguës, longues de trois à quatre pouces, à cinq nervures, finement dentées en scie ; les fleurs disposées en panicules terminales lâches, dichotomes, munies de bractées lancéolées ; le calice est tubulé, strié, à cinq divisions ouvertes, ciliées ; la corolle d'un pourpre foncé, à pétales un peu ciliés ; les filamens sont coudés, glanduleux au-dessous du sommet, de couleur purpurine. La capsule est libre, recouverte par le calice, ovale, membraneuse, à cinq loges, s'ouvrant en cinq valves polyspermes. Cette plante croit à la Nouvelle-Grenade. (POIR.)

MERIANELLA. (*Bot.*) M. de Lamarck, dans l'Encyclopédie, se proposoit d'établir, sous ce nom, un genre particulier pour quelques espèces de *gladiolus*; mais, ne lui ayant offert que des caractères trop foibles, il a renoncé à cette réforme. Voyez GLAYEUL. (POIR.)

MERIARSAIRSOK. (*Ornith.*) Suivant Müller, *Zoologiæ Danicæ Prodromus*, n.º 166, et Othon Fabricius, *Fauna Groenlandica*, n.º 68, on nomme ainsi, en Islande et au Groënland, le labbe à longue queue, de Buffon, *larus parasiticus*, Gmel., appelé en Norwége *sxruntjager*. (CH. D.)

MERICHE. (*Bot.*) Le poivre est ainsi nommé à Guzarate et dans le Decan, suivant Clusius. (J.)

MERIDA. (*Bot.*) Necker fait sous ce nom un genre du *portulaca multifida*, qui n'a que huit étamines et une corolle monopétale à quatre divisions profondes. Linnæus avoit aussi fait un genre *Meridiana*, qu'il avoit postérieurement réuni au pourpier sous le nom de *portulaca meridiana*, remarquable, ainsi que le *merida*, par son calice enfoncé à moitié dans la tige, et s'ouvrant seulement comme par une fente qui laisse échapper la corolle. Schranck a voulu, d'après ce caractère, rétablir le genre *Meridiana*, qui cependant n'est pas encore adopté. (J.)

MERIDIANA. (*Bot.*) Voyez MERIDA. (J.)

MÉRIDIANE, *Meridiana*. (*Bot.*) Genre de plantes dicotylédones, de la famille des *portulacées*, de l'*octandrie tétragynie* de Linnæus; offrant pour caractère essentiel : Une corolle enfoncée dans une cavité formée sur les tiges, avec une saillie en forme de deux folioles, tenant lieu de calice, quatre pétales; huit étamines; un ovaire supérieur; un ou quatre styles; une capsule polysperme, s'ouvrant transversalement.

Ce genre avoit d'abord été établi par Linnæus, qui, depuis, l'avoit réuni aux *portulaca*. Schranck, dans ses *Ephemer. botan.*, n.° 23, ann. 1804, pag. 304, l'a rétabli, d'après les caractères qui ont été exposés plus haut. Il n'en résulte pas moins que ce genre n'est qu'un démembrement de celui des pourpiers, dont le nombre des parties de la fructification est très-variable. On y rapporte les espèces suivantes.

MÉRIDIANE CRUCIFORME : *Meridiana quadrifida*, Poir.; *Portulaca quadrifida*, Linn., Jacq., *Collect.*, 2, tab. 17, fig. 4; *Portulaca linifolia*, Forsk., *Ægypt.*, pag. 92. Ses racines sont fibreuses; elles produisent un grand nombre de tiges couchées, charnues, longues d'un à deux pieds, chargées de rameaux alternes, très-velus, poussant des racines aux articulations; les feuilles opposées, distantes, lisses, ovales-lancéolées, charnues, sessiles, entières, concaves en-dessous, couvertes de petits points diaphanes; les fleurs solitaires, sessiles à l'extrémité de petits rameaux courts, en forme de pétioles; elles sont munies d'un involucre à quatre folioles en croix, entourées de poils touffus et blanchâtres, de quatre pétales oblongs, de huit étamines (Forskal en a observé jusqu'à dix et dix-huit), d'un ovaire arrondi, d'un style renflé au sommet, divisé en quatre stigmates pubescens. La capsule est ovale, un peu tétragone, contenant des semences un peu hérissées. Cette plante croît en Égypte. Ses feuilles, broyées et appliquées contre le front, apaisent, dit-on, les maux de tête.

MÉRIDIANE ELLIPTIQUE : *Meridiana elliptica*, Poir.; *Portulaca meridiana*, Linn. fil., *Suppl.* Cette espèce a le port du *sedum acre*. Ses tiges sont rampantes, filiformes, rougeâtres, radicantes et velues ; ses feuilles elliptiques, lancéolées, un peu charnues, les terminales opposées ou quaternées, en forme d'involucre ; les fleurs terminales, solitaires, sessiles, entourées d'un duvet lanugineux ; la base, qui leur sert de calice, est rougeâtre, à deux lobes ; la corolle jaune, renfermant de quatre à huit étamines. Cette plante croît dans les Indes orientales.

MÉRIDIANE A FLEURS AXILLAIRES: *Meridiana axilliflora*, Schranck, *Ephem. bot.*, n.° 23, an. 1804, p. 354. Cette plante a des tiges couchées ; ses feuilles opposées dans les jeunes plantes, charnues, alongées ; les fleurs solitaires, axillaires ; la corolle et les filamens couleur de rose. Le lieu natal de cette plante n'est pas connu. (Poir.)

MÉRIDIEN. (*Astron. et Géogr. phys.*) D'abord, le *méridien céleste* est le grand cercle qui partage en deux parties égales les portions de cercles parallèles que, par l'effet du mouvement diurne de la terre, les astres paroissent décrire au-dessus de l'Horizon (voyez ce mot). C'est quand ils traversent le méridien qu'ils atteignent leur plus grande élévation ; il est *midi* lorsque le soleil est sur ce cercle, qui passe aussi par le Zénith et les Pôles. (Voyez ces mots.)

Ensuite, si l'on conçoit que son plan soit prolongé au travers de la terre, il en coupera la surface dans un grand cercle, dont la moitié comprise entre les deux pôles terrestres et passant par le lieu de l'observateur, est le méridien de ce lieu et concourt à en déterminer la position. (Voyez Longitude.) Tous les méridiens se rencontrent suivant l'axe de la terre. Voyez Terre. (L. C.)

MÉRIDIENNE. (*Astron.*) C'est la ligne suivant laquelle le plan du méridien d'un lieu coupe le plan de l'horizon sensible. Ses extrémités sont les points *nord* et *sud*, qui tirent leur dénomination du pôle du côté duquel ils se trouvent.

Parmi les diverses manières de déterminer cette ligne, la plus simple est d'élever, sur un plan bien horizontal, une verge ou *style* bien perpendiculaire, de marquer la direction et la longueur de son ombre quelques heures avant midi, et d'attendre le moment de l'après-midi où cette ombre se trouve de la même grandeur que celle du matin. Si on divise en deux parties égales l'angle formé par ces directions, on aura celle de la méridienne. Ce moyen, supposant que la position du soleil n'a pas changé par rapport à l'équateur, n'est exact qu'au temps des solstices; mais quand on ne veut pas une grande précision, il est toujours suffisant, et peut d'ailleurs être aisément corrigé.

La connoissance seulement approchée de l'heure à laquelle l'étoile polaire passe au méridien, peut faire trouver à très-peu près la direction de la méridienne : on la détermine aussi avec une boussole; mais il faut pour cela savoir la déclinaison de l'aiguille aimantée. (Voyez Magnétisme, tome XXVIII, p. 50.)

On donne quelquefois au mot *méridienne* une acception plus étendue, en l'appliquant à une grande portion du méridien d'un lieu ; c'est dans ce sens que l'on dit la méridienne de l'observatoire de Paris, la mesure de la méridienne de Dunkerque à Barcelonne, etc. (L. C.)

MÉRIDIENNES [Fleurs], (*Bot.*), qui s'ouvrent vers le milieu du jour. Le *mesembryanthemum cristallinum*, l'*ornithogalum umbellatum*, par exemple, ont les fleurs méridiennes. (Mass.)

MÉRIE, *Meria*. (*Entom.*) Nom de genre donné par Illiger à quelques familles d'insectes hyménoptères dont les mâles ne sont pas encore connus. Les espèces rapportées à ce genre semblent devoir être comprises dans la famille des floriléges ou antophiles, près des mellines. M. Jurine avoit nommé *tachus staphylinus* l'une des espèces qui paroît être le même insecte que Panzer a décrit sous le nom de *tiphia tripunctata*; il en a donné la figure à la planche 14 comme supplément. Une autre espèce rapportée encore à ce genre, est le *bethylus Latreillii* de Fabricius. Voyez Béthyle. (C. D.)

MÉRIER. (*Ornith.*) Voyez Murier. (Ch. D.)

MERILLUS. (*Ornith.*) Ce nom et ceux de *merillo, meristio, merlina, ismerlus, smerillus*, ont été donnés à l'émérillon, *falco æsalon*, Linn. (Ch. D.)

MÉRINGIE. (*Bot.*) Voyez Mœhringie. (L. D.)

MÉRINOS. (*Mamm.*) Nom de la variété espagnole du Mouton. (Desm.)

MÉRION. (*Ornith.*) Ce nom, en latin *malurus*, a été donné, par M. Vieillot, à un genre d'oiseaux insectivores qu'il place entre les hochequeues et les fauvettes; mais il leur trouvoit tant de rapports avec celles-ci, qu'il ne se proposoit d'abord que d'en former une division composée d'espèces de la Nouvelle-Hollande, auxquelles pourroient être ajoutées plusieurs autres de l'Amérique méridionale, qui faisoient partie de la petite famille des *queues-aiguës* de d'Azara. Ce genre a pour caractères : Un bec très-grêle, droit, court, subulé, *entier*, cilié sur les angles; des narines arrondies; les deux extérieurs des trois doigts de devant ordinairement réunis jusqu'à la seconde phalange; les ailes courtes, un peu concaves; les rectrices très-longues et foibles.

Les caractères assignés par M. Temminck, pour le même genre, dans le texte de la 11.e livraison du Recueil de planches coloriées faisant suite aux planches enluminées de Buffon, ne présentent pas de grandes différences; mais, comme il s'agit d'oiseaux fort petits et chez lesquels les signes caractéristiques sont peu saillans, on croit devoir faire observer que, suivant ce dernier auteur, le bec, comprimé dans toute sa longueur, offre une arête qui s'avance un peu entre les plumes du front, et que la pointe en est légèrement *échancrée;* que les narines, basales et latérales, sont à moitié fermées par une membrane, et que la queue, conique, dont les pennes sont étroites, a souvent les barbes rares et décomposées.

A l'égard des *queues-aiguës* de d'Azara, M. Temminck pense que quelques espèces appartiennent au genre *Synallax* (ou *Synallaxe*, selon l'orthographe de M. Vieillot, qui l'a créé), et il indique la place des synallax immédiatement après les mérions, tandis que M. Vieillot les range 'dans une autre famille, à la suite des grimpereaux, ce qui annonce qu'on n'est pas encore bien d'accord sur la classification de ces oiseaux. Aussi les espèces qui existent dans les galeries du Muséum sont-elles restées placées jusqu'à présent avec les traquets.

M. Temminck avoit d'abord eu le projet de diviser les mérions en trois sections géographiques, dont la première auroit compris ceux d'Afrique, la seconde ceux de l'archipel des Indes et de l'Océanie, et la troisième ceux de l'Amérique méridionale, parmi lesquelles se seroient trouvées en partie les queues-aiguës de d'Azara; mais, considérant ensuite que, s'il y avoit des rapports entre les oiseaux de la dernière section et ceux des deux premières, il y avoit aussi plusieurs différences, et surtout que les espèces d'Amérique n'avoient point de poils à la base du bec, comme celles de l'ancien continent, il s'est déterminé à adopter pour celles-ci le genre Synallax, sans l'approcher, comme M. Vieillot, des grimpereaux, mais en le conservant à la suite des mérions.

D'un autre côté, les espèces citées par ces auteurs comme faisant partie de l'un ou de l'autre de ces genres ne sont pas toutes les mêmes, et chacun d'eux en emprunte à des genres anciens. Il résulte nécessairement de ces circonstances des incertitudes d'autant plus fondées que, les nouveaux groupes dont il s'agit étant composés d'espèces étrangères, on n'a pas encore été à portée de les étudier suffisamment.

Ce qu'on sait sur les mœurs des mérions, c'est que plusieurs espèces habitent les lieux humides, couverts de hautes herbes et de joncs, le long desquels elles voltigent dans tous les sens, et qu'elles courent à terre plus qu'elles ne volent.

Les mérions de M. Vieillot sont au nombre de quatre, et désignés par les noms de M. binnion, M. noir et rouge, M. superbe et M. tacheté.

Mérion binnion; *Malurus palustris*, Vieill. Cette espèce, qui se trouve à Botany-Bay, est le *muscicapa malachura*, Lath., 2.ᵉ Suppl., ou la *queue-gazée* de M. Levaillant, Oiseaux d'Afrique, pl. 30, fig. 2. Ses pennes caudales sont longues de quatre pouces, tandis que le corps n'en a que trois, et les rectrices ne consistent qu'en de simples tiges qui, au lieu de barbes, n'ont que quelques filets ressemblant à des crins noirs, placés à une certaine distance les uns des autres, comme chez les casoars. Le bec, d'un noir bleuâtre, est garni à la base de poils roides; les parties supérieures du corps sont ferrugineuses; le milieu du ventre est blanc; la gorge et le devant du cou sont bleus, et le dessous des yeux offre une petite bande de la même couleur, les plumes du croupion sont longues et soyeuses.

MÉRION NOIR ET ROUGE; *Malurus hirundinaceus*, Vieill. Cette espèce, de la Nouvelle-Galles du Sud, qui est figurée t.ᵉ 4, pl. 114 des Mélanges de Shaw, sous le nom de *motacilla hirundinacea*, est le *Sylvia hirundinacea*, Lath., Suppl. à l'*index*. Sa taille n'excède pas celle du troglodyte; son plumage est d'un bleu très-foncé en-dessus; la gorge et le cou sont rouges; le ventre est blanc et traversé par une bande noire; les parties inférieures, et les plumes anales et uropygiales, sont orangées.

MÉRION SUPERBE : *Malurus cyaneus*, Vieill.; *Sylvia cyanea*, Lath. Ce bel oiseau, dont la longueur est d'environ cinq pouces et demi, a été trouvé dans différentes parties de la Nouvelle-Hollande, et il paroît exister également à la terre de Van-Diémen. Les pennes caudales sont très-étagées; la plus extérieure est fort courte, et les plus longues ont deux pouces et quelques lignes. La huppe garnie et élevée de sa tête, ainsi que les plumes des joues et un croissant au-dessous de la nuque, sont d'un bleu azuré et éclatant; celles de la gorge, du derrière de la tête et du dos, sont noires; le dessous du corps est blanc; les pennes alaires ont les barbes noires et la tige de couleur marron.

MÉRION TACHETÉ; *Malurus maculatus*, Vieill. Cet oiseau, de la taille du mérion binnion, se trouve, comme les espèces précédentes, à la Nouvelle-Hollande, et M. Vieillot pense que l'individu par lui décrit n'étoit qu'un jeune ou une femelle. Au reste, il avoit le bec, les pieds, les ailes et les parties supérieures de la tête et du cou bruns; le front, la gorge, la poitrine et le ventre blanchâtres et tachetés de noir; les pennes caudales grises, avec une large marque noirâtre vers le bout.

On trouve, dans le Recueil d'oiseaux coloriés, la figure

de deux mérions que M. Temminck a décrits sous les noms de *galactote* et de *longibande*.

Mérion galactote; *Malurus galactotes*, Temm. pl. 65, fig. 1. Cet oiseau, de la taille d'une fauvette rousse, a, sur les parties supérieures et sur les ailes et la queue, le fond du plumage d'un cendré roussâtre; mais des taches noires longitudinales occupent le milieu de chaque plume. La gorge est d'un blanc pur, et les parties inférieures sont d'un blanchâtre isabelle; le bec et les pieds sont jaunâtres. Cette espèce, qui se trouve à la Nouvelle-Hollande, a été dessinée sur un individu qui existe dans le musée des Pays-Bas.

Mérion longibande; *Malurus marginalis*, Reinw.; pl. col. de Temm., n.° 65, fig. 2. Cette grande espèce, que M. Reinwardt a découverte à Java, mais dont il n'a pu connoître ni la nourriture ni les mœurs, a une queue très-longue et fortement étagée. Les pennes du milieu ont quatre pouces et demi, et les plus courtes seulement un pouce neuf lignes. Le dos et les ailes sont de la même couleur que chez le mérion galactote; la queue est d'un brun cendré; les sourcils et la gorge sont blancs, et l'on voit aux côtés de la poitrine de petites mèches noires sur un fond blanchâtre; mais ces teintes sont sujettes à varier. La mandibule inférieure est blanche et la mandibule supérieure brune, ainsi que les pieds.

Outre ces mérions, M. Temminck regarde comme appartenant à ce genre le merle fluteur de M. Levaillant, ou *sylvia africana*, Oiseaux d'Afrique, pl. 112; le capocier, du même, ou *sylvia macroura*, pl. 129 et 130, dont le mâle est représenté dans les planches enluminées de Buffon, n.° 752, fig. 2, sous le nom de fauvette tachetée du cap de Bonne-Espérance. W. Swainson cite aussi, dans la 28.° livraison de ses Illustrations zoologiques, un *malurus garrulus* du même M. Temminck, qui paroît n'avoir pas encore fait mention de ce mérion babillard dans ses propres ouvrages.

Enfin, MM. Quoy et Gaimard ont trouvé, dans leur voyage autour du monde, deux nouvelles espèces de mérions, qui ont été figurées dans l'atlas zoologique de ce voyage.

Le premier, qu'ils ont nommé Mérion natté, *Malurus textilis*, pl. 23, fig. 2, a six pouces six lignes de longueur totale; sa queue a trois pouces deux lignes; son bec, court et assez robuste, est noir, et ses pieds sont noirâtres. Cet oiseau est. en général, d'une couleur roussâtre, qui devient plus claire et même grise au devant du cou et à la poitrine, où chaque plume est uniformément nuancée de petites taches rousses et blanchâtres. La même disposition existe sur la tête, qui est un peu plus brune, et sur le dos, où chaque plume a une ligne d'un blanc sale au milieu. La queue est entièrement rousse.

Ce mérion a été rapporté de la baie des Chiens marins dans la Nouvelle-Hollande, où les voyageurs naturalistes ont remarqué qu'il avoit presque toujours la queue relevée, et se tenoit assez constamment sous les buissons, de l'un à l'autre desquels il passoit en courant avec vitesse. Sa couleur rousse et un sifflement aigu le faisoient prendre alors pour une souris.

On voit au Muséum de Paris un individu de cette espèce dont la mandibule supérieure est très-aiguë et recourbée à sa pointe, et un autre dont le plumage est d'une couleur plus foncée.

Le second est le MÉRION LEUCOPTÈRE, *Malurus leucopterus*, Q. et G., pl. 23, fig. 1. Cet oiseau qui, comme le précédent, fait son séjour à la baie des Chiens marins, n'a été rencontré que sur l'île Dirck-Hartighs, où il vit parmi les traquets, dont il paroît avoir les mœurs. Les voyageurs ont perdu, dans le naufrage de l'Uranie, l'individu qu'ils avoient tué; mais heureusement M. Arago l'avoit dessiné. Par sa taille de trois pouces quatre lignes, et par sa couleur dominante d'un bleu si foncé qu'il en paroît noir, cet oiseau offre des rapports avec le second de ceux dont on a donné la description dans cet article, et qui est peint dans les Mélanges de Shaw, tom. 4, pl. 114; mais il n'a point de parties rouges. La tête, le cou, le ventre et le dessus du dos sont d'un gros bleu qui s'affoiblit sur la queue; les ailes sont blanches dans leur moitié antérieure, et brunâtres à leur extrémité. Le bec est noir, et les pieds sont bruns. (Ch. D.)

MÉRIONES. (*Mamm.*) Noms des gerbilles de M. Desmarest chez Illiger. (Voyez GERBILLES.) J'ai plus particulièrement appliqué ce nom au *Dipus americanus* de Boston, duquel j'ai fait le type d'un genre. Cet animal est décrit au genre Gerbille sous le nom de Gerbille du Canada ; mais il diffère des gerbilles par ses dents, qui sont composées, au lieu d'être simples comme le sont les leurs. J'ai fait connoître les unes et les autres dans mon Ouvrage sur les dents considérées comme caractères zoologiques. (F. C.)

MERISIER. (*Bot.*) Espèce de CERISIER (voyez ce mot) : on nomme encore *merisier des Antilles* un jambosier, *eugenia glutinosa* de Richard ; et dans l'herbier des Antilles, de Surian, le *randia aculeata* est nommé *merisier noir*. (J.)

MERISIER DU CANADA. (*Bot.*) C'est une espèce de bouleau, *betula lenta*. (LEM.)

MERISIER A GRAPPES. (*Bot.*) Autre espèce de cerisier. Voyez vol. VII, pag. 49⁵. (L. D.)

MERISMA. (*Bot.*) Genre de la famille des champignons, intermédiaire entre les genres *Thelephora* et *Clavaria*. Ces champignons sont rameux, coriaces, comprimés, lisses et le plus souvent poilus à leur sommet. Ils diffèrent des *thelephora* par leur forme rameuse et par leurs séminules situées sur toute la surface de la plante, et des *clavaria* par leurs rameaux dilatés, le plus souvent couchés et alors proligères. Fries réunit le *merisma* au *thelephora*, après l'avoir admis. M. Persoon (*Mycol. europ.*) en indique vingt espèces, dont plusieurs ont été décrites comme des espèces de *clavaria* par Batsch, Scopoli, Bulliard, De Candolle, Nées, etc. Elles croissent toutes en Europe et se partagent en deux sections.

I. *M. couchées, adscendentes, subdifformes.*

1. M. FASTIDIEUX : *M. fastidiosum*, Pers., *Syn.*, p. 582, et *Mycol. europ.*, 1, p. 155 ; Hall., *Helv.*, édit. 2, n.° 2251. Blanc, étalé, encroûtant les corps sur lesquels il croit, composé de rameaux laminaires. Il répand une odeur forte et fastidieuse, et forme des plaques d'une figure indéterminée, d'un pied de tour, qui enveloppe les corps s'opposant à son accroissement : c'est particulièrement après les pluies d'automne qu'il paroît dans les bois de hêtre, en Suisse et en Allemagne.

2. M. VERMICULAIRE ; *M. vermiculare*, Pers., *Mycol.*, 1, p. 155. Couché, blanchâtre, très-rameux, à rameaux cylindriques, atténués, un peu rugueux et charnus.

On le trouve dans les bois aux environs de Paris ; il forme des espèces de stalactites qui enveloppent les herbes et les feuilles mortes. Les rameaux ont à peine deux lignes d'épaisseur ; ils sont d'abord gélatineux, puis cartilagineux. Ce champignon sert de nourriture aux mouches.

3. M. *crêté*; M. *cristatum*, Pers., *Synops. et Mycol. europ.*; Mich., N. G., pl. 66, fig. 5. Adscendant, un peu coriace, pâle : à rameaux laciniés, presque difformes, membraneux ou renflés, rugueux.

Le *clavaria laciniata*, Bull., tab. 415, fig. 1 ; Sowerby, tab. 2, fig. 1, en est une variété un peu couchée et obtuse : c'est le *M. C. tuberculosum*, Pers., *Comment.*, tab. 2, fig. 1.

Cette espèce croît dans les bois de hêtres, de sapins, et dans les vergers. Elle se montre en été (Août — Octobre) aussitôt après les pluies, sur les feuilles et les herbes mortes.

M. Persoon y ramène avec doute, et comme une variété, son *M. penicillatum*, qui, selon Fries, est une espèce distincte.

Il fait connoître aussi le *M. cinereum*, de moitié plus petit que le *M. cristatum*, d'un gris cendré, encroûtant par sa base les corps étrangers, et dont les rameaux, en forme de petites massues, sont redressés, blanchâtres et incisés à l'extrémité. On le trouve aux environs de Paris, dans les bois ombragés.

II. *M. droits, rameux ; à rameaux distincts, égaux.*

4. M. *palmé* : M. *palmatum*, Pers., *Mycol. europ.*, 1, p. 157 ; *Thelephora palmata*, Fries, *Syst. mycol.*, 1, p. 432 ; *Clavaria palmata*, Scop.; *Clavaria tomentosa*, Lamck., *Encycl.*, *Bot.*, 2. p. 38. D'un brun pourpré ; rameaux lisses (pubescens, Fries), palmés, blanchâtres et un peu brillans à leur extrémité. Cette espèce répand une odeur fétide. Elle a un à deux pouces de hauteur. On la trouve en automne, après les pluies, dans les bois de sapins un peu humides.

M. Persoon rapporte avec doute à cette espèce, et comme variété, le *clavaria palmata*, Nées, *Syst.*, 2, p. 43, tab. 66, fig. 151 (*exclus. synon.*), et le *Cl. flabellaris*, Batsch, *Fung.*, pl. 28, fig. 159). Fries, de son côté, en décrit trois variétés, dont une est le *clavaria anthocephala* de Bull., pl. 452, fig. 1, Sow., pl. 146, et Swartz, *Act. veter.*, 1811, p. 84 ; et une seconde, le *Merisma clavulare*, Fries, *Obs. myc.*, 1, p. 156, que Persoon considère comme une espèce distincte.

Le genre *Merisma*, établi par Hill, qui y ramenoit les *clavaria* rameux, et qui par conséquent comprenoit le *ramaria* d'Holmskiold et le *manina* d'Adanson, renfermoit aussi le *merisma* de Persoon. Le nom de *merisma*, qui signifie *diviser* en grec, convient très-bien au genre de Hill, comme à celui de Persoon. Fries s'en sert pour désigner la tribu de son genre *Thelephora*, qui comprend les espèces de *merisma*, Pers., et une autre tribu de son genre *Polyporus*, qui contient des espèces rameuses. (Lem.)

MERJAMIE. (*Bot.*) La plante qui porte ce nom en Arabie, est une sauge, *salvia merjamie* de Forskal. (J.)

MERKIT. (*Ornith.*) Nom groënlandois de l'eider ou oie à duvet, *anas mollissima*, Linn. (Ch. **D.**)

MERL. (*Ornith.*) On appelle ainsi, en bas allemand, le merle commun, *turdus merula*, Linn., qui se nomme en allemand *Amsel*, en flamand *Merlaer*. (Ch. D.)

MERLA. (*Ornith.*) Nom piémontois du merle commun, *turdus merula*, Linn., qui, dans le même pays, est aussi appelé *merlon*. Dans quelques cantons du Piémont le merle d'eau et le martin-pêcheur sont nommés *merla*, *pesquera*. (Ch. D.)

MERLAN, *Merlangus.* (*Ichthyol.*) On donne vulgairement ce nom à un poisson fort commun sur nos côtes et généralement estimé. Artédi, Linnæus, M. de Lacépède, et la plupart des ichthyologistes, d'après eux, l'ont placé dans le grand genre des Gades, parmi les poissons holobranches jugulaires de la famille des auchénoptères. M. Cuvier en a fait, parmi ses malacoptérygiens subbrachiens, le type d'un sous-genre, que l'on reconnoit aux caractères suivans :

Corps médiocrement alongé et lisse ; catopes attachés sous la gorge, couverts d'une peau épaisse, et aiguisés en pointe ; trois nageoires dorsales ; deux anales ; écailles molles et petites ; yeux latéraux ; bouche sans barbillons ; opercules non dentelées ; tête alépidote ; toutes les nageoires molles ; mâchoires et devant du vomer armés de dents pointues, inégales, de médiocre grandeur, sur plusieurs rangs, et faisant la carde ; trous des branchies latéraux.

A l'aide de ces notes et du tableau que nous avons donné à l'article Auchénoptères, dans le Supplément du 3.ᵉ volume de ce Dictionnaire (p. 125) , on distinguera facilement les Merlans des Callionymes, qui ont les trous des branchies sur la nuque ; des Uranoscopes, des Batrachoïdes et des Trichionotes, qui ont les yeux très-verticaux ; des Vives, qui n'ont qu'une seule nageoire anale ; des Chrysostromes et des Kurtes, qui ont le corps ovale, comprimé ; des Morues, qui ont un barbillon au bout de la mâchoire inférieure ; des Merluches, des Lottes, des Mustèles, qui n'ont que deux nageoires dorsales ; des Brosmes, qui n'en ont qu'une ; des Phycis, des Blennies, des Oligopodes, des Murénoïdes, qui ont un seul ou deux rayons au plus à la place de chaque catope ; des Lépidolèpres, qui ont les catopes autant thoraciques que jugulaires, etc. (Voyez ces différens noms de genres et Auchénoptères.)

Les espèces de poissons qui composent le sous-genre dont il s'agit ici, sont d'une grande utilité sous le rapport de la nourriture saine et abondante que fournit leur chair, sorte d'aliment que les médecins recommandent particulièrement aux estomacs foibles et épuisés. Parmi elles on distingue surtout :

Le Merlan commun : *Merlangus vulgaris ; Gadus merlangus*, Linn. Nageoire caudale en croissant ; museau avancé ; bouche ample : mâchoire supérieure un peu saillante et garnie, comme l'inférieure, de dents fines, aiguës et isolées ; palais hérissé de quatre pointes crochues ; langue lisse ; gosier armé de deux osselets arrondis, couverts d'aiguillons ; ligne latérale presque droite : taille d'un pied à dix-huit pouces.

Le corps de ce poisson, connu de tout le monde, offre la blancheur resplendissante de l'argent sur le ventre et les flancs, et des nuances d'un vert olivâtre plus ou moins foncé sur le dos. Ses nageoires pectorales et caudale sont noirâtres ou grisâtres. Il a le foie volumineux, bilobé et de couleur blanchâtre ; la vessie hydrostatique visqueuse, longue, simple et attachée à l'épine du dos. Les ovaires de la femelle sont gonflés de très-petits œufs jaunâtres.

Le merlan habite l'Océan d'Europe, en tirant vers le nord. Il se nourrit de vers, de mollusques, de crabes, de jeunes poissons, et s'approche souvent des rivages, ce qui fait qu'on le pêche pendant la plus grande partie de l'année, avec moins de succès pourtant dans certaines saisons que dans d'autres. Il abandonne en effet plus particulièrement la haute mer, non-seulement à l'époque du frai, mais encore lorsqu'il espère trouver vers la terre une nourriture plus abondante et un asile contre les gros animaux marins qui le poursuivent, et l'on sait généralement quelle influence ont les saisons sur ces diverses circonstances. Voilà pourquoi, pour aller à sa recherche, on préfère, sur certaines côtes de France, les mois de Janvier et de Février, tandis qu'on choisit ceux de l'été sur plusieurs de celles de Hollande et d'Angleterre, où, du reste, il se montre parfois en telle quantité, que les troupes qu'il forme peuvent occuper un espace long de trois milles, et large d'un mille et demi.

On trouve plusieurs variétés fort distinctes dans l'espèce de poisson que nous décrivons, suivant l'époque de l'année où on le prend, les parages qu'il fréquente, et les eaux qu'il habite. Noël de la Morinière a observé, par exemple, qu'il existe une grande différence entre les merlans que l'on prend sur les fonds voisins d'Yport et des Dalles, près de Fécamp, et ceux que l'on pêche depuis la Pointe de l'Ailly jusqu'au Tréport et au-delà, quoique toujours sur la côte de la Normandie. Les premiers sont plus courts ; ils ont le ventre plus gros, la tête plus volumineuse, le museau moins aigu, la nageoire de la queue d'une teinte plus foncée, la chair plus ferme. Il paroît aussi que dans les profondeurs de la mer de Nice on trouve un poisson qui a la plus grande analogie avec le merlan de l'Océan, et qui pourroit bien, selon M. Risso, n'en être aussi qu'une variété.

La pêche du merlan est très-lucrative sur les côtes septentrionales de l'Europe, principalement autour de l'Angleterre et de la Hollande, et l'on y procède, soit à la ligne de fond, soit avec la drège ou quelque autre filet. Lorsqu'on se décide pour le premier de ces moyens, on ne tend pas moins d'une vingtaine de lignes longues chacune de plus de 300 pieds et garnies, chacune aussi, d'environ 200 hameçons, amorcés de vers, de petits poissons, et surtout de morceaux de hareng. Pendant presque toute l'année il fréquente nos côtes ; mais le moment le plus favorable pour aller à sa recherche est l'hiver, après que les harengs ont déposé leurs œufs, dont il paroît détruire une grande quantité. Alors, en effet, il est plus gros et plus gras, tandis que, dans le temps où il fraie lui-même, il devient maigre et n'offre plus qu'une chair mollasse.

Mais, excepté à cette dernière époque, sa chair écailleuse, blanche, ferme, est des plus agréables au goût, soit qu'on la mange frite ou cuite sur le gril, soit qu'on la serve avec diverses sauces. Elle est très-délicate, légère, tendre, très-facile à digérer : ce qui faisoit dire autrefois proverbialement que *merlans mangés ne poissent non plus dans l'estomac que pendus à la ceinture*, et que leur chair étoit une *nourriture de postillon*, puisqu'elle n'empêchoit point de courir.

Un avantage marqué qu'a d'ailleurs ce poisson pour les pêcheurs, c'est qu'il se conserve fort bien et peut être envoyé à des distances considérables de la mer. Avec les lignes de fond dont nous avons parlé, on le prend quelquefois si abondamment sur les côtes d'Angleterre en particulier, qu'on ne peut pas consommer frais tout le produit de la pêche, en sorte qu'on est obligé d'en saler ou d'en faire sécher une grande partie, ce que l'on pratique également du côté d'Ostende, de Bruges et de Gand. Par cette opération cependant, il faut l'avouer, les merlans perdent beaucoup de leur saveur et sont abandonnés aux pauvres gens. Néanmoins, du temps de Willughby, les Allemands trouvoient ce mets fort délicat, et en relevoient la saveur avec de la racine de curcuma. Les Polonois et les Flamands paroissent avoir été dans le même cas.

Le Merlan noir : *Merlangus carbonarius*, *Gadus carbonarius*, Linn. Nageoire caudale fourchue ; mâchoire inférieure plus avancée que la supérieure ; ligne latérale presque droite ; tête étroite ; ouverture de la bouche petite ; museau pointu ; écailles ovales ; catopes très-peu étendus : taille d'environ trois pieds.

Ce poisson, que l'on appelle encore vulgairement Colin, Grélin, Charbonnier, Morue noire, est, pendant sa jeunesse, d'une teinte olivâtre qui se change en noir chez l'adulte et qui se prolonge jusque dans la cavité de la bouche. Sa ligne latérale est blanche, ses opercules sont nacrées, et sa langue brille de l'éclat de l'argent.

On le trouve dans l'Océan d'Europe, et, à ce qu'il paroît, aussi dans la mer Pacifique. Vers les mois de Février et de Mars, il s'approche des côtes d'Angleterre pour y déposer des œufs du volume et de la couleur des grains de millet. On pêche dans l'été suivant, et en abondance, les jeunes poissons qui sortent de ces œufs et qui croissent assez rapidement.

Le merlan noir adulte est, du reste, pris lui-même en grande quantité pendant presque toute l'année, mais surtout en été, soit avec des filets de diverses espèces, soit à la ligne amorcée de sprat ou de peau d'anguille.

Suivant M. Risso, on trouve le merlan noir dans la mer Méditerranée; mais il y est fort rare, quoiqu'on le voie quelquefois dans le marché de Nice. Au reste, Audierne et l'île des Saints sont, sur les côtes de France, à peu près les seuls lieux où l'on fasse une pêche consacrée exclusivement à ce poisson. On met en mer, à cette intention, de petits bateaux de trois ou quatre tonneaux, montés de six ou huit hommes, et munis de lignes analogues à celles qui sont en usage pour la morue, mais plus petites et amorcées d'une sardine ou de quelque menuisaille. On peut, d'ailleurs, encore faire cette pêche avec des verveux, des guideaux, des trémeaux, des demi-folles et divers autres filets.

Lorsque la morue est abondante près des côtes du Nord, on y recherche fort peu les merlans noirs ; dans le cas contraire, on y procède à la salaison de ces poissons, que cette préparation rend difficiles à distinguer de la morue, et qui sont pour la Bretagne l'objet d'une exportation assez considérable par la voie de Bordeaux.

Le merlan noir a une chair délicate tant qu'il est jeune ; quand il a un an et plus, il devient dur et coriace, et n'a jamais une aussi bonne saveur que la morue. Les Islandois n'en font aucun cas, à cause de la grande quantité de merlans communs qui fréquentent leurs rivages, et en Norwége les pauvres seuls mangent sa chair ; mais, dans ce dernier pays, on fait de l'huile avec son foie.

Le MERLAN JAUNE, ou LIEU, ou POLLAK : *Merlangus pollachius*; *Gadus pollachius*, Linn. Nageoire caudale fourchue ; mâchoire inférieure plus avancée que la supérieure ; ligne latérale très-courbe : taille de dix-huit pouces à trois pieds.

Ce poisson est d'un brun noirâtre sur le dos ; son ventre est argenté et ses flancs sont pointillés de brun sur un fond clair. L'iris de ses yeux est jaune avec des points noirs. Chacune de ses écailles est petite, mince, ovale et lisérée de jaune ; ses nageoires pectorales sont jaunâtres, et ses catopes dorés ; ses nageoires anales sont olivâtres et pointillées de noir.

Le lieu vit en grandes troupes dans l'océan Atlantique et dans les mers septentrionales de l'Europe, cherchant surtout les parages habituellement battus de la tempête sur les côtes de la Norwége et du Nord de l'Angleterre. On le trouve parfois aussi dans la mer Méditerranée, en hiver ; dans la Baltique, près de Lubeck, et dans la mer du Nord, près de Heiligeland : mais il n'y paroît jamais rassemblé en troupes et chaque individu y vit isolément. Enfin, il fréquente certains rivages occidentaux de la France.

Il se tient plus volontiers à la surface de l'eau que dans les asiles profonds de l'Océan ; il aime à se nourrir de l'ammodyte appât, qu'il va chercher dans le sable des rivages, ou bien il attrape en nageant tout ce qui flotte sur les vagues.

Sa pêche ne diffère en rien de celle de l'espèce précédente. Sa chair, inférieure à celle du merlan, est meilleure et plus ferme que celle du colin. On la recherche surtout au printemps.

Le Merlan vert ou Sey : *Merlangus virens* ; *Gadus virens*, Gmel. ; *Gadus sey*, Lacép. Nageoire de la queue fourchue ; mâchoires également avancées ; ligne latérale droite ; dos verdâtre : taille de deux pieds environ.

Ce poisson, que l'on a long-temps confondu avec le précédent, se rencontre très-fréquemment pendant toute l'année sur les côtes de Norwége, et y est l'objet d'un commerce assez étendu et d'une pêche active. Il paroît aussi, d'après les observations de M. Risso, qu'il parcourt en troupes nombreuses au printemps les rivages du département des Alpes maritimes, où l'on en fait à cette époque une pêche abondante et où on le nomme *poutassou vero*. (H. C.)

MERLAN DE LA MER MÉDITERRANÉE. (*Ichth.*) Voyez Merluche. (H. C.)

MERLANGUS. (*Ichthyol.*) Nom latin du merlan. (H. C.)

MERLAT. (*Ornith.*) On appelle ainsi, dans plusieurs départemens de France, le merle commun, *turdus merula*, Linn., dont la femelle est désignée en Languedoc par le nom de *merlato*. (Ch. **D.**)

MERLE. (*Ichthyol.*) Nom spécifique d'un crénilabre, que Linnæus avoit placé parmi les labres. Voyez Crénilabre. (H. C.)

MERLE. (*Ornith.*) On désignoit primitivement en latin les merles par le nom particulier de *merula*, et les grives par celui de *turdus* : mais, quoique leur plumage et même plusieurs de leurs habitudes offrissent des différences remarquables, il n'en existe pas d'essentielles dans les parties du corps d'où se tirent les caractères génériques ; et depuis Linnæus on a compris sous la dénomination commune de *turdus*, les merles, les grives et les moqueurs, qui tous se nourrissent de baies, d'insectes, de vers, et qui présentent en général un bec aussi large que haut à la base et ensuite comprimé latéralement ; la mandibule supérieure convexe et échancrée vers la pointe, qui est courbée, mais sans former de crochet ni de dentelures aussi prononcés que chez les pie-grièches ; la mandibule inférieure droite et entière ; les narines ovoïdes, en partie couvertes d'une membrane nue, et situées près de l'origine du bec ; les angles de la bouche garnis de poils espacés, dont l'alignement est comparé par Meyer à celui des dents d'un rateau ; la langue cartilagineuse, fendue à son extrémité ; le tarse plus long que l'intermédiaire des trois doigts de devant, à la base duquel l'extérieur est soudé ; le doigt interne libre ; la première rémige très-courte, et les autres variables dans leur longueur respective.

La disposition des couleurs sur le plumage de ces oiseaux avoit paru suffisante à Montbeillard pour autoriser à séparer les grives, chez lesquelles la poitrine offre de petites mouchetures ou grivelures foncées, d'avec les merles, dont les couleurs sont uniformes ou distribuées par grandes masses. Les sexes présentent peu de différences chez les premières ; mais on en observe souvent de plus marquées chez les seconds. La mue, qui paroit généralement être simple, fait aussi éprouver quelques changemens aux taches et aux bandes ; mais cet effet a lieu pour les deux familles. Relativement aux mœurs et aux habitudes, les grives sont en général des oiseaux voyageurs qui forment, lorsqu'ils émigrent, des réunions nombreuses, surtout les litornes et les mauvis; les merles, au contraire, vivent presque toujours isolés ou en familles, et ils sont tellement sédentaires qu'ils ne quittent pas leurs cantons, où, si on ne les trouble point, ils nichent chaque année, et souvent dans le même buisson, sur le même arbre, réparant même leur ancien nid lorsqu'il n'est pas trop dégradé. S'ils s'écartent un peu, suivant les saisons, ce n'est que pour descendre des montagnes dans la plaine, ou pour passer d'un endroit devenu trop sec et dépourvu de fruits, dans un lieu voisin où les fruits et l'eau sont plus abondans. Il y a des naturalistes qui donnent encore comme un signe propre aux merles seuls, le mouvement de la queue du haut en bas, qui est assez fréquent chez eux, et presque toujours accompagné d'un petit trémoussement d'ailes et d'un cri bref et coupé; mais on en a observé un pareil chez les litornes quand elles sont inquiètes, et surtout chez celles du Canada, dont le cri ressemble alors à celui du merle commun.

L'ordre dans lequel Gueneau de Montbeillard a décrit les oiseaux de ce genre, a consisté à traiter d'abord des grives et des moqueurs, et ensuite des merles. M. Vieillot a divisé le grand genre *Turdus* en trois sections, dont la première est consacrée aux grives, la seconde aux merles et la troisième aux moqueurs. M. Temminck, dans la première édition de son Manuel d'ornithologie, divisoit les oiseaux du même genre en trois sections, d'après leurs mœurs et leurs habitudes, sous les dénominations de *sylvains*, de *saxicoles* et de *riverains :* ceux de la première section, nichant et vivant toujours dans les bois, les buissons, les parcs, les jardins, émigrant en bandes, et se nourrissant presque uniquement de baies, à l'exception de l'époque où ils élèvent leurs petits et où les insectes forment leur aliment principal; ceux de la seconde section habitant toujours les rochers escarpés et les endroits rocailleux des plus hautes montagnes, dans les fentes desquels ils vivent solitaires, et ayant ainsi des rapports avec les traquets, mais s'en distinguant par la couleur des pennes caudales qui, la plupart, sont rousses, et dont les deux intermédiaires sont noires, tandis que la queue des vrais traquets présente le plus souvent de grandes masses de blanc; et enfin ceux de la troisième section ne quittant point les lieux humides et vivant dans les roseaux, où leur nourriture consiste principalement en mouches et en insectes aquatiques. Cette dernière section comprenoit la rousserolle, *turdus arundinaceus*, Linn.; mais, depuis, MM. Meyer et Cuvier, considérant que ces oiseaux riverains avoient plus de rapports avec les nombreuses espèces du genre *Sylvia* qui habitent le bord des eaux, y ont réuni les rousserolles, et M. Temminck, à leur imitation, a supprimé la troisième section. Celui-ci a exposé dans la deuxième édition de son Manuel, que le genre *Turdus* renfermoit beaucoup d'espèces exotiques qui n'étoient point à leur place; que plusieurs appartenoient au genre *Melliphaga*, formé récemment par J. W. Lewin, dans son Histoire des oiseaux de la Nouvelle-Hollande, lequel genre correspond aux philédons de M. Cuvier; qu'un grand nombre formoient le genre *Lamprotornis* de l'auteur hollandois, et que d'autres étoient du genre *Myothera* d'Illiger. M. Temminck annonce dans le même ouvrage, à la page LVI de l'Analyse de son système général d'ornithologie, le projet d'y diviser en quatre sections les merles, dont il doit décrire une *grande série d'espèces nouvelles*; mais il se borne à indiquer, parmi celles qu'il admet, 1.° les *turdus polyglottus- orpheus* et *dominicensis*, sans exprimer son opinion sur l'identité ou la différence; 2.° les *lanius jocosus* et *emeria*; 3.° le *muscicapa hæmorhousa*; 4.° le *merops cayanensis*; 5.° les *turdus manillensis* et *punctatus*; 6.° le *tanypus australis*, d'Oppel, Mémoires de l'Académie de Bavière pour 1811 et 1812, pl. 8, oiseau qui avoit déjà été cité par M. Cuvier, tome 1.er du Règne animal, p. 358, comme ne différant des merles que par des jambes un peu plus hautes.

D'un autre côté, les galeries du Muséum offrent parmi les merles des signes de sous-divisions encore dépourvus de nomenclature, et qui doivent faire présumer des changemens pour l'époque, probablement peu éloignée, où M. Cuvier publiera une nouvelle édition de son *Règne animal*; et l'on croit que dans une telle circonstance il seroit peu convenable de s'étendre sur les espèces étrangères d'un genre très-nombreux qui paroît à la veille d'éprouver une refonte. On se bornera donc à donner quelques détails sur les plus connues, soit parmi les grives, soit parmi les merles, en généralisant cette dernière dénomination, comme l'a déjà fait M. Temminck.

MERLE COMMUN; *Turdus merula,* Linn. Cette espèce, dont le mâle et la femelle sont figurés pl. enl. de Buffon, n.ᵒˢ 2 et 555, a dix pouces trois lignes du bout du bec à celui de la queue et quatorze pouces de vol. Le plumage du mâle adulte est en totalité d'un noir foncé sans reflets; le bec est jaune, ainsi que le palais et les paupières : les pieds et les ongles sont noirs. La femelle a la tête, le derrière du cou et tout le dessus du corps bruns, la gorge variée de gris, de brun et de roussâtre : le devant du cou, la poitrine et le haut du ventre, d'un brun roux; les ailes et la queue brunes, les pieds et les ongles de cette dernière couleur, et le bec noirâtre. Les jeunes mâles portent la livrée de la mère jusqu'à leur première mue; mais, dès qu'elle a eu lieu, leur bec commence à jaunir, et leur plumage noircit à mesure qu'ils avancent en âge.

Les baies, les fruits et les insectes dont se nourrissent les merles, se trouvant dans tous les pays, ces oiseaux n'ont pas de motifs pour émigrer, et ils ne font en hiver que choisir, dans la contrée qu'ils habitent, l'asile qui leur convient le mieux pendant cette saison rigoureuse : ce sont ordinairement les bois les plus épais, surtout ceux où il y a des fontaines chaudes, et qui sont peuplés d'arbres toujours verts et particulièrement de genévriers, lesquels leur offrent tout à la fois un aliment et un abri contre les frimas. Les merles, ainsi que les grives, entrent de bonne heure en amour, et ils commencent en même temps leur chant, qu'ils continuent bien avant dans la belle saison. C'est dans le mois de Mars et même quelquefois à la fin de Février qu'ils font dans des buissons ou sur des arbres de médiocre hauteur, un nid composé en dehors de mousse fortifiée de terre détrempée, et intérieurement de petites racines et d'herbes sèches. Le mâle et la femelle travaillent avec tant d'activité à la confection de ce nid, que souvent il est ter-

miné en huit jours. La femelle, qui fait deux ou trois pontes
par an, y dépose la première fois cinq à six, et la seconde
fois quatre œufs, d'un vert bleuâtre avec des taches de couleur de rouille, dont la figure se trouve dans Lewin, t. 2,
pl. 14, n.° 2, dans l'*Ovarium britannicum* de G. Graves, et
avec le nid, dans Nozeman et Sepp, planche 10. Suivant
Mauduyt et Montbeillard, ces œufs ne sont couvés que par
la femelle, à laquelle le mâle apporte seulement la nourriture ; mais M. Vieillot a vu souvent des mâles sur le nid
de dix heures du matin à environ trois heures après midi.
Il ne faut pas toucher les œufs de ces oiseaux, car ils les
abandonneroient ; on prétend même que quelquefois ils les
mangent, et qu'ils délaissent dans ce cas les petits nouvellement éclos. Les alimens dont ils nourrissent ces petits, sont
des chenilles, des larves d'insectes et des vers de terre ; mais,
dès que les jeunes sont en état de se passer de leurs parens,
ils s'isolent, et joignent les baies et les fruits à cette première nourriture.

Le chant du merle est un sifflement éclatant, qu'il fait entendre, surtout le soir et le matin, depuis le commencement du printemps jusqu'à l'automne, et plus fréquemment
lorsque le ciel est sombre. Cet oiseau passe pour être rusé,
et on le surprend difficilement à la chasse ; mais néanmoins
il donne dans divers piéges, et il niche plus volontiers que
les grives près des habitations ; il y en a même qui passent
toute la belle saison dans les jardins des villes. La qualité
de sa chair, en général inférieure à celle des grives, dépend
beaucoup de sa nourriture habituelle ; les baies de genièvre
lui donnent une amertume désagréable, et elle est plus estimée dans les pays méridionaux où il trouve des olives, des
baies de myrte et d'autres arbustes.

Quoique le merle ordinaire soit l'oiseau noir par excellence,
son plumage est sujet à devenir blanc en totalité ou en partie.

Des naturalistes prétendent qu'il y a une race particulière
de *merles bruns ;* mais il est probable que les individus pris
pour tels n'étoient que des femelles, ou des jeunes qui avoient
plus tardé à se revêtir de la livrée d'adultes.

Merle a flastron ; *Turdus torquatus*, Linn., pl. enl. de
Buffon, n.° 516. et de Donovan. pl. 61. tom. 5. Ce merle,

dont la taille est un peu supérieure à celle du merle commun, a sur le haut de la poitrine une large plaque demi-
circulaire, qui est blanche chez les mâles, et teinte de roux
et de gris cendré chez les femelles. Les plumes du mâle,
d'un noir bien moins prononcé que chez le précédent, sont
bordées de gris et de blanchâtre, et celles de la femelle
d'un brun roux. Le bec de celle-ci est noirâtre, et il est
jaune dans un tiers chez le mâle; les pieds sont bruns chez
les deux. Les pennes moyennes sont carrées par le bout,
avec une petite pointe saillante au milieu.

Cette espèce, qui n'a point de demeure fixe, ne se montre
dans nos contrées qu'à l'automne et au printemps ; elle parcourt aussi les contrées boisées et montueuses de la Suède et de
l'Écosse. Le merle à plastron place, soit sur les sapins, soit à une
petite distance de terre, sur une roche couverte de bruyère
et de grandes broussailles, ou au pied d'un buisson très-fourré,
son nid, qui est composé des mêmes matériaux et construit
de la même manière que celui du merle commun : les œufs
de la femelle, au nombre de quatre, sont aussi d'une couleur
et d'une grosseur pareilles; mais ils se distinguent par les
larges taches rougeâtres dont ils sont parsemés. Suivant Lot-
tinger, ces merles sont devenus rares dans les Vosges, où
ils étoient fort communs. Les baies du lierre sont pour eux
un aliment recherché : en voyageant par familles de dix à
douze, ils suivent de préférence les haies où cet arbrisseau
abonde, et pendant leurs passages, qui ne durent qu'une
quinzaine, on pourroit les prendre à l'araigne dans ces haies,
le long desquelles ils ont l'habitude de filer.

On observe chez cette espèce des variations accidentelles
et considérables. Le plumage est parfois blanc en totalité,
tapiré de blanc, ou bordé de gris sur les parties inférieures,
ou parsemé de taches blanchâtres sur les pennes de la queue.
Il y a lieu de présumer que le merle blanc d'Aristote et de
Belon, le grand merle de montagne de Brisson, le merle à
collier, etc., ne sont que des variétés de cette nature, ou
des différences d'âge et de sexe. C'est aussi de l'habitude
qu'ont les oiseaux dont il s'agit de nicher contre terre et aux
pieds des buissons, que leur vient apparemment le nom de
merles terriers ou *buissonniers*.

M. Temminck donne comme deux espèces particulières de merles d'Europe, des oiseaux qui ont été décrits sous le nom de *turdus dubius*, l'un par Bechstein, *Taschenb. Deut.*, p. 147, *sp.* 5, et *Naturg. Deut.*, v. 5, p. 596, tab. 5, fig. 1 et 2; et l'autre par Naumann, *Vög. Nacht.*, t. 4, fig. 8. L'auteur hollandois nomme le premier de ces oiseaux MERLE A GORGE NOIRE, *turdus atrogularis*. Le vieux mâle est long de dix pouces et demi; la face, les joues, le devant du cou et le haut de la poitrine sont d'un noir profond, qui prend une nuance cendrée sur le bout des plumes de cette dernière partie; le bas de la poitrine et le milieu du ventre sont blanchâtres et les flancs roussâtres, avec de petites taches angulaires d'un brun foncé; les parties supérieures du corps sont d'un cendré olivâtre; le bec est d'un brun noirâtre, mais jaune à la base de la mandibule inférieure; l'iris et les pieds sont bruns.

Le second oiseau, que le même auteur appelle MERLE NAUMANN, *Turdus Naumanni*, n'a que neuf pouces de longueur : le mâle a, suivant lui, le haut de la tête et les plumes du méat auditif d'un brun foncé, et les autres parties supérieures du corps d'un roux plus foncé sur les côtés du cou, du croupion et de la queue; de grandes taches blanches au centre des plumes qui couvrent la poitrine, l'abdomen et les flancs, lesquelles plumes sont bordées de blanc, couleur qui est pure au milieu du ventre et sur les cuisses; les rémiges d'un brun foncé, ainsi que les pennes du milieu de la queue; les pennes anales rousses; le bec et les pieds bruns.

M. Temminck avoue que la nourriture et la propagation de ces oiseaux sont inconnues; qu'on n'en a encore vu que dans les contrées du Nord, telles que l'Autriche, la Hongrie, la Russie; et, comme on a déjà remarqué que le plumage des merles est sujet à beaucoup de changemens, il paroît prudent d'attendre que, par des observations plus multipliées, on ait été à portée de mieux constater la réalité de ces espèces.

MERLE DE ROCHE; *Turdus saxatilis*, Gmel. et Lath., pl. enl. de Buffon, n.° 562. Ce merle n'a que sept pouces neuf lignes de longueur. Dans la première année, le bec et les ongles sont

noirâtres, et les pieds d'un gris plombé; la gorge et le cou
d'un cendré noirâtre, varié de petites taches roussâtres; les
plumes dorsales, uropygiales, les petites couvertures du dessus des ailes, la poitrine, le ventre, les côtés et les jambes,
variés de noirâtre, de brun et de roussâtre; les couvertures
supérieures et inférieures de la queue, et celles du dessous
des ailes, rousses et sans taches; les pennes alaires noirâtres
et bordées de roux du côté extérieur, ainsi que les deux
pennes intermédiaires de la queue, dont les cinq latérales
de chaque côté sont rousses et tachetées de noir sur le côté
extérieur et au bout. Mais, après la seconde mue, et quand
il est parfaitement adulte, ce mâle a toute la tête et le haut
du cou d'un bleu cendré ou bleu de plomb, et les parties
supérieures deviennent d'un brun noirâtre. Il y a sur le
milieu du dos un large espace blanc; les pennes alaires, les
deux du milieu de la queue sont brunes; les autres pennes
caudales et le dessous du corps sont d'un roux ardent.

La femelle, que Linnæus a prise pour une pie-grièche, et
qu'il a décrite sous la dénomination de *lanius infaustus*, est
sur le corps d'un brun terne, à l'exception de quelques
grandes taches blanchâtres au-dessus du dos; les plumes de
la gorge et des côtés du cou sont d'un blanc pur ou lisérées
de brun cendré, et celles des parties inférieures sont d'un
blanc roussâtre avec de fines raies transversales à leur extrémité; la queue est d'un roux clair, et les deux pennes du
milieu sont d'un brun cendré. Les vieux mâles, dit Meyer,
sont, après la mue et en hiver, semblables à la femelle.

Le *petit merle de roche*, de Brisson, est un jeune mâle passant à l'âge fait.

Cet oiseau habite les plus hautes montagnes rocailleuses
en Suisse, au Tyrol, en Hongrie, en Turquie, dans l'Archipel, sur les Apennins, les Alpes, les Pyrénées. On le trouve
aussi isolément dans le Bugey, sur les Vosges, et il est plus
commun dans le Nord de l'Italie. Sa nourriture consiste en
scarabées, sauterelles et baies sauvages. Il se pose ordinairement sur les grosses pierres, où il reste à découvert et ne
se laisse presque jamais approcher à la portée de fusil. Son
chant naturel est très-agréable et fort ressemblant à celui
de la fauvette; il possède d'ailleurs le talent de s'approprier

le ramage des autres oiseaux. Il fait entendre tous les jours quelques sons éclatans un peu avant l'aurore et au coucher du soleil. Il pratique son nid dans des trous de rochers, et l'attache au plafond des cavernes; il le défend avec courage contre les ravisseurs, auxquels il tâche de crever les yeux. Chaque ponte est composée de trois ou quatre œufs d'un bleu verdâtre. Lorsqu'on veut élever des petits, il faut les prendre dans le nid ; car, s'ils ont déjà fait usage de leurs ailes, ils se laissent très-difficilement attrapper aux piéges, et d'ailleurs ils ne survivent guère à la perte de leur liberté.

Merle bleu; *Turdus cyanus*, Gmel., pl. enl. de Buffon, n.° 250, et 18 d'Edwards, le vieux mâle. Cet oiseau porte en Italie le nom de *passere solitario*, et l'on a reconnu qu'en effet il n'y a entre lui et le merle solitaire qu'une différence d'âge, et que la planche 564, fig. 2, de Buffon, représente ce dernier. Quoiqu'il n'ait que huit pouces et demi de longueur, et qu'il soit par conséquent plus petit que le merle commun, ses ailes sont plus longues et s'étendent jusqu'aux deux tiers de la queue. Les parties supérieures du corps du mâle adulte sont d'un bleu foncé, à l'exception de la queue et des ailes, qui sont d'un noir profond; les parties inférieures sont d'un bleu plus clair, et l'on remarque sur la poitrine et le ventre des croissans noirs fort étroits, et à l'extérieur des plumes un autre croissant blanchâtre : le bec et les pieds sont noirs. Chez la femelle, le bleu des parties supérieures est mêlé de cendré et de brun; les ailes et la queue sont d'un brun noirâtre, et toutes les pennes ont une bordure d'un bleu cendré; il y a sur la gorge et le devant du cou de grandes taches roussâtres, et plus bas des raies variées de bleuâtre, de brun et de cendré. Chez les jeunes, le plumage est en général d'un brun cendré, mêlé de petites taches blanchâtres; les ailes et la queue sont d'un brun noirâtre, et l'on remarque une teinte bleuâtre sur le dos et le cou.

Ce merle, qui habite le Midi de la France, l'Espagne, la Sardaigne, l'Italie, et qui est très-commun au-delà des Apennins, est plus rare dans le Tyrol, en Suisse et dans les Vosges. Outre les baies sauvages dont il se nourrit, il vit aussi de sauterelles, de hannetons et d'autres insectes. Les lieux qu'il fréquente le plus, sont les rochers, les tours abandonnées, où il fait un nid dans lequel la femelle pond cinq ou six œufs d'un blanc verdâtre. Son chant, qui a du rapport avec celui du rossignol, est plus fort, et les petits, quand on peut s'en procurer, s'élèvent dans des cages couvertes de serge verte, avec une pâte composée de farine de pois, de miel, de beurre, et cuite au four : cette pâte se conserve pour être râpée suivant les besoins.

On a pu remarquer à l'article MARTIN, que MM. Levaillant et Temminck ont distrait le *merle rose* du genre *Turdus* pour le transporter à côté des martins, dont les sauterelles forment le principal aliment, comme le sien, et que, malgré cette circonstance, M. Vieillot ne l'a pas séparé d'avec les merles, attendu l'identité des caractères extérieurs. Cette dernière considération détermine aussi à laisser, au moins provisoirement, le merle rose à son ancienne place, et à la suite du merle de roche et du merle bleu, vu l'analogie qu'établit entre les trois, leur goût pour les sauterelles.

MERLE ROSE : *Turdus roseus*, Gmel., pl. enl. de Buffon, n.° 251 ; de Levaillant, Oiseaux d'Afrique, vol. 2, pl. 96 ; de Borckhausen, Ornith. germanique, pl. 6 ; de Naumann, pl. 27, fig. 55 ; de Donovan, tom. 1.er, pl. 3. Cet oiseau est long de huit pouces ; le mâle a une huppe d'un noir à reflets violets, ainsi que le cou et le haut de la poitrine ; les plumes de cette huppe sont fort longues et effilées chez les vieux ; le dos et le ventre sont d'un beau rose, les ailes et la queue d'un brun violet à reflets, les plumes anales et les cuisses rayées de blanchâtre. La mandibule supérieure du bec est d'un rose jaunâtre, ainsi que la pointe de l'inférieure, dont le reste est noir ; l'iris est d'un brun foncé et les pieds sont jaunâtres. La huppe de la femelle est plus courte et ses couleurs sont moins vives. Les jeunes de l'année n'ont aucun indice de huppe ; tout le dessus de leur corps est d'un brun isabelle ; les ailes et la queue sont brunes, et toutes les pennes frangées de blanc et de cendré ; la gorge et le milieu du ventre sont d'un blanc pur, et le reste des parties inférieures est d'un brun cendré. Le bec est jaune à sa base et brun dans le reste, ainsi que les pieds.

Cet oiseau, commun dans les parties chaudes de l'Asie et

de l'Afrique, étant un grand destructeur de sauterelles, on le regarde en Orient comme une faveur de la divinité, et on lui a donné pour cette raison le nom de *séleucide*. Les habitans du Mogol et d'Alep, qui l'appellent *samarmar*, l'invoquent par des pratiques superstitieuses, et les Turcs défendent de le tuer. Il est de passage régulier dans les provinces méridionales de l'Italie, où il porte le nom d'*étourneau de mer*. Il en passe aussi en Lombardie, en Piémont, et quelquefois en France, en Angleterre; et l'espèce paroit également répandue dans les contrées froides de notre continent, puisque Pallas l'a rencontrée en Sibérie et sur les bords montueux de l'Irtisch, où elle niche. Suivant le même naturaliste, elle se trouve aussi en Laponie, ainsi que sur les bords de la mer Caspienne, et elle passe chaque année en grandes troupes dans la Russie méridionale.

Outre les sauterelles, cet oiseau, qui vit en troupes comme les étourneaux, mange d'autres insectes et des larves, qu'il cherche dans les fumiers et sur le dos des bestiaux; il se nourrit aussi de baies et de fruits tendres. Il fait, dit-on, son nid dans les fentes des masures et des rochers, et même dans des trous d'arbres; mais on ignore la couleur de ses œufs.

Les naturalistes modernes n'ont pas hésité à séparer des merles l'oiseau long-temps appelé *merle d'eau*, et à en former le genre CINCLE, nom sous lequel on en a donné l'histoire.

A l'égard des *grives*, comme il y en a plusieurs espèces fort communes dans nos contrées, on pense qu'il convient de les décrire avant de passer à la notice moins étendue des espèces étrangères du genre *Turdus*.

On a déjà dit que la nourriture des quatre espèces de *grives* qui habitent en Europe et sont assez communes en France, est la même que celle des merles, c'est-à-dire qu'elle consiste en baies, en insectes et en vers. Ces quatre espèces sont la grive proprement dite, la draine, la litorne et le mauvis. Les deux premières restent la plus grande partie de l'année dans nos contrées, où elles nichent, et dont elles ne s'écartent qu'isolément pour y revenir de la même manière; tandis que les deux autres, qui ont passé l'été dans le Nord, où elles ont élevé leurs petits, arrivent en grandes troupes dans nos climats à l'automne, et continuent d'y vivre en bandes nombreuses. Les mauvis ne font même, en quelque sorte, que traverser nos contrées pour se rendre dans des régions plus méridionales ; et, de retour au printemps, ils repartent avec les litornes, ne laissant en France que quelques individus qui y font, comme les deux autres espéces, sur des arbres peu élevés ou dans des buissons, un nid composé des mêmes matériaux, c'est-à-dire, de mousse, de feuilles séches, de racines et de terre mouillée, dans lequel ils pondent des œufs d'un vert bleuâtre et parsemés de différentes taches, suivant l'espéce à laquelle ils appartiennent. L'ordre dans lequel viennent les grives, est celui-ci : 1.° la grive proprement dite ; 2.° le mauvis ; 3.° la litorne ; 4.° la draine : mais les vents et les changemens de température influent sur l'époque plus ou moins tardive de leur arrivée. Plusieurs des grives voyageuses vont jusqu'en Afrique, où elles restent depuis le mois d'Octobre jusqu'au mois de Mars.

La chair des grives passe en général pour un mets délicat, et surtout celle de la grive proprement dite et du mauvis ; mais à Rome elle étoit encore bien plus estimée que chez nous, puisqu'on lit dans Martial : *Inter aves turdus,… inter quadrupedes gloria prima lepus*. Aussi ces oiseaux y étoient conservés dans des voliéres qui en contenoient plusieurs milliers. On les y nourrissoit de millet et d'une sorte de pâtée faite avec des figues broyées, de la farine, différentes espéces de baies et autres substances propres à rendre leur chair succulente. La porte en étoit très-basse, et il n'y avoit que quelques fenétres, tournées de manière à cacher aux grives prisonnières l'aspect de la campagne et des oiseaux sauvages vivant en liberté : car, suivant la remarque judicieuse de Guéneau de Montbeillard, il ne faut pas que des esclaves voient trop clair, et il suffit qu'ils puissent distinguer les choses destinées à satisfaire leurs principaux besoins.

Merle grive, ou Grive proprement dite ; *Turdus musicus*, Linn., pl. enl. de Buffon, n.° 406, sous le nom de litorne, et 62 de Lewin. Cette espéce, qu'on appelle aussi *grive chanteuse* ou *grive de vigne*, ou vulgairement *mauviard*, est de la grosseur d'un merle ; elle a huit pouces huit lignes de

longueur, treize pouces six lignes de vol, et elle pèse environ trois onces; ses ailes pliées atteignent un peu au-delà
de la moitié de la queue. Le bec est brun et le tarse d'un
gris brunâtre; le dessus de la tête et du corps est d'un brun
olive; les joues, la gorge, le devant du cou et la poitrine
sont mouchetés de taches noires en forme de flèche dont la
pointe seroit en haut, sur un fond d'un jaune roussâtre;
le ventre et les flancs sont d'un blanc pur, avec des taches
noires ovoïdes. La couleur jaunâtre de la poitrine est moins
foncée chez la femelle, qui est un peu plus petite. Cette espèce varie du blanc parfait au brun tapiré de blanc, et c'est
à elle que paroît devoir être rapportée la *grive des bruyères*
(*heath thrush*), que Lewin a figurée pl. 63, et dont il dit
que le corps est plus épais, plus pesant et la queue plus
courte, en ajoutant que l'œil est traversé d'une ligne noire,
et que cet oiseau ne fréquente que les bruyères et les
plaines.

L'espèce dont il s'agit arrive dans nos climats vers la fin
de Septembre et au commencement d'Octobre; elle y séjourne
peu après les vendanges, mais elle repasse en Mars et Avril
pour disparoître encore au mois de Mai : il en reste cependant un certain nombre, qui nichent au printemps sur les
pommiers ou pruniers sauvages, ou dans des buissons, et qui
font chaque année deux ou trois pontes, composées de six et de
quatre œufs d'un bleu foncé, tacheté de noir, dont la figure
se trouve au second volume de Lewin, pl. 14, n.° 1, et dans
l'*Ovarium britannicum* de Graves.

Le chant de cette grive est fort agréable, et elle le répète
pendant long-temps, perchée au sommet des arbres les plus
élevés.

Merle mauvis; *Turdus iliacus*, Linn., pl. enl. de Buffon,
n.° 51; de Lewin, tom. 2, n.° 64, et de G. Graves, tom. 2,
n.° 15. Cette grive, d'une taille inférieure à celle de la
grive proprement dite, porte aussi les noms vulgaires de
grive rouge, grive des Ardennes, grive champenoise, calandrote,
etc. Elle a beaucoup de ressemblance avec la précédente :
mais on peut la distinguer à la forme des taches du cou,
de la poitrine et des côtés du ventre, qui sont oblongues
et non triangulaires; à un trait longitudinal et blanchâtre

au-dessus des yeux; à une plaque obscure qui existe en-
dessous, et à la couleur des plumes subalaires, qui sont d'un
roux ardent. Du reste, les parties supérieures du corps sont
d'un brun olive et uniforme, et le ventre est presque entièrement blanc.

Aussitôt après leur arrivée en bandes nombreuses, au mois
d'Octobre, les mauvis se jettent avec avidité sur les raisins;
mais ils disparoissent vers le milieu ou la fin de Novembre
pour aller dans des contrées plus chaudes, et ensuite ils
traversent de nouveau la France pour retourner dans le
Nord et notamment en Suède, où ils nichent dans les touffes
de sureaux, de sorbiers et dans les buissons de bouleau et
d'aune. Les œufs de ces oiseaux sont d'un bleu verdâtre
avec des taches noirâtres. Leur chair est très-délicate, et on
les prend surtout aux lacets.

Merle litorne; *Turdus pilaris*, Linn., pl. enl. de Buffon,
n.° 490, sous le nom impropre de *calandrote*, et pl. 65 de
Lewin. Cette espèce, longue de dix pouces, a dix-sept
pouces d'envergure, et pèse environ quatre onces : elle se
distingue des autres grives par son bec jaunâtre, par ses
pieds d'un brun plus foncé, et par la couleur d'un cendré
bleuâtre, quelquefois variée de noir, qui règne sur sa tête,
derrière son cou et sur son croupion. Le haut du dos et les
couvertures des ailes sont châtains; la gorge et la poitrine
sont d'un roux clair avec des taches noires sur le milieu de
chaque plume; le ventre est blanc, ainsi que les plumes
anales. Les couleurs de la femelle sont plus ternes, et le bec
d'une nuance plus obscure.

Cette espèce est la dernière qui abandonne les contrées du
Nord pour venir, au mois de Novembre et en troupes nombreuses, dans les nôtres, où elle recherche les terrains humides. Les fruits de l'alisier sont ceux qu'elle préfère. Ces oiseaux, qu'on dit fort communs dans les plus hautes vallées
des Alpes suisses, cottiennes et pennines, retournent au printemps dans le Nord, et font, en Pologne et en Suède, sur
des arbres élevés, leur nid, où ils pondent quatre à six œufs
d'un vert de mer et pointillés de roux.

Cette grive, dont la chair est moins estimée que celle
des autres, tire, suivant Guéneau de Montbeillard, la dé-

nomination de *pilaris* des soies ou poils noirs qui s'avancent des deux côtés de son bec, et qui sont plus longs que chez la grive et la draine.

Merle draine ; *Turdus viscivorus*, Linn., pl. enl. de Buff., n.° 489, et de G. Graves, tom. 1, n.° 15. Cette espèce, qu'on nomme aussi *grosse grive*, *grande grive* et *grive de gui*, parce que le gui fait une partie de sa nourriture, a onze pouces du bout du bec à celui de la queue, et seize pouces et demi de vol : elle pèse environ cinq onces ; ses ailes pliées s'étendent jusqu'à la moitié de sa queue. Le bec, brun à son origine, a le bout noirâtre. Les pieds sont jaunâtres et les ongles noirs. Le dessus de la tête et du corps est d'un brun cendré, qui devient roussâtre à la partie inférieure du dos et sur le croupion. Il y a entre le bec et l'œil un espace d'un gris blanc ; les parties inférieures présentent, sur un fond d'un blanc roussâtre, des taches noires de différentes formes et plus larges à la poitrine, où elles sont triangulaires ; les couvertures des ailes et les pennes extérieures de la queue sont bordées de blanc. Les parties supérieures du corps sont tachetées de jaunâtre chez les jeunes, et cette espèce est sujette à varier d'un blanc plus ou moins parfait. On en voit qui ont les ailes ou la queue blanches ou brunes, et dont le corps est tantôt d'un roux cendré, tantôt gris, tantôt d'un roux jaunâtre avec des taches angulaires.

Quoique les draines soient proprement des oiseaux de passage qui nichent le plus souvent dans le Nord sur des pins et des sapins, et qui, n'arrivant dans nos climats qu'en automne, y passent l'hiver et s'en retournent au printemps, il en reste en France une assez grande quantité pour qu'on les y considère comme sédentaires. Elles s'y nourrissent en été de divers fruits, et en hiver des baies de nerprun, de genévrier et surtout de graines de gui. Celles qui ne quittent point nos climats, se perchent, au printemps, sur la cime des arbres, où elles font entendre un ramage assez agréable. mais composé de phrases différentes qui ne se succèdent jamais dans le même ordre. Elles font aussi sur les arbres un nid qu'elles construisent en dehors avec de la mousse, et en dedans avec des feuilles et des herbes, qui forment un matelas comme dans celui des merles; elles y pondent trois à cinq œufs d'un vert blanchâtre, marqués de grandes taches violettes et de points roussâtres, dont on trouve la figure dans l'*Ovarium britannicum* de G. Graves. Les petits sont nourris avec des chenilles, des vermisseaux, des limaces et des limaçons, dont ils brisent la coquille.

Guéneau de Montbeillard dit que les draines sont très-pacifiques; mais, suivant M. Levaillant, Oiseaux d'Afrique, tom. 3, p. 2, elles sont, au contraire, d'une humeur querelleuse et se battent souvent entre elles, soit pour la nourriture, soit pour le choix d'une compagne; elles poursuivent même les ramiers, les tourterelles, les corbeaux, les pies-grièches, et, réunies à d'autres oiseaux, elles osent braver la serre des éperviers, des cresserelles, des émerillons, en répétant avec colère leurs cris aigres, *errrre, grrre, tré, tré, tré*. M. Levaillant a même, dans les environs de Paris, été témoin d'un combat entre une dixaine de draines et une orfraie, dans lequel l'aigle fut vaincu.

Quoique MM. Cuvier et Temminck aient définitivement retiré la rousserolle du genre *Turdus*, pour la mettre avec les fauvettes, *sylvia*, Lath., *motacilla*, Gmel., *curruca*, Cuv., l'ordre alphabétique ne permettant plus de décrire cet oiseau dans ce Dictionnaire près de la fauvette effarvatte et de la fauvette des roseaux (voyez tom. XVI, p. 263), c'est parmi les grives, où M. Vieillot a continué de le placer, et à la suite de celles d'Europe, que l'on croit devoir en parler.

La Rousserolle : *Turdus arundinaceus*, Linn., *Sylvia turdoides*, Meyer, pl. 513 de Buffon, est longue de huit pouces et a la queue arrondie. Les parties supérieures de son corps sont d'un brun roussâtre et le dessous est d'un blanc jaunâtre. Le bec, jaune à sa base, est brun vers la pointe; l'iris est entouré d'un cercle aurore. Cet oiseau, qui habite les marécages, et qu'on appelle *cracra* ou *tire-arrache*, d'après son cri, vit de mouches, de libellules, de cousins, d'autres insectes aquatiques, et, au défaut seulement de cette nourriture, de baies; il entrelace dans les tiges de jonc un nid composé de petits filamens de racines, dans lequel la femelle pond trois, quatre ou cinq œufs obtus, verdâtres, et maculés de taches noirâtres et cendrées.

Grives étrangères.

Asie.

Petite Grive des Philippines ; *Turdus philippensis*, Lath. Cette espèce est d'une taille un peu inférieure à celle du mauvis. Le dessus de son corps est d'un brun olivâtre ; le devant du cou est grivelé de blanc sur un fond roux, et les parties inférieures sont d'un blanc jaunâtre.

Grive tsutju crawan ; *Turdus ochrocephalus*, Lath. Brown a fait figurer, pl. 22 de ses Illustrations de zoologie, cet oiseau, dont la taille est celle de la grive ordinaire, et qui habite les îles de Java et de Ceilan. Le haut de la tête et les joues sont d'un jaune pâle ; le dos, la poitrine et le ventre sont cendrés et ont des taches blanchâtres de diverses formes ; la queue est verdâtre, et les tarses sont d'un gris bleu.

Grive hoami ; *Turdus sinensis*, Lath. Cette grive, longue de près de neuf pouces, vit à la Chine. Le mâle a le dessus du corps d'un gris brun, et le dessous d'un roux jaunâtre. Les pennes caudales sont traversées de six bandes noires, étroites. La femelle, décrite par Brisson, a la tête et le cou rayés longitudinalement de brun.

Grive Dauma ; *Turdus Dauma*, Lath. Cet oiseau, qui habite l'Inde, où il est nommé *cowal*, d'après son cri, a les joues blanches ; des taches noires, en forme de croissant, sur la tête, le cou, le dos, dont le fond est noirâtre, et sur les parties inférieures, qui sont blanches. Il se nourrit de fruits.

Afrique.

Grive bassette de Barbarie ; *Turdus barbaricus*, Gmel. Cet oiseau, de la taille de la draine, qui a été décrit par le voyageur Shaw, et que Montbeillard a désigné par la dénomination de bassette, à cause de la brièveté de ses tarses, n'est pas une grive, selon M. Vieillot, mais un loriot femelle ou un mâle dans sa première année. Sa tête est d'un vert clair et brillant, ainsi que les parties supérieures du corps, à l'exception du croupion, qui est d'un beau jaune. La poitrine est blanche et tachetée de noirâtre.

Grive grivrou ; *Turdus olivaceus*, Lath. M. Levaillant a donné, au tome 3 de son Ornithologie d'Afrique, pl. 98 et

99, la figure du mâle et d'un jeune de cet oiseau, qu'il a trouvés dans les cantons du cap de Bonne-Espérance où sont plantées des vignes, et qu'il compare à notre grive proprement dite, pour la taille et la couleur. Les figues, les raisins, les fruits succulens, les baies, forment sa nourriture, avec les vers et les insectes mous qu'il trouve dans les endroits humides par lui fréquentés de préférence. Le grivron, qui est de passage au Cap, y fait, dans le mois de Novembre, un nid composé en dehors de petites branches entrelacées, et garni à l'intérieur de racines artistement contournées, mais non fortifié de terre détrempée, comme celui des grives d'Europe. La femelle pond dans ce nid trois, quatre et même quelquefois cinq œufs presque ronds, et dont le fond, d'un blanc verdâtre, est parsemé de taches d'un brun rouge, plus rapprochées vers le gros bout qu'ailleurs. Le mâle, perché sur le sommet des arbres les plus élevés, exécute le matin et le soir, dans la saison des amours, un chant sifflé, qui a beaucoup de rapport avec celui de notre grive commune.

Amérique méridionale.

Grive chochi ; *Turdus chochi*, Vieill. Cet oiseau du Paraguay, qu'Azara a décrit sous le n.º 79, est long de neuf pouces et demi ; il a le dessus du corps d'un brun noirâtre, la gorge blanche avec des taches noires longitudinales, et les parties inférieures rousses. Son cri ordinaire exprime la syllabe *pot;* mais, au temps des amours, c'est-à-dire en Septembre et Octobre, il fait entendre pendant le jour un ramage agréable et varié, qui commence par *chochi-chochi-toropi*, répété quatre ou six fois; et au coucher du soleil il fait entendre un miaulement mélancolique, qui a rapport avec celui du chat, et qui a donné lieu à Sonnini de supposer une identité avec le *cat-bird* ou oiseau-chat de l'Amérique septentrionale. D'Azara, de son côté, a lui-même rapproché la grive dont il s'agit de la litorne du Canada; mais le chant de celle-ci n'a point de rapport avec le miaulement du chat, et l'on n'y remarque pas davantage le prélude *chochi-chochi-toropi*. Le nid, formé de petits rameaux et tapissé intérieurement de brins de racines, qui a été présenté à d'Azara, étoit enduit d'une couche épaisse de bouse de vache, et il avoit été trouvé sur de petits arbrisseaux.

L'auteur espagnol décrit au n.° 80, sous le nom de GRIVE BLANCHE et NOIRATRE, *Turdus leucomelas*, Vieill., une autre grive, longue de neuf pouces deux lignes, qui avoit le dessus de la tête et le dos d'un brun doré; les côtés de la tête variés de lignes blanches, et au-dessous du corps, sur un fond blanc, des taches brunes, fort longues à la gorge et plus petites près de l'anus. Des individus, plus petits d'un pouce, que d'Azara a regardés comme des femelles, avoient toutes les parties supérieures brunes sans mélange de teinte dorée, sans lignes blanches sur les côtés de la tête et sans taches aux plumes anales.

GRIVE A COLLIER BLANC; *Turdus albicollis*, Vieill. Cette espèce, rapportée du Brésil par feu Delalande fils, est de la taille de la grive litorne, et a de l'analogie avec la grive chochi. Son plumage est d'un brun roussâtre sur le manteau et bleuâtre sur le cou, les couvertures supérieures des ailes et la queue. La gorge est tachetée de noir, et le devant du cou présente un large collier d'un blanc pur. La poitrine est d'un gris lavé, et ses côtés sont roux, ainsi que les flancs.

Le même voyageur naturaliste qu'on vient de citer, a aussi rapporté du Brésil une autre grive, appelée par M. Vieillot GRIVE A COURTE QUEUE, *Turdus brevicaudus*, et qui, par la brieveté des ailes atteignant à peine l'origine de sa queue, et par la longueur de ses pieds qui ont un pouce et demi, offre des rapports avec les brèves. Cet oiseau a d'ailleurs le dessus du corps d'un roussâtre rembruni, avec une lunule brune sur chaque plume : des coins de son bec partent deux bandes longitudinales, roussâtres, qui descendent des joues sur les deux côtés de la gorge, laquelle est grivelée de brun sur un fond blanc, ainsi que les parties inférieures.

GRIVE DE LA GUIANE; *Turdus guianensis*, Linn. et Lath., pl. enl. de Buff., 398, fig. 1. Elle a six pouces et demi de longueur. Le dessus de son corps est d'un brun verdâtre; la gorge est grise avec des taches brunes, oblongues; le devant du cou est blanc, et les autres parties inférieures sont roussâtres. Son nid, placé sur des arbrisseaux peu élevés, est construit avec de la mousse, et la femelle y pond. dès la fin de Février, des œufs elliptiques d'un blanc sale, avec des taches rouges au gros bout.

La Grive ou Litorne de Cayenne, *Turdus cayennensis*, Gmel., pl. de Buff., 515 (dont il a déjà été question sous le mot Cotinga, tome XI de ce Dictionnaire, p. 24), est longue de dix pouces : elle a la tête et le dessus du cou bruns ; le dos, les ailes et le dessus de la queue d'un brun roussâtre ; la gorge et le devant du cou gris, avec des taches pareilles à celles de l'espèce précédente, et le dessous du corps d'un gris roussâtre.

Amérique septentrionale.

Grive erratique, ou Litorne du Canada ; *Turdus migratorius*, Linn., pl. de Buff., 556, fig. 1, et pl. 60 et 61 de l'Histoire naturelle des Oiseaux de l'Amérique septentrionale, par M. Vieillot. Cette espèce qui, pendant l'hiver, passe en troupes nombreuses du Nord de l'Amérique à la Virginie, à la Caroline, et qui reste, à ce qu'il paroît, la plus grande partie de l'année dans le Maryland, où elle niche, a environ neuf pouces de longueur. La tête, qui est d'un gris ardoisé, présente trois taches blanches sur les côtés ; le dessus du corps est d'une couleur rembrunie, et le dessous, orangé dans sa partie antérieure avec quelques mouchetures sous la gorge, est varié d'un blanc sale et d'un brun roux dans sa partie postérieure. Le chant de ces oiseaux est fort agréable, et on les apprivoise aisément : ils se nourrissent de vers, d'insectes, de semences de sassafras, de baies de morelle, etc. Leur nid, placé sur de petits arbrisseaux, est composé de racines et d'herbes cimentées avec du limon, et la femelle y pond quatre ou cinq œufs de couleur d'aigue-marine.

Grive grivette ; *Turdus minor*, Gmel., pl. d'Edwards, 296 ; de Buff., 556, fig. 2 ; de l'Hist. des ois. de l'Amér. sept., 63. Cette espèce, longue d'environ six pouces, et dont le bec, les pieds et les ongles sont d'un gris brun, a les parties supérieures, en général, d'un brun roussâtre, et les parties inférieures mouchetées ; la queue, roussâtre en-dessus et cendrée en-dessous. Elle se trouve assez communément dans les États-Unis, et se plaît près des ruisseaux et dans l'intérieur des bois. Arrivée en Pensylvanie, au prin-

temps, elle en part au mois de Novembre, et il en reste
pendant l'hiver dans la Caroline du Sud.

M. Vieillot a décrit et figuré dans ses Oiseaux de l'Amérique septentrionale, pl. 64, sous le nom de *grive couronnée*,
un oiseau que, dans le Nouveau Dictionnaire d'histoire naturelle, il appelle GRIVE GRIVELETTE, et qui est représenté
sous le nom de *petite grive de Saint-Domingue*, sur la planche
598 de Buffon, n.° 2; mais cet oiseau, qui est le *motacilla
aurocapilla*, Linn., et le *turdus aurocapillus*, Lath., doit,
suivant M. Cuvier, être placé avec les fauvettes; et son
histoire présente, en effet, plusieurs circonstances tout-à-fait
étrangères aux grives, telles que l'habitude de placer à
terre son nid, auquel il donne la forme d'un petit four et
qui contient, selon Descourtilz (Voyages d'un naturaliste,
tom. II, p. 204), des œufs bleuâtres et tachetés à leur gros
bout de brun rougeâtre. Au reste, cet oiseau, de passage à
Saint-Domingue, n'est pas plus gros que l'alouette commune : le dessus de sa tête est d'un beau jaune orangé ; un
trait noir, qui passe au-dessus des yeux, se perd à l'occiput;
une raie de la même couleur descend de la mandibule inférieure sur les côtés du cou ; le dessus du corps est d'un
vert olivâtre, et le dessous est moucheté de noir sur un
fond blanc. On trouve les grivelettes, sur les sucriers, les
pommes lianes, les grenadilles, occupées à entamer les fruits,
dont elles mangent la pulpe et les graines. Elles attaquent
aussi les corossols, les bananes, etc., et se nourrissent d'ailleurs de vers et d'insectes. Les Nègres en prennent au lacet
arqué, ou branchette, piége qui consiste à plier fortement
une branche élastique, amorcée de fruits et entourée de
doubles nœuds coulans que l'oiseau fait détendre.

GRIVE HOCHEQUEUE ; *Turdus motacilla*, Vieill. Cette espèce,
figurée dans les Oiseaux de l'Amérique septentrionale, pl.
65, a cinq pouces et quelques lignes de longueur. Elle a
sur les côtés de la tête une bande blanche qui enveloppe
l'œil ; le dessus du corps est d'un brun olivâtre ; il y a des
taches brunes sur un fond blanc à la gorge et à la poitrine,
et sur un fond roussâtre aux flancs et au ventre. On la
trouve aux États-Unis, où elle habite le bord des eaux ;
elle arrive, au commencement de Mai, dans le nord de la

Pensylvanie, qu'elle abandonne au mois d'Août, et on la rencontre aussi dans le Kentucky et à la Louisiane, sur les bords du Mississippi. Elle remue sans cesse la queue du haut en bas. Quand elle est agitée, elle jette un cri qui exprime *chip;* le chant du mâle, qui est mélodieux, s'entend à un demi-mille de distance.

GRIVE TILLY ou GRIVE CENDRÉE D'AMÉRIQUE; *Turdus plumbeus,* Linn., pl. 560, fig. 1 de Buffon, et 58 des Oiseaux de l'Amér. sept. Cet oiseau, long d'environ huit pouces, a le bec, les orbites et les pieds rouges; une bande noire, qui part du bec, s'étend un peu sur les joues; le dessus de la tête et du corps est cendré; la gorge est blanche avec des raies longitudinales noires; la poitrine est d'un cendré bleuâtre, moins foncé sur les parties inférieures; les douze pennes de la queue sont étagées et noirâtres comme celles de l'aile. Cette espèce, dont le plumage est sujet à des variations, se trouve dans les grandes Antilles.

La GRIVE DE LA JAMAÏQUE; *Turdus jamaicensis,* Lath., qui est de la taille du merle, et a la tête et le bec bruns, le dessus du corps d'un cendré foncé, la gorge et le devant du cou striés sur un fond blanc, la poitrine cendrée, les ailes et la queue noirâtres, est considérée par M. Vieillot comme un jeune du tilly.

GRIVE ROUSSE; *Turdus rufus,* Linn. Cette espèce, dite *le moqueur françois,* pl. 645 de Buffon, est longue d'environ onze pouces jusqu'à l'extrémité de la queue, dont les ailes n'atteignent que l'origine et qui seule a quatre pouces. Sa grosseur est moyenne entre celle de la draine et celle de la litorne. La tête et tout le dessus du corps sont d'un brun roux; les grandes et les moyennes couvertures des ailes sont terminées de blanc et forment deux raies de cette couleur; le dessous du corps est d'un blanc sale avec quelques taches d'un brun obscur; la queue, entièrement rousse, est étagée. Cet oiseau, qu'on trouve depuis New-York jusqu'à la Caroline, où il reste, ainsi qu'en Virginie, pendant toute l'année, a un chant fort agréable, qui néanmoins le cède à celui du moqueur proprement dit : il vit d'insectes, de vers et de baies, surtout de celles du laurier-cerise, et il place sur les buissons un nid où la femelle dépose cinq œufs blancs, parsemés de nombreuses taches d'un gris de fer.

Moqueur proprement dit ; *Turdus polyglottus*, Linn. Brisson a fait de cet oiseau un genre qu'il a appelé *Mimus*, et il l'a divisé en plusieurs espèces. D'autres naturalistes, sans le séparer du genre *Turdus*, ont considéré les *turdus polyglottus*. *orpheus* et *dominicus*, comme des espèces différentes ; mais Guéneau de Montbeillard paroît avoir eu raison de les réunir, et de regarder la figure 1.re de la planche enluminée de Buffon, n.° 558, comme pouvant s'appliquer au moqueur proprement dit, au grand moqueur et au merle cendré de Saint-Domingue, à quelques variations près dans le plumage qui ne dépendent probablement que de l'âge ou du sexe.

Le dessus du corps de cet oiseau est d'un gris brun plus ou moins foncé. On remarque sur les ailes une assez grande tache blanche qui les traverse obliquement, et quelquefois de petites mouchetures blanches qui se trouvent à la partie antérieure ; une bordure de la même couleur existe sur la queue ; les sourcils sont également blancs ; enfin, le dessous du corps est tout-à-fait blanc ou mélangé de grivelures, comme le sujet représenté dans Edwards, pl. 78. A l'égard de la taille, on a lieu de penser que celle du grand moqueur a été exagérée par Brisson, et qu'elle n'excède pas huit pouces et demi à neuf pouces. La queue est légèrement étagée, et les ailes sont presque aussi courtes que celles de la grive improprement nommée moqueur françois.

Cet oiseau se trouve au Mexique, à la Louisiane, à la Caroline, à la Jamaïque, à Saint-Domingue, etc. C'est le meilleur chanteur de l'Amérique, où les oiseaux se font plus remarquer par leurs couleurs que par leur voix : il ne paroît pas toutefois pouvoir être comparé à notre rossignol ; mais il possède de plus le talent d'imiter le chant des autres oiseaux et même le cri de toutes sortes d'animaux. Son propre chant est une sorte de sifflement varié sur tous les tons. C'est du sommet des arbres et près des habitations qu'il le fait entendre : il remue la queue de bas en haut, et la porte souvent relevée en tenant les ailes pendantes ; mais il n'est pas probable, comme des auteurs le rapportent, que les ailes suivent, par leurs mouvemens lents ou précipités, les inflexions de la voix, ni qu'avant de commencer son chant il prélude par des sauts plus ou moins élevés au-dessus de la branche et qu'il retombe toujours sur le même point.

Cet oiseau a été appelé par les aborigènes *cencontlatolli*, ou quatre cents langues, nom préférable à celui de *moqueur*, qui donne une idée fausse du procédé de l'oiseau, les sons par lui imités étant plutôt embellis que dénaturés par son gosier flexible. Il est hardi, et force les petits oiseaux de proie de s'éloigner des lieux par lui adoptés pour y placer son nid, qu'il établit dans des buissons ou sur des arbres de moyenne hauteur et qu'il garnit en dehors de branches épineuses. La femelle y pond quatre ou cinq œufs aussi gros que ceux du merle commun, et parsemés de taches d'un brun roussâtre sur un fond blanc. Le moqueur se nourrit de baies et d'insectes, et il n'est pas facile de l'élever en cage.

Molina a trouvé au Chili un oiseau qu'il ne regarde lui-même que comme une variété du *turdus polyglottus* ou *orpheus*, quoiqu'il ait des taches noires et blanches sur le dos (ce qui le rapproche du *tzonpan* de Fernandez, ou moqueur varié de Brisson), et que son nid, d'un pied de long, ait une forme bien différente de celui du moqueur proprement dit, puisque, au lieu de ressembler au nid de la draine, il est cylindrique, long d'un pied, et que l'oiseau y entre de côté par une petite ouverture. Le nom de cet oiseau, qui est *thenca*, a été corrompu par Sonnini et ensuite par d'autres ornithologistes, qui l'écrivent *thema*.

Ce dernier est rapproché par Sonnini du *calandria* d'Azara, Oiseaux du Paraguay, n.° 223 ; mais les habitudes de ce dernier, qui est un oiseau assez silencieux, offrent des particularités propres à faire douter de l'exactitude du rapprochement, et ce n'est pas ici le lieu d'établir une discussion sur ce point.

Australasie, etc.

Grive fuligineuse ; *Turdus fuliginosus*, Lath. Cette espéce, qui se trouve à la Nouvelle-Hollande, est de la taille de la grive proprement dite ; elle est d'un brun verdâtre foncé sur le corps ; le devant du cou et la gorge sont d'un gris clair, et il y a de longues taches noirâtres sur la poitrine.

Grive a lunules ; *Turdus lunulatus*, Lath. Celle-ci, dont

le bec est un peu courbé à la pointe, a les parties supérieures brunes et les parties inférieures blanches avec des croissans noirs. On la trouve à la Nouvelle-Galles du Sud.

GRIVE DU PORT JACKSON ; *Turdus harmonicus*, Lath. Cet oiseau de la Nouvelle-Hollande, remarquable par l'harmonie de son chant, a le dessus du corps d'un brun clair, et le dessous blanchâtre, avec une ligne brune au milieu de chaque plume.

GRIVE A TÊTE BLEUE ; *Turdus cyanocephalus*, Lath. Le sommet de la tête, le bec et les pieds de cette grive de la Nouvelle-Galles du Sud sont d'un bleu foncé ; le dessus du corps est brun, avec les pennes alaires et caudales terminées de blanc ; les parties inférieures d'un blanc jaunâtre avec de petites lignes transversales noires sur les flancs, et une tache triangulaire blanche sur le côté extérieur de chaque penne caudale.

GRIVE A TÊTE TACHETÉE ; *Turdus punctatus*, Lath. Cet oiseau a le dessus du corps tacheté de noir sur un fond brun, la poitrine bleuâtre, le ventre d'un blanc roussâtre et des taches noires sur les côtés. Il est de la Nouvelle-Hollande.

Latham a compris, dans le second Supplément du *Synopsis*, p. 187, n.° 31, et dans le Supplément de l'*Index ornithologicus*, pag. 44, n.° 22, sous le nom de *turdus melinus*, un oiseau qui arrive au printemps à la Nouvelle-Galles du Sud, où il niche, et qui y reste jusqu'à l'automne. Cet oiseau, de la taille de notre draine, a la tête, le dessus du cou et de la poitrine, noirâtres ; le dos et les couvertures des ailes d'un brun verdâtre ; la gorge et le devant du cou blancs ; la poitrine et le ventre d'un jaune olive, avec quelques taches noires en forme de flèche sur les côtés ; le bec et les pieds rouges. M. Vieillot l'a nommé GRIVE A VENTRE JAUNE, mais en prévenant que, sa langue étant terminée en pinceau, il ne devoit pas appartenir au genre *Turdus*.

Avant de passer à la description des oiseaux rangés parmi les merles étrangers, on croit devoir indiquer, comme appartenant à des contrées du Nord de l'Europe, mais sans en garantir l'existence, les espèces suivantes : 1.° Le MERLE DE LA DAOURIE, *Turdus ruficollis*, Lath., qui arrive au mois de Mars dans les forêts de ce pays, et dont les parties supérieures sont brunes, une partie des pennes caudales et le cou roux, la poitrine et le ventre blancs; 2.° le Merle noir a sourcils blancs de la Sibérie, *Turdus sibiricus*, Lath., lequel est plus petit que le précédent, et a tout le plumage noir, à l'exception des sourcils et du dessous des ailes, qui sont blancs; 3.° le Merle pale, *Turdus pallidus*, Lath., qui ne se trouve qu'au-delà du lac Baïkal, et qui a le cou jaune, le dessus du corps d'un cendré jaunâtre et le dessous blanchâtre; 4.° le Merle d'Onalaschka, *Turdus Aonalaschkæ*, Lath., dont la taille n'excède pas celle d'une alouette, et qui a le dessus de la tête et le dos bruns avec des nuances plus foncées, les ailes et la queue de couleur de brique, et la poitrine jaune et tachetée de noir; 5.° enfin le Merle Penrith, *Turdus gularis*, Lath., qui a été trouvé en Angleterre près de la ville de Penrith, et dont les parties supérieures étoient noirâtres, le menton et la gorge blancs, et les parties inférieures striées de noir sur un fond blanc.

Sparrman a donné, sur la pl. 68 du *Museum carlsonianum*, la figure d'un oiseau dont il n'a pas désigné l'habitation, mais qu'il a nommé *turdus minutus*, et qui est en effet d'une petitesse extrême, s'il n'a, comme le dit Latham, que trois pouces neuf lignes de longueur. Le plumage de cet oiseau, d'un brun ferrugineux sur le corps avec des taches noirâtres aux ailes et à la queue, est blanc à la gorge et cendré aux parties inférieures.

Merles étrangers.

Le nombre des oiseaux connus sous la dénomination générique de *Turdus*, dont les couleurs sont uniformes ou distribuées par grandes masses, est bien plus considérable que celui des espèces dont le plumage offre des taches ou grivelures, surtout aux parties inférieures; mais c'est aussi dans cette division que l'on a surtout remarqué des caractères particuliers d'après lesquels le genre doit nécessairement éprouver de grands changemens; et ces considérations déterminent à ne signaler, dans un ouvrage de la nature de celui-ci, qu'une petite quantité d'espèces, en les distribuant, comme on a fait pour les grives, suivant les contrées qu'elles habitent.

Asie.

Merle baniahbou; *Turdus canorus*, Lath. Cet oiseau de la Chine, que Sonnerat dit être le seul de cet empire qui ait du chant, est figuré dans Edwards, pl. 184. Il porte, dans ce pays et au Bengale, les noms de *Wamew* et de *Boubil*. De la taille de la grive commune, il a neuf pouces de longueur, et sa queue seule en a environ trois. Son plumage, de couleur brune, est plus foncé sur le corps que dessous. Le bec, l'iris, les pieds et les ongles sont jaunes. Les trois pennes extérieures de la queue sont en partie blanches chez la femelle, qui, d'ailleurs, est grise.

Merle de la Chine; *Turdus perspicillatus*, Lath., pl. enl. 604. Cet oiseau, que M. Cuvier considère comme pouvant être placé dans une section des pie-grièches, a la queue étagée. Il est d'une taille un peu au-dessus de celle du merle commun; il a la tête et le cou d'un gris qui prend une teinte de vert brun sur le reste des parties supérieures. La poitrine et le ventre sont d'un blanc sale, et les plumes anales sont rousses. Il se fait surtout remarquer par une sorte de lunettes de couleur noire, qui, partant de la base du bec, s'étendent jusque derrière les yeux.

Merle huppé de Surate; *Turdus suratensis*, Linn. Cette espèce, décrite par Sonnerat dans son Voyage aux Indes, t. 2, pag. 194, a huit pouces de longueur. Le sommet de sa tête est couvert de plumes, longues et étroites, d'un noir brillant; les plumes dorsales sont de couleur de terre d'ombre, et les petites couvertures des ailes d'un vert à reflets; les parties inférieures sont grises.

Merle dominicain de la Chine; *Turdus leucocephalus*, Gmel. et Lath. Cette espèce, plus petite que le merle commun, a les plumes de la tête et du cou longues, étroites, blanches dans leur première partie et d'un gris cendré à leur extrémité; les moyennes pennes alaires et le dessus de la queue d'un vert cuivré, et les grandes pennes des ailes noires; les plumes anales blanches. La tête de la femelle est entièrement grise.

Merle dominicain des Philippines; *Turdus dominicanus*, Gmel., pl. enl. de Buffon, 627, n.° 2. Cet oiseau, de la

même taille que le précédent, a sur le corps des taches irrégulières d'un violet chatoyant, lesquelles annoncent, comme
l'a présumé Montbeillard, que l'individu qui a servi de modèle au peintre étoit un jeune en mue.

MERLE SOLITAIRE DE MANILLE; *Turdus Manillensis*, Gmel. et
Lath., pl. enl. de Buffon, 656 le mâle, et 564, n.° 2, la
femelle. La longueur de cet oiseau est d'environ huit pouces.
Le mâle a la tête, le dessus du cou et le dos d'un bleu ardoisé; il y a sur le même fond des taches jaunes au devant
du cou, à la gorge et à la poitrine; le ventre et les parties
inférieures sont orangés et tachetés de bleu et de blanc, et
les pennes alaires et caudales sont noirâtres. La femelle a
des taches aussi nombreuses sur un fond plus terne. Le merle
solitaire des Philippines, *turdus eremita*, Lath. n'est, suivant
Guéneau de Montbeillard, qu'une variété d'âge de celui de
Manille.

MERLE OLIVE DES INDES: *Turdus indicus*, Linn. et Lath., pl.
enl. de Buffon, n.° 564, fig. 1. Il est sur tout le corps d'un
vert-olive, plus foncé aux parties supérieures qu'aux inférieures, où il est nuancé de jaune.

MERLE GRIS DE GINGI; *Turdus griseus*, Linn. et Lath. Sonnerat a trouvé à la côte de Coromandel, et a décrit dans
son Voyage aux Indes, tom. 2, pag. 191, cet oiseau, un peu
plus petit que le merle commun, et auquel on a donné le
nom de *fouille-merde*, parce que, rarement perché, on le
voit presque toujours cherchant des vers et des insectes dans
les excrémens. Le dessus de sa tête et le derrière du cou sont
blanchâtres; la gorge, le devant du cou, le dos, les ailes et
la queue sont d'un gris foncé; la poitrine, le ventre, les
cuisses et les plumes anales sont d'un gris très-clair et un
peu rougeâtre; le bec et les pieds d'un blanc jaunâtre.

MERLE LESCHENAULT: *Turdus Leschenaulti*, Vieill. Ce merle
de Java a été envoyé au Muséum d'histoire naturelle de
Paris par le correspondant dont il porte le nom. Il a environ
neuf pouces et demi de longueur; sa queue est fourchue et
très-longue; les parties supérieures du corps sont presque
entièrement blanches, et les autres, ainsi que le bec, sont
noires.

MERLE MACÉ: *Turdus Macei*, Vieill. C'est encore à un correspondant du Muséum qu'est due cette espèce du Bengale, qui est de la taille du mauvis, et qui a le dos et la queue bleuâtres, ainsi que les ailes, sur les couvertures desquelles on voit deux ou trois grandes taches blanches; la tête, la gorge et la poitrine sont roux.

Merle a longue queue; *Turdus macrourus*, Lath., pl. 39 du *Synopsis*. Cette espèce, trouvée à Pulo-Condor, a onze pouces de longueur; sa queue, très-cunéiforme, a les pennes en partie noires et en partie blanches; les parties supérieures du corps sont d'un noir pourpré, à l'exception du croupion, qui est blanc, et des pennes alaires, qui sont noirâtres; le dessous du corps est d'un orangé sombre.

Les autres merles d'Asie dont les ornithologistes font mention, sont le Merle d'Amboine, *Turdus amboinensis*, Gmel.; — le Merle à aigrettes, *Turdus arcuatus*, id.; — le Merle bleu de la Chine, *Turdus violaceus*, id.; — le Merle des colombiers, *Turdus columbinus*, id.; — le Merle à cou noir, *Turdus nigricollis*, id.; — le Merle écaillé, *Turdus squameus*, Vieill., dont M. Levaillant a donné une figure, tom. 3.ᵉ, pl. 116, de son Ornithologie d'Afrique; — le Merle jaune de la Chine, *Turdus flavus*, Gmel.; — le Merle de Mindanao, *Turdus Mindanensis*, id.; — le Merle noir et jaune de la Chine, *Turdus asiaticus*, Lath.; — le Merle noir et pourpre, *Turdus speciosus*, Lath.; — le Merle shan-hu, *Turdus shan-hu*, Gmel.; — le Merle verdâtre de la Chine, *Turdus virescens*, Lath.; — le Merle persique, *Turdus persicus*, id.

Afrique.

Merle brunet; *Turdus capensis*, Linn. Cet oiseau, décrit par Brisson sous le nom de *merle gris* du cap de Bonne-Espérance, et par Montbeillard sous celui de *brunet*, a été figuré sous ce dernier nom par M. Levaillant, pl. 105 de son Ornithologie d'Afrique. On le nomme *geel gat* ou *cul-jaune* dans les environs du Cap, où il est très-commun. Sa taille est celle d'une alouette, et sa couleur d'un brun terreux uniforme, à l'exception du ventre, qui est blanchâtre, et des plumes anales, qui sont d'un jaune citron. Ce merle babillard fait son nid dans les buissons et y pond cinq œufs.

M. Levaillant a figuré sur la pl. 106, n.º 1, sous le nom

de Merle brunoir, *Turdus nigricans*, Vieill., un oiseau qu'il regarde comme différent de celui qui est peint sous le nom de *merle à cul jaune du Sénégal* dans les planches enluminées de Buffon, n.° 317 ; mais, malgré les considérations exposées par M. Levaillant, il paroit qu'il s'agit ici du même oiseau, et qu'il n'y a qu'une différence d'âge ou de sexe.

La même planche 106, n.° 2, représente un merle olive que M. Levaillant a nommé l'Importun, *Turdus importunus*, Vieill., lequel est de la même forme et de la même taille que le précédent, et aussi turbulent et babillard que lui. Il doit son nom à l'habitude qu'il a de se percher sur l'arbre le plus près de l'homme qu'il aperçoit, et de le suivre d'arbre en arbre, en répétant toujours *pit-pit*. Le plumage de cet oiseau est sur le corps d'un vert-olive qui s'éclaircit aux parties inférieures. Le mâle et la femelle ne se quittent presque point pendant toute l'année. Ils se perchent de préférence à la sommité des arbres, et les forêts d'Auténiquoi sont les lieux qu'ils fréquentent le plus.

On trouve sur la planche suivante, n.° 107, le CUL-ROUGE, *Turdus cafer*, Lath., et le CUL-D'OR, *Turdus aurigaster*, Vieill. Le premier de ces oiseaux est le merle huppé du cap de Bonne-Espérance, de Montbeillard, pl. 563 de Buffon, n.° 1 ; mais, plusieurs autres merles portant aussi des huppes, M. Levaillant a cru qu'il seroit mieux caractérisé par le rouge vif des plumes anales. Cette considération seroit toutefois d'un moindre poids si, au lieu de regarder avec lui le cul-d'or comme une espèce particulière, on n'y voyoit que la femelle du cul-rouge, ce que la ressemblance du plumage donneroit lieu de penser, malgré la circonstance que les plumes noires qui couvrent la tête de chacun d'eux sont trop courtes chez le cul-d'or pour pouvoir former une huppe comme chez le cul-rouge, qui les a un peu plus longues, mais chez lequel toutefois la huppe ne devient apparente que lorsqu'il les relève. D'ailleurs ces oiseaux, de la même taille que les précédens, ont tous deux la gorge noire comme la tête, et le fond de leur plumage d'un gris brun en-dessus et d'un blanc sale en-dessous. Au reste, si M. Levaillant, qui n'a possédé qu'un seul individu du merle par lui nommé *cul-d'or*, a pu néanmoins s'assurer bien positivement que c'étoit un mâle, les inductions qui porteroient à l'envisager comme la femelle du cul-rouge, doivent se réduire à le faire regarder comme une variété.

MERLE A CALOTTE NOIRE; *Turdus nigricapillus*, Vieill. Le mâle et la femelle de cette espèce, dont la taille est un peu plus forte que celle du moineau, sont figurés sur la pl. 108 de l'Ornithologie d'Afrique. Le dessus du corps est d'un brun olivâtre et le dessous d'un gris cendré, qui se blanchit aux parties inférieures chez les deux sexes, lesquels ne diffèrent qu'en ce que la calotte d'un noir mat existe chez le mâle seul. Ce dernier, dont la voix est très-agréable, chante le matin dans les buissons auprès des eaux, lieux qu'il paroît fréquenter, mais où M. Levaillant n'a pu trouver son nid.

MERLE A CALOTTE BLANCHE; *Turdus albicapillus*, Vieill. Cet oiseau du Sénégal, long d'environ dix pouces, qui a été décrit d'après un individu existant à Paris dans la collection de M. Laugier, n'a les plumes du dessus de la tête blanches qu'à leur extrémité, de sorte que cette couleur offre seulement des points blancs en cet endroit sur le fond noirâtre et sans taches qui règne aux côtés de la tête et sur le cou, les ailes et les pennes intermédiaires de la queue. Le reste du plumage est roux; le bec et les pieds sont noirs.

MERLE ROCAR; *Turdus rupestris*, Vieill., Oiseaux d'Afrique de M. Levaillant, pl. 101 et 102. Cette espèce est de la taille de notre merle de roche, mais elle a les ailes moins longues. Le mâle a la tête et une partie du cou d'un gris bleuâtre, et tout le dessous de son corps est d'un roux ardent. Le manteau, les ailes et les deux plumes du milieu de la queue sont bruns; les cinq pennes caudales extérieures sont rousses; le bec et les ongles sont noirs. La femelle, dont la tête et le cou sont d'un brun clair, a les autres parties du corps d'une teinte en général plus foible que chez le mâle, dont le jeune a la tête pareille à celle de la femelle; les plumes rousses sont bordées de brun et les brunes de roux.

Ces oiseaux, fort communs près de la ville du Cap, se trouvent sur toutes les montagnes arides de l'intérieur de l'Afrique méridionale. Ils font leur nid dans les fentes de rochers et dans des cavernes où l'on ne peut pénétrer. M. Levaillant présume que la ponte consiste en cinq œufs, car il a souvent trouvé cinq jeunes avec le père et la mère. Ces oiseaux ont une fort belle voix, et ils imitent le ramage des autres.

MERLE ESPIONNEUR ; *Turdus explorator*, Vieill. Cette espèce, plus petite que la précédente, en diffère peu par les couleurs, qui toutefois ne sont pas distribuées de la même manière, ainsi qu'on peut le voir sur la planche 103 de M. Levaillant. Le gris bleuâtre descend jusque sur la poitrine, et il couvre les scapulaires et le manteau ; le croupion, les couvertures supérieures de la queue, ses pennes latérales, sont roux, ainsi que la poitrine et les parties inférieures, dont la teinte est plus claire. La mandibule supérieure est terminée par un crochet très-marqué ; le bec, les pieds et les ongles sont entièrement noirs.

Cet oiseau habite, comme le rocar, les montagnes qui contiennent beaucoup de rochers, dans l'intérieur desquels il place son nid ; sa méfiance extrême le porte à s'éloigner continuellement du chasseur, mais de manière à ne le point perdre de vue. Il vaut mieux le tirer au vol que posé, parce qu'il est si subtil qu'au moment où la pierre frappe le bassinet il se couche par terre, et quand il a été manqué, il ne reparoit plus.

MERLE RÉCLAMEUR ; *Turdus reclamator*, Vieill. Cette espèce, figurée pl. 104 des Oiseaux d'Afrique, et qui habite les forêts d'Auténiquoi et le pays des Cafres, a le dessus du corps d'un gris bleu avec des nuances olivâtres et le dessous orangé, la queue carrée et les ailes ne s'étendant pas beaucoup au-delà de son origine. Outre son cri de rappel, qui est difficile à prononcer, et auquel M. Levaillant a préféré le mot *réclameur*, cet oiseau, dans la saison des amours, chante du haut des arbres, et fait entendre, le matin et le soir, une voix forte et mélodieuse. Comme il aime beaucoup à s'approcher de l'eau, c'est dans les lieux aquatiques que les chasseurs parviennent à le tirer plus aisément.

MERLE ORAN-BLEU, *Turdus chrysogaster*, Gmel., pl. enl. de Buffon, n.º 221, sous le nom de merle du cap de Bonne-Espérance. Ce bel oiseau a tout le dessus du corps bleu et le dessous orangé.

Merle podobé : *Turdus erythropterus*, Gmel., pl. enl. de Buffon, 354. Ce merle du Sénégal, long de dix pouces, a le bec brun, les pieds roux, les ailes de cette dernière couleur, à l'exception de l'extrémité de leurs couvertures et de la queue qui est blanche, et le reste du plumage noir.

Merle tanaombé; *Turdus madagascariensis*, Gmel. Ce merle de Madagascar, figuré pl. 557 de Buff., n.° 1, a sept pouces un tiers de longueur, et il est plus petit que le mauvis. Le dessus du corps est brun : la poitrine et les côtés sont d'un brun roussâtre ; le ventre et les plumes anales sont blancs ; le bec, les pieds et les ongles sont noirs.

Merle Saui-Jala ; *Turdus Saui-Jala*, Lath., et *Turdus nigerrimus*, Gmel. Cette espèce, que Buffon a fait peindre dans ses planches enluminées, n.° 539, fig. 2, sous le nom de merle doré de Madagascar, n'est pas plus grosse qu'une alouette. Les côtés de la tête et la gorge sont d'un noir velouté et le reste du plumage est presque en entier d'un noir mat avec un trait jaune qui borde chaque plume.

Merle vert de l'Isle-de-France; *Turdus mauritianus*, Gmel., pl. enl. de Buffon, n.° 648, fig. 2. Cet oiseau, long d'environ sept pouces et moins gros que le mauvis, a le plumage d'un vert bleuâtre rembruni. Les plumes de la tête et du cou sont longues et étroites, et M. Cuvier regarde l'espèce comme identique avec le *turdus cantor*, Linn., ou petit merle de l'île de Panay, dont Sonnerat a donné la description et la figure dans son Voyage à la Nouvelle-Guinée, pag. 115 et pl. 73.

Il y a encore dans la même partie du monde d'autres oiseaux qu'on range communément parmi les merles ; mais, outre qu'il seroit trop long de les décrire tous, la place de quelques-uns est contestée, et l'on se bornera à l'énumération suivante. Le Merle roupenne de Levaillant, pl. 83 et 84, ou Jaunoir du cap de Bonne-Espérance, pl. enl. de Buffon 199, *Turdus morio*, Linn., et *Corvus rufipennis*, Sh. ; — le Merle brillant du Congo, qui a de grands rapports avec le Merle éclatant, *Turdus splendens*, Vieill., et *Sturnus splendens*, Daud., pl. 85 de Lev. ; — le Choucador, Lev., pl. 86, *Sturnus ornatus*, Daud., et *Corvus splendens*, Sh. ; — le Merle fluteur, Lev, pl. 112, fig. 2, *Turdus tibicen*, Vieill., dont il a déjà été parlé au mot MÉRION ; — le HAUSSE-COL NOIR, Lev., pl. 110, que M. Cuvier regarde comme un gonolec, ainsi que le *Turdus zeilonus;* — le MERLE DE MINDANAO, *Turdus mindanensis,* et *Gracula saularis,* Gmel. et Lath, pl. enl. de Buffon 627, lequel est aussi la petite pie des Indes, le *dial-bird* d'Albin, et le *cadran* de M. Levaillant, pl. 109; — le JANFRÉDRIC, *Turdus phœnicurus,* Lath., pl. 111 de Levaillant, lequel est regardé par M. Cuvier comme un traquet.

On peut ajouter à cette liste, déjà fort étendue, le MERLE A BEC JAUNE D'AFRIQUE, *Turdus africanus,* Linn.; — le MERLE BRUN D'ABYSSINIE, *Turdus abyssinicus,* Gmel.; — le Moloxita ou la RELIGIEUSE D'ABYSSINIE, *Turdus monacha,* Gmel., dont le nom est, par erreur, écrit *moloxima* dans plusieurs grands ouvages d'histoire naturelle ; — le MERLE BRUN DU SÉNÉGAL, *Turdus senegalensis,* Gmel., pl. enl. 563, fig. 2, qui, selon Sonnini, est le même oiseau que le *jaboteur* de M. Levaillant, pl. 112; — le MERLE DE L'ISLE DE BOURBON, *Turdus borbonicus,* Gmel.; — le MERLE OLIVATRE DE BARBARIE, *Turdus tripolitanus,* Linn.; — le MERLE A QUEUE ROUSSE, *Turdus ruficaudus,* Gmel.; — le MERLE VERT D'ANGOLE, *Turdus nitens,* Linn.; — le MERLE VERT DORÉ OU A LONGUE QUEUE DU SÉNÉGAL, *Turdus æneus,* Linn., pl. enl. 220, ou Vert-doré, Lev. 87, dont on a fait un paradisier à cause de la magnificence de son plumage et de sa queue trois fois plus longue que le corps; etc.

Amérique.

MERLE DE LA BAIE D'HUDSON ; *Turdus hudsonius,* Lath. Ce merle, dont la longueur est de sept pouces, a le plumage en général d'un cendré bleuâtre et foncé. Une couleur de marron pâle borde les plumes qui couvrent le sommet de la tête, la nuque, les couvertures et les pennes primaires des ailes, ainsi que les couvertures de la queue, dont les pennes sont un peu étagées et de la même couleur que la tête ; le bec et les pieds sont noirs.

MERLE BRUN DE LA JAMAÏQUE ; *Turdus leucogenus,* Lath. Le dessus du corps de cet oiseau est d'un brun noirâtre, plus pâle en-dessous; le bec est jaune avec une ligne noire vers le bout. Il a la taille du merle commun : il habite les montagnes.

Merle olive de Saint-Domingue; *Turdus hispaniolensis*, Gmel. et Lath., pl. enl. de Buffon, n.° 273, fig. 1. Cet oiseau, qui n'a que six pouces de longueur, est d'un vert olive sur le corps, d'un gris olivâtre en-dessous, et il a le bec et les pieds d'un gris brun. Montbeillard regarde le merle olive de Cayenne, pl. enl. 558, comme une variété de cette espèce.

Merle a casque noir; *Turdus atricapillus*, Lath. Quoique l'inscription de la planche 592 de Buffon, sur laquelle cet oiseau est représenté, porte *merle à tête noire du cap de Bonne-Espérance*, M. Levaillant ne l'a pas trouvé dans cette partie de l'Afrique, et Sonnini l'a reconnu dans le *batara à amygdales nues* du Paraguay, n.° 219 des Oiseaux de d'Azara, qui lui a donné ce nom à cause d'une place nue qu'on voit à la base des deux branches de la mandibule inférieure. Ce merle, long de huit pouces un quart, a la tête d'un noir velouté; le dessus du cou et le haut du dos d'un brun lavé de roux; le croupion, les couvertures supérieures de la queue, la gorge et le dessous du corps roussâtres; les ailes brunes avec une tache blanche sur le milieu; les pennes caudales, étagées, d'un brun noirâtre et terminées de blanc, à l'exception des deux du centre. Ce merle habite les lieux inondés : on l'aperçoit dès le matin sur les plantes aquatiques, où il reste ordinairement caché et solitaire.

Merle des savannes; *Turdus pratensis*, Vieill. C'est Sonnini qui a décrit cet oiseau dans son édition de Buffon, tom. 46, p. 266 et suiv., et l'on place ici l'extrait de cette description, pour mettre à portée de la rapprocher de celle du merle à casque noir dont le même auteur a reconnu l'identité avec le batara à amygdales nues de d'Azara. Le merle des savannes est de la même taille que celui-ci; il diffère peu par les couleurs, il habite également les lieux inondés, ne se réunit jamais en troupes, et l'attribut que Sonnini fait surtout remarquer, c'est la *place nue*, de la largeur d'un peu plus de deux lignes, qui, de chaque côté, commence à l'os de la mâchoire inférieure, et, se prolongeant sur le cou d'environ dix lignes, sépare les plumes noires, dont le dessus du cou est couvert, des plumes jaunes du dessous.

D'après cela, le *turdus atricapillus* et le *turdus pratensis* doivent-ils être considérés comme formant deux espèces?

Merle noir a ailes blanches ; *Turdus leucopterus* , Vieill. Cette espèce, de six pouces de longueur, et dont la queue est arrondie. a été apportée du Brésil au Muséum d'histoire naturelle de Paris par feu Delalande fils. Son plumage est généralement noir ; mais on voit sur les ailes deux bandes étroites et transversales blanches, et les plumes du haut du dos sont aussi de cette couleur, si ce n'est à leur extrémité.

Merle a pieds jaunes ; *Turdus flavipes* , Vieill. Cette espèce, aussi rapportée du Brésil par le même naturaliste, a le bec jaune comme les pieds ; la tête, la gorge, le devant du cou, le haut de la poitrine, les ailes et la queue noirs, et le reste du plumage d'un bleu ardoisé.

Parmi les oiseaux d'Amérique qui ont été placés au rang des merles, se trouvent aussi, 1.° le Merle palmiste, *Turdus palmarum* , Linn., pl. enl. de Buffon, n." 539 ; mais M. Vieillot l'a récemment compris dans son genre *Tachyphone*, qui est un démembrement des tangaras : 2.° le Merle cureu, *Turdus curæus* , Lath., qui est décrit par Molina dans son Histoire naturelle du Chili, et qui, suivant cet auteur, a une voix mélodieuse et sait imiter le chant des autres oiseaux : 3.° le Merle tacheté, *Turdus nævius*, Lath., pl. 66 des Oiseaux de l'Amérique septentrionale, lequel est différent des deux oiseaux dont Fermin a parlé sous la même dénomination dans sa Description de Surinam, etc.

Australasie, etc.

Merle des îles Sandwich ; *Turdus sandwichensis*, Lath. Cette espèce, dont la longueur n'excède guère cinq pouces, est d'un brun pâle sur le dessus du corps, sur le ventre et les parties postérieures. Le devant de la tête et du cou sont cendrés, et le bec est noirâtre, ainsi que les pieds.

Merle jaune huppé ; *Turdus melanicterus* , Vieill., pl. de Lev., n." 117. Après avoir décrit une des plus petites espèces de merles des îles de la mer du Sud, on passe ici à l'une des plus grandes, puisqu'elle a la taille de la draine. Le nom sous lequel elle est indiquée dans la planche, n'est pas aussi long que celui qu'elle porte dans le texte, où M. Levaillant l'appelle *merle jaune huppé, à cravate, ailes et queue noires.* La queue de ce merle, un peu étagée, a presque autant d'étendue que son corps, et les ailes ne vont pas beaucoup au-delà de son origine. L'œil est entouré d'une peau nue. La couleur jaune occupe le sommet de la tête (où les plumes sont surtout un peu plus longues que les autres), le derrière du cou, le dos, le ventre et toutes les parties inférieures. Le bec et les pieds sont noirâtres. M. Raye de Breukelerwaard, d'Amsterdam, a reçu ce bel oiseau avec d'autres envoyés des îles de la mer du Sud.

MERLE ROUX A COLLIER NOIR ; *Turdus atricollis*, Vieill. M. Levaillant a fait peindre cet oiseau sur la pl. 113 de son Ornithologie d'Afrique, et il dit, d'après feu Gigot d'Orcy, qu'il avoit été envoyé des îles de la mer du Sud. Il est d'un gris bleu ardoisé sur la tête, le derrière du cou. le manteau et les autres parties supérieures ; il y a sur ce fond des taches et des bordures d'un roux très-vif aux ailes, dont les pennes ont leur bord extérieur d'un brun noir ; un collier noirâtre ceint la poitrine, et toutes les autres parties inférieures sont d'une couleur très-foncée, qui prend une teinte brunâtre au bas-ventre. Cette espèce est à peu près de la taille de notre merle.

MERLE TRICOLOR A LONGUE QUEUE ; *Turdus tricolor*, Vieill. Cette espèce, envoyée à feu Gigot d'Orcy, en même temps que la précédente, et qui est peinte sur la 114.ᵉ planche de l'Ornithologie d'Afrique, a la queue aussi longue et plus étagée ; mais son corps n'est pas plus gros que celui du mauvis. La tête, le cou jusqu'à la poitrine, le manteau. les scapulaires et les quatre plumes du milieu de la queue sont d'un noir bleuâtre. Le croupion est blanc, ainsi qu'une partie des pennes caudales, et tout le dessous du corps est d'un roux foncé.

MERLE AUX JOUES BLEUES ; *Turdus cyaneus*, Lath. Cet oiseau, assez rare à la Nouvelle-Hollande, où il se fait remarquer par la singularité de son chant, est de la grosseur de la draine, et a onze pouces de longueur. Le dessus de son corps est d'un vert pâle ; les pennes alaires et caudales sont de couleur de rouille, et les parties inférieures blanches. Il a, comme les pie-grièches, l'habitude de poursuivre les petits oiseaux.

Merle a oreilles blanches; *Turdus leucotis*, Lath. La tache blanche qui est en arrière des yeux et qui couvre l'oreille, fait surtout distinguer cet oiseau, dont la nuque est d'un gris bleu, et qui a les autres parties supérieures du corps d'un beau vert, la gorge et la poitrine noires, le ventre et les parties inférieures jaunes, le bec et les pieds noirs. Comme ce merle de la Nouvelle - Galles du Sud se trouve fréquemment avec le *turdus melanops*, Latham croit qu'il n'y a entre eux qu'une différence de sexe.

Merle Lesueur ; *Turdus Suerii*, Vieill. Cette espèce a été apportée de la Nouvelle - Hollande au Muséum de Paris par M. Lesueur, qui a fait le voyage autour du monde avec le capitaine Baudin. Sa taille est un peu supérieure à celle de la grive grivelette. Le dessus de la tête et du corps est gris; le front, les joues, la gorge, le ventre et une partie des couvertures supérieures des ailes sont blancs ; la même couleur borde les grandes couvertures et les pennes des ailes, ainsi que les pennes latérales de la queue, qui, dans le reste, sont noires. On remarque des raies transversales grises sur un fond blanc à la partie antérieure du cou, à la poitrine, au croupion et aux couvertures supérieures de la queue.

Merle Péron ; *Turdus Peronii*, Vieill. Cette espèce a été dédiée à feu Péron, qui l'avoit apportée du même voyage et de la même contrée que la précédente. Une bandelette noire traverse les joues de cet oiseau, sur les oreilles duquel on voit une petite tache de la même couleur, qui règne aussi sur la partie antérieure et sur les pennes des ailes. Le front, le haut du cou, la gorge, le bas de la poitrine, les petites couvertures des ailes, le bord extérieur de leurs pennes et des pennes latérales de la queue, sont blancs. Le reste du plumage est roux.

Beaucoup d'autres merles ont été rapportés des mêmes contrées, et l'on trouve parmi eux, le Merle aux ailes courtes, *Turdus brachypterus*, Lath.; — le Merle a bec bleu, *Turdus tenebrosus*, id.; — le Merle Dilbourg, *Turdus melanophrys*, id.; — le Merle douteux, *Turdus dubius*, id.; — le Merle frivole, *T. frivolus*, id.; — le Merle chatoitoi, *T. albifrons*, id.; — le Merle golobéou, *T. crassirostris*, Lath., pl. 57 de son *Synopsis*, que M. Cuvier place dans une section de ses pie-grièches, et qu'il rapproche du *Tanagra capensis* de Sparrman, *Mus. Carls.*, pl. 45; — le Merle gris-bleu, *T. dilutus*, Lath.; — le Merle gris a tête noire, *T. varius*, Lath.; — le Merle a long bec, *T. longirostris*, *id.*, dont le bec a seul un pouce et demi de longueur; — le Merle leucophrys, *T. leucophrys*, Lath.; — le Merle aux joues noires, *T. maxillaris*, *id.*; — le Merle noir et blanc, *T. volitans*, Lath.; — le Merle noir et pourpre, *T. speciosus*, Lath.; — le Merle de la Nouvelle-Zélande, *T. australis*, Lath., dont la figure a été donnée par Sparrman, pl. 59; — le Merle du port Jackson, *T. badius*, Lath.; — le Merle turbulent, *T. inquietus*, Lath.; — le Merle d'Uliétéa, *T. ulietensis*, Lath.; — le Merle de Van-Diemen, *T. Novæ Hollandiæ*, Lath.; — le Merle vert et jaune, *T. gutturalis*, Lath.; — le Merle des iles des Amis, *T. pacificus*, Lath.

On croit devoir terminer cet article par l'indication des noms divers sous lesquels sont désignés, dans plusieurs ouvrages, certaines espèces de grives et de merles, afin de faciliter par cette concordance les recherches synonymiques.

Grives.

Grive aux ailes rouges = Grive mauvis.

G. des Ardennes = *id.*

G. champenoise = *id.*

G. des bois = Draine.

G. brune des Indes = Merle baniahbou.

G. de la Caroline = Moqueur françois.

G. cendrée d'Amérique, ou grive à pieds rouges = Grive Tilly.

G. de la Chine = Grive Hoawy.

G. couronnée = G. grivelette.

G. au cordon bleu et Grive de Rio Janeiro = Cotinga à cordon bleu.

Grive d'Aigue = Martin pêcheur.

Grive d'eau = Chevalier grivelé.

G. dorée = Loriot.

G. de Gui, et grosse grive = Draine.

G. (petite) de Gui = Grive proprement dite.

G. à poitrine jaune = Merle d'Onalaska.

G. provençale = Grive draine.

G. des roseaux = Rousserolle.

G. rouge et grive rouge-aile = Grive proprement dite.

G. solitaire = Grive grivette.

Merles.

Merle à bec jaune = Merle commun.

M. du Bengale = Baniahbou et Brève du Bengale.

M. brun du cap de Bonne-Espérance = Merle brunet.

M. buissonnier et Merle d'Espagne = Merle à plastron blanc.

M. du Canada = Carouge noir.

M. chauve des Philippines = Martin chauve.

M. à cravate blanche = une espèce de Pie-grièche.

M. à cul jaune du Sénégal = Merle brunoir.

M. du cap de Bonne-Espérance = Merle jaunoir.

M. à collier du Cap = M. à plastron noir.

M. cendré de Madagascar = M. ourovang.

M. doré et M. jaune = Loriot commun.

M. (grand) des Alpes = Choquart.

M. (grand) de nuit = Engoulevent.

M. huppé de la Chine = Martin huppé.

M. des Indes = Motteux térat boulan.

M. du Labrador = Carouge noir.

M. à longue queue du Sénégal = Merle vert-doré.

M. de Madagascar = Tanaombé.

M. des Moluques = Brève.

M. de New-York = Carouge noir dans son jeune âge.

M. noir et bleu d'Abyssinie = Espèce de Pie-grièche.

M. olive du cap de Bonne-Espérance = Grive griverou.

M. des Philippines = Brève des Philippines.

M. de S. Domingue = Moqueur proprement dit.

M. de Savoie et M. à terrier = Merle à plastron blanc.

M. à tête noire du cap de Bonne-Espérance = Merle à casque noir.

M. à ventre orangé du Sénégal = Espèce de Pie-grièche.

M. vert des Moluques = Brève du Bengale.

M. à longue queue du Sénégal = M. vert-doré.

M. à tête noire des Moluques = Brève des Philippines.
(Ch. D.)

MERLE ROUKIE. (*Ornith.*) C'est le Merle des roches en Languedoc, suivant l'abbé de Sauvages. (Desm.)

MERLESSE. (*Ornith.*) Ce nom et ceux de *merlette*, *merluche*, sont donnés vulgairement à la femelle du merle commun, *turdus merula*, Linn., dont le jeune s'appelle *merleau*, *merlot*. (Ch. D.)

MERLET PÊCHERET. (*Ornith.*) Nom vulgaire du martin pêcheur, *alcedo ispida*, Linn., qu'on appelle aussi *merlet bleu*. (Ch. D.)

MERLETTE. (*Ornith.*) Voyez Merlesse. (Ch. D.)

MERLIER. (*Bot.*) Dans quelques cantons on donne ce nom au néflier. (L. D.)

MERLIN. (*Ornith.*) Nom anglois de l'émerillon, *falco œsalon*, Linn. (Ch. D.)

MERLO. (*Ornith.*) Nom italien du merle. (Ch. D.)

MERLONGE. (*Ichthyol.*) A Marseille, on donne ce nom au merlus. Voyez Merluche. (H. C.)

MERLOT. (*Ichthyol.*) Voyez Merle. (H. C.)

MERLOT. (*Ornith.*) Voyez Merlesse. (Ch. D.)

MERLU. (*Ichthyol.*) Voyez Merluche. (H. C.)

MERLUCCIO. (*Ichthyol.*) Nom génois du *merlus*. Voyez Merluche. (H. C.)

MERLUCCIUS. (*Ichthyol.*) Nom latin du merlus. Voyez Merluche. (H. C.)

MERLUCHE, *Merluccius*. (*Ichthyol.*) M. Cuvier a établi sous ce nom un sous-genre dans le grand genre des Gades de Linnæus et de la plupart des autres ichthyologistes. Ce sous-genre, que l'on pourroit considérer peut-être comme un véritable genre, et qui appartient à la famille des auchénoptères, parmi les holobranches jugulaires, est reconnoissable aux caractères suivans :

Corps médiocrement alongé et lisse ; catopes attachés sous la gorge, couverts d'une peau épaisse et aiguisés en pointe ; deux nageoires dorsales ; une seule nageoire anale ; écailles molles et petites ; yeux latéraux ; bouche sans barbillons ; opercules non dentelées ; tête alépidote ; mâchoires et devant du vomer armés de dents pointues, inégales, de médiocre grandeur, sur plusieurs rangs et faisant la carde ; trous des branchies latéraux.

Les caractères qui nous ont servi à séparer les Merlans des

Callionymes, des Uranoscopes, des Batrachoïdes, des Trichionotes, des Kurtes, des Chrysostromes, des Morues, des Brosmes, des Phycis, des Oligopodes, des Lépidolèpres, en distingueront aussi les Merluches, qui n'ont que deux nageoires dorsales, et que l'on pourra d'ailleurs isoler des Lottes, qui ont des barbillons, et des Musteles, dont la nageoire dorsale antérieure est à peine visible. (Voyez ces différens noms de genres et Acthénoptères.)

Le sous-genre dont il s'agit ne renferme encore qu'une espèce ; c'est

Le Merlus : *Merluccius vulgaris, Gadus merluccius*, Linn. Nageoire caudale rectiligne ; mâchoire inférieure plus avancée que la supérieure ; dorsale antérieure pointue ; ventre blanc ; dos grisâtre ; ouverture de la bouche grande ; ligne latérale garnie de petites verrues près de la tête : taille d'un à trois pieds.

Ce poisson est pris en abondance égale dans l'océan Atlantique et dans la mer Méditerranée, où les Provençaux lui donnent le nom de *merlan*. A raison de la teinte grise de son dos, Aristote, Oppien, Athénée, Ælien et Pline en ont parlé sous les noms d'ὄνος et d'*asellus*, que l'on peut traduire en françois par le mot *ànon*. Il est très-vorace, et poursuit avec acharnement les harengs et les maquereaux. Il va par troupes très-nombreuses, et est l'objet d'une pêche fort abondante et peu pénible.

Le merlus est si abondant dans la baie de Galloway, sur la côte occidentale de l'Irlande, que cette baie est nommée, dans quelques anciennes cartes, la *Baie des hakes*, d'après le nom anglois de ce poisson. Il est également commun à Pensance, dans le duché de Cornouailles, et sur le banc de Nymphen, près des côtes de Watherford. Depuis le combat naval de 1759, il fréquente aussi habituellement les environs de Belle-Isle, où on ne le voyoit pas auparavant, suivant les observations de Querhoent.

Sa chair est blanche et feuilletée, et est fort estimée. Son foie surtout est très-délicat et étoit aussi recherché des anciens que celui du surmulet. Ce foie est, d'ailleurs, gros et d'un jaune pâle.

Dans les pays où l'on prend des merluches en abondance,

surtout vers le Nord, on les sale et on les sèche, comme les morues, pour les envoyer au loin. Ainsi préparées, ces deux espèces de poissons prennent indistinctement, dans le commerce, le nom de *Stockfisch*, c'est-à-dire en allemand, *poisson-bâton*, et cela, assure-t-on, parce qu'on les étend sur des bâtons lors de leur dessiccation.

Ce poisson, du reste, pèse quelquefois jusqu'à vingt livres. (H. C.)

MERLUS. (*Ichthyol.*) Voyez Merluche. (H. C.)

MERLUZA. (*Ichthyol.*) Nom espagnol du merlus. Voyez Merluche. (H. C.)

MERLUZO. (*Ichthyol.*) Nom italien du merlus. Voyez Merluche. (H. C.)

MERLUZZO. (*Ichthyol.*) Un des noms italiens de la Morue. Voyez ce mot. (H. C.)

MERMEX, MIRMIX, MISMIS. (*Bot.*) Noms donnés à l'abricotier, suivant Daléchamps, dans la Mauritanie, région de l'Afrique, voisine du détroit de Gibraltar. (J.)

MÉRODON. (*Entom.*) Fabricius adopte ce nom pour désigner un petit genre d'insectes à deux ailes, de la famille des sarcostomes, dans lequel il comprend plusieurs espèces de syrphes, la plupart d'Europe, tels que le *clavipes*, l'*equestris*, le *femoratus*, les *spinipes*, *annulatus*, *aureus*, etc. Ces petits syrphes ont le corps alongé, l'abdomen cylindrique, obtus, recouvert absolument par les ailes en-dessus, la tête large transversale, et le corselet convexe à écusson distinct; leurs cuisses postérieures sont le plus souvent gonflées. On ignore quelles sont les mœurs de ces insectes. Dans l'état parfait on les trouve sur les fleurs. Voyez Syrphe. (C. D.)

MEROPS. (*Ornith.*) Ce nom grec et générique des guêpiers est appliqué par Barrère (*Ornithologiæ specimen novum*, genre 22) à des oiseaux étrangers à ce genre, tels que le *grimpereau de muraille, la sittelle à huppe noire*. (Ch. D.)

MEROS. (*Ichthyol.*) Nom portugais du poisson nommé plus communément Jacob Evertsen. Voyez ces derniers mots. (H. C.)

MÉROU. (*Ichthyol.*). Nom spécifique d'un poisson rangé par beaucoup d'auteurs parmi les holocentres, et que nous décrivons à l'article Serran. (H. C.)

MERRA. (*Ichthyol.*) Voyez Mérou. (H. C.)

MERRAIN. (*Term.*) Tige principale du bois des cerfs. (F. C.)

MERSIER. (*Bot.*) Nom du mérisier dans quelques cantons. (L. D.)

MERTENSE, *Mertensia*. (*Bot.*) Genre de plantes dicoty-lédones, à fleurs polygames, de la famille des *urticées*, de la *polygamie monoécie* de Linnæus, offrant pour caractère essen-tiel : Des fleurs polygames; des mâles entremêlées avec les fleurs hermaphrodites; dans celles-ci, un calice à cinq divi-sions; point de corolle; cinq étamines insérées au fond du calice, opposées à ses divisions; les anthères à deux loges; un ovaire supérieur; deux styles bifides; un drupe mono-sperme.

Ce genre est très-rapproché des micocouliers (*celtis*) : il en diffère par son port, par ses styles bifides. Il est dédié à M. Mertens, botaniste distingué de Brème, qui a fait beau-coup d'observations importantes sur les plantes marines. Son nom avoit été également appliqué à un genre de fougères par Willdenow. On conçoit que l'un des deux doit être changé.

Mertense lisse : *Mertensia lævigata*, Kunth, *in* Humb. et Bonpl., *Nov. gen.*, 2, pag. 51, tab. 103. Arbre du Mexique, dont les rameaux sont glabres, alternes : les stériles un peu flexueux et armés d'aiguillons; les plus jeunes pubescens; les aiguillons solitaires, recourbés; les feuilles alternes, pé-tiolées, oblongues, elliptiques, acuminées, glabres, très-entières, membraneuses, arrondies à leur base, longues de quatre pouces, parsemées de quelques poils rares; les pé-tioles pubescens; les fleurs disposées en grappes solitaires, axillaires, à peine plus longues que les pétioles, partagées en trois; les ramifications glabres, presque dichotomes; les fleurs sont sessiles, polygames; leur calice glabre; les divi-sions profondes, oblongues, obtuses. Le fruit est un drupe glabre, ovale, un peu comprimé, de la grosseur d'un fort pois, renfermant une semence pendante.

Mertense pubescent : *Mertensia pubescens*, Kunth, *in* Humb. et Bonpl., *l. c.* Arbrisseau de dix à douze pieds et plus, dont les rameaux sont lisses, pubescens, armés d'aiguillons; les feuilles alternes, pétiolées, ovales-elliptiques, un peu en cœur à leur base, glabres en-dessus, pubescentes en-dessous, très-entières, longues d'environ trois pouces ; les grappes axillaires, trichotomes, beaucoup plus longues que les pétioles, pubescentes ; les fleurs sessiles, pourvues de bractées ovales, un peu pubescentes ; le calice verdâtre, pubescent ; ses divisions ovales ; l'ovaire hérissé ; le drupe ovale. Cette plante croît sur les bords de la mer Pacifique, au royaume de Quito.

Mertense jujubier ; *Mertensia zizyphoides*, Kunth, *in* Humb. et Bonpl., *l. c.* Arbre de l'Amérique méridionale, dont les rameaux sont glabres, blanchâtres, flexueux et légèrement pubescens dans leur jeunesse, pourvus d'aiguillons axillaires, presque droits ; trois fois plus courts que les pétioles ; les feuilles roides, elliptiques, en cœur, un peu acuminées, rudes en-dessus, légèrement pubescentes en-dessous, longues de deux pouces et demi ; les grappes axillaires, rameuses, plus courtes que les pétioles. (*Poir.*)

MERTENSIA. (*Bot.*) Ce nom rappelle celui de M. Mertens, de Brème, botaniste auquel la science doit des travaux importans. Il a été donné à plusieurs genres de plantes. Ainsi il y a

1.° Le Mertensia de Roth (*Catal.*, 1, p. 34), adopté par Mœnch, et fondé sur le *pulmonaria virginica*, Linn. : il n'est pas conservé.

2.° Le Mertensia, encore de Roth, adopté par Thunberg et dont le nom a été depuis changé en celui de *Champia* par Lamouroux et Agardh. Link (*Hor. phys. Berol.*, p. 6) avoue ne pas connoître ce genre de Roth.

3." Le Mertensia de Swartz et de Willdenow, que quelques botanistes réunissent au *Gleichenia*, sur lequel nous allons revenir à l'instant et qui appartient à la famille des fougères.

4.° Le Mertensia de MM. de Humboldt et Bonpland.

Ce dernier genre est celui que les botanistes adoptent sous le nom de *Mertensia*, qu'il faudra cependant changer, si le *Mertensia* de Swartz est conservé, et nous avons fait voir, à l'article *Gleichenia*, combien peu il en différoit. Robert Brown a même reconnu que le *M. dichotoma* de Willd. devoit être rangé dans le genre *Gleichenia* ; et récemment MM. de Humboldt et Kunth réunissent définitivement ces deux genres sous le nom de *Gleichenia*, en y rapportant les *M. pubescens* et *glaucescens*, Willd.

Swartz n'avoit créé ce genre que pour y placer l'*acrostichum furcatum*, Linn., les *polypodium dichotomum* et *glaucum* de Thunb., ainsi que trois autres fougères nouvelles de Caraccas ou de Java. Willdenow y joignit. 1.° les fougères observées par MM. de Humboldt et Bonpland, citées ci-dessus, et qui lui avoient été communiquées par ces voyageurs célèbres comme espèces de *mertensia*; 2.° le *mertensia flagellaris*, Bory : ce qui fait que son genre *Mertensia* contient onze espèces, dont trois seulement sont réellement des *gleichenia*. Reste à savoir à présent si toutes les autres espèces devront s'y rapporter aussi, ou si elles offrent des caractères assez tranchés pour maintenir le genre *Mertensia* de Willdenow et Swartz, dont le caractère essentiel, d'après Willdenow, consiste dans des capsules semibivalves, striées transversalement au sommet, réunies en petits paquets arrondis. privées de tégumens, ce qui le distingue du *Platizoma* de R. Brown, chez lequel on en observe un.

Le *dicranopteris* de Bernhardi est fondé sur le *mertensia dichotoma*, W., Sw.: c'est le *polypodium dichotomum*, Thunb., Jap., p. 337. tab. 57, observé à Ceilan, au Japon, à Amboine, dans les îles de la Société, et à la Nouvelle-Zélande. Cette fougère a le stipe haut de quatre à cinq pieds, et dichotome ou trichotome, terminé par des frondes longues d'un pied, ailées, à frondules glabres, glauques en-dessous, obtuses, garnies de deux séries de paquets fructifères. Au Japon on lui donne les noms de *sida*, *moromuki*, *ura-siro*. On la brûle et on mêle ses cendres avec de l'alun en poudre, et on en fait usage pour guérir les aphtes et les écorchures de la bouche, etc. (Lem.)

MERTENSIA. (*Bot.*) Roth et Mœnch, voulant rétablir le genre *Cerinthoides* de Boerhaave, mais sous un autre nom, l'ont consacré à M. Mertens, savant estimé, connu par divers travaux, et surtout par des recherches sur quelques genres de la famille des algues; mais il est resté uni au *Pulmonaria*, dont il forme seulement une subdivision, caractérisée par un calice beaucoup plus court que le tube de la corolle. Le même nom a été donné par Willdenow à un genre de la famille

des fougères, que quelques auteurs regardent comme con-
génère du *Gleichenia* de M. Smith. Si leur opinion est adoptée, il restera à M. Mertens le genre que M. Kunth lui a
consacré récemment dans son *Synopsis*, lequel est voisin du
Celtis. (J.)

MÉRU , *Mœrua*. (*Bot.*) Genre de plantes dicotylédones,
à fleurs incomplètes, de la *polyandrie monogynie* de Linnæus,
offrant pour caractère essentiel : Un calice composé de deux
limbes, l'extérieur à quatre découpures, l'intérieur entier
ou découpé, plus court, connivent ; point de corolle ; des
étamines nombreuses, attachées au-dessous de l'ovaire ; les
anthères oblongues ; l'ovaire supérieur, pédicellé, surmonté
d'un stigmate sessile, obtus. Le fruit n'a point été observé.

Méru uniflore : *Mœrua uniflora*, Vahl, *Symb.*, pag. 36 ;
Lamk., Encycl. ; *Mœrua crassifolia*, Forsk., *Flor. ægypt. arab.*,
pag. 104. Arbrisseau dont la tige se divise en rameaux cylindriques, très-glabres, étalés, revêtus d'une écorce purpurine, garnis de feuilles pétiolées, éparses, alternes, ovales,
épaisses, très-entières, mucronées, succulentes, à peine
moitié de la longueur de l'ongle ; les pétioles de la longueur
des feuilles ; les fleurs naissent sur des pédoncules axillaires
et terminaux, simples, solitaires, une fois plus longs que
les feuilles ; le limbe externe du calice légèrement cilié,
l'intérieur à plusieurs découpures filiformes ; l'ovaire porté
sur un pédicelle grêle, tétragone. Cette plante croît dans
l'Arabie heureuse. Le fruit est, dit-on, à peu près d'un
demi-pouce de diamètre ; il est recueilli par les enfans, qui
le mangent avec plaisir.

Méru a grappes ; *Mœrua racemosa*, Vahl, *Symbol.*, pag. 36 ;
Lamk., Encycl. Cette plante est un arbrisseau originaire de
l'Arabie , dont les tiges sont chargées de rameaux glabres,
cylindriques, garnis de feuilles distantes, pétiolées, ovales,
émoussées, mucronées, lisses, pendantes, très-entières, longues d'un demi-pouce ; les pétioles au moins aussi longs que
les feuilles ; les fleurs disposées en grappes pendantes, terminales ; le limbe intérieur du calice est entier, et l'ovaire pédicellé. (Poir.)

MERULA. (*Ornith.*) Nom générique des merles dans l'Ornithologie de Brisson. (Ch. D.)

MERULIUS, **Mérule**. (*Bot.*) Genre de la famille des champignons, qui fait un passage du genre *Agaricus* au genre *Thelephora* ; il a été fondé par Haller, puis adopté par Jussieu, Persoon, etc. Dans ce genre, le chapeau, le plus souvent infundibuliforme, est charnu ou membraneux, avec la surface inférieure marquée de veines, ou de rides, ou de plis renflés, rameux et souvent entrelacés.

Linnæus, Bulliard, Sowerby, etc., ont mis les espèces de *merulius* dans les genres *Boletus*, *Agaricus*, *Helvella*, *Peziza* et *Thelephora*, ce qui prouve que le genre *Merulius* a des affinités avec tous ces champignons. Persoon lui-même en a placé plusieurs espèces dans le genre *Thelephora*. Malgré ces observations, qui semblent annoncer que le genre *Merulius* peut être un genre artificiel, quelques naturalistes ont pensé devoir le diviser en deux. Jussieu a établi ainsi son genre *Cantharellus* (*Chanterel*, Adans.) et *Merulius*, que Schrader, Link, Nées, Fries, Mühlenberg, etc., ont adopté. En réfléchissant sur les caractères attribués à ces deux genres par les auteurs que nous venons de citer, on voit qu'ils sont fondés, et que la distinction est nécessaire.

Dans le *Cantharellus* les plis sont rayonnans, rameux, presque parallèles, rarement anastomosés ou entrelacés, obtus, formant un tout homogène avec l'*hymenium*, et celui-ci est *fructifère* sur toute sa surface. Le chapeau est charnu ou membraneux, presque horizontal dans l'âge mûr, de forme déterminée, à bord libre, continu avec le stipe, lorsqu'il y en a un. Le voile n'existe pas. La fructification forme des amas un peu grands ; les séminules sont blanches. Les plis représentent, tantôt des lamelles dichotomes, roides, tantôt des rides renflées et vagues ; d'autres fois ils sont obscurément indiqués et comme cachés. Dans cet état cependant ils se distinguent encore de la substance des *thelephora*. On voit des espèces dont le chapeau a la forme incomplète d'une massue ; mais en aucun cas le chapeau n'est renversé ni étalé. Le *cantharellus*, ainsi défini, renferme une quarantaine d'espèces environ, presque toutes d'Europe, et qui se plaisent à terre dans les bois ; quelques-unes cependant se rencontrent sur les poutres pourries, la corne de bœuf, sur les mousses. etc.

Dans le genre *Merulius* proprement dit l'*hymenium* est vei-
neux ou marqué de plissures sinueuses. Ces plissures ont la
forme de pores ; elles sont sans tubulures, souvent dentelées et courbées en cercles, inégales, anguleuses ou flexueu-
ses, faisant avec le chapeau un tout homogène sur lequel la
fructification est en amas interrompus. Il n'y a point de stipe.
Le chapeau est sessile, très-mince, renversé, épars, rarement réfléchi et d'une forme déterminée. La substance est
presque floconneuse, mince, jamais subéreuse. Les séminules ou sporidies sont blanches (couleur de cannelle dans
le *M. lacrymans*).

Ce genre fait le passage des *boletus* au *hydnum* : il est très-
voisin des *polyporus* ; il a aussi beaucoup de rapports avec
le genre *Mesenterica*. On n'en connoît qu'une dixaine d'espèces, qui vivent sur les bois morts et cariés, qu'elles contribuent par leur présence à détruire davantage.

Voici la description de quelques-unes des espèces les plus
intéressantes de ces deux genres *Cantharellus* et *Merulius*.

I. Champignons à chapeau non renversé : *Cantharellus*, J. B. Vaill., Adans., Juss., Schrad., Link,
Fries, etc. ; *Chanterelles, Girolles* et *Girandets*.

A. *Stipe central et chapeau concave* (*C. Mesopus*, Fries).

1. Merulius orangé : *C. aurantiacus*, Fries, *Syst. mycol.*,
1, 318 ; *Merulius aurantiacus et nigripes*, Pers., *Synops.*, 488 ;
Ag. aurantiacus, Wulf. *in* Jacq., *Misc. Aust.*, 2, tab. 14,
fig. 3 ; *Agaricus cantharelloides*, Bull., Champ., tab. 503, fig. 2 ;
le *Jaune écarlate*, Paul., Traité, 1, p. 571. Chapeau charnu,
un peu aplati, tomenteux, d'un jaune d'ocre, ainsi que son
stipe ; plissures roides, orangées. Ce champignon se plaît
à terre dans les bois humides de sapins et même dans les
champs parmi les graminées. Il est particulier au Harz et à
la Carinthie. On le regarde comme pernicieux et il mérite
d'être distingué de la vraie chanterelle (voyez ci-après), de
laquelle il se rapproche beaucoup, et dont cependant il
diffère par son chapeau convexe, tomenteux, et ses plis,
qui ne sont pas d'un beau jaune d'œuf. Le *merulius nigripes*,

Pers. (*Ag. cantharelloides*, Bull.) est le même champignon, chez lequel le stipe devient noirâtre avec l'âge.

Fries en cite une variété d'un blanc de lait avec le chapeau glabre.

2. M. CHANTERELLE : *Cantharellus cibarius*, Fries, *Syst. mycol.*, 1, p. 518; *Agaricus cantharellus*, Linn., Schæff., tab. 82 ; Bull., Champ., tab. 62, 505, fig. 1 ; *Flor. Dan.*, tab. 264; Bolt., tab. 62 ; Sowerby, tab. 40; *Merulius cantharellus*, Scop., Pers., *Syn.* et Champ. comest.; *Gallinacei*, Césalp.; Girolle ordinaire, Paul., Traité, ch. 2, p. 128, tab. 56, fig. 1 — 5; vulgairement CHANTERELLE, CHEVRETTE, OREILLE-DE-LIÈVRE JAUNE, MOELLE-DE-TERRE, MANNE TERRESTRE, GERILLE, ESCRAVILIE, CASSINE, CHEVRILLE, JAUNELET, MOUSSELINE, GALLINACE. Couleur jaune d'œuf ou d'or; chapeau charnu, diversement replié et contourné, lisse; plissures renflées; stipe solide, atténué, quelquefois bifurqué. Ce champignon croît partout, en Europe et dans l'Amérique septentrionale, dans les bois, parmi les feuilles et la mousse, où il se fait remarquer par sa couleur jaune et sa forme, qui rappelle celle de la crête d'un coq chantant. C'est un excellent champignon qu'on mange partout. Il est inodore, ferme, d'une saveur fade ou aqueuse, quelquefois cependant un peu poivrée, principalement dans les jeunes individus. Les expériences du docteur Paulet prouvent que la chanterelle n'est nullement pernicieuse. On la mange en fricassée, et cuite, soit avec du beurre, de la graisse ou de l'huile, assaisonnée de poivre, sel, oignon; on la dessèche aussi pour l'employer au besoin dans toutes sortes de ragoûts. On la confit encore au vinaigre avec poivre et sel. C'est l'unique nourriture des habitans de quelques campagnes. Quand on la mange crue, on s'expose à éprouver des coliques et d'autres graves accidens. Il y en a une variété grise ou d'un blanc lavé de jaune.

3. MERULIUS CORNE-D'ABONDANCE : *C. cornucopioides*, Fries, *Syst. mycol.*, 1, 521 ; *Merul. cornucopioides*, Pers.; *Peziza cornucopioides*, Linn., *Fl. Dan.*, tab. 588, 1260; Bolt., tab. 105; Sowerb., tab. 74 ; *Helvella cornucopioides*, Scop., Schæff., tab. 165, 166; Bull., tab. 150, 498, fig. 5 ; Vaill., *Par.*, tab. 13, fig. 2, 5 ; Mich., *Gen.*, tab. 82, fig. 5, 6. Brun ou d'une couleur rembrunie; chapeau en forme d'entonnoir

resserré et courbé, à surface supérieure plus noire, pelu-
chée ou comme égratignée; plissures pâles, à peine saillantes. Cette espèce croît solitaire ou bien en touffe, dans les
bois, en Europe, en Asie et dans l'Amérique septentrionale.
Elle varie de grandeur : son stipe est élastique, noirâtre : son
chapeau membraneux, flasque, presque ondulé, à bord réfléchi, noir, lorsqu'il est humide; mais, sec, il est de couleur
de suie : l'hymenium est lisse, bleu ou rosé, et finit par se
rider.

B. *Stipe perpendiculaire, se confondant avec un chapeau en forme*
de massue (C. Gomphus, Fries).

4. M. EN FORME DE MASSUE; *C. clavatus*, Fries, *l. c.*, p. 322.
Chapeau turbiné et comme tronqué. Ce champignon varie
du violet châtain au rouge de chair, au pourpre et au brun.
C'est d'après ces couleurs que Persoon l'a divisé en quatre
espèces, qu'il nomme *merulius violaceus, carneus, purpuras-*
cens et *umbrinus.* Il n'a guère plus de deux pouces de hauteur; il croît solitaire et en touffe. Son stipe est ascendant,
quelquefois rameux. Le disque du chapeau s'aplatit avec l'âge;
il est rude, à bord obtus, qui deviennent enfin sinueux;
les plis sont peu sensibles. Il se trouve çà et là dans les bois.

C. *Stipe latéral ou nul (C. Pleuropus et Apus, Fries).*

5. C. DES MOUSSES : *C. muscigenus*, Fries, *Syst. mycol.*, 1,
p. 323; *Agaricus muscigenus*, Bull., Champ., tab. 288; *Hel-*
vella dimidiata, Bull., Champ., tab. 498, fig. 2; *Merulius*
muscigenus, Pers., Nées, *Syst.*, fig. 236. Stipe court, latéral; chapeau horizontal, d'un brun pâle; plissures rameuses.
Ce champignon ne dépasse point un pouce et demi de diamètre. Il est membraneux, tenace, lisse, et un peu zoné
en-dessus, légèrement ondulé, tantôt blanchâtre ou cendré,
tantôt couleur de suie. Les plissures s'entrelacent à peine
et divergent; le stipe est velu à sa base, et quelquefois
presque nul. On rencontre cette plante sur les mousses et
sur les toits de chaume, en Octobre et en Novembre.

6. C. RÉTICULÉ : *C. retirugus*, Fries, *l. c.*, p. 324; *Helvella*
retiruga, Bull., Champ., tab. 498, fig. 1; *Merulius retirugus,*
Pers. Vertical, sessile, lisse; d'un blanc cendré en-dessus,
en-dessous d'un gris un peu brunâtre, relevé de nervures

30.   12

délicates, peu saillantes, entrelacées en forme de réseau. Ce champignon est très-mince, membraneux, puis arrondi, large d'un pouce et demi au plus, fixé aux corps sur lesquels il végète par des fibrilles qui garnissent sa surface inférieure; il se divise ensuite diversement. On le trouve sur les mousses, le chaume, etc.

II. **Chapeau renversé, sessile (*Merulius*, Link, Fries, Nées).**

7. MERULIUS PLEUREUR : *Merulius lacrymans*, Schum., Dec., Fries, *l. c.*, p. 328; *M. destruens*, Pers., *Syn.*; *Boletus lacrymans*, Wulf. *in* Jacq., *Miscell.*, 2, p. 111, tab. 8, fig. 2; Sowerb., tab. 113; Bolt., tab. 167, fig. 1. Mince, très-étendu et appliqué contre le bois, d'un jaune orangé ou fauve, avec le fond tomenteux et blanc; relevé à sa partie extérieure de plis larges, réticulés, sinueux et poreux. Ce champignon ressemble, dans son premier âge, à un *byssus*; bientôt il prend de la consistance et un grand développement sur les poutres et les solives placées dans les endroits humides; ses bords laissent échapper des gouttelettes d'eau qui lui donnent un aspect larmoyant ou pleureur. Dans une de ses variétés les plis se changent presque en dentelures. C'est par sa face supérieure, pâle et glabre, et qui se renverse en se couchant dès la naissance, que ce champignon adhère et pénètre dans le bois, dont il hâte ainsi la destruction. Son plus grand développement est de six à huit pouces. Il affecte une forme semi-ovale. Lorsqu'il est sec, il paroît comme saupoudré d'une poussière couleur de cannelle. Pour le détruire, il faut laver les poutres avec de l'acide sulfurique alongé d'eau.

8. MERULIUS DESTRUCTEUR : *M. vastator*, Tode, *Meckl.*, tab. 2, fig. 1, 2; Pers., *Synops.*; Fries, *l. c.*, p. 529. Orbiculaire, d'un jaune d'or, velu sur le bord; nervures crispées, plissées, disposées en lignes courbes presque concentriques. Cette espèce, remarquable par sa belle couleur, exhale le plus souvent une odeur très-désagréable; elle est beaucoup plus petite que la précédente, n'ayant que deux à trois pouces de large. Elle varie aussi dans sa forme; ses bords sont minces, secs et pubescens. Quelquefois, dans le centre

des plaqués, il naît des tubercules ou excroissances caulescentes. Cette plante se plaît sur le bois, dans les vieux édifices, les lieux renfermés et humides, où elle concourt à la destruction des solives et des poutres, en les ramollissant; elle se trouve aussi dans les bois, sur les sapins et sur les feuilles. Tode a remarqué que, lorsqu'elle est desséchée et qu'on l'arrose, elle exhale une odeur infecte.

Nous terminerons cet article en faisant connoître le genre *Anastomaria* de Rafinesque. Selon l'auteur, ce genre est intermédiaire entre le *Merulius* et le *Dedalœa*, dont plusieurs espèces doivent probablement lui être réunies. Dans l'*Anastomaria* les nervures sont lamelliformes, anastomosées en manière de réseau. Ce caractère ne nous semble pas suffisant pour séparer ce genre du *Cantharellus*, avec lequel il nous paroît devoir être confondu.

Rafinesque en signale deux espèces:

1. A. CAMPANULÉ; *A. campanulata*, Raf., *Annal. of nat.*, 1820, n.° 1, p. 16. Stipité, fauve; stipe épais; chapeau campanulé, réticulé en dehors, à bord rongé, en dedans écailleux et marqué de taches plus foncées. Il acquiert quatre à cinq pouces. Il croit dans l'État de New-Yorck.

2. A. DIMIDIÉ; *A. dimidiata*, Raf., *l. c.* Sessile, dimidié, imbriqué, ridé en-dessus et fauve, avec des zones brunes ou noires; réticulé en-dessous; les nervures souvent bifides vers le bord. Il croit près Catskill dans l'État de New-York. Rafinesque pense qu'il peut être le type d'un sous-genre qu'il nommeroit *Campsilicus*. (LEM.)

MERUS. (*Mamm.*) Le Père Lobo dit que les Cafres appliquent ce nom à un animal qui, d'après la description qu'il en donne, paroît être une antilope; mais il n'entre point dans de suffisans détails pour qu'on puisse en reconnoître l'espèce. (F. C.)

MERVEILLE A FLEURS JAUNES. (*Bot.*) Nom vulgaire de la balsamine des bois. (L. D.)

MERVEILLE D'HIVER. (*Bot.*) Nom d'une variété de poire. (L. D.)

MERYTA. (*Bot.*) Forst., *Gen.*, tab. 60; Lamk., *Ill. gen.*, tab. 80. Genre de plantes dicotylédones, encore très-peu connu, caractérisé par des fleurs dioïques, réunies en une petite tête sessile. Le calice se divise en trois découpures profondes : il n'y a point de corolle. Les étamines sont au nombre de trois, soutenant des anthères à quatre sillons. Les fleurs femelles n'ont point été observées. C'est tout ce que Forster nous apprend de cette plante, découverte dans les îles de la mer du Sud. (Poir.)

MÉRYX. (*Entom.*) M. Latreille s'est servi de cette dénomination pour désigner un genre d'insectes coléoptères voisin des lyctes, et qui ne renferme encore qu'une seule espèce rapportée des Indes. (C. **D.**)

MES. (*Bot.*) Voyez MEISCE. (J.)

MÉSA ; *Mæsa, Bæobotrys.* (*Bot.*) Genre de plantes dicotylédones, à fleurs complètes, monopétalées, de la famille des *éricinées*, de la *pentandrie monogynie* de Linnæus, offrant pour caractère essentiel : Un calice à cinq dents, muni à sa base de deux petites folioles ; une corolle monopétale, à cinq divisions, cinq étamines insérées sur le tube de la corolle ; un ovaire à demi inférieur ; un style court ; une baie couronnée par les divisions du calice ; les semences nombreuses, adhérentes à un placenta en colonne.

MÉSA LANCÉOLÉ : *Mæsa lanceolata,* Forsk., *Flor. ægypt. arab.,* p. 66 ; *Bæobotrys lanceolata,* Lam., *Ill. gen.,* tab. 111 ; Vahl, *Symb.,* pag. 19, tab. 6. Arbre de médiocre grandeur, dont les rameaux sont glabres, striés, revêtus d'une écorce brune, garnis de feuilles alternes, pétiolées, glabres, ovales-lancéolées, aiguës, dentées en scie à leur partie supérieure, longues d'environ quatre pouces. Les fleurs sont petites, à peine pédicellées, disposées en panicules axillaires, lâches, solitaires, très-composées, presque pyramidales, à peine de la longueur des feuilles, munies, à la base de chaque ramification, d'une petite bractée lancéolée ; le calice est campanulé, à cinq découpures ovales, persistantes ; les deux folioles qui l'accompagnent sont concaves, lancéolées ; la corolle, blanche et très-petite, a le tube très-court, et le limbe à cinq lobes. Le fruit est une baie sphérique, peu succulente, couronnée par les divisions conniventes du calice. Cette plante croit dans l'Arabie heureuse.

MÉSA DES BOIS : *Mæsa nemoralis,* Lamk., *Encycl.* ; *Bæobotrys nemoralis,* Forst., *Nov. gen.,* pag. 22, tab. 11 ; Vahl.

Symb., p. 19. Nous n'avons sur cette espèce que des détails très-incomplets : M. Vahl ne nous la présente qu'avec la seule différence de feuilles ovales et non lancéolées, dentées à leur contour. Elle croît naturellement dans les iles de la mer du Sud.

Le genre *Bæobotrys* de Forster a été reconnu pour être le même que celui qui avoit reçu le nom de *Mæsa* par Forskal, lequel a été conservé. On ne devine pas pourquoi M. du Petit-Thouars a remplacé l'un et l'autre par celui de *Siburatia*, dans ses genres de Madagascar. (Poir.)

MESAL. (*Conchyl.*) Adanson, *Sénégal*, pag. 159, pl. 10, décrit et figure sous ce nom une coquille qu'il place à tort parmi les véritables cérithes, dont Linnæus a fait une espèce de turbo, et qui me paroît appartenir au genre Turritelle de M. de Lamarck. (De B.)

MESANGA. (*Ornith.*) Ce nom paroît avoir été donné en mauvais latin, et comme dénomination générique, aux mésanges, *parus*, Linn. On trouve dans Gesner les mots *mesengua* et *messengua* appliqués à la mésange charbonnière, *parus major*, Linn. (Ch. D.)

MÉSANGE. (*Ornith.*) Les oiseaux de ce genre, *Parus*, Linn., ont pour caractères : Un bec épais à la base, conique, court, assez robuste, pointu et un peu comprimé sur les côtés ; les narines arrondies et ordinairement cachées par de petites plumes roides, dirigées en avant ; la langue coupée carrément et terminée par quatre filets cartilagineux, placés à égale distance les uns des autres, suivant M. Levaillant, mais quelquefois entière et pointue selon M. Vieillot ; les pieds forts et garnis de trois doigts en avant et un en arrière, entièrement divisés selon M. Temminck, mais dont, suivant M. Vieillot, les deux extérieurs sont réunis à leur base ; les ongles effilés, propres à se cramponner, et dont le plus fort et le plus courbé est celui du pouce. La penne bâtarde, de moyenne longueur, est presque nulle, et les quatrième et cinquième rémiges sont les plus longues.

M. Cuvier sépare des mésanges proprement dites, celles qui sont connues sous les noms de *moustaches* et de *rémiz* ou *pendulines*, les premières ayant le bout de la mandibule supérieure un peu courbé sur l'inférieure, et les secondes ayant le bec plus grêle, plus pointu et plus droit.

M. Temminck, qui divise les oiseaux d'Europe appartenant au genre Mésange en deux sections, les *sylvains* et les *rive-rains*, tire leur distinction de la première rémige, qui est de moyenne longueur chez ceux-là, et nulle ou presque nulle chez ceux-ci. Il observe en outre, relativement aux mœurs, que les sylvains vivent dans les bois et nichent dans les trous naturels des arbres, et que les riverains, c'est-à-dire la mésange moustache et la mésange rémiz, vivent dans les roseaux, dans les joncs et dans les buissons près des eaux, où leurs nids sont construits avec plus d'art.

M. Levaillant, qui n'admet point comme mésanges beau-coup d'espèces ainsi nommées dans plusieurs ouvrages sur les oiseaux, considère la mésange moustache comme appar-tenant au genre des Figuiers : il contredit aussi l'opinion de ceux qui attribuent aux mésanges la faculté de grimper le long des troncs d'arbres à la manière des pics, tandis qu'elles ne peuvent, suivant lui, changer de place qu'en déployant les ailes et faisant un petit vol, ou tout au moins un saut de côté, mais toujours accompagné d'un coup d'aile quelconque.

Les petits oiseaux qui ont reçu le nom de mésanges et dont les plus grosses espèces n'égalent point la taille du moineau, ont le corps musculeux et très-charnu ; leur tarse est court, leurs pieds sont nerveux, et leur tête est d'une solidité remarquable par l'épaisseur des os du crâne. Aussi, en tenant assujettis entre leurs serres les noisettes ou autres fruits à noyaux, les mésanges percent à coups de bec, et font sortir de l'enveloppe, à l'aide des filets dont leur langue est garnie, les amandes, qui constituent une partie de leur nourriture. On a observé que, si l'on suspend une noix au bout d'un fil, elles s'y cramponnent et en suivent le balan-cement sans lâcher prise et sans cesser de la becqueter. Elles mangent aussi de la viande, des figues, du chénevis et d'autres petites graines ; mais, comme les chenilles et les insectes forment leur principal aliment, celles de la pre-mière section voltigent sans cesse de branche en branche et d'arbre en arbre, s'y accrochent en tout sens, même la tête en bas, parcourent le tronc, et fouillent dans toutes les petites fentes de l'écorce et dans les crevasses des mu-

railles pour en découvrir. Les mésanges riveraines sautent
avec la même prestesse sur les joncs et les tiges d'autres
plantes aquatiques; mais, les lieux qu'elles habitent étant
moins accessibles, leurs mœurs ne sont pas aussi bien connues que celles des autres mésanges, qu'on sait avoir l'habitude de cacher des graines et d'en faire des provisions,
quoique ces magasins ne puissent être utiles aux espèces
qui passent l'été sur les montagnes et descendent dans les
plaines en hiver. Au printemps elles pincent les bourgeons
des arbres, et causent une autre sorte de dégâts dans les
jardins où l'on élève des abeilles, dont plusieurs espèces sont
très-friandes. Elles n'épargnent pas les jeunes oiseaux qu'elles
trouvent malades dans leur nid, ni ceux qui sont embarrassés dans les piéges; elles leur percent le crâne pour
avaler leur cervelle, et elles en agissent de même envers
des espèces, plus foibles qu'elles, que l'on enferme dans les
mêmes cages. Aussi courageuses que féroces, elles n'hésitent
pas à attaquer des oiseaux bien plus forts qu'elles, tels que
les chouettes, et d'un autre côté elles sont tellement har-
gneuses, qu'elles se battent même quelquefois entre elles à
toute outrance. Cependant elles se réunissent souvent hors
les temps de l'incubation, et se livrent paisiblement en société à la recherche de leur nourriture; mais dans la saison
des amours elles s'isolent pour s'occuper de la construction
des nids, soit dans des trous d'arbres et de vieux murs ou
dans des creux de rochers, etc., soit, pour quelques espèces,
en les suspendant à des roseaux, etc. Les matières qu'elles
y emploient, sont tantôt de la mousse, des crins, de la
laine, des plumes; tantôt des herbes menues, de petites racines, du duvet, des plantes. Si les mésanges sont les plus
forts oiseaux relativement à leur petite taille, elles sont aussi
les plus féconds. Leur ponte, toujours nombreuse, va, dit-
on, quelquefois jusqu'à dix-huit et vingt œufs, et elles défendent leurs petits avec un grand courage.

L'activité et la pétulance de ces oiseaux les font tomber
souvent dans les piéges qu'on leur tend, et dont l'Avicep-
tologie françoise donne la description. Au reste, comme les
premières que l'on prend et que l'on retient dans des cages
jettent de grands cris qui attirent les oiseaux de leur espèce,

on parvient aisément à en faire de nombreuses captures sans recourir à beaucoup d'artifices.

On trouve des mésanges dans toutes les parties de l'ancien continent : il en existe aussi dans le Nord de l'Amérique et même en Australasie; mais celles qu'on dit avoir été trouvées dans l'Amérique méridionale, ne sont pas bien avérées.

Mésanges européennes.

MÉSANGE CHARBONNIÈRE : *Parus major*, Linn. Cette espèce, que l'on nomme aussi *grosse mésange*, est figurée dans les Oiseaux enluminés de Buffon, pl. 3, n.° 1 ; dans les Oiseaux de Franconie, de Wolff, premier cahier; dans les Oiseaux d'Allemagne, de Borkhausen, septième cahier, pl. 39, n.° 2 ; dans ceux de la Grande-Bretagne, de Lewin, t. 4, pl. 118 ; dans ceux de Nozeman et Sepp, pl. 60, et dans ceux de Donovan, tom. 3, pl. 69. Elle a environ cinq pouces et demi de longueur, et pèse près d'une once. La tête, la gorge et le devant du cou sont d'un noir à reflets, ainsi qu'une raie qui s'étend en longueur sur le milieu de la poitrine et du ventre. et se termine aux plumes anales, qui sont blanches; une tache de cette dernière couleur et presque triangulaire occupe la région des tempes ; le dessus du corps est d'un vert olivâtre jusqu'au croupion, qui est d'un cendré bleu comme les couvertures des ailes; celles-ci sont traversées par une bande d'un blanc jaunâtre ; la queue est d'un cendré bleuâtre en dehors et noire intérieurement ; la penne extérieure est à moitié blanche, et l'extrémité de la suivante est de la même couleur ; le dessous du corps, à l'exception de la bande noire, est d'un jaune tendre ; le bec est noir, et les pieds sont de couleur de plomb. La femelle et les jeunes diffèrent en ce que chez eux le jaune est plus pâle, le noir moins lustré et la bande noire du dessous du corps moins large. Il y a plusieurs variétés de cette espèce, et, entre autres, une qui a les ailes roussâtres et plus ou moins tapirées de blanc. On en voit aussi, sur le frontispice du premier volume de Lewin, une qui est digne de remarque en ce qu'elle a le bec croisé ; mais ce ne peut être que par un vice accidentel.

Les mésanges de cette espèce, qui préfèrent les contrées

tempérées et froides aux pays plus chauds, se trouvent en France pendant toute l'année ; mais, comme il y en a qui passent l'été dans les hautes montagnes, et que, d'un autre côté, celles du Nord se retirent en automne dans des régions plus tempérées, c'est pendant cette saison qu'elles sont plus abondantes dans les plaines. Les mésanges charbonnières ont au temps des amours un chant assez agréable ; mais en général elles ne font entendre que deux sortes de cris, dont l'un, qui paroît exprimer *titiglie*, a de la ressemblance avec le grincement d'une lime et a fait donner à l'oiseau le nom de *serrurier*, et l'autre peut se rendre exactement par les syllabes *stiti-stiti*, répétées plusieurs fois de suite. Quoique cette mésange s'apparie dès le mois de Février, elle ne fait que beaucoup plus tard un nid, qui est ordinairement placé dans un trou d'arbre, quelquefois dans des fentes de muraille, et dont les matériaux consistent en mousse, crins, plumes et autres substances molles. La femelle y pond huit à douze ou quatorze œufs blancs et semés de taches d'un rouge clair, plus nombreuses au gros bout, lesquels sont figurés pl. 27, n.° 1, de Lewin, et pl. 6 de l'*Ovarium britannicum* de Graves. L'incubation ne dure que douze jours ; les petits, dont les yeux restent assez long-temps fermés, quittent le nid environ quinze jours après leur naissance, et ils restent perchés jusqu'à la nouvelle saison sur les arbres voisins, où ils se rappellent sans cesse entre eux, habitude du premier âge, à laquelle est probablement due celle qu'ils conservent d'accourir à la voix de leurs semblables. Dans l'espace de six mois, ces petits acquièrent tout leur accroissement, et quatre mois après la première mue ils sont en état de se reproduire : aussi ne vivent-ils guère plus de cinq ans. Les pontes se renouvellent deux et même trois fois par an, si les premières couvées ont éprouvé des accidens ; mais alors le nombre des œufs est moins considérable.

Quand les mésanges charbonnières ont fait choix d'un trou, elles y reviennent tous les soirs, et si on les inquiète avec une baguette, elles font entendre un petit sifflement que les enfans prennent pour celui d'un serpent et dont ils sont épouvantés ; mais, s'il est difficile de les faire sortir par ce moyen, on y parvient aisément en frappant contre le tronc des arbres creux, ce qui d'ailleurs facilite la découverte de leur nid.

On a déjà vu quels inconvéniens résultent de l'introduction des mésanges, et surtout de celles de cette espèce, la plus forte de toutes, dans une volière, même assez grande, qui renfermeroit d'autres oiseaux : mais on a des exemples contraires, et il y a peut-être lieu d'être surpris de ce qu'une mésange si vorace s'apprivoise au point de venir manger dans la main, et se prête avec docilité aux exercices auxquels on dresse le chardonneret. La pâtée qui lui convient le mieux en cage se fait avec de la mie de pain, de la viande hachée, du chénevis pilé, à quoi l'on peut ajouter du suif, cette substance ayant un attrait particulier pour cet oiseau, dont la chair, dit Lewin, est très-amère.

Mésange petite-charbonnière : *Parus ater*, Linn., Frisch, tom. 1.er, pl. 13, n.° 2 ; Wolff, Oiseaux de Franconie, 6.e cahier ; Lewin, tom. 4, pl. 119 ; Donovan, tom. 4, pl. 79. Cette espèce, qui ne pèse que deux gros et n'a que quatre pouces un quart de longueur et six pouces trois quarts de vol, a la queue un peu fourchue. Le sommet de la tête, la gorge et le devant du cou sont d'un noir profond ; la nuque offre un grand espace blanc, et l'on voit sur les parties latérales du cou une large bande de la même couleur, qui passe sous les yeux ; le dessus du corps est cendré et le dessous d'un blanc sale ; les ailes sont traversées de deux bandes blanches, et elles sont, ainsi que la queue, bordées de vert. Le bec est noir et les pieds sont de couleur plombée. Suivant Mœhring, la langue n'a que deux filets, et sa partie intermédiaire, qui est entière, se relève presque verticalement.

Cette mésange habite les bois, surtout ceux où il y a des sapins et des arbres toujours verts, les jardins, les vergers, et elle se répand dans les plaines vers le milieu de l'automne ; elle grimpe le long des arbres, comme ses congénères, et outre les punaises et autres insectes, ainsi que leurs larves, elle mange les semences des pins et des mélèses. Elle niche dans les arbres creux et dans les trous des masures. Sa ponte est de huit à dix œufs blancs avec quelques taches pourprées ; ils sont représentés dans Lewin, pl. 27, n.° 2, et dans l'*Ovarium britannicum* de Graves.

MÉSANGE DES MARAIS ou NONETTE CENDRÉE : *Parus palustris*, Linn., pl. 13 de Frisch, fig. 2 B; pl. 3 de Buffon, fig. 3; pl. 120 de Lewin. et 25 de Nozeman et Sepp. Montbeillard regarde cette espèce comme une variété de la petite charbonnière ; mais les naturalistes modernes n'hésitent pas à la considérer comme une espèce véritable. Elle est un peu plus grosse que celle-ci et pèse environ trois gros; sa longueur est de quatre pouces trois ou quatre lignes. Elle n'a pas sur la nuque la tache blanche qui se voit sur celle de la précédente, et la tête est entièrement engagée dans un capuchon noir; cette couleur occupe une moindre étendue sous la gorge : les joues sont blanches, le manteau est d'un gris nuancé de brun : les parties inférieures, qui sont blanchâtres, offrent aussi les mêmes nuances. Le noir de la calotte est moins profond chez la femelle et très-peu apparent sur sa gorge, qui est marquée de petites taches grises. Il y en a des variétés accidentelles qui n'ont pas de noir sous le bec, et dont tout le plumage est plus ou moins tapiré de blanc. M. Temminck a reçu de l'Amérique septentrionale des individus tout-à-fait semblables à ceux d'Europe.

Cette espèce, qu'on trouve dans les bois et les vergers, mais qui se plaît surtout dans les lieux frais et aquatiques, est plus abondante en Hollande que dans les autres contrées de l'Europe; mais elle se trouve aussi très-avant dans le Nord, et particulièrement en Suède et en Norwège. Sa nourriture est la même que celle des autres mésanges, et elle niche, comme elles, dans les arbres creux, particulièrement dans les pommiers et les poiriers. La femelle pond dix ou douze œufs blancs, tachetés de rouge, que Lewin dit être plus ronds que ceux des autres mésanges, et qu'il a figurés pl. 27, n.° 3.

Guéneau de Montbeillard regarde comme une variété de cette espèce la *mésange cendrée* de Brisson, tom. 5, p. 549, laquelle est, suivant M. Vieillot, une fauvette, et qui pratique en effet, dans des buissons près de terre, et non dans des trous d'arbres, un nid qui est garni de crins en dedans et où la femelle pond seulement cinq œufs, qui n'ont point de taches rouges comme ceux des mésanges, mais qui sont pointillés de noir, comme ceux des fauvettes, et dont le fond est d'un brun-clair verdâtre. Cet oiseau, dont les deux doigts latéraux sont égaux entre eux, et adhèrent à celui du milieu, savoir l'extérieur par la première phalange et l'intérieur par une membrane, se trouve l'été en Angleterre, où il vit d'insectes dans les jardins.

M. Temminck décrit dans son Manuel d'ornithologie, à la suite de la mésange nonette et sous le nom de MÉSANGE LUGUBRE, *Parus lugubris*, Natt., un oiseau que l'on pourroit confondre avec le précédent, mais que Pallas a signalé comme espèce dans sa *Fauna rossica*, non encore publiée, et dont M. Natterer, de Vienne, a rapporté quelques individus de ses voyages dans les provinces méridionales de la Hongrie, où M. Temminck l'a trouvé lui-même, ainsi qu'en Dalmatie. Ce dernier auteur désigne l'oiseau dont il s'agit par cette phrase : *Taille de la mésange charbonnière; le noir mat et rembruni ne s'étendant point au-delà de l'occiput, et le noir de la gorge occupant un grand espace;* tandis que la mésange nonette n'est pas d'une taille plus grande que celle de la mésange bleue, que le noir profond du sommet de sa tête s'étend très-avant sur la nuque, et que le noirâtre de sa gorge occupe peu d'espace.

MÉSANGE BLEUE : *Parus cœruleus*, Linn., pl. 3, n. 2 de Buff.; pl. 121 de Lewin, 57 de Donovan et 7 de G. Graves, t. 1.er Cette espèce, qui est la plus commune et la plus jolie, a quatre pouces et demi de longueur, et sept pouces de vol. Le sommet de sa tête est d'un beau bleu; le front, les sourcils et les tempes sont d'un blanc pur; un petit trait noir, partant du bec, passe à travers les yeux et s'étend jusqu'à l'occiput, qui est d'un bleu plus foncé ; les joues sont encadrées de noir, couleur qui occupe aussi le dessous de la gorge. Le haut du dos est d'un vert olivâtre; la queue, coupée carrément, est bleuâtre, ainsi que les ailes, qui sont traversées **par** une raie blanche ; un beau jaune règne sur la poitrine et les parties latérales du ventre, au milieu duquel se voit une raie longitudinale d'un noir bleuâtre, qui est moins apparente sur la femelle, d'ailleurs un peu plus petite que le mâle, et dont les teintes sont en général moins vives. Chez les jeunes le blanc est remplacé par du jaunâtre, et le bleu par du brun cendré.

Cette espèce, qui est répandue dans toute l'Europe, et qu'on trouve aussi sur la côte d'Afrique, habite les bois, surtout ceux de hêtres et de chênes ; les campagnes, les vergers, les jardins : elle vit de baies sauvages, de faînes, et des mêmes alimens que les mésanges charbonnières, dont elle a les mœurs et les goûts, et dans la compagnie desquelles elle fait de petits voyages en automne. Si elle est utile en ce qu'elle détruit les insectes, elle nuit dans les jardins, où elle pince les boutons des arbres, et détache les jeunes fruits qu'elle porte à son magasin. Comme les charbonnières, elle attaque aussi les chouettes avec acharnement, et ronge les chairs des petits oiseaux qu'elle peut saisir, au point d'en faire des squelettes tout préparés. Les trous d'arbres ou de murailles sont les lieux où elle se retire pendant la nuit, et où elle fait un nid dans lequel il y a beaucoup de plumes ; elle souffle comme les charbonnières lorsqu'on introduit la main ou une baguette dans son trou, où la femelle pond au mois d'Avril dix à douze œufs, mais quelquefois un nombre bien plus considérable. Ces œufs sont mouchetés de taches rouges sur un fond blanc, et l'on en peut voir la figure dans Lewin, pl. 27, n.° 4 ; dans Nozeman et Sepp, pl. 24, et dans l'*Ovarium britannicum* de Graves. Il ne faut pas y toucher, parce que l'on s'exposeroit à faire abandonner le nid, où l'oiseau ne reviendroit pas, quand l'incubation seroit très-avancée, si l'on avoit cassé l'un de ces œufs ; mais, lorsque les petits sont éclos, la mère en a beaucoup de soin et les défend vigoureusement.

La mésange bleue plaît par sa vivacité, par ses mouvemens pétulans, par sa manière de fureter autour d'une branche ; mais elle querelle tous les autres oiseaux, qu'elle n'est pas la dernière à attaquer quand elle trouve occasion de le faire avec avantage, et elle se chamaille même avec ses compagnes. Cependant ce seroit un très-bel oiseau à élever en cage ; mais elle n'y vit pas long-temps, et Mauduyt, qui en a nourri avec du chénevis écrasé, des avelines triturées et une pâtée composée de viande hachée et de pain de pavots, n'a pu en conserver pendant plus d'une année. Cet auteur pense que le défaut d'exercice est suffisant pour que des êtres aussi actifs, qui d'ailleurs vivent principalement d'insectes, ne puissent s'accoutumer à rester prisonniers dans un lieu étroit. Au surplus, comme celles qu'on prend adultes ne refusent pas la nourriture qu'on leur offre, les personnes qui voudront faire de nouvelles tentatives, doivent choisir des cages assez vastes, et les garnir de petites niches où ces oiseaux puissent se cacher à volonté et surtout passer la nuit.

Mésange huppée: *Parus cristatus*, Linn., pl. enl. de Buffon, n.° 502, fig. 2; pl. 117 de Lewin, tom. 4, et pl. 26 de Donovan, tom. 2. La longueur de cette espèce, qui pèse environ le tiers d'une once, est de quatre pouces six ou huit lignes; elle a sept pouces et demi de vol, et sa queue dépasse les ailes d'environ dix lignes. La huppe étagée qui orne le sommet de sa tête, est maillée de noir et de blanc; le front et les joues sont de cette dernière couleur, qui est entourée d'un collier noir, plus large sur la gorge; le dessus du corps est d'un gris roux, le dessous est blanchâtre, et les flancs sont d'un roux clair. Le bec est noirâtre et les tarses sont de couleur de plomb. La huppe est moins longue chez la femelle, qui a l'espace noir de la gorge moins grand.

Il paroît que le Nord de la France, d'un côté, et la Suède de l'autre, sont les limites des excursions de cette espèce, qui est rare en Hollande et en Angleterre, mais que cependant on a tuée dans le comté d'York et en Écosse. Elle se plaît dans les friches et dans les lieux solitaires, abondans en genévriers et en sapins, où elle vit seule, fuyant la compagnie des autres oiseaux, même de ceux de son espèce. Elle se nourrit d'araignées, de petites chenilles rases et autres insectes, ainsi que de baies et de la semence des arbres toujours verts, et elle niche dans les trous d'arbres, dans les crevasses de murailles et de vieilles masures, dans les nids que les écureuils ont abandonnés, même dans des tas de pierres. La femelle y pond huit à dix œufs blancs, marqués d'un rouge de sang sur le gros bout. On prend rarement au trébuchet cet oiseau, qui d'ailleurs ne sauroit vivre en captivité.

Mésange a longue queue; *Parus caudatus*, Linn., pl. 502 de Buffon, n.° 3; Borkhausen, Oiseaux d'Allemagne, cahier 15, le mâle et la femelle; Lewin, pl. 102; Graves, tom. 2.

pl. 9 ; Donovan, tom. 1, pl. 16. Cet oiseau (que les auteurs disent être nommé en Saintonge *queue-de-poëlon;* dans les environs de Verdun, *demoiselle;* dans la Sologne, *fourreau, gueule-de-four;* à Montbard, *moiniel* ou *moignel;* ailleurs, *meunière, moterat* et *monstre,* parce que ses plumes sont presque toujours hérissées), a le corps effilé, le vol rapide, et comme sa queue étagée est plus longue que son corps, on la prendroit, lorsqu'elle vole, pour une flèche qui fend l'air.

Cette mésange, que ses plumes décomposées font presque toujours paroître hérissée et plus grosse qu'elle n'est réellement, n'a que la taille d'un roitelet. Sa longueur totale est de cinq pouces deux tiers. Son bec, plus épais que celui de la mésange bleue, a la mandibule supérieure un peu crochue ; sa queue, longue de trois pouces et demi, est composée de douze pennes inégales, qui sont étagées irrégulièrement, et elle dépasse les ailes de deux pouces et demi. Comme les pennes tiennent peu et se détachent au plus léger effort, Belon lui a donné le nom de *perd-sa-queue.* Le dessus de la tête, la gorge et tout le dessous du corps sont blancs ; la poitrine est ombrée de noirâtre, et le ventre, les flancs et les plumes anales sont quelquefois teintes de rouge ; le dos, le croupion et les six pennes du milieu de la queue sont noirs, ainsi que les rémiges ; les scapulaires sont rougeâtres, et les grandes couvertures des ailes cendrées et bordées de blanc ; les pennes latérales de la queue sont blanches sur les barbes extérieures et à leur bout. La femelle a sur les yeux une bande noire qui se prolonge sur la nuque et se réunit au noir du haut du dos. On reconnoît les jeunes à de petites taches noires sur les joues et brunes sur la poitrine.

Ces oiseaux qui, dans presque toutes les contrées de l'Europe, habitent les bois et les taillis, les quittent au fort de l'hiver pour s'approcher des lieux habités, et l'on en voit alors dans les jardins et les vergers de petites troupes qui probablement ne sont composées que d'une seule famille. Ils se nourrissent d'insectes comme les diverses mésanges, et entre autres de petits scarabées. Au printemps ils construisent, à trois ou quatre pieds de hauteur et sur l'enfourchement de branches d'arbrisseaux, un nid d'une forme à peu près ovale, avec de la mousse, des lichens, de la laine, et le garnissent intérieurement de plumes. Ce nid est fermé par-dessus, et il a une ouverture latérale, quelquefois même une seconde opposée à la première, pour faciliter le placement de la queue. La femelle y pond dix à quatorze et même vingt œufs très-petits et entourés de points rouges sur un fond blanchâtre. La figure du nid et des œufs se trouve sur la planche de Donovan qui a déjà été indiquée, et sur la 26.ᵉ de Nozeman : on voit aussi les œufs seuls dans Lewin, pl. 27, n.° 5, et dans l'*Ovarium britannicum* de Graves.

Cette espèce de mésange, qui ne se prend pas aisément au trébuchet, fait entendre assez fréquemment un petit cri de ralliement *ti, ti, ti, ti,* et elle en a un autre, *guiekeg, guiekeg,* qui paroît être jeté dans les cas de dangers par le chef de la bande et qui la fait sur-le-champ disparoître.

Mésange a ceinture blanche; *Parus sibiricus,* Gmel. et Lath., pl. enl. de Buff., n.° 708, fig. 5. Cette espèce a cinq pouces de longueur. Les parties supérieures sont d'un cendré roussâtre sur le corps et nuancées de brun sur la tête; il y a sur la gorge et le devant du cou une plaque noire qui descend sur la poitrine, et est accompagnée de part et d'autre d'une bande blanche qui, partant des coins de la bouche, passe sous l'œil, et descend de là sur la poitrine, où elle forme une large ceinture; le blanc prend sur le ventre une teinte cendrée, qui devient roussâtre sur les flancs; les ailes et la queue sont d'un brun cendré, et les rémiges sont bordées de roussâtre, ainsi que les pennes extérieures de la queue, qui est longue et cunéiforme. Cet oiseau habite les parties les plus septentrionales de l'Europe et de l'Asie, et se répand en hiver dans quelques provinces de la Russie.

Mésange azurée, Temm. Cette espèce, figurée sous le nom de *parus cyanus,* Pall., dans les Nouveaux Mémoires de l'académie de Pétersbourg, t. 14, part. 1.ʳᵉ, pl. 23, n.° 2, et dans le Voyage de Lépechin, pl. 13, n.° 1, est la même que le *parus sibiensis* de Sparrman, *Mus. Carls.,* pl. 25, le *parus kujaescik,* Gmel. et Lath., et la grosse mésange bleue de Brisson, *Ornith.,* tom. 3, pag. 548. On la trouve, comme la précédente, dans le Nord de l'Europe, et, vers la fin de l'automne, au centre de la Russie; elle se rencontre aussi, mais rarement, dans la Suède, dans le Nord de l'Allemagne et en Pologne. On ne sait encore rien sur ses mœurs et ses habitudes. Sa longueur est de cinq pouces et demi; toutes les parties inférieures de son corps sont blanches, ainsi que le front, les tempes et une grande tache sur la nuque; le sommet de la tête est d'un blanc azuré; une bande d'un bleu très-foncé passe sur les yeux et entoure la tête; le dessus du corps et les pennes du milieu de la queue sont d'un bleu d'azur; les rémiges et les rectrices latérales sont bordées de blanc. La queue est longue et cunéiforme. La femelle est d'un blanc cendré sur le haut de la tête, et les teintes bleues et azurées de son plumage sont moins pures.

MÉSANGE DE NORWÈGE : *Parus Stromei*, Lath.; *Parus ignotus*, Brunn. et Gmel. Cette espèce, découverte par M. Ström, a le bec noir en-dessus, jaune en-dessous; les pieds noirs, le dessus du corps d'un vert jaune; la gorge et la poitrine tachetées de marron sur un fond de cette dernière couleur, et le ventre bleu. Muller fait aussi mention, dans le Prodrome de sa Zoologie danoise, pag. 54, n.° 284, d'une MÉSANGE A COURONNE ROUGE, *parus griseus*, Lath., qui se trouve au Groënland; mais ce dernier auteur pense que c'est le pinson huppé, *fringilla flammea*, non encore revêtu de son plumage parfait.

Les mésanges que l'on vient de décrire sont toutes, à l'exception du *parus palustris*, des oiseaux *sylvains*, qui forment la première section de M. Temminck, et les deux espèces d'Europe dont il va être question, sont les oiseaux *riverains* de la seconde.

MÉSANGE MOUSTACHE; *Parus biarmicus*, Linn. C'est cette espèce dont le mâle et la femelle sont figurés dans la 618.ᵉ pl. enluminée de Buffon, n.°ˢ 1 et 2, et le mâle seulement dans Nozeman, pl. 47; dans Lewin, pl. 123, et dans Donovan, tom. 1, pl. 1. M. Cuvier observe, dans son Règne animal, tom. 1, p. 580, que les moustaches diffèrent des mésanges proprement dites par la mandibule supérieure de leur bec, dont le bout se recourbe un peu sur l'autre. Elles ont six pouces un quart de longueur : c'est la plus grosse espèce du genre. Les deux sexes sont faciles à distinguer. Le dessus de la tête du mâle est d'un cendré clair, et il y a entre le bec et l'œil des plumes très-longues, d'un noir de velours, qui forment, de chaque côté, une sorte de moustache terminée en pointe sur la partie latérale du cou ; le derrière de la tête, le dessus du cou, le dos, le croupion et les couvertures supérieures de la queue sont roux ; la gorge et le devant du cou sont d'un blanc pur, qui prend une teinte rose sur la poitrine et le milieu du ventre ; la queue, longue de deux pouces neuf lignes et de la même couleur que le dos, est étagée et cunéiforme ; les plumes anales sont noires. Le bec est orangé et les tarses sont noirs. La femelle n'a point de moustaches ; le dessous de sa queue est de la couleur du ventre, et on ne voit pas la belle couleur de chair sur sa poitrine. Le plumage des jeunes, avant leur première mue, est presque entièrement d'un roux fort clair ; il y a beaucoup de noir sur les barbes extérieures des pennes alaires et sur les pennes caudales, et l'on observe au milieu du dos un grand espace noir, qui disparoît pour ne laisser après la mue que quelques taches longitudinales. Des variétés accidentelles sont plus ou moins tapirées de blanc et de blanchâtre.

Ces mésanges, qui habitent sur les bords de la mer Caspienne, en Suède, en Danemarck, en Angleterre, où l'on en voit toute l'année, et surtout en Hollande, ne sont que de passage dans quelques parties de la France. Elles vivent d'insectes, de graines de roseaux, et M. Baillon fils, d'Abbeville, ajoute à cette nourriture de petits limaçons aquatiques, qu'elles avalent avec leur coquille. Le même naturaliste, qui a eu occasion d'étudier les mœurs de ces oiseaux dans les environs de la ville où il habite et dont ils s'approchent quelquefois en hiver, dit qu'ils courent sur la glace dans les joncs, comme les lavandières au bord de l'eau, et qu'ils n'ont aucune des habitudes des mésanges ordinaires. Suivant Latham, ils suspendent entre trois tiges de roseaux, rapprochées les unes des autres, un nid composé de substances mollettes, de duvet, et de sommités d'herbes aquatiques desséchées, où ils pondent quatre à cinq œufs et même six à huit, selon M. Temminck, lesquels sont rougeâtres, avec des taches brunes, plus nombreuses sur le gros bout. Les mœurs de ces mésanges, qu'on appelle aussi barbues, paroissent être plus sociales que celles des autres espèces.

Mésange rémiz; *Parus pendulinus*, Linn., ou Penduline, Buff., et *Parus narbonensis*, Gmel., pl. enl. de Buffon 618, fig. 3, et 708, fig. 1, le jeune au sortir du nid. Le bec est plus grêle et plus pointu que celui des autres mésanges; elle n'a que quatre pouces un quart de longueur. Le sommet de sa tête est blanchâtre; le derrière et le dessus du cou sont cendrés. Il y a au front du mâle un bandeau noir qui se prolonge jusque derrière les yeux. Les parties supérieures du corps sont d'un gris roussâtre; la gorge est blanche, et la poitrine blanchâtre avec des nuances roses; les couvertures des ailes sont de couleur marron et bordées de roux-jaunâtre et de blanc, ainsi que les pennes alaires et caudales, qui sont noirâtres. Le noir du front est moins étendu chez les femelles, et n'existe pas chez les jeunes jusqu'à leur première mue.

Cette espèce habite en Pologne, en Russie, en Hongrie, en Allemagne, en Italie et dans tout le Midi de la France, sur le bord des étangs et le long des eaux couvertes de saules et de peupliers, dont le duvet entre dans la construction de son nid, qui a la forme d'une bourse, et est suspendu aux rameaux flexibles des arbres aquatiques, ou entrelacé dans les cannes de joncs. La femelle pond cinq à six œufs d'un blanc de neige avec quelques taches rousses, et pas plus gros que ceux du troglodyte. Ce nid, fermé de toutes parts et qui n'a qu'une ouverture latérale, ordinairement du côté de l'eau, réunit les avantages de la chaleur, de l'abri contre la pluie et de la sûreté contre les ennemis de tout genre. Cet oiseau intelligent est assez rusé pour ne donner dans aucun piége.

Mésanges étrangères.

Après avoir décrit avec quelques détails les mésanges d'Europe, on va, comme pour les merles, parler plus succinctement des oiseaux classés par les naturalistes parmi les mésanges, et qu'on a trouvés en Asie, en Afrique, en Amérique ou dans l'Australasie.

Mésange de Perse, *Parus alpinus*. Cette espèce, qui habite les hautes montagnes de la Perse, et qui a été décrite par S. G. Gmelin et par Pallas, est de la taille de notre mésange à longue queue, avec laquelle elle a de l'analogie. Son ongle postérieur est fort long et sa queue est fourchue. Les plumes des parties supérieures du corps sont noires avec une bordure cendrée, et celles des parties inférieures sont tachetées de noir sur un fond d'un rouge pâle ; une ligne blanche va du bec à la nuque ; les pennes des ailes et leurs couvertures sont noires, et celles-ci sont terminées de blanc ; il y a une tache blanche en forme de coin à l'extrémité des pennes latérales de la queue, qui est noire dans tout le reste.

Mésange amoureuse ; *Parus amatorius*, Gmel., et *Parus amorosus*, Lath. L'abbé Gallois, qui avoit apporté cet oiseau de la Chine, l'ayant communiqué à Commerson en 1769, celui-ci l'a nommé *parus erastes*, l'amoureux de la Chine, et Guéneau de Montbeillard, s'apercevant que son bec différoit par sa forme et sa longueur de celui des mésanges ordinaires, ne l'a rangé parmi ces dernières que sur la foi du naturaliste correspondant du Muséum d'histoire naturelle de Paris. Depuis, l'on n'a pas obtenu sur l'oiseau dont il s'agit d'autres renseignemens, sinon que le mâle et la femelle ne cessent de se caresser en cage jusqu'à épuisement : l'intensité de l'existence ayant nécessairement une grande influence sur sa durée, la vie de l'oiseau doit être abrégée par ces excès. La taille de cette mésange est celle de la charbonnière ; mais, comme sa queue est courte, elle n'a que cinq pouces un quart. Son bec, long de huit lignes, est noir à la base et d'un orangé vif à la pointe. La mandibule supérieure excède un peu l'inférieure, et l'on ajoute que les bords en sont légèrement échancrés. Tout le plumage est d'un noir ardoisé, à l'exception d'une bande moitié jaune et moitié rousse, qui s'étend longitudinalement sur l'aile et est formée par la bordure de quelques pennes secondaires.

Linnæus, *Syst. nat.*, édit. 12, et Latham, d'après lui,

rangent à côté de l'espèce précédente, sous le nom de *parus cela*, une mésange noire dont ils ne font pas connoître la taille, mais que le naturaliste suédois dit venir de l'Inde, et qui ne diffère de la première qu'en ce que son bec est blanc, et qu'au lieu de la simple tache jaune des ailes il y en a une pareille à l'origine de la queue, circonstances qui peuvent dépendre de l'âge ou du sexe. Montbeillard, qui a été frappé de ces rapports, cite Lepage du Pratz, comme ayant vu le même oiseau à la Guiane; mais il y a probablement une erreur dans cette citation, où, en parlant de l'auteur françois d'une histoire de la Louisiane, on renvoie à l'ouvrage anglois ayant pour titre : *Essay on the nat. history of Guyana*. L'auteur quelconque a d'ailleurs pu commettre une méprise sur le genre de l'oiseau, et cette conjecture est encore fortifiée par la circonstance que les mésanges paroissent ne pas se trouver dans l'Amérique méridionale.

Mésange de la Chine; *Parus sinensis*, Gmel. et Lath. La taille de cette espèce, qui n'est que de trois pouces un quart, ne permet pas de rapprochement à son égard : tout ce qu'on en sait, c'est que son bec est noir, que ses pieds sont rouges, que son plumage est d'un brun ferrugineux, plus pâle sur la tête et le cou, et que les pennes alaires et caudales sont brunes avec une bordure noire.

Mésange grise à joues blanches ; *Parus cinereus*, Vieill. Cette espèce, qui est représentée dans les Oiseaux d'Afrique de M. Levaillant, pl. 139, n.° 2, a été envoyée de Batavia. Elle est de la taille de la petite mésange bleue. Le dessus de la tête, la gorge, le devant du cou et la poitrine sont noirs; les joues et les oreilles sont recouvertes d'une plaque blanche. Les parties supérieures du corps sont d'un gris bleuâtre qui borde les pennes noires des ailes, dont les grandes couvertures sont terminées de blanc. Les pennes latérales de la queue sont blanches et étagées; le dessous du corps est d'un blanc rosé. Le bec est d'un gris brun; les pieds sont plombés, et les ongles noirs.

M. Vieillot regarde cet oiseau comme une variété de la Mésange noirâtre d'Afrique; *Parus afer*, Lath.

Mésange de Nankin; *Parus indicus*, Linn. et Lath. L'oiseau

ainsi nommé par Sonnerat, Voyage aux Indes, t. 2, p. 264, pl. 114, n.° 2, et que M. Virey, tom. 52, p. 550, du Buffon de Sonnini, appelle *mésange à ventre rouge brun des Indes et de la Chine*, est considéré par le dernier de ces auteurs, comme le même que celui qui est figuré dans le *Museum carlsonianum* de Sparrman, pl. 50, lequel est de la taille de la mésange charbonnière, et a le bec et les pieds bruns, les parties supérieures du corps cendrées, les pennes alaires et caudales noirâtres, et la gorge d'un blanc pâle. Il paroît toutefois que celui-ci étoit un jeune : car Sonnerat présente les couleurs de la mésange de Nankin comme plus brillantes et plus vives.

M. Cuvier regarde le *parus malabaricus*, Linn. et Lath., pl. 114 de Sonnerat, n.° 1, et le *parus coccineus* des mêmes, représentés dans Sparrman, pl. 48 et 49, sous le nom de *peregrinus*, comme des traquets ou des gobe-mouches.

MÉSANGE NOIRE D'AFRIQUE ; *Parus niger*, Vieill. Cette espèce, figurée dans l'Ornithologie de M. Levaillant, pl. 157, n.°° 1 et 2, ressemble à notre mésange charbonnière, dont elle a le ramage. A l'exception de quelques traits blancs sur l'aile et la queue, tout son plumage est noir ; le bec est de la même couleur ; les yeux sont d'un brun foncé, les pieds plombés et les ongles bruns. Chez la femelle, qui est un peu plus petite que le mâle, le noir est moins foncé, particulièrement sous le corps : et, chez les jeunes, les bordures sont nuancées de roux, le noir est plus rembruni sur le dos, et le dessous du corps est grisâtre. Pendant la nuit cette espèce se retire dans les trous d'arbres, où elle fait, avec de petits brins de bois, un nid garni intérieurement de laine, dans lequel elle pond six à huit œufs blancs. Les cantons du cap de Bonne-Espérance où elle est le plus abondante, sont les bords de la rivière Sondag et le pays des Cafres.

MÉSANGE GRISETTE ; *Parus cinerascens*, Vieill. Cet oiseau, représenté sur la 158.ᵉ pl. de M. Levaillant, est un peu plus petit que la mésange noire, dont il a d'ailleurs la forme et les caractères. Le dessus du corps est d'un gris bleuâtre, ainsi que les flancs, dont les nuances sont plus blanchâtres ;

les pennes moyennes et les grandes pennes des ailes sont
bordées de blanc; la queue est presque entièrement noire,
et ses couvertures supérieure et inférieure sont d'un gris
frangé de blanc. Le bec et les ongles sont d'un noir brun,
et les pieds sont bleuâtres.

Mésange brune a poitrine noire; *Parus fuscus*, Vieill. M.
Levaillant, qui l'a fait figurer pl. 139, n.° 1, annonce que
c'est la plus petite espèce qu'il ait rencontrée en Afrique,
et la seule qu'il ait vue dans les environs du cap de Bonne-
Espérance. La tête, le cou et la gorge sont noirs, et cette
couleur forme sur la poitrine un large plastron qui s'étend,
en se rétrécissant, jusqu'au milieu du ventre; une bande
blanche, partant du bec, sépare le noir de la gorge et du
derrière de la tête; le dessus du corps est d'un brun terreux et le dessous d'un gris roussâtre; le bec est noir; les
yeux et les ongles sont bruns.

Cette mésange habite de préférence les montagnes couvertes de rochers, et fait dans leurs cavités un nid très-
volumineux, qu'elle compose de mousse, de beaucoup de
laine et de plumes. M. Levaillant observe à son égard que
la ponte est, comme pour les mésanges européennes, d'autant plus considérable que l'espèce est plus petite, et il
ajoute que le ramage *gragra*, *gragra*, qu'elle fait entendre
lorsqu'elle éprouve de la surprise ou de la crainte, semble
être commun à toutes les espèces du même genre.

Sonnerat a décrit dans le second volume de son Voyage
aux Indes et à la Chine, pag. 106, sous le nom de *petite
mésange du cap de Bonne-Espérance*, une espèce qui est figurée
avec son nid pl. 115, et à laquelle Montbeillard a donné
le nom de Petit deuil, *Parus capensis*, Linn. et Lath. Cet
oiseau, dont le plumage est en général d'un gris cendré,
et dont les pennes alaires et caudales sont noires en-dessus,
ainsi que le bec et les pieds, place dans les buissons les plus
épais un nid en forme de boule alongée, dont l'entrée est
sur le côté, et dans lequel il y a un petit logement où se
tient le mâle pendant que la femelle couve. Mais M. Levaillant rapporte cet oiseau à son *pinc-pinc*, espèce de figuier,
qui est représenté ainsi que le nid, dont les dimensions
sont rectifiées, sur la planche 131 des Oiseaux d'Afrique.

On voit au Muséum d'histoire naturelle une mésange envoyée de *Ténériffe*, par feu Maugé, laquelle ne diffère de notre mésange bleue qu'en ce que cette couleur, plus foncée, est presque noire sur la tête.

Mésange kiskis : *Parus atricapillus*, Gmel. et Lath. Cette espèce, figurée dans l'Ornithologie américaine de Wilson, tom. 1.er, pl. 8, n. 4, porte dans l'Amérique septentrionale le nom de *kis-kis heshis*, qui a été abrégé par M. Vieillot : c'est la *mésange à tête noire du Canada*, de Brisson. On la trouve dans le Nord jusqu'à la baie d'Hudson et dans l'Ouest jusqu'au 62.e degré de latitude ; aux mois d'Octobre ou de Novembre elle se voit au centre des États-Unis, dans les bois et les vergers, où elle cherche sa nourriture au sommet des arbres, qu'elle parcourt avec une extrême rapidité, en jetant à tous momens un petit cri qu'exprime son nom. Les voyages de ces mésanges s'exécutent en automne, du nord au sud, par familles de neuf à douze individus, qui, au printemps, retournent par paires dans le Nord. C'est là qu'elles font, dans un trou d'arbre creusé par les écureuils ou les pics, un nid dans lequel la femelle pond six œufs blancs parsemés de taches rouges fort petites. Cet oiseau, long d'environ cinq pouces, a, dans son plumage, du rapport avec la nonnette cendrée, *parus palustris*, dont elle ne diffère qu'en ce que le noir de la gorge descend plus bas, que les couleurs sont plus nettes, que sa taille et sa queue sont plus longues, et qu'elle n'a ni le même genre de vie ni un cri pareil. Il n'y a point de signes propres à faire distinguer le mâle de la femelle ; mais on a remarqué que les jeunes ont le dessus de la tête d'un brun sale.

La Mésange a gorge noire, *Parus palustris*, var. Lath., dont parle Montbeillard à l'article des variétés de la petite charbonnière, et qu'il dit avoir été rapportée de la Louisiane par M. Lebeau, est un individu de l'espèce du kiskis. La figure 1.re de la planche enluminée 502 est celle d'un jeune de la même espèce.

Mésange a huppe grise : *Parus bicolor*, Linn. et Lath., pl. 18 de Wilson, fig. 5. Cette espèce de l'Amérique septentrionale, qui est longue d'environ cinq pouces et demi, et dont le bec a cinq lignes et demie, est appelée *mésange huppée de la Caroline* par Brisson et par Montbeillard, et *avingarsuk* dans le Groënland, où elle se trouve aussi, d'après Othon Fabricius, *Faun. Groenl.*, pl. 123, n.° 85. Les longues plumes, ordinairement couchées sur sa tête, ne prennent la forme d'une huppe pointue qu'au moment où l'oiseau, agité de quelque passion, les relève. Le front est teint d'une sorte de bandeau noir : toutes les autres parties supérieures du corps sont grises et les inférieures blanches avec une teinte roussâtre ; le bec et les pieds sont d'un gris plombé. Cet oiseau passe toute l'année à la Caroline et à la Virginie, où il se tient dans les forêts et vit d'insectes, particulièrement de diptères, sur lesquels, selon M. Virey, il fond d'un vol très-rapide, circonstance qui annonceroit plutôt un gobe-mouche qu'une mésange. On le trouve fréquemment dans la compagnie des *kiskis*. Le ramage du mâle est, selon Wilson, remarquable par sa variété. Sa voix, aussi foible que celle d'une souris dans certains instans, devient dans d'autres un sifflement clair et sonore, dont il fait retentir les bois, en l'accompagnant d'un mouvement d'aile précipité. Il fait son nid dans des trous d'arbres, et y pond ordinairement six œufs blancs, dont le gros bout est tacheté de rouge.

Mésange pêche ke-schisch ; *Parus hudsonicus*, Gmel. et Lath. Ce nom, donné avec une syllabe de plus par les naturels du pays que cette espèce habite, a été préféré par M. Vieillot à celui de *mésange de la baie d'Hudson*, contrée où l'on trouve un autre oiseau du même genre. Celui-ci, que Forster a décrit dans le tom. 62.ᵉ des Transactions philosophiques, p. 450, et que J. F. Muller a figuré dans son recueil *On various subjects*, pl. 21, habite pendant toute l'année les buissons de genévriers qui entourent la baie d'Hudson et dont il mange les fruits en hiver. Les mouches, surtout les moustiques et les maringouins, sont ses alimens d'été, saison pendant laquelle il fait entendre un petit gazouillement. Au printemps il construit dans les lieux les plus touffus un nid dans lequel la femelle pond cinq œufs au mois de Juin. Les plumes de cette mésange sont longues et peu serrées; le corps est d'un brun roussâtre, à l'exception du dos, qui est d'un cendré verdâtre; la gorge, de couleur noire, est entourée d'une bande blanche, qui s'étend jusque sous les yeux; la queue est arrondie et longue de deux pouces et demi : l'oiseau entier n'en a guères plus de cinq.

L'oiseau représenté sur la planche enluminée de Buffon, 708, n.º 2, sous le nom de *mésange huppée de Cayenne*, et décrit sous celui de *roitelet mésange*, est le tyranneau huppé de M. Vieillot, *sylvia elata*, Lath.

Mésange a grosse tête; *Parus macrocephalus*, Lath. On trouve, près de la baie de la Reine Charlotte dans la Nouvelle-Zélande, cet oiseau, que les naturels nomment *mirro mirro*, et dont Latham a donné une figure pl. 55 de son *Synopsis*. Il n'a guères plus de quatre pouces de longueur; mais sa tête, couverte de plumes longues, effilées et très-garnies, paroit d'une grosseur disproportionnée avec sa taille. Son plumage ne présente que trois couleurs : le front est blanc, ainsi qu'une large bande sur les ailes, et la même couleur règne sur la presque-totalité des trois pennes latérales de la queue; le dessous du corps est d'un jaune orangé, plus foncé sur la poitrine et plus foible sur les parties inférieures; le reste du corps est noir; le bec, très-petit, est jaunâtre, et les pieds sont noirâtres. La femelle est d'un brun pâle sur le corps, jaune en-dessous, et elle a les pennes de la queue noirâtres. On a trouvé dans l'île de Norfolk une petite variété dont la poitrine est d'un beau rouge.

Mésange rouge-cendrée de la Nouvelle-Zélande; *Parus Novæ Seelandiæ*, Lath. Cette espèce, qui habite aux environs de la baie Dusky, et que les naturels appellent *toé-toé*, a cinq pouces de longueur. Le bec, brun à sa base et noirâtre à son extrémité, n'a pas plus de trois lignes; le front est roux; les sourcils sont blancs; le dessous des yeux et les côtés de la tête sont cendrés; les parties supérieures du corps offrent un mélange de cendré, de brun et de rouge; on voit une tache carrée, brune, au milieu des pennes latérales de la queue; le dessous du corps est d'un gris roux, et les pieds, longs d'un pouce, sont noirâtres.

Il y a certainement plusieurs des oiseaux ci-dessus décrits sous le nom de mésange qui n'appartiennent pas à ce genre ; mais, dans l'état de la science, ce sera contribuer a simplifier le travail d'une monographie plus précise, que d'indiquer comme synonymes un certain nombre de dénominations propres à embrouiller encore la matière.

L'oiseau appelé *Mésange américaine* est la fauvette des pins. — La *Mésange de Bahama*, de Catesby, est le guit-guit sucrier. — La *Mésange barbue* est la mésange moustache, dont il est question dans Albin sous le nom de mésange barbue de Jutland. — La *Mésange coiffée, à bouquet* ou *à panache*, est la mésange huppée. — La *Mésange brûlée* est la mésange charbonnière. — La *Mésange à collier* et la *Mésange au capuchon noir*, de Catesby, sont la fauvette mitrée. — La *Mésange cendrée* et la *Mésange grise à gorge jaune*, sont aussi des fauvettes. — La *Mésange jaune* de Catesby, pl. 63, est la fauvette tachetée rougeâtre. — La *Mésange du Languedoc* est la femelle ou un jeune de la mésange rémiz. — La *Mésange de montagne* est, dans Albin, la mésange rémiz, et la *Mésange de montagne de Strasbourg* est la petite charbonnière. — La *Mésange noire à tête dorée* d'Edwards est le manakin à tête d'or. — La *Mésange de Pologne* est le rémiz. — La *Mésange pinson* de Catesby est la fauvette à collier. — La *Mésange de roseaux* est une dénomination donnée aux mésanges moustache, rémiz et à longue queue. — La *Mésange à tête de faïence* est la mésange bleue. — La *Mésange à tête noire* est la Mésange petite charbonnière. — La *Mésange à ventre rouge-brun des Indes et de la Chine* est la mésange de Nankin. — La *Mésange de Virginie* est une fauvette à croupion jaune. — La *Mésange crêtée* ou *chaperonnée* est, chez Salerne, la mésange huppée. — La *Mésange à croupion écarlate* est la fauvette à croupion rouge. — La *Mésange à croupion jaune* de Catesby est la même. — La *Mésange dorée* d'Edwards est le tangara téité. (**Ch. D.**)

MESAPUS. (*Crust.*) Genre de crustacés décapodes macroures, établi par M. Rafinesque sur une espèce de Sicile. Voyez l'article Malacostracés, tome XXVIII, p. 212. (**Desm.**)

MESAR. (*Ornith.*) Nom donné en suédois à la fauvette grise ou grisette, *motacilla sylvia*, Linn., et *sylvia cinerea*, Lath. (**Ch. D.**)

MESCH. (*Mamm.*) Nom du bélier ou mâle entier du mouton, en Syrie. (Desm.)

MESCHAT-EL-GHORAH. (*Bot.*) Noms arabes d'une espèce d'adiante, *adiantum incisum*, que Forskal a découverte dans l'Arabie heureuse. (Lem.)

MESELLEHA. (*Bot.*) Nom arabe de la morelle ordinaire, *solanum nigrum*, suivant Forskal, qui dit aussi qu'elle est nommée *enabeddih* dans l'Égypte. (J.)

MESEMBRYANTHEMUM. (*Bot.*) Voyez Ficoïde. (Poir.)

MESEMBRYANTHUS, MESEMBRIUM. (*Bot.*) Voyez Gazoul. (J.)

MÉSANGE. (*Ornith.*) On donne vulgairement ce nom et celui de *mésengère* à la grosse mésange ou mésange charbonnière, *parus major*, Linn. (Ch. D.)

MÉSENGLE. (*Ornith.*) Ce nom et celui de *mesingle* sont donnés en Picardie aux mésanges, et particulièrement à la mésange charbonnière, *parus major*, Linn. (Ch. D.)

MESENTERICA. (*Bot.*) Genre de plantes cryptogames, de la section des *byssus*, dans la famille des champignons. Il comprend des champignons rampans, gélatineux, à veines rameuses, jointes par des membranes très-minces. Ils forment, sur les vieux bois, les murs des caves, etc., des pellicules ou expansions fines, délicates, souvent d'un grand développement, jaunes, bleues ou blanches, et qui, par la disposition des veines, ressemblent au mésentère, membrane qui enveloppe les intestins.

Le M. jaune : *M. lutea*, Pers., *Syn. fung.*, p. 706 ; *M. tremelloides lutea*, Tode. *Fung. Meckl.*, 1, pl. 2, fig. 12. Remarquable par sa couleur jaune-citron ou orangée, il ressemble d'abord à du moisi, et recouvre les branches tombées des arbres : bientôt les veines paroissent, se développent, et leurs dernières ramifications sont réunies par des membranes gélatineuses, verdâtres ou couleur de soufre.

Le M. bleu : *M. carulea*, Pers. : *M. tremelloides*, β, Tode. Il diffère du précédent par sa couleur bleue, glauque.

Le M. argenté : *M. argentea*, Pers., *Synops.* : *Hypha argentea*, Pers., *Mycol. Europ.*, 1, 64 : *Byssus parietina argentea*, Dec., Fl. fr. ; *Corallo-fungus argenteus*, Vaill., Par., p. 41, t. 8, fig. 1. C'est l'espèce qui prend le plus de développement, ayant jusqu'à un pied de diamètre : elle forme des plaques d'un blanc d'argent, semblables à du drap, et dont les veines sont plus renflées et les bords frangés. On la trouve sur les vieilles poutres. M. Persoon pense (Champignons comestibles) qu'on doit la rapporter au genre *Himantia*.

Il ne paroît pas que le *Mes. lutea* d'Albertini et Schweinitz soit le même que le *M. lutea* de Persoon. Il est le type du genre *Ozonium* de Link, qui regarde toutes les autres espèces de *mesenterica* comme les premiers développemens de champignons plus parfaits, de la division des *gastromyciens*, et particulièrement des *craterium*, division du genre *Telephora*. Nées, sans adopter cette opinion, se borne à rapprocher le *mesenterica* du *telephora*. Albertini et Schweinitz ont fait connoître encore les *M. grisea* et *sanguinolenta*, et Fries a décrit le *M. erysibe*. Cet auteur avoit d'abord cru devoir considérer le genre *Mesenterica* tout entier comme une division du *Merulius* (*Obs. mycol.*, 1, p. 101); mais bientôt il a reconnu le peu d'affinité qu'il y avoit entre ces deux genres, et les a séparés de nouveau (*Syst. mycol.*). M. Persoon, dans le premier volume de sa Mycologie d'Europe, place le *M. argentea* dans son genre *Hypha*, et des autres espèces il forme, sous le même nom de *mesenterica*, une division de son genre *Phlebomorpha*. (I.EM.)

MÉSÉRÉON. (*Bot.*) Voyez MÉZÉRÉON. (L. D.)

MESHATT. (*Ornith.*) Nom suédois de la mésange huppée, *parus cristatus*. Linn. (CH. D.)

MESI. (*Bot.*) Nom brame d'un rossolis, *drosera indica*, qui est l'*araka-puda* du Malabar. (J.)

MESIÆ, MEJSJÆ. (*Bot.*) Noms du chêne rouvre, *quercus robur*, aux environs de Constantinople, suivant Forskal. (J.)

MÉSIER; *Meesia, Walkera*. (*Bot.*) Genre de plantes dicotylédones, à fleurs complètes, polypétalées, de la famille des ochnacées, de la *pentandrie monogynie* de Linnæus; offrant pour caractère essentiel : Un calice à cinq folioles persistantes; cinq pétales; cinq étamines; un ovaire supérieur, à cinq lobes; un style; un fruit composé de cinq drupes uniloculaires, monospermes.

Le nom de *meesia*, appliqué par Gærtner à ce genre, a été

remplacé par celui de *walkera* par Willdenow, le premier ayant été employé depuis pour un genre de mousse que M. de Beauvois a nommé *Amblyodium*.

MÉSIER DENTÉ : *Meesia serrata*, Gærtn., *de Fruct.*, 1, tab. 70 ; Lamk., *Ill. gen.*, tab. 143 ; *Walkera serrata*, Willd., *Spec.*, 1, pag. 1145 ; *Tsja-catti*, Rheed., *Hort. malab.*, 5, pag. 93, tab. 48. Arbrisseau toujours vert, dont la tige est grêle, haute d'environ douze pieds : sa racine est amère, aromatique : son bois blanchâtre ; l'écorce de couleur rousse ; les feuilles alternes, médiocrement pétiolées, ovales, alongées, aiguës, fermes, un peu épaisses, dentées en scie, luisantes, d'un vert sombre, d'une saveur amère. Les fleurs sont jaunâtres, et forment, à l'extrémité des rameaux, des espèces de cimes en ombelle ; elles ont peu d'odeur. Le calice est un peu coloré de rouge et de jaune, à cinq folioles lancéolées ; la corolle un peu plus longue que le calice ; les pétales lancéolés ; les étamines de moitié plus courtes que les pétales ; les filamens arqués ; les anthères petites et arrondies ; le style sétacé, de la longueur des étamines. Le fruit consiste en cinq drupes réniformes, disposés circulairement, écartés les uns des autres, d'abord rouges, puis de couleur brune, d'une saveur amère, un peu acide. (POIR.)

MÉSINGLE. (*Ornith.*) Voyez MÉSANGE. (DESM.)

MESK. (*Mamm.*) L'un des noms russes des mulets. (DESM.)

MESKEH. (*Bot.*) L'ivette, *iva moschata* des anciens, *teucrium iva* de Linnæus, *ajuga iva* de Schreber, est ainsi nommée chez les Arabes, au rapport de M. Delile, à cause de son odeur musquée. Il cite le même nom pour l'aurone, *artemisia abrotanum*, qui est nommée *msæka* et *semsak* par Forskal. (J.)

MESLIER. (*Bot.*) Nom commun au néflier et à une variété de vigne. (L. D.)

MESLIER ÉPINEUX. (*Bot.*) Ancien nom du houx. (L. D.)

MESLIER, MESPLIER. (*Bot.*) Noms vulgaires anciens du néflier, dont le fruit étoit nommé *mesle*, *mesple*, suivant Daléchamps. Voyez aussi MESPOULIÉ. (J.)

MESOGLOIA. (*Bot.*) Genre de la famille des algues, section des nostochs, établi par Agardh, et adopté par Lyngbye, qui le caractérise ainsi : Fronde filiforme, rameuse, géniculée, plus compacte dans le centre, d'où partent de petits fils horizontaux, rameux, qui offrent, dans leurs aisselles, des capsules ou conceptacles semblables aux vésicules qu'on observe dans les sertulaires.

Le caractère essentiel de ce genre est pris dans la consistance plus compacte de la partie centrale de la fronde : c'est ce que l'on a voulu exprimer par le nom de *mesogloia*, qui, en grec, signifie *milieu glutineux*. Ce genre, voisin des *Chæto-phora*, a également des rapports avec le genre *Thorea*.

Le Mesogloia vermicularis, Agardh, *Syn. alg.*, p. 126, et Lyngb., *Tent. hyd. Dan.*, pl. 65, est la seule espèce de ce genre. Ses frondes ont cinq pouces de longueur ; elles sont filiformes, larges d'une ligne et demie environ, vertes dans leur jeunesse, puis brunes, rameuses, dichotomes vers le haut ; les filamens qui naissent de leur centre glutineux, sont horizontaux, assez denses, rameux à l'extrémité, à rameaux fasciculés, étalés, flexueux, dans les aisselles desquels on observe des capsules ou conceptacles elliptiques, sessiles, bruns, semblables, à l'œil nu, à des points enfoncés dans la fronde.

Cette plante a été observée, sur les côtes de Norwége et de la province de Nordland, fixée aux fucus. (Lem.)

MÉSOLITHE. (*Min.*) M. Fuchs et d'autres minéralogistes ont regardé ce minéral comme distinct de la mésotype, et par sa forme primitive, dont les angles diffèrent d'environ un degré, et par sa composition qui donne de la chaux et point de soude, tandis qu'on trouve de la soude et point de chaux dans la mésotype. Nous laissons la mésolithe avec cette dernière espèce, jusqu'à ce qu'on nous ait fait connoître des caractères distinctifs, ou plus importans, ou plus sûrs. Voyez Mésotype. (B.)

MÉSOMÉLAS. (*Mamm.*) Nom formé du grec et appliqué par les naturalistes nomenclateurs au chacal du cap de Bonne-Espérance. (Desm.)

MESOMPHIX. (*Conchyl.*) C'est le nom générique sous lequel M. Rafinesque, Journ. de phys., t. 88, p. 425, propose de réunir les espèces d'hélices qui ont une coquille largement ombiliquée en-dessous, les tours de spire étant visibles en partie. Voyez Hélice. (De B.)

MESOPUS (*Bot.*), c'est-à-dire, *pied central* en grec : expression employée par Fries pour désigner les tribus de ses genres *Cantharellus* (voyez MERULIUS), *Polyporus*, *Hydnum*, *Thelephora*, qui comprennent des champignons dont le stipe est central. (LEM.)

MESORO. (*Ichthyol.*) En Italie, et surtout à Rome, on appelle ainsi le blennie lièvre-de-mer. Voyez BLENNIE. (H. C.)

MESOSPHÆRUM. (*Bot.*) Le genre de plante ainsi nommé par P. Browne, a été réuni à la ballote par Linnæus, sous le nom de *ballota suaveolens*. Plus récemment, M. Poiteau a rapporté ces plantes à l'*hyptis*, dans sa monographie de ce dernier genre. Très-anciennement Pline citoit sous le nom de *mesosphærum* une espèce de nard à petites feuilles. (J.)

MÉSOTHORAX. (*Entom.*) M. Audouin nomme ainsi la 2.e partie du corselet, qui supporte les ailes supérieures et la paire de pattes intermédiaires. (C. D.)

MÉSOTYPE. (*Min.*) Malgré les nombreux et profonds travaux de M. Haüy sur ce minéral, on n'en connoit pas encore avec certitude les vrais caractères distinctifs. L'incertitude qu'on éprouve pour déterminer ce qui est réellement de la mésotype, de ce qui pourroit appartenir à une autre espèce, vient de la nature du sujet, et surtout de ce que les minéralogistes qui ont cherché à en étendre ou à en compléter l'histoire, ne sont pas partis des mêmes principes et n'ont pas attaché aux différences le même degré d'importance : d'où il résulte que, sans augmenter réellement la masse de nos connoissances sur cette pierre, ils ont embrouillé son histoire.

Nous allons tâcher, non pas de la rendre complète et certaine, cela ne peut être que le résultat d'un travail expérimental physique, géométrique et chimique, fait avec soin et précision sur tout ce qu'on a appelé mésotype : mais de distinguer dans cette histoire ce qui est bien su et ce qui peut être regardé comme certain, de ce qui est ou vague ou incertain.

Nous devons d'abord établir quels seront les minéraux que nous regarderons comme mésotypes, et par conséquent quels seront les caractères essentiels que nous attribuerons à cette pierre. Nous ne pouvons prendre à cet égard un guide plus sûr que celui que nous suivons habituellement.

La Mésotype de Haüy a pour caractères essentiels les propriétés géométriques et physiques et la composition suivantes :

Ses cristaux ont pour forme primitive un prisme droit, à base rhombe, dont les angles sont de 93^d $22'$ et 86^d $38'$, et dont un des côtés est à peu près double de la hauteur ; d'où il résulte que le clivage parallèle aux bases est difficile à exécuter avec netteté, tandis que celui qui est parallèle aux pans s'opère assez aisément. Ce prisme se subdivise, suivant ses diagonales, en prismes triangulaires. Les joints parallèles à ces divisions, plus nets que ceux de la base, le sont moins que ceux qui sont parallèles aux pans.

Ces caractères déterminent cristallographiquement la mésotype et les variétés cristallisées qui doivent y être rapportées.

La composition résultant des dernières analyses faites sur des échantillons cristallisés de mésotypes dérivant de la forme primitive ci-dessus, déterminera chimiquement les variétés non cristallisées.

Nous n'avons pas beaucoup d'analyses de cette espèce. Nous choisirons les suivantes.

	Soude.	Alumine.	Silice.	Eau.	Fer, etc.	
Mésotype de l'Auvergne, remise par M. Haüy..	17	27	49	9.5	....	Smithson.
Mésotype natrolite de Hohentwiel........	16.5	24.2	48	9	1.5	Klaproth.
Mésotype du Tyrol.....	15.7	24.8	48.6	9.6	....	Fuchs et Gehlen.

Telles seront les vraies et seules mésotypes. dans lesquelles on reconnoîtra encore la plupart des propriétés distinctives que nous allons énumérer.

La mésotype est plus dure que la chaux fluatée. Elle raie facilement et cette substance et même le verre ; mais elle est moins dure que la chaux phosphatée.

Sa pesanteur spécifique est de 2,1.

Elle jouit de la réfraction double.

30.

Plusieurs de ses cristaux sont pyro-électriques; mais, comme on n'en a pas encore vu qui possédassent les deux sommets, on ne sait point quelles différences ces sommets présentent entre eux. Le sommet libre manifeste ordinairement l'électricité vitrée. Enfin, cette pierre est très-souvent phosphorescente par frottement.

La mésotype, tant cristallisée que fibreuse, réduite en poudre et mise dans environ le triple de son volume d'acide nitrique, y forme très-promptement une gelée solide semblable à de la gelée animale; et si ce caractère chimique ne lui est pas tout-à-fait particulier, il s'y montre avec plus de facilité ou de développement que dans aucun autre minéral.

Enfin, exposée à l'action du chalumeau, même en fragmens assez volumineux, elle s'y boursouffle considérablement avant de se fondre.

Variétés de formes.

M. Haüy n'en admet que deux dans la mésotype, telle qu'il l'a caractérisée.[1]

1. La Mésotype pyramidée, M B.

C'est la plus commune.

2. La Mésotype sexoctonale, M'G' B.

Il y rapporte la pierre nommée scolésite par MM. Fuchs et Gehlen.

Variétés principales.

C'est dans ces variétés que nous allons placer, en les distinguant soigneusement, et les vraies mésotypes d'Haüy et les autres minéraux, ou qu'on en a séparés, ou qu'on y a réunis peut-être à tort.

1. Mésotype zéolithe.[2]

Elle se présente en masse compacte ou cristalline, ou en cristaux prismatiques, réunis ordinairement en rayons diver-

---

1 Les variétés *primitive* et *épointée* sont des apophyllites. M. Léman l'avoit déjà présumé et même indiqué.

2 Le nom de zéolithe a été donné à ce minéral par Cronstedt, et on eût dû le respecter. Il est vrai qu'il s'appliqua bientôt à des minéraux très-différens comme espèce; mais ce motif ne suffisoit pas pour changer un nom ancien, sonore, et qui exprimoit une propriété assez

gens, ayant l'éclat vitreux, la cassure perpendiculaire à l'axe raboteuse, et offrant presque exclusivement les formes pyramidées.

Cette variété comprendra *seulement* les mésotypes qui renferment de la soude, et point sensiblement de chaux.

Ses couleurs sont le limpide, le blanc de lait, qui est sa couleur la plus habituelle, et le blanc rosâtre ou même rougeâtre. Cette dernière, qui est en outre presque compacte ou fibreuse radiée, a été nommée *crocalite*, et se trouve principalement dans le Vicentin. [1]

Elle renferme plusieurs sous-variétés, dues à l'agrégation, soit de ses cristaux, soit de ses parties.

M. zéolithe bacillaire.

En baguettes cristallines souvent assez volumineuses. D'Auvergne, de Fassa en Tyrol.

M. zéolithe aciculaire.

En fibres déliées, serrées les unes contre les autres, et formant des masses en sphéroïde, dont la structure est radiée et la forme extérieure mamelonnée.

C'est la plus commune des variétés : néanmoins, à l'exception de celles d'Auvergne, nous serions embarrassés d'en citer d'autres qui soient authentiques ; car il paroit que celle de Féroë, qui est la plus anciennement répandue dans les collections, n'appartient pas à la variété principale que nous décrivons.

M. zéolithe capillaire.

En cristaux filamenteux, capillaires, convergens, droits, mais à peine agrégés, et tout-à-fait libres à leur extrémité divergente.

Elle est ordinairement blanche, mais il y en a aussi de grise et de fauve. Romé de Lisle a cité cette dernière.

---

remarquable. Il falloit le réserver pour une seule et pour la plus ancienne de ces espèces. Néanmoins l'illustre minéralogiste qui a usé de son ascendant pour opérer ce changement, a une si puissante influence qu'on est obligé de s'y soumettre.

[1] Je doute que ce soit de la mésotype : aucune des variétés rouges qu'on rapporte à cette espèce, ne fait gelée dans les acides, tandis que toutes les vraies mésotypes jouissent à un haut degré de cette propriété.

Elle est tantôt *filamenteuse*, lorsque ses fibres sont très-déliées et très-distinctes ; et tantôt *floconneuse*, lorsque ses fibres, plus courtes. sont comme mêlées et serrées irrégulièrement les unes contre les autres. Elle présente des masses *stalactitiques*, qui semblent avoir été formées par voie de concrétion. Ce sont en effet des espèces de cylindres agrégés. à surface cristalline, à structure fibreuse : les fibres divergent d'un axe qui est formé de terre verte ou chlorite. analogue à celle qui tapisse la cavité dans laquelle ces concrétions se sont formées.

Ces variétés viennent de Norwége et de Féroë.

M. zéolithe compacte.

En masse presque compacte ; offrant encore des indices d'une structure fibreuse, radiée, mais souvent altérée.

Blanc et blanchâtre, jaunâtre, rougeâtre.

La pierre rougeâtre du Vicentin, qu'on regarde comme une mésotype compacte, ne me paroît pas appartenir à cette espèce. Elle ne fait point gelée dans les acides, caractère commun à toutes les vraies mésotypes. La vraie mésotype compacte est blanche, a un éclat soyeux dans sa cassure, et présente ces ondulations qui indiquent la cristallisation confuse d'un minéral fibreux : elle n'est alors que de la mésotype fibreuse, à fibres fines, courtes et assez serrées pour recevoir le poli.

Les mésotypes zéolithes se trouvent dans presque tous les pays où il y a des terrains basaltiques ou trappéens. Les plus célèbres par la beauté ou l'abondance des échantillons qu'ils fournissent aux collections de minéralogie sont :

En France : l'Auvergne. au lieu dit le Puy-de-Marmant, où la mésotype se présente en groupes cristallisés d'un volume remarquable, dans les cavités d'un basalte souvent très-solide. et dans les environs de Vayre, de Gergovia, de Saint-Sandoux, et dans quelques parties du Vivarais.

Dans les îles britanniques : en Angleterre, dans le trapp décomposé de Pouk-Hill ; dans le Staffordshire : — en Écosse, et dans ses îles, notamment à Talisker ; dans l'île de Sky et dans celles de Mull, de Staffa, d'Arran : — en Irlande, près de Belfast et dans la contrée d'Antrim. — En Islande sur les côtes de Dyrefiord ; dans l'ile de Féroë. Ce dernier lieu est célèbre depuis long-temps par les masses de mésotypes rayonnées qu'on y trouve.

Au Groënland, dans la montagne d'Akiarut et dans la vallée de Koorsoak ; dans l'ile de Disko.

En Suède, au Gustaveberg.

En Italie, dans le Vicentin ; et en Sicile près de Catane, dans les iles Cyclopes, à Lipari, etc.

Dans les Alpes du Tyrol, sur la montagne nommée le Seisser-Alpe.

En Allemagne, au Kaiserstuhl en Brisgau.

En Hongrie, à Kieskuhl, près Schemnitz.

On a trouvé aussi la mésotype dans l'Amérique septentrionale, et M. Cléaveland en cite de nombreux exemples, notamment près de Baltimore, de Philadelphie ; dans le New-Jersey, près de Newyork ; près de Newhaven, dans le Connecticut ; à Deerfield, dans le Massachussets. Nous y reviendrons au paragraphe *du Gisement*.

2. Mésotype natrolithe.

Elle est jaunâtre, présentant des masses à structure fibreuse, à fibres déliées, divergentes, terminées en mamelons ; elles sont ornées, dans leur intérieur, de zones concentriques d'un jaune-roussâtre de différentes nuances.

Elle se trouve en filons dirigés dans toutes sortes de sens et se croisant sous toutes sortes d'angles dans une eurite (ou phonolite) porphyrique, de la colline conique de Hohentwiel en Souabe, non loin de Schaffhausen.

On dit qu'on a trouvé cette variété en Écosse dans la montagne de Blin, près de Burnt-Island, et dans les iles de Mull et de Canna ; en Bohême ; à Marienberg et à Hauerstein, dans le cercle d'Ellbogen, dans des roches semblables à celle de Hohentwiel.

3. Mésotype scolésite.

Les minéraux renfermés dans cette variété appartiennent, suivant M. Haüy, à la mésotype par leur forme fondamentale ; mais ils en différent par la composition essentielle, puisqu'ils contiennent de la chaux en quantité considérable, qui remplace même quelquefois entièrement la soude.

	Soude.	Chaux.	Alumine.	Silice.	Eau.	
Scolésite de Féroë, d'Islande, de Staffa.	. . . . . .	14.2	24.8	46.7	13.6	Fuchs et Gehlen
— de Pargas.	. . . . . .	14.2	27.7	46.5	13.6	Nordenskiold.
Mésotype de Féroë.	. . . . . .	9.6	29.3	50.2	10	Vauquelin. Klaproth donne presque le même résultat.
Mésolithe de Pargas.	5.4	9.8	26.5	45.8	12.3	Berzelius.
— d'Islande. . .	5.4	9.8	25.9	47	12.3	Fuchs et Gehlen.
— de Bohême.	7.6	7	27.5	44.5	14	Freissmuth.

La scolésite cristallisée présente la variété de forme à laquelle M. Haüy a donné le nom de *seroctonale*.

Son éclat est peut-être encore plus vitreux que celui des zéolithes, et suivant les naturalistes, qui regardent ce minéral comme une espèce particulière, il offriroit les autres différences suivantes.

Il est assez dur pour rayer le verre. Sa pesanteur spécifique est de 2,2.

La scolésite, telle que nous la déterminons ici, seroit celle de Thomson, ou la *mésolithe* de Fuchs et Gehlen, et présenteroit, suivant ces naturalistes, quelques différences dans la valeur des angles des rhombes : ils attribuent à l'angle obtus $91^{d} 22'$, et à l'incidence d'un pan des prismes sur une des faces de la pyramide du dodécaèdre, $117^{d} 10'$, au lieu de $116^{d} 32'$. Il faudroit que ces observations fussent répétées d'une manière pour ainsi dire contradictoire, pour savoir quelle conséquence on peut en tirer, et si réellement la valeur des angles change dans cette mésotype de Haüy en même temps que la composition.

La scolésite de Thomson se trouve dans les îles hébrides à Staffa ; elle se trouve aussi en Islande, à Féroë, à Pargas en Finlande, et en Tyrol. [1]

---

[1] Nous nous sommes bien expliqués sur ce que nous entendons ici par *scolésite*. La forme très-voisine de celle de la mésotype, si elle n'est pas la même, et la composition, la déterminent. Elle nous paroît

4. Mésotype farineuse.

Elle a l'aspect mat et terreux, avec la blancheur opaque qui appartient à la mésotype; ou bien elle recouvre la surface de groupes cristallins de mésotypes, ou bien elle conserve encore la forme prismatique qui est caractérisque de cette espèce. Quelquefois elle est dans un état complet de désagrégation, et ne conserve plus aucun caractère des mésotypes. Elle paroît être dans tous les cas le résultat d'une altération de ce minéral, non-seulement dans son agrégation, mais même dans sa composition, comme le kaolin l'est à l'égard du felspath. En effet, on y trouve plus de soude, et la mésotype farineuse des iles d'Écosse, de Féroë, etc., analysée par M. Hisinger, a indiqué la composition suivante :

        Chaux   8
        Alumine 15.6
        Silice. 60
        Perte au feu. 11.6

On cite la mésotype farineuse en Islande, à Féroë; en Écosse, à Tantallon-Castle dans le Lothian oriental, et dans ses iles; en Suède, en Dalécarlie, dans la paroisse de Stora, Kopparberg, etc. On en cite aussi de rouge à Edelfors en Suède et dans le Vicentin; mais, à moins qu'elle n'ait conservé sa forme originaire, il est plus convenable de la rapporter à la stilbite rouge, car cette couleur paroît plus essentielle à la stilbite qu'à la mésotype. Néanmoins Retzius, qui a analysé celle d'Edelfors, et qui l'a trouvée composée presque exactement comme celle des iles d'Écosse, analysée par M. Hisinger, assure qu'elle fond au chalumeau en bouillonnant à la manière des mésotypes, et qu'elle fait, comme elles, gelée dans l'acide nitrique.

être la même chose que la mésolithe et le *needlestone* de Fuchs et de Thomson : nous n'osons cependant assurer que les lieux cités lui conviennent tous; mais le minéral désigné sous le nom de *skolesite* de Fuchs par M. Philipps, et qu'il rapproche du thomsonite, nous paroit trop différent par la valeur de ses angles, par la symétrie de ses formes secondaires et même par sa composition, pour appartenir à la mésotype actuelle, et il paroit qu'il y a ici quelque confusion. C'est avec des échantillons nombreux et bien étudiés qu'on la détruira plutôt qu'avec de longues dissertations.

Manière d'être et gisement.

La mésotype présente, dans sa manière d'être, une constance fort remarquable, et qui prouve que ce n'est point au hasard que les minéraux doivent les généralités qu'ils offrent sous ce rapport; mais qu'ils doivent souvent leur disposition dans le sein de la terre, à l'influence que la nature et la structure des corps au milieu desquels ils se forment, ont sur leur composition.

Ainsi la mésotype qui, par une première influence des dimensions de ses molécules, cristallise toujours en prismes très-alongés dans le sens de leur axe, et quelquefois tellement alongés qu'ils dégénèrent en aiguilles longues et déliées; la mésotype, dis-je, ne s'est jamais présentée qu'en cristaux implantés sur les parois des cavités des roches dans lesquelles on la trouve. On n'a peut-être jamais trouvé ces cristaux disséminés dans la masse même de ses roches, comme s'y rencontrent l'amphigène, le pyroxène, le felspath, le grenat et tant d'autres minéraux, qui indiquent par là que leurs molécules se sont réunies au milieu même de la masse pâteuse de la roche, et que le tout s'est solidifié en même temps : aussi ces minéraux renferment-ils souvent dans leur intérieur des portions même de la roche.

La mésotype, au contraire, paroît avoir tapissé de ses cristaux les parois des cavités déjà ouvertes dans les roches et devenues mêmes solides à l'époque où ils s'y sont formés. Il suffit d'examiner la manière dont ils tapissent ces cavités, dont ils sont attachés à leurs parois, lors même qu'ils les ont entièrement remplies, pour se convaincre, comme nous venons de le dire, que les cavités étoient formées lorsque la mésotype y a cristallisé.

Aussi est-ce une circonstance reconnue par tous les géologues, et ce n'est pas ici qu'est la dissidence dans leur opinion : mais les uns ont avancé que la mésotype pouvoit s'être déposée dans les cavités de ces roches à l'époque où elles étoient encore liquides. La nature évidemment volcanique de la plupart des roches qui renferment de la mésotype, ne permet pas de concilier la haute température qu'on doit y admettre avec la facile fusibilité de cette espèce et avec l'eau qu'elle contient si abondamment. Aussi cette opition paroît-elle entièrement abandonnée; mais il me semble qu'en l'abandonnant on s'est jeté dans une erreur opposée, en supposant que les mésotypes avoient été déposées dans les cavités des roches basaltiques et des laves par une infiltration postérieure à leur solidification, et qui pouvoit se continuer encore. Outre qu'on n'a aucune preuve qu'il se forme actuellement, ni dans les cavités des roches, ni dans celles des filons, aucun dépôt minéral autre que des stalactites de calcaire rhomboïdal, et qu'on ne peut par conséquent se fonder sur aucune analogie déduite de l'observation pour établir cette hypothèse, on ne connoit aucun agent chimique qui ait la propriété de former dans des basaltes solides une pierre où la soude, l'alumine et la silice soient si intimement unies. En supposant une semblable combinaison toute formée dans le basalte, on ne connoit dans la nature actuelle aucun agent capable de dissoudre une semblable combinaison pour la transporter à travers la masse compacte des basaltes et des laves, et pour la faire cristalliser dans des cavités qu'elle remplit quelquefois presque entièrement.

Il nous paroît plus vraisemblable que cette combinaison et cette cristallisation se sont faites à la même époque que la consolidation même de la roche, lorsque leur masse, en se refroidissant ou en se solidifiant, a, pour ainsi dire, déterminé l'agrégation des molécules de chaque espèce minérale dans la place que la nature de chacune d'elles lui assignoit, et que c'est à peu près à l'époque de la consolidation générale de ces masses que les groupes de mésotype ont dû se former dans les cavités et fissures des roches basaltiques. L'adhérence puissante de ces groupes de cristaux sur les parois, et surtout leur pénétration mutuelle, semblent montrer, autant qu'il est possible de le faire, ce mode de formation.

La mésotype ne se présente donc ni comme partie constituante des roches qui la renferment, ni en filons dans ces roches : par conséquent, sans avoir été amenée du dehors et déposée dans les cavités de ces roches long-temps après leur consolidation, elle n'a pas non plus été formée en même temps qu'elles, comme l'ont été par exemple les cristaux de felspath, qui font partie essentielle du porphyre, etc.; mais sa formation nous paroît avoir suivi de si près la consolidation de la roche, qu'on peut la considérer, en géologie, comme de même époque de formation qu'elle.

Or, comme c'est dans les eurites porphyriques, les trappites, les spilites, les cornéennes, les vakites, les basanites tant compactes que celluleux, que se trouvent les différentes variétés de mésotypes, et que ces roches sont regardées comme appartenant aux terrains pyrogènes anciens ; c'est aussi à cette époque, c'est-à-dire à celle des terrains volcaniques de la formation trappéenne, qu'il faut rapporter en général celle de la plupart des mésotypes. Elles y sont accompagnées toujours à peu près des mêmes minéraux, d'analcime, de stilbite, d'apophyllite, de chabasie, de calcaire spathique, de calcédoine et de chlorite baldogée. La mésotype recouvre presque toujours ces minéraux et notamment la chlorite.

Dolomieu avoit avancé que la mésotype ne se trouvoit que dans les laves modernes qui avoient coulé dans la mer, et j'avois adopté l'opinion de ce célèbre géologue, avant que j'eusse occasion de voir par moi-même plusieurs des terrains qui renferment de la mésotype. Non-seulement cette opinion me paroit actuellement sans aucun fondement; mais il me semble, au contraire, que la mésotype est un minéral qui ne s'est formé que dans les déjections des volcans de l'ancien monde, et qui ne s'est présenté dans aucune lave qui ait une date connue, ou qui soit même évidemment postérieure aux dernières révolutions générales du globe.

Mais la mésotype paroit n'être pas tout-à-fait étrangère aux terrains qui ne présentent d'ailleurs aucun signe d'origine ignée. On en connoit en sphéroïdes à structure radiée, remplissant les fissures d'une ophiolite de Novarda, en Piémont. On cite des exemples plus nombreux de cette espèce de gisement dans l'Amérique septentrionale. M. le colonel Gibs dit l'avoir observé dans des roches primitives près de New-York. M. Gilmore dit que la mésotype de Jonc's-Fall, près Baltimore, traverse en veine une roche de gneiss, et y est accompagnée de felspath, d'épidote et de chlorite. Suivant M. Wister, on en trouve en cristaux d'un blanc perlé à Schuylkill, à quatre milles de Philadelphie, dans les fissures d'un amphibolite ; elle se montre, avec la structure rayonnée qui lui est propre, dans une diabase, à Scothplains et à Patterson dans le New-

Jersey. Près de Newhaven, dans le Connectitut, suivant M. Silleman, et à Deerfield, dans le Massachussets, suivant M. Hitchcock, elle se présente, en veine horizontale ou en masses radiées, dans une diabase secondaire. (B.)

MESPILLEI. (*Foss.*) Mercatus donne ce nom aux cassidules fossiles, qu'il prenoit pour des pierres figurées. (D. F.)

MESPILUS. (*Bot.*) Voyez NÉFLIER. (L. D.)

MESPLE et MESPOULIÉ. (*Bot.*) En Languedoc, on donne ces noms au néflier. (L. D.)

MESPOULIÉ. (*Bot.*) Nom vulgaire, aux environs de Montpellier, du néflier, *mespilus germanica*, cité par Gouan. Il est une preuve, ajoutée à d'autres, de l'identité des noms vulgaires du Midi de la France avec les noms latins. Voyez MESLIER. (J.)

MESSAGER. (*Ornith.*) Voyez SECRÉTAIRE. (CH. D.)

MESSE, MEX. (*Bot.*) Voyez MUNGO. (J.)

MESSENGUA. (*Ornith.*) Voyez MESANGA. (CH. D.)

MESSERSCHMIDIA. (*Bot.*) Voyez ARGUSE. (POIR.)

MESSIRE-JEAN. (*Bot.*) Nom d'une variété de poire. Ce fruit est de grosseur moyenne, turbiné, arrondi ; sa peau est d'un jaune roussâtre, quelquefois grisâtre, et sa chair est cassante, parfumée et d'un excellent goût. (L. D.)

MESTECH ou MESTÈQUE. (*Entom.*) Nom donné, au Mexique, à la cochenille fine que l'on cultive sur le nopal. On la nomme aussi *graine d'écarlate*. Nous l'avons fait figurer d'après nature dans l'Atlas de ce Dictionnaire, planche 59. n.° 2. *a, b, c.* Voyez tome IX, page 504. (C. D.)

MESTERNA. (*Bot.*) Voyez GUIDONIA. (J.)

MESTIQUES. (*Bot.*) Nom donné dans les îles Malaises à des concrétions pierreuses qui se forment dans l'intérieur du fruit des cocotiers, et auxquelles les naturels du pays supposent de grandes vertus. On les enchâsse dans une monture d'argent et on les porte comme de précieuses amulettes. (LEM.)

MESTYRITOS. (*Polyp.?*) M. Rafinesque, dans un mémoire inséré dans le Journ. de phys., t. 88, p. 429, propose d'établir sous ce nom un petit genre, qui diffère de celui des Encrinites, en ce que les articulations ont leur circonférence radiée, crénelée ; le centre carré ; l'axe central en croix. Il y rapporte plusieurs espèces, qu'il nomme *M. cruciata. ceratodes, perforata,* etc., mais qu'il ne décrit pas. (DE B.)

MÉSUA. (*Bot.*) Voyez Naghas, Chadar. (J.)

MÉSUA. (*Bot.*) Genre de plantes dicotylédones, à fleurs complètes, polypétalées, régulières, de la famille des *gutti-fères*, de la *monadelphie polyandrie* de Linnæus, offrant pour caractère essentiel : Un calice à quatre folioles : quatre pétales ; un grand nombre d'étamines ; les filamens réunis en godet à leur base ; un ovaire supérieur : un style terminé par un stigmate épais et concave ; une noix monosperme, à quatre sutures saillantes.

Mésua naghas : *Mesua ferrea*, Linn., *Spec.*; *Nagasserium*, Rumph., *Amboin. Auct.* cap. 7, tab. 2 : *Colophyllum nagassa-rium*, Burm., *Ind.*, pag. 121 ; *Balutta tsiampacani*, Rhéede, *Malab.*, 5, tab. 55 ; Nagas des Indes, Poir., *Encycl.* Arbre des Indes, dont le bois est très-dur, ce qui lui a fait donner le nom de *bois de fer* dans son pays natal. Ses feuilles sont géminées, opposées, glabres en-dessus, argentées en-dessous, très-longues, larges de huit à douze pouces. Les fleurs naissent dans l'aisselle des feuilles, à l'extrémité des rameaux ; elles sont presque solitaires, portées sur un pédoncule court : elles répandent une odeur très-agréable, approchant de celle du musc, qui entre dans la composition des sachets parfumés. Les folioles du calice sont ovales, concaves, persistantes ; les pétales ondulés, un peu tronqués ; les étamines de la longueur de la corolle ; les anthères ovales ; l'ovaire arrondi. Le fruit est une noix presque ronde, aiguë, à quatre sutures saillantes, renfermant une semence arrondie. Ce fruit, avant sa maturité, laisse écouler un suc glutineux, très-tenace. Cette plante croit dans les Indes orientales. (Poir.)

MESURE. (*Bot.*) La grandeur comparative des plantes et de leurs parties offre souvent d'excellens caractères, dont le botaniste fait usage. Il indique les rapports de dimension d'une manière *spéciale* ou *générale* : ainsi il dit d'une plante, qu'elle est plus grande ou plus petite qu'une autre, ou bien qu'elle est grande ou petite, sans rien ajouter de plus. Dans le premier cas, il compare deux espèces entre elles ; dans le second, il compare une espèce à toutes les autres du même genre, quoiqu'il ne l'exprime pas positivement. Le botaniste peut aussi indiquer la grandeur moyenne d'une espèce ou de ses parties. Il ne s'agit pas d'en donner rigoureusement les dimensions, qui sont variables; mais, comme elles ne s'écartent guères de certaines limites, il est bon de les exprimer en nombres approximatifs. Voici les mesures que Linnæus a proposées et employées.

Le Cheveu (*Capillus*); c'est le diamètre d'un crin, ou à peu près la douzième partie d'une ligne : de là l'épithète *capillaire* (*capillaris*).

La Ligne (*Linea*) est la hauteur du blanc de la base de l'ongle, à peu près la ligne de la mesure de Paris : de là, *linearis*.

L'Ongle (*Unguis*) est la longueur de l'ongle, ou un demi-pouce.

Le Pouce (*Pollex, uncia*) est la longueur ou le diamètre de la dernière phalange du pouce, ou douze lignes environ : de là, *pollicaris, uncialis.*

La Palme (*Palma*) est donnée par la largeur de la main au-dessus du pouce; c'est environ trois pouces de Paris : de là, *palmaris.*

L'Empan (*Dodrans*); longueur comprise entre le sommet du pouce et du petit doigt écartés le plus possible, ou neuf pouces environ : de là, *dodrantalis.*

Le Spithame (*Spithama*); longueur comprise entre l'extrémité du pouce et de l'index écartés le plus possible, ou sept pouces environ : de là, *spithameus.*

Le Pied (*Pes*); longueur comprise depuis le coude jusqu'à la base du pouce : de là, *pedalis.*

La Coudée (*Cubitus*); longueur comprise depuis le coude jusqu'à l'extrémité du *medius* ou doigt du milieu, environ dix-sept pouces : de là, *cubitalis.*

La Brasse (*Brachium*); longueur comprise depuis l'aisselle jusqu'à l'extrémité du doigt du milieu, environ vingt-quatre pouces : de là, *brachialis.*

La Toise (*Orgya*). Longueur des deux bras étendus en croix avec les mains ouvertes; hauteur du corps humain, ou cinq à six pieds. De là, *orgyalis.*

Outre ces mesures, qui sont tirées des dimensions du corps humain ou de ses différentes parties, les botanistes françois emploient encore les nouvelles mesures françoises.

Le Millimètre, égalant $\frac{443}{1000}$ de ligne, ancienne mesure.

Le Centimètre $=$ 4 lignes et $\frac{433}{1000}$ de ligne.

Le Décimètre, égalant 3 pouces, 8 lignes et $\frac{122}{1000}$ de ligne.

Le Mètre = 3 pieds 11 lignes et $\frac{296}{1000}$ de ligne.

Les botanistes étrangers emploient aussi souvent les mesures de leurs pays respectifs. (Mass.)

MÉTACARPE. (*Foss.*) Bertrand (Dict. des foss.) annonce que c'est une pierre de l'espèce des étoiles de mer arbreuses pétrifiées, qui ressemble à une main avec ses doigts.

Cette courte description paroit se rapporter à l'espèce d'encrine qu'on a nommée lis-de-mer. Voyez ENCRINE. (D. F.)

MÉTAL. (*Min.*) Voyez MÉTAUX. (B.)

MÉTALASIE, *Metalasia*. (*Bot.*) Ce genre de plantes, proposé en 1817 par M. Robert Brown, dans ses Observations sur les composées (pag. 124), appartient à l'ordre des Synanthérées, à notre tribu naturelle des inulées, et à la section des inulées-gnaphaliées, dans laquelle nous l'avons placé entre les deux genres *Petalolepis* et *Endoleuca*. (Voyez notre article INULÉES, tom. XXIII, pag. 562.)

Le genre *Metalasia* nous a offert les caractères suivans:

Calathide incouronnée, équaliflore, tri-quadriflore, régulariflore, androgyniflore. Péricline supérieur aux fleurs, long, étroit, cylindracé; formé de squames régulièrement imbriquées, appliquées : les extérieures ou inférieures ovales-oblongues, scarieuses, roussâtres, plus ou moins pubescentes; les intermédiaires larges, obovales, arrondies au sommet, scarieuses, un peu coriaces et pubescentes inférieurement, un peu roussâtres supérieurement; les intérieures oblongues, un peu élargies de bas en haut, arrondies au sommet, très-glabres, à partie inférieure coriace, à partie supérieure scarieuse, blanche, pétaloïde. Clinanthe très-petit, nu. Ovaires obovoïdes-oblongs, glabres; aigrette blanche, supérieure à la corolle, composée de squamellules nombreuses, à peu près égales, unisériées, contiguës, libres, caduques, filiformes, à partie inférieure grêle, et garnie de petites barbellules aiguës, distancées, libres, étalées; à partie supérieure épaisse, et garnie de grosses barbellules obtuses, rapprochées, dressées et comme entregreffées. Corolles à limbe rouge, à cinq divisions. Anthères munies de longs appendices basilaires subulés, barbus. Styles d'inulée-gnaphaliée. Nectaire élevé.

Les caractères génériques qu'on vient de lire, ont été observés par nous sur les deux espèces suivantes, et notamment sur la première.

MÉTALASIE EN CYME : *Metalasia cymosa*, H. Cass. ; *Gnaphalii muricati varietas*, Linn. ; Berg. La tige est ligneuse, rameuse, cylindrique, tomenteuse, grisâtre, très-garnie de feuilles ; celles-ci sont rapprochées, alternes, sessiles ou subpétiolées, longues d'environ deux lignes, ovales ou lancéolées, un peu mucronées et comme spinescentes au sommet, très-entières sur les bords, épaisses, coriaces ; leur face supérieure est tomenteuse ou laineuse et grisâtre ; l'inférieure est glabre, verte, luisante, et ses deux bords latéraux sont rabattus sur la face tomenteuse ; la base de la feuille est tordue de manière que la face tomenteuse, originairement supérieure, devient inférieure ; chacune de ces feuilles est accompagnée d'un faisceau de feuilles plus petites, situées dans son aisselle. Les calathides sont très-nombreuses, très-rapprochées, disposées en cyme terminale, régulière, arrondie, large d'environ un pouce ; les rayons de cette cyme, qui n'est point entourée d'un involucre, naissent tous à la même hauteur ; ils sont tomenteux, presque dénués de feuilles, et ils se divisent à leur extrémité, régulièrement ou irrégulièrement, en pédoncules courts, dont chacun se termine ordinairement par un assemblage de trois calathides immédiatement rapprochées sur son sommet ; chaque calathide est longue de près de trois lignes, étroite, composée ordinairement de trois, quelquefois de quatre fleurs, à corolle purpurine ; le péricline est roussâtre et un peu laineux en sa partie inférieure, blanc et glabre en sa partie supérieure.

Nous avons fait cette description spécifique, et celle des caractères génériques, sur un échantillon sec de l'herbier de M. de Jussieu, où il étoit nommé *gnaphalium frutescens* : c'est probablement le *gnaphalium muricatum umbellatum* de Bergius, quoique, sur quelques points, la description de ce botaniste ne s'accorde pas entièrement avec la nôtre.

MÉTALASIE EN OMBELLE : *Metalasia umbellata*, H. Cass. Cette seconde espèce, qui a été vraisemblablement confondue avec la précédente, lui ressemble en effet par sa tige et par ses feuilles : mais elle s'en distingue bien par la disposition de ses calathides qui forment une sorte d'ombelle terminale, simple, non involucrée, large de six à huit lignes, composée d'environ quinze pédoncules égaux, partant d'un même point, longs d'environ une ligne et demie, grêles, tomenteux, dénués de feuilles, indivis et terminés chacun par une seule calathide ; les squames du péricline sont très-régulièrement imbriquées ; les extérieures et les intermédiaires sont plus ou moins aiguës, au lieu d'être arrondies au sommet comme dans l'espèce précédente. Nous avons observé cette plante dans l'herbier de M. Desfontaines, où elle est étiquetée *gnaphalium virgatum*, Vahl.

Les *Metalasia* étoient attribués au genre *Gnaphalium* de Linné, lorsque Gærtner les a rapportés à son genre *Antennaria*. Mais M. R. Brown a judicieusement remarqué que le genre *Antennaria* de Gærtner réunissoit trois groupes assez différens par le port et la structure pour autoriser à les séparer, et dont aucun ne s'accorde entièrement avec le caractère générique tracé par l'auteur. Le premier, auquel M. Brown conserve le nom d'*Antennaria*, n'admet que des espèces dioïques ; le second, nommé *Leontopodium*, est composé des *Gnaphalium leontopodium* et *leontopodioides* de Willdenow. (Voyez notre article LÉONTOPODE, tom. XXV, p. 473.) « La troisième tribu, dit M. Brown, qui n'a été trouvée
« que dans l'Afrique méridionale, est composée d'arbris-
« seaux à feuilles petites, roides, analogues à celles des
« bruyères, ayant les bords courbés en-dessus, la face supé-
« rieure tomenteuse, l'inférieure convexe et presque gla-
« bre. Ces feuilles sont, dans la plupart des espèces, re-
« tournées sens dessus dessous, par l'effet d'une torsion re-
« marquable ; caractère qui semble avoir été négligé dans
« toutes celles qu'on a décrites, savoir : les *Gnaphalium mu-*
« *ricatum*, *mucronatum* et *seriphioides*. Dans cette tribu, ou
« ce genre, qu'on peut nommer *Metalasia*, l'involucre est
« généralement cylindrique, et, dans la plupart des espèces,
« pourvu d'un rayon court, formé par les lames colorées et
« étalées des écailles intérieures ; les fleurons sont en petit
« nombre, et tous hermaphrodites ; les rayons de l'aigrette
« tombent séparément, et sont ou épaissis ou plus fortement
« dentés au sommet. » (Journ. de phys. de Juill. 1813, p. 16.)

Dans une de nos notes sur l'opuscule de M. Brown, nous avons dit (page 29) que les *Metalasia* n'étoient pas les seules synanthérées dont les feuilles fussent concaves et tomenteuses en-dessus, convexes et glabres en-dessous, et retournées sens dessus dessous par l'effet d'une torsion. Nous avons observé ces singuliers caractères, plus ou moins prononcés et avec des modifications diverses, dans plusieurs autres genres appartenant à la section naturelle des inulées-gnaphaliées. Ces caractères sont extrêmement remarquables, en ce qu'ils semblent indiquer aux physiologistes la vraie cause d'un phénomène sur lequel ils ont beaucoup disserté, et qui consiste dans la direction constante de l'une des faces de la feuille vers le ciel, et de l'autre face vers la terre. On sait que les racines, lorsqu'elles sont plongées dans un terrain très-hétérogène, se dirigent spontanément vers la partie de ce terrain où elles peuvent puiser une nourriture meilleure ou plus abondante; on sait aussi que les tiges qui se trouvent privées, sur un côté, du libre accès de l'air et de la lumière, se dirigent vers le côté opposé où elles peuvent recevoir sans obstacle les influences bienfaisantes de ces deux agens. Comment expliquer ces faits, et beaucoup d'autres phénomènes de la végétation, si l'on n'admet pas une sorte d'*instinct végétal*, accordé par le Créateur à des êtres privés de sentiment et de volonté, mais doués d'une organisation délicate, dont la conservation exige quelques mouvemens, quelques directions, quelques tendances, qui doivent varier suivant les circonstances, et qui par conséquent doivent être spontanés. Parmi les effets ou les actes de l'instinct animal, il ne seroit pas difficile d'en trouver quelques-uns qui fussent tout-à-fait indépendans du sentiment et de la volonté. Les feuilles de presque toutes les plantes ont constamment leur face supérieure tournée vers le ciel, et leur face inférieure tournée vers la terre, parce que ces deux faces sont organisées différemment, qu'elles remplissent des fonctions différentes, et que l'exercice de ces deux fonctions diverses exige les directions dont il s'agit. C'est pourquoi, si l'on abaisse l'extrémité supérieure d'une branche vers la terre, de manière que la face inférieure des feuilles regarde le ciel, elles se contourneront sur leur pétiole, et reprendront la position qui leur

est naturelle (Mirbel, Élémens de botanique, p. 165). Mais
s'il arrive que, dans quelques plantes, telles que les *Metalasia* et d'autres gnaphaliées, la face supérieure de la feuille
soit organisée précisément comme la face inférieure de la
feuille des autres plantes, et que réciproquement la face
inférieure offre l'organisation ordinairement propre à la
face supérieure, il faudra, dans ce cas singulier, pour que
les deux faces de la feuille exercent convenablement les
fonctions qui leur sont attribuées, que cette feuille se re-
tourne spontanément sens dessus dessous, au moyen d'une
torsion de sa base, opérée par une force vitale instinctive,
comme dans l'expérience bien connue que nous venons de
citer. Un autre cas pourroit arriver, où, les deux faces de la
feuille étant organisées absolument de la même manière et
destinées par conséquent aux mêmes fonctions, la direction
de l'une des faces vers le ciel et de l'autre face vers la terre
ne seroit déterminée par aucune cause finale. Dans ce cas,
la feuille ne seroit-elle pas disposée de manière que ses deux
faces fussent dans un plan vertical ou perpendiculaire à l'horizon, comme la laitue sauvage et quelques autres lactucées-
prototypes en offrent des exemples ? L'*Elytropappus spinellosus*
(tom. XIV, pag. 376) a, de même que les *metalasia*, la face
supérieure des feuilles laineuse et l'inférieure glabre ; mais
ces feuilles sont roulées en-dessus par les bords, de telle manière que leur face supérieure laineuse se trouve presque
entièrement cachée, et qu'elles ressemblent extérieurement
à des feuilles subcylindracées, glabres sur toute leur surface :
c'est pourquoi elles ne sont point tordues ni renversées comme
celles des *metalasia*.

M. Brown prétend qu'aucun botaniste, avant lui, n'avoit
remarqué la torsion des feuilles des *metalasia* : cela n'est
point exact ; car Linné, dans l'*Hortus Cliffortianus*, avoit
clairement indiqué cette torsion des feuilles, par les mots
foliis contortis, dans la phrase caractéristique du *gnaphalium
muricatum*. Linné fils, dans le *Supplementum plantarum*, attribue aussi des feuilles tordues au *gnaphalium umbellatum*. Bergius, dans sa description du *gnaphalium mucronatum*, dit que
les feuilles sont convexes en-dessous, et canaliculées en-
dessus ; et en décrivant le *gnaphalium seriphioides*, il dit que

ies feuilles ont la face inférieure convexe, carénée, d'un vert brun, pubescente, et la face supérieure plane, blanche, tomenteuse.

Linné et Bergius réunissent, sous le titre de *gnaphalium muricatum*, plusieurs plantes qu'ils considèrent comme de simples variétés ; mais ce sont réellement des espèces distinctes, et qui même n'appartiennent pas toutes au vrai genre *Metalasia*, restreint dans les limites que nous croyons pouvoir lui assigner. Le *gnaphalium mucronatum* de Bergius, attribué par M. Brown au *Metalasia*, nous paroît ne point appartenir légitimement à ce genre, auquel nous accorderions plus volontiers le *gnaphalium scriphioides* de Bergius, et qui doit probablement revendiquer plusieurs autres espèces rapportées jusqu'à présent au genre *Gnaphalium*.

Le genre *Metalasia* est intermédiaire entre le *Petalolepis* et l'*Endoleuca* : il diffère du *Petalolepis* par ses aigrettes, dont les squamellules sont libres à la base, caduques, épaissies en leur partie supérieure (voyez le Journal de physique de Juillet 1818, p. 30) ; il diffère de l'*Endoleuca* par son péricline formé de squames régulièrement imbriquées, par ses aigrettes dont les squamellules sont dentées sur les bords de leur partie supérieure, et par la disposition de ses calathides qui ne sont point rassemblées en un capitule proprement dit (voyez notre article Endoleuque, tom. XIV, pag. 474). M. R. Brown réunit probablement, sous le titre de *Metalasia*, notre *Metalasia* et notre *Endoleuca* : mais il nous semble évident que ces deux genres sont bien distincts et ne doivent pas être confondus.

Nous ignorons si le péricline des vrais *Metalasia* est radié, c'est-à-dire, si ses squames intérieures ont leur partie supérieure étalée, comme dans les *Endoleuca* et les *Petalolepis*. Cela paroît vraisemblable, parce que les squames intérieures sont plus longues que les fleurs, et que leur partie supérieure est pétaloïde : cependant le péricline des calathides sèches que nous avons examinées n'étoit point radié, et il ne l'est pas devenu lorsque nous avons mis ces calathides dans l'eau. Nous avons fait remarquer (tom. XX, p. 451) que le péricline de l'*Helichrysum orientale* et de beaucoup d'autres est radié quand l'air est sec, et non radié quand il est humide. Nos observations semblent établir que celui des *Metalasia* n'est radié dans aucune de ces deux circonstances : mais nous suspendons notre jugement sur ce point, parce que les fleurs contenues dans nos calathides n'étoient pas encore complétement épanouies, et que la radiation du péricline pourroit n'avoir lieu qu'à l'époque de leur parfait épanouissement. (H. Cass.)

MÉTALLURGIE. (*Min.*) L'art de préparer les substances minérales pour les rendre propres à satisfaire aux divers besoins de la société, emploie des procédés très-variés : les uns sont mécaniques, d'autres sont chimiques, et un grand nombre de résultats ne peuvent être obtenus que par une combinaison d'opérations mécaniques et chimiques. Parmi ces procédés, dont quelques-uns forment des arts distincts et des professions séparées, il en est qui ont pour objet de séparer certaines substances de quelques autres avec lesquelles elles se trouvent mêlées ou combinées dans la nature : on se propose alors d'extraire celles qui sont utiles et qui ont de la valeur dans le commerce ; on cherche à les amener à un certain degré de pureté ou à un certain état où elles possèdent les propriétés qui les font rechercher, tandis qu'on abandonne et qu'on rejette d'autres substances combinées ou isolées qui n'offrent aucune utilité et sont par conséquent sans valeur. Tel est l'objet de la Métallurgie. Cet art, dont les procédés participent de la chimie et de la mécanique, livre à l'industrie presque toutes les matières premières et surtout les instrumens les plus indispensables de ses opérations ; il embrasse principalement la préparation de tous les métaux et celle des sels : on y réunit aussi celle des combustibles, l'art de fabriquer les briques et les poteries de toute espèce ; la fabrication de la chaux, du plâtre et des couleurs métalliques.

La métallurgie proprement dite est restreinte à l'art d'extraire les métaux de leurs minérais, lorsque ceux-ci ont été amenés par des opérations mécaniques à un certain degré de richesse (voyez Minérais) : on y rattache cependant encore la fabrication des alliages métalliques, tels que le laiton, le bronze, etc.: la fabrication de la tôle, du fer-blanc, du fil de fer, de l'acier, et celle des monnoies.

De même que la chimie pratique a pour objet d'opérer divers changemens dans la composition ou la nature intime des corps, de même la métallurgie embrasse tous ces changemens, lorsqu'ils s'opèrent en grand sur les minéraux ; elle les considère relativement aux moyens de les produire ou de les empêcher, et surtout sous le point de vue de leur utilité dans les arts : ses moyens sont, comme nous l'avons dit, mécaniques et chimiques, c'est-à-dire qu'elle emploie de *la force mécanique* et des *agens chimiques*. Ainsi, comme science, elle se rattache à la *minéralogie*, par la connoissance qu'elle suppose des substances minérales qu'elle doit employer ; à la *chimie*, par la nature des effets que l'on cherche à produire ; et, enfin, à la *mécanique*, par les machines dont elle a souvent besoin.

Comme art industriel, la métallurgie exige l'emploi bien ordonné de capitaux suffisans, et la direction de toutes les opérations vers un certain but, qui est l'accroissement de la valeur commerciale des matériaux sur lesquels on opère.

La métallurgie présente, sans doute, une des applications les plus importantes de la chimie minérale, et peut-être la plus directe ; c'est de la docimasie faite en grand : cependant il y a des différences notables et qu'il faut soigneusement remarquer. D'abord la quantité de matières sur laquelle on opère à la fois, nécessite déjà de grands changemens dans la nature des appareils, des instrumens, et même dans le choix des agens que l'on emploie en métallurgie, comparativement à ceux dont on fait usage en docimasie. Mais la plus grande dissemblance se rencontre peut-être dans l'espèce des agens chimiques auxquels on est borné, en fabrique, par la nécessité de faire toutes ses opérations avec le moins de dépense possible. En chimie, on s'occupe principalement de l'exactitude des résultats ou de la pureté des produits que l'on prépare, sans s'embarrasser beaucoup des frais de l'opération, qui sont toujours peu considérables, à cause des petites quantités de matières soumises au travail ; mais dans la métallurgie, au contraire, il faut toujours avoir en vue l'économie des procédés.

On est parvenu en chimie, et surtout dans la chimie minérale, à employer la balance comme moyen de vérification des analyses, en montrant toujours la somme des poids des élémens égale, ou à très-peu près, au poids du corps sur lequel on a opéré : il est à désirer que l'on en fasse autant en métallurgie, du moins à l'égard des matières qui ne sont point volatiles. A la vérité, dans cet art, on se propose presque toujours une analyse incomplète, c'est-à-dire, d'obtenir isolés certains composans, en négligeant les autres. D'un autre côté, l'évaluation de l'air atmosphérique qui pénètre ou que l'on projette dans les appareils, ne peut guère être faite avec une grande précision, et encore moins celle des gaz et des vapeurs qui sont produites dans les opérations ; mais il n'en est pas moins fort utile de peser exactement toutes les substances solides qui entrent dans un fourneau, et toutes celles qui en sortent : on ne doit pas être arrêté par les dépenses que cela occasionne, car il en résultera toujours des avantages, soit relativement à la surveillance, soit pour les progrès de l'art. Au reste, on se contente souvent de reconnoître par des analyses exactes, ou bien par *des essais* en petit, quelle est, dans les minérais, la proportion des substances utiles qu'on en veut retirer, et c'est par la comparaison que l'on fait ensuite du produit définitif avec ce que les essais avoient annoncé, que l'on juge du succès des opérations que l'on a faites en grand.

Sous le rapport industriel, on ne doit jamais perdre de vue que, relativement à chaque opération, comme sur l'ensemble des procédés, le résultat doit toujours être une augmentation de valeur dans la matière qui a été traitée : or, pour arriver à ce but, il faut faire un choix d'agens et de moyens tels que les frais résultant de leur emploi soient toujours moindres que l'accroissement de prix qui a lieu après le travail. C'est pour cela que l'on doit chercher à employer les matières premières qui coûtent le moins ; on doit également diminuer les frais de main-d'œuvre, et les réduire à ce qui est indispensable, en substituant les machines au travail immédiat des hommes, toutes les fois que cela est possible. Ainsi chaque opération doit être soumise à un calcul économique, qui en fera connoître les avantages ou les inconvéniens financiers. C'est une nécessité impérieuse, et hors de laquelle il ne peut exister aucune fabrique ni aucune entreprise industrielle, que celle de travailler avec bénéfice; et la métallurgie peut, moins que tout autre art, s'y soustraire, parce que les substances qu'elle fournit au commerce sont l'objet d'une grande concurrence, et que par là leurs prix sont toujours fixés à un taux qu'il n'y a aucun moyen d'élever.

La métallurgie, comme science, doit présenter la description raisonnée de tous les procédés utiles, les comparer entre eux et avec les indications de la chimie; donner les moyens de choisir les meilleurs et les moins coûteux, eu égard aux circonstances particulières dans lesquelles on se trouve : elle doit faire connoître, sous tous leurs rapports, les agens chimiques que l'on est dans le cas d'employer, les machines dont on se sert; enfin tous les appareils ou fourneaux qui sont utiles, et qui sont très-variés dans les diverses opérations. On donne le nom d'*usines*, en général, aux établissemens dans lesquels on réunit tous les moyens de travail et tout ce qui est nécessaire pour une grande fabrication de produits métallurgiques. On donne le nom de *fonderies* aux usines où l'on fond les minérais de plomb, cuivre, argent, étain, fer, etc.

Les matières sur lesquelles on opère dans les usines métallurgiques, subissent, avant d'être livrées aux fonderies, certaines préparations, dont les unes, appelées *mécaniques*, consistent dans le triage, le bocardage et le lavage; les autres, que l'on peut appeler *chimiques*, sont principalement le *grillage*, pratiqué une ou plusieurs fois : on en trouvera le détail au mot Minérai. Les combustibles sont souvent aussi préparés et surtout *carbonisés* ou convertis en charbon, avant d'arriver dans les magasins des fonderies; mais cette opération, ainsi que celle du grillage, se fait presque toujours sous la direction des propriétaires des usines.

Enfin, parmi les opérations préparatoires au travail en grand, il faut compter *les essais*, dont nous donnerons une connoissance suffisante en parlant des Minérais.

Nous aurons donc à faire connoître, 1.° les agens que l'on emploie; 2.° les appareils et les machines dont on fait usage,

I. Des Agens chimiques.

Le nombre des agens chimiques dont on peut faire usage en fabrique, est extrêmement limité par la condition d'opérer de la manière la moins dispendieuse : on ne doit donc songer à employer que ceux qui sont abondans dans la nature et à bon marché, soit par la facilité de leur extraction, soit à raison des transports jusqu'à l'établissement, et eu égard à l'effet qu'ils produisent.

Les agens chimiques dont on fait usage sont, ou généraux, comme la chaleur produite par des combustibles brûlés par l'air atmosphérique, ou bien particuliers à chaque opération : telles sont certaines substances employées pour faciliter la fusion de quelques autres, ou leur séparation, en raison des affinités respectives ; on en verra bientôt des exemples.

La plupart des opérations métallurgiques se font à l'aide du feu, et souvent à des températures extrêmement élevées, qu'il faut maintenir pendant long-temps : c'est pour cela que la connoissance et le bon emploi des combustibles, ainsi que la bonne disposition des appareils de combustion, sont de la dernière importance dans cet art. Les moyens d'employer le plus utilement les combustibles et d'appliquer la chaleur qui en provient, sont très-variés, et en général susceptibles de beaucoup de perfectionnement et d'une économie très-notable. On devra donc étudier avec soin cette partie de l'art et s'appliquer à bien connoître tout ce qu'on a fait de mieux à cet égard.

Nous allons commencer par indiquer les principaux agens chimiques qui sont employés en métallurgie, et nous nous arrêterons ensuite sur quelques-uns d'entre eux.

1.° *La chaleur*, ordinairement employée pour faciliter l'action chimique, et assez souvent aussi pour opérer des changemens d'état dans les corps, c'est-à-dire, pour les faire passer de l'état solide à celui de liquide ou même de gaz.

2.° *Le charbon*, et les matières combustibles minérales, végétales et animales, qui contiennent principalement du charbon et de l'hydrogène : ces substances présentent non-seulement un moyen de se procurer de la chaleur, mais encore un agent de décomposition à l'égard d'un grand nombre d'oxides métalliques; elles en opèrent, à l'aide d'une haute température et par un contact intime et prolongé, ce qu'on appelle la *réduction* à l'état métallique.

Le charbon se combine aussi avec quelques métaux, et particulièrement avec le fer, pour former l'acier et la fonte de fer. Son action, dans le traitement des minérais de fer au haut-fourneau, est extrêmement remarquable.

3.° *L'air atmosphérique*, qui est employé dans presque toutes les opérations comme un agent indispensable de la combustion, exerce souvent en même temps une action d'oxidation sur les substances métalliques pures que l'on ne peut préserver de son contact : ainsi, dans un fourneau où se trouvent ensemble du charbon et de l'air atmosphérique, l'action de ce dernier est contraire et opposée à celle de l'autre. Au reste, cette propriété d'oxider les métaux, qui est quelquefois nuisible, est employée dans d'autres opérations pour atteindre un but utile, et, comme moyen de séparation, à l'égard du soufre, du charbon, du phosphore, etc. On tire aussi parti de la différence qui existe entre les divers degrés d'oxidabilité des métaux par l'air atmosphérique, pour les séparer les uns des autres : c'est sur ce principe qu'est fondé l'affinage du plomb, ou mieux, la séparation du plomb d'avec l'argent ; le raffinage du cuivre, etc.

4.° *Le soufre*, que l'on n'emploie guère comme agent à l'état de pureté, mais que l'on introduit dans certaines opérations, en ajoutant de la pyrite (sulfure de fer), qui en contient beaucoup, et dont une partie n'est que foiblement retenue en combinaison.

5.° Certains *métaux* sont employés comme fondant, les uns à l'égard des autres, tel que ce qu'on appelle les *soudures*; quelquefois comme dissolvant : tels sont le plomb, à l'aide de la chaleur, et à froid le mercure, à l'égard de l'argent et de l'or. Le fer sert à précipiter le cuivre de ses dissolutions acides. Enfin, les métaux peuvent se désoxider les uns par les autres, dans certaines circonstances : c'est ainsi que le fer décompose la potasse et la soude, et qu'il précipite le cuivre à l'état métallique. Les métaux peuvent aussi exercer une action chimique très-puissante sur le soufre combiné, et plusieurs opérations ou procédés métallurgiques sont fondés sur la supériorité d'affinité du fer pour le soufre : ainsi l'on décompose très-bien en grand, par ce métal, la galène ou sulfure de plomb et l'antimoine sulfuré.

6.º *L'eau* sert aussi quelquefois comme dissolvant ; plus rarement comme moyen d'oxidation, à l'égard de certaines substances métalliques.

7.º Divers oxides métalliques peuvent être employés comme agens d'oxidation à l'égard des métaux et des combustibles, et plus souvent ils servent comme fondans des terres : tels sont les oxides de manganèse, de fer, de plomb, etc.

8.º Les *terres* ou substances terreuses, soit seules, soit mélangées, exercent, à la température des fourneaux, une action très-énergique les unes sur les autres, et sur les oxides métalliques. Dans toutes ces circonstances il se forme des composés qu'on appelle *laitiers* ou *scories*, suivant qu'ils sont plus ou moins bien fondus ou vitrifiés. Les matières terreuses sont fréquemment employées comme fondans, les unes à l'égard des autres. L'action de la silice, pour former avec l'oxide de fer des silicates très-permanens, est surtout digne d'attention dans les fourneaux où l'on traite les divers minérais.

La chaux, à l'état caustique, est quelquefois employée, à raison de son action sur le soufre, principalement dans quelques opérations pratiquées sur le plomb sulfuré ; mais, comme le sulfure de chaux est à peu près infusible à la température ordinaire des fourneaux, les décompositions par la chaux sont difficiles, et la séparation des substances est toujours assez pénible.

Certaines terres, particulièrement la silice, et, à ce que l'on croit, la magnésie et l'alumine, sont décomposées dans les hauts-fourneaux à fer, et le métal qui en forme la base paroît se combiner avec le fer dans quelques circonstances.

9.º Les *alcalis*, la potasse surtout qui se trouve dans les cendres du charbon de bois, peuvent avoir quelque influence, comme fondans, sur les opérations métallurgiques. On a remarqué que les parois des hauts-fourneaux chauffés au charbon de bois, résistoient moins long-temps au travail que ceux des fourneaux chauffés avec le charbon de houille. Cela pourroit tenir à la présence de la potasse, qui manque dans ce dernier combustible.

Enfin, l'influence et pour ainsi dire la nécessité de la présence de la potasse et sa décomposition dans la préparation de l'antimoine pur ou régule d'antimoine, sont encore une preuve de l'action des alcalis dans certains procédés.

Nous allons revenir, avec les détails convenables, sur ceux des agens métallurgiques qui sont le plus en usage, et exposer ainsi toutes les généralités de la métallurgie.

§. 1.ᵉʳ *De la chaleur et de son emploi.*

La chaleur sert, en métallurgie comme dans les opérations de chimie, à faciliter l'action chimique des substances les unes sur les autres ; quelquefois à détruire un résultat d'affinité, ou bien à séparer les unes des autres, des substances dont la volatilité ou la fusibilité sont différentes. Enfin, elle sert à augmenter la malléabilité des métaux, et à amener à l'état liquide ou à fondre quantité de substances ; car la dissolution par la voie humide ou dans les liquides qui conservent cet état à la température moyenne de l'atmosphère, est beaucoup moins employée qu'en chimie, surtout à l'égard des substances métalliques. Il y en a cependant quelques exemples, comme dans le procédé d'amalgamation et dans celui par lequel on obtient du cuivre de son sulfate au moyen du fer, et en formant le cuivre de cément ; enfin, c'est par la dissolution dans l'eau que l'on purifie les sels.

La chaleur est employée comme moyen de séparer les substances volatiles de celles qui sont fixes, dans l'opération que l'on appelle *grillage*, et dont nous parlerons à l'occasion des Minérais (voyez ce mot). C'est le principe de toutes les distillations, et des évaporations relatives aux matières salines ; opération qui n'en diffère que par rapport aux résultats.

La différence de fusibilité dans les corps, et particulièrement dans les métaux et les substances qui les accompagnent, fournit aussi des moyens simples de séparation, dont on fait un fréquent usage en grand : c'est le fondement de ce qu'on appelle la *liquation*, quand il s'agit de métaux alliés ensemble, opération qui est particulièrement pratiquée sur l'alliage du plomb et cuivre (voyez Minérais de cuivre). Ce qu'on appelle la *fonte crue* des minérais sulfureux est encore fondé sur le même principe, et c'est ainsi que l'on sépare ordinairement l'antimoine sulfuré, qui est très-fusible, de sa gangue, qui ne l'est pas du tout au degré de feu que l'on emploie. Dans la liquation, on se propose d'obtenir le métal le plus fusible, en le faisant couler, et laissant sur la sole du fourneau le métal ou la substance la moins fusible. Mais on peut aussi opérer d'une manière inverse, et ayant porté toute la combinaison à l'état liquide, procéder par un refroidissement lent de toute la masse ; alors les substances les moins fusibles se solidifieront les premières et pourront être enlevées à la superficie du bain : c'est ainsi que, dans les bassins de réception des fourneaux à manche, on sépare assez exactement les scories, les mattes, et ensuite le métal pur. Lorsqu'il n'y a pas d'affinités très-fortes, la différence des pesanteurs spécifiques concourt aussi à effectuer des séparations dans une masse hétérogène bien fluide.

C'est dans la pratique des arts métallurgiques, et surtout dans le travail des métaux, que l'on a besoin des plus hautes températures, ainsi que du développement simultané des plus grandes quantités de chaleur dont on fasse usage. C'est aussi dans ces mêmes arts qu'il faut apporter la plus grande attention à l'économie du combustible ; car on en consomme annuellement des masses énormes, et la quantité va réellement et doit continuer d'aller en croissant de plus en plus. Pour obtenir de grands effets de la chaleur, il faut la développer dans des appareils particuliers propres à la concentrer et à la retenir ; il faut en outre avoir des moyens d'exciter la combustion, de la produire sur de grandes masses et avec rapidité : tels sont les objets qui doivent nous occuper en ce moment.

M. de Buffon avoit aperçu, il y a déjà long-temps (eu égard aux progrès qu'ont faits depuis quarante ans les applications des sciences physiques aux arts), qu'il ne falloit pas se borner à considérer, dans un appareil de combustion, seulement le degré de chaleur ou la température plus ou moins considérable que l'on y produit, surtout lorsqu'il s'agit des opérations en grand. « J'ai pensé, dit-il, qu'on devoit « considérer le feu[1] dans trois états différens : le premier,

---

[1]. On voit aisément qu'il s'agit ici d'un brasier ou foyer de chaleur.

« relativement à sa vîtesse ; le second, à son volume, et le
« troisième à sa masse. On augmente la vîtesse du feu sans
« augmenter son volume apparent, toutes les fois que, dans
« un espace donné rempli de matières combustibles, on presse
« l'action et le développement du feu, en augmentant la
« vitesse de l'air par des soufflets, des tuyaux d'aspiration,
« etc. On augmente l'action du feu par son volume, toutes
« les fois que l'on accumule une quantité de matières com-
« bustibles, et qu'on recueille la chaleur et la flamme dans
« un fourneau à reverbère. Enfin, lorsqu'on reçoit un plus
« ou moins grand nombre d'images du soleil sur un corps
« à l'aide d'un miroir ardent, on augmente la masse d'autant
« plus qu'on réduit davantage la surface du foyer. »

En donnant à cet aperçu plus de précision, et employant
à son énoncé les termes consacrés et qui sont maintenant
entendus de tout le monde, nous dirons que l'objet que l'on
se propose ordinairement dans les arts, c'est de produire un
certain *effet calorifique;* que par effet calorifique il faut entendre la production d'un phénomène ou d'un résultat qui
suppose l'absorption ou la consommation, au moins momen-
tanée, d'une certaine quantité de chaleur et par suite d'une
quantité déterminée de combustible. Parmi ces résultats,
pour lesquels on consomme de la chaleur, on peut compter :
1.° l'échauffement, à une température donnée, d'une certaine masse ou d'un certain volume d'un corps déterminé,
qui sera solide comme est le fer, ou liquide comme l'eau
ou le mercure, ou enfin gazeux comme l'air atmosphérique
(on sait qu'il faut des quantités différentes de chaleur pour
augmenter d'un même nombre de degrés la température
d'un même poids ou volume de corps de différentes natures,
et que c'est là ce qui constitue la différence des *chaleurs spécifiques* ou capacités pour la chaleur dans les corps); 2.° le
changement d'état, phénomène qui a lieu à des températures
déterminées pour chaque espèce de corps dans les mêmes
circonstances : telle est la fusion de la glace ou celle d'un métal
comme le plomb, l'étain, le cuivre, le fer; enfin, la vapo-
risation de plusieurs substances et leur transformation en
fluides élastiques.

Relativement à ces effets, il y a deux observations importantes à faire : la première est relative au degré de chaleur ou mieux à la température à laquelle ces phénomènes sont produits ; c'étoit tout ce qu'on y remarquoit autrefois.

La seconde observation, c'est qu'il y a absorption ou consommation de chaleur dans la production de ces effets : ainsi quand on fait évaporer de l'eau, il y a nécessairement une certaine quantité de chaleur absorbée pour constituer cette vapeur et qui est indépendante de sa température actuelle mais il s'en consomme aussi pour donner à cette vapeur d'eau la température avec laquelle elle s'élève dans l'atmosphère ; enfin, une quantité de chaleur très-considérable se dissipe à travers les parois des appareils pendant l'opération, et est ainsi perdue pour l'effet utile. C'est de cette manière et par les mêmes causes qu'on ne peut éviter de consommer beaucoup de combustible pour entretenir, dans un appareil, une certaine température élevée, quoiqu'il ne s'y produise d'ailleurs aucun phénomène qui donne lieu à une absorption réelle de chaleur thermométrique.

Examinons maintenant les rapports qui existent entre la chaleur produite et le combustible que l'on brûle à cet effet.

Des expériences concluantes et répétées ont établi comme principe ce résultat important, savoir, qu'*une certaine masse de combustible produit toujours, en brûlant, la même quantité de chaleur, de quelque manière qu'il soit brûlé, pourvu que la combustion soit complète.*

Ainsi, soit que l'on brûle un combustible lentement, comme on le fait quand on veut entretenir une douce chaleur, soit qu'on le fasse brûler rapidement, comme quand on veut obtenir une température fort élevée dans un foyer, on dégage toujours la même quantité *de chaleur*. Il suit de là, que, pour produire un certain effet calorifique, on peut brûler promptement ou moins vite le combustible nécessaire pour le produire : il en résulte encore que l'on pourra employer un poids donné de combustible, ou bien en très-peu de temps, et alors on en obtiendra une température très-élevée dans un foyer ; ou bien se borner à une température beaucoup plus basse, mais que l'on maintiendra bien plus long-temps sans en consommer davantage, en le brûlant lentement.

En ajoutant à ces considérations celles relatives à la conservation et aux moyens d'appliquer la chaleur, on embrassera tout ce qu'il est donné à l'art de produire; car il ne crée ni ne détruit la chaleur, pas plus que le mouvement, avec lequel elle a de si grandes analogies : il ne lui est donné que de la développer, de la diriger, de l'appliquer et de la conserver.

Une autre conséquence non moins importante à déduire du principe énoncé ci-dessus, c'est que, dans des circonstances semblables, les quantités de combustibles consommées sont proportionnelles aux quantités de chaleur dégagées et peuvent leur servir de mesure. Enfin, c'est en choisissant les circonstances de la combustion, de manière à la rendre complète, en diminuant autant que possible les pertes dues à la diffusion de la chaleur, et surtout en appliquant celle-ci convenablement et en entier à la production des effets désirés, que l'on arrivera au plus haut point de perfection dans l'art d'employer les combustibles.

Les principes sur lesquels repose la disposition et la construction des appareils ou fourneaux dont nous devons exposer les propriétés générales, sont les suivans.

1.° On élève la température dans un foyer, en y augmentant la rapidité de la combustion, ce qui s'opère ordinairement par l'accroissement de la vitesse du courant d'air et sa condensation : il en résulte évidemment une combustion beaucoup plus active et par suite un dégagement de chaleur beaucoup plus considérable dans le même temps, ce qui est la condition essentielle, dans la pratique, pour se procurer une haute température. 2.° On concentre la combustion, et par conséquent la chaleur, dans un très-petit espace; ce qui signifie qu'on y augmente la température relativement à un espace plus étendu où s'opéreroit la même combustion, en rétrécissant autant que possible le foyer dans lequel on met le combustible, en quantité d'ailleurs suffisante pour produire l'effet desiré.[1] Mais un autre moyen très-efficace consiste à choisir le combustible le plus compacte, celui

---

1 Ces conditions remplies assez exactement par l'appareil et dans l'emploi du *chalumeau* des minéralogistes, expliquent les effets qu'il produit et dont on est presque toujours étonné.

qui contient le plus de matière combustible sous le même volume, et à l'accumuler dans le foyer, de manière, toutefois, à ne pas former obstacle au contact de ses surfaces avec les molécules de l'oxigène atmosphérique. 3.° Enfin, il faut s'opposer de tous ses moyens à la dissipation de la chaleur qui est produite dans l'appareil : on s'attache d'abord à fermer toutes les ouvertures inutiles ; de plus, on forme les parois des fourneaux de matériaux peu conducteurs, et on leur donne une épaisseur assez considérable pour qu'ils soient peu pénétrables à la chaleur.

On a soin aussi de faire arriver à l'endroit où l'on veut avoir la plus haute température, du combustible déjà fort échauffé, et qui ne puisse y apporter de refroidissement sensible. Du côté de l'air, il est impossible d'empêcher que celui qui traverse le foyer en cet endroit et qui en prend nécessairement la température, n'emporte avec lui beaucoup de chaleur ; mais du moins on peut ne pas la perdre entièrement, et c'est ce qu'on fait en élevant ce qu'on appelle la *cheminée* ou le *foyer supérieur* dans les hauts-fourneaux à fer. On atténue un peu cette cause de refroidissement dans les fourneaux, en diminuant autant que possible la quantité des fluides élastiques dans leur intérieur, et surtout celle des substances susceptibles de se vaporiser ; c'est pour cela qu'on n'emploie, dans certains foyers, que des combustibles qui ont été dépouillés de leurs parties volatiles, ou, comme l'on dit, convertis en charbon.

On trouve souvent avantageux, dans les arts métallurgiques ou dans les fabriques, de produire de certains effets d'une manière uniforme pendant un certain temps : tels sont l'échauffement constant d'un appartement, d'une étuve, ou d'un liquide, qu'il faut maintenir à une température invariable ; l'évaporation continuelle de l'eau dans une chaudière de surface donnée, etc. ; le chauffage pendant plusieurs jours d'un fourneau à réverbère ou de tout autre, etc. Alors on peut avoir égard au *temps* dans l'évaluation des effets produits par ces appareils ; car l'effet, étant sensiblement uniforme, est par cela même proportionnel au temps, ainsi qu'à la quantité de combustible consommée.

Dans tous les cas, si l'on compare l'*effet utile* produit par

un poids déterminé d'un combustible avec la quantité totale
de chaleur qui a été dégagée, ou ce qu'on peut appeler l'*effet
théorique*, on trouvera toujours une très-grande différence
entre ces deux quantités : toutefois cette différence, bien ap-
préciée, peut servir à faire juger de la perfection des appareils.
Ainsi, quoique beaucoup de fourneaux destinés à échauffer
de l'eau ou à en faire évaporer, n'emploient réellement
à cet effet que le quart ou le cinquième de la chaleur totale
que pourroit fournir le combustible qu'ils consomment, cependant quelques-uns en utilisent plus de la moitié et même
les deux tiers, ce qui dépend alors de ce que toutes les conditions relatives à une parfaite combustion et à l'application
bien entendue de la chaleur y sont mieux remplies que dans
les autres.

La mesure des *effets* de toute espèce est un objet de la plus
grande importance dans les arts, tant pour leur faire faire
de nouveaux progrès, que relativement à l'économie qui doit
accompagner toutes les opérations. Par rapport aux phénomènes ou aux effets de la chaleur, on ne s'est guère occupé
jusqu'ici que de la mesure des températures à l'aide de
l'instrument appelé *thermomètre*, quand il s'agit de degrés de
chaleur peu élevés, et avec les *pyromètres* pour le feu des
fourneaux. Mais voudroit-on mesurer les quantités de chaleur
développées dans un foyer, c'est-à-dire cette espèce de courant de chaleur qui est produit et sort comme d'une source
variable ou constante? On n'a pas de moyen d'y parvenir :
on se borne, comme nous l'avons dit, à apprécier la chaleur
d'après la quantité de combustible consommée. On pourroit
également se servir dans cette vue de la quantité d'air, ou
mieux de l'oxigène absorbé ; mais cela seroit beaucoup plus
difficile : au reste, dans l'un et l'autre cas, il faut supposer
la combustion complète, ce qui n'a jamais lieu bien rigoureusement.

Lorsqu'on a voulu comparer entre elles ce qu'on peut
appeler les *puissances calorifiques* des combustibles ou la quantité totale de chaleur qu'ils dégagent en brûlant, on s'est
servi, pour les expériences, de la fusion de la glace, et l'appareil appelé *calorimètre* par MM. Lavoisier et Laplace donne
très-exactement des nombres proportionnels aux quantités

de chaleur produites par les mêmes poids de différens corps combustibles; mais l'usage n'en est pas sans difficultés, même en petit, et il est impossible de l'employer en grand. On a fait usage plus ordinairement de l'évaporation de l'eau pour comparer les effets des combustibles, en se servant du même fourneau, de la même chaudière et opérant d'ailleurs dans des circonstances atmosphériques sensiblement les mêmes : ce moyen, beaucoup moins exact que le précédent, a cependant donné des résultats utiles, et il a d'ailleurs l'avantage d'être beaucoup plus rapproché de la pratique.

Nous avons dit que l'on pouvoit considérer un foyer de combustion comme le lieu d'où sortoit un courant de chaleur qu'il s'agissoit d'employer ensuite de la manière la plus utile. On aura donc à examiner, 1.° comment on se procure de la chaleur dans les arts ; quels sont les matériaux qu'on y emploie, c'est-à-dire, les combustibles et l'air atmosphérique : 2.° l'espèce et la disposition des appareils ou des fourneaux et machines dont on se sert : 3.° les moyens d'appliquer la chaleur aux diverses espèces de corps, solides, liquides, ou aériformes, que la nature nous présente ; enfin, comment on peut conserver la chaleur, faire varier les températures et opérer des refroidissemens.

§. 2. *Des combustibles.*

Parmi les corps que la chimie classe au nombre des combustibles, on n'emploie dans les arts que ceux qui sont très-abondans, à bon marché, et qui donnent une chaleur considérable en brûlant. Les substances naturelles qui réunissent ces conditions économiques, sont toutes composées de carbone et d'hydrogène dans des proportions variables : il ne s'y joint quelques autres élémens qu'en très-petite quantité.

Les combustibles végétaux sont le *bois* et le charbon de bois qui en provient. Parmi les combustibles minéraux se trouvent la *houille*, le *bois bitumineux* et la *tourbe* qui peut être considérée comme un assemblage de végétaux enfouis dans la terre ou sous l'eau : nous n'y comprenons point les huiles, les graisses, la résine, les bitumes, qui ne sont employés que pour l'éclairage. Le soufre n'a point d'usage pour chauffer des corps en grand, quoiqu'on établisse assez souvent des *grillages de pyrites*, dans lesquels le feu, une fois allumé, s'entretient ensuite par la combustion du soufre.

Tous les combustibles végétaux ou minéraux, dans l'état où la nature nous les offre (en les supposant toutefois suffisamment purs, et privés de l'eau qu'ils peuvent contenir par mélange et qu'on en sépare par la dessiccation), donnent, en brûlant, une *flamme* plus ou moins vive, plus ou moins durable. La flamme est le spectacle de la combustion des substances susceptibles d'être brûlées à l'état de vapeur ou de gaz; il y a ordinairement production d'une lumière plus ou moins brillante. Dans les combustibles naturels, la première chaleur en dégage les gaz et les substances volatiles qui sont foiblement combinées, et ce sont elles qui s'embrasent le plus aisément dans l'état de division où elles se trouvent alors et donnent ainsi naissance à la flamme; mais ordinairement la combustion ne se termine point avec la flamme, et à celle-ci succède la combustion des parties non volatiles : il se forme un brasier, qui donne une chaleur plus intense et plus concentrée. Ces deux combustions sont souvent employées simultanément pour produire un même effet; mais aussi quelquefois on ne se sert que de l'une d'entre elles. Certains fourneaux sont construits et disposés pour employer la flamme des combustibles; dans quelques autres elle seroit inutile et même nuisible, et le combustible est alors préparé de manière à brûler sans flamme. Pour apprécier ces deux moyens d'action des combustibles, il faut s'arrêter un moment sur les propriétés différentes de la flamme et du feu de charbon.

La flamme suppose, comme nous l'avons dit, un dégagement de substances volatiles qui brûlent en se mêlant avec l'air atmosphérique; il y a donc mouvement et transport des molécules combustibles embrasées : c'est par là que la flamme est particulièrement propre à transporter la chaleur, à échauffer un corps d'un volume considérable, comme une chaudière, en l'entourant constamment. On peut aussi chauffer de cette manière d'assez grands espaces, où l'on fait ensuite diverses opérations; car on peut maintenir le foyer à une certaine distance du laboratoire. Ajoutons à ces notions, que le développement de la flamme exige toujours beaucoup d'espace et un mélange en volume considérable des gaz dégagés avec l'air atmosphérique. Les fourneaux qui remplissent ces conditions, et parmi lesquels il faut placer les fourneaux d'évaporation, les *fourneaux à reverbère*, tous ceux qui servent à chauffer des creusets, etc., peuvent être désignés par le nom de fourneaux à flamme (*Flamm-Ofen* des Allemands).

La combustion de la partie fixe d'un combustible se fait dans un espace beaucoup plus resserré, ou du moins on peut opérer la combustion d'une plus grande quantité de matière dans un petit espace, et par conséquent obtenir dans cet espace une température bien plus élevée que celle qui résulteroit de la flamme seule. Il suffit pour cela de faire traverser la masse à brûler par un courant rapide d'air comprimé. On a remarqué que la présence des matières volatiles qui produisent la flamme, dans l'espace resserré où l'on veut brûler la partie fixe, non-seulement n'ajoutoit pas à la chaleur produite ou à la température, parce que leur combustion demeuroit toujours imparfaite ; mais qu'elle étoit nuisible, en diminuant par sa volatilisation la chaleur dégagée par la partie fixe du combustible : en conséquence, toutes les fois que l'on veut se procurer une haute température dans un foyer resserré, on sépare du combustible qui doit y être employé, et par une opération que l'on appelle *carbonisation*, les parties volatiles qu'il contenoit ; on le convertit en *charbon*. La carbonisation est une espèce de distillation, et dans la pratique une combustion étouffée, parce qu'on se sert de la chaleur produite par la combustion d'une partie du combustible pour distiller l'autre : ordinairement les parties volatiles qui auroient pu produire une chaleur utile, sont perdues et se dissipent dans l'atmosphère sous forme de fumée. On convertit en charbon le bois, la houille et même la tourbe. Nous ne nous arrêterons pas à décrire les divers procédés de carbonisation usités ou proposés ; nous ferons seulement remarquer que cette opération importante est encore peu connue et mal pratiquée à l'égard du bois, pour lequel elle se fait au milieu des forêts, abandonnée à des ouvriers ignorans qui repoussent toute espèce d'amélioration.

La qualité et la quantité du charbon que l'on retire d'une même quantité de bois ou de houille, dépend principalement de la manière dont on a disposé et conduit la carbo-

nisation, et l'on observe de grandes différences à cet
égard.

Nous allons maintenant faire connoître brièvement les principales propriétés des combustibles le plus ordinairement employés, en les considérant d'abord dans leur état naturel, c'est-à-dire, propres à donner de la flamme, et ensuite convertis en charbon par des procédés convenables.

I. *Le bois.*

Ce combustible est employé, dans son état naturel, pour le chauffage des fourneaux à réverbère, pour les fourneaux d'évaporation, le grillage des minérais, etc.; mais il est remplacé avec économie, dans beaucoup de localités, par la houille et même par la tourbe de bonne qualité.

On fait deux classes des bois, sous le rapport de leurs facultés calorifiques, mais surtout relativement aux propriétés du charbon qu'ils produisent. Les *bois durs* sont le châtaignier, le chêne, le charme, le noyer, l'érable, le sycomore, auxquels on joint quelquefois l'orme et le hêtre. Par *bois tendres* on désigne toutes les autres espèces. Le charbon qu'on en retire est plus léger et moins résistant au feu que celui des précédens; mais, à l'état de bois, ceux qu'on nomme tendres, sont plus faciles à brûler, et produisent plus de flamme que les premiers : plusieurs d'entre eux sont résineux.

La pesanteur spécifique du bois de chêne est de 1,5o, celle de l'eau pure étant l'unité ; celle des bois blancs est moindre. La densité des bois dépend surtout de leur état de dessiccation : en se séchant à l'air, le bois perd en quelques mois un cinquième ou un quart, et même jusqu'à près de moitié du poids qu'il avoit au moment où on l'a abattu. On compte assez généralement, dans les usines, que le chêne en gros morceaux pèse de 4oo à 45o et jusqu'à 5oo kilogrammes le mètre cube, suivant le degré de dessiccation, et surtout suivant la manière dont le bois a été arrangé. Les bois tendres ou blancs, tels que le sapin et autres, ne pèsent guère que 3oo à 34o kilogrammes par stère. La corde de charbonnage est, dans le centre de la France, de 8o pieds cubes, et elle ne pèse guère que 1,28o livres anciennes, attendu qu'il s'agit de branchages peu susceptibles d'être arrangés sans laisser beaucoup de vide.

La composition chimique des bois paroît être peu différente dans les diverses espèces, et par conséquent la quantité totale de chaleur qu'ils sont capables de produire doit être à peu près la même lorsqu'ils sont dans un état de dessiccation semblable. Mais leur pesanteur spécifique étant différente, ainsi que leur propriété de donner de la flamme, il y a des différences assez notables dans la température du foyer où on les brûle, les plus compacts donnant un plus haut degré de chaleur que les autres. Il en est de même à l'égard des charbons qu'ils produisent ; ceux des bois blancs donnent bien moins de chaleur que ceux qui proviennent des bois durs. Suivant MM. Gay-Lussac et Thénard, les bois durs contiennent de 5o à 52 pour 100 de charbon ; mais M. de Rumford n'a jamais pu en obtenir, par une méthode directe, plus de 45 centièmes ; et, en grand, on n'en retire guère plus de 20 à 5o pour 100 du bois soumis à la carbonisation.

Le bois laisse, après sa combustion supposée complète, un résidu terreux, qu'on appelle *cendres*, et qui contient quelques sels de potasse et de chaux, avec un peu de silice. La quantité des cendres varie assez sensiblement dans une même espèce de bois, suivant son âge et le terrain où il a cru ; elle est entre un demi et deux centièmes, et n'excède jamais cinq centièmes : sa composition n'est pas non plus toujours identique. Cette petite quantité de substances fixes, dont quelques-unes, comme le carbonate de potasse et même les autres sels alcalins, sont des fondans très-actifs, n'est point sans influence dans les fourneaux. On a aussi soupçonné que la potasse étoit décomposée dans quelques circonstances, et que son métal pouvoit entrer en combinaison, particulièrement avec le fer, lorsque l'on fond ses minérais. La chaleur produite par diverses espèces de bois, en les employant à faire évaporer de l'eau, les a fait classer, par le comte de Rumford, ainsi qu'il suit : le hêtre ; le chêne, soit le tronc, soit les branches ; le charme, l'ormeau, le tilleul, le bouleau, l'aune, le tremble, le peuplier noir, le peuplier d'Italie, le mélèze, le sapin, le pin. La même suite d'expériences a fait voir quelle étoit l'influence de la dessiccation des bois sur les effets calorifiques qu'ils sont capables de produire : ainsi des copeaux de bouleau, bien desséchés à l'air libre, ont donné une chaleur capable de porter 34 fois leur poids d'eau de 0° à 100° ; les mêmes copeaux, desséchés dans une étuve, pouvoient élever du même nombre de degrés 39 fois leur poids d'eau. Le tilleul, après avoir été desséché sur une pelle à feu, en échauffoit de la même quantité jusqu'à 40 fois son poids : le sapin de 50 à 57 fois ; le chêne, médiocrement sec, seulement 26 fois son poids. C'est pour cette raison que, dans certaines opérations des arts, comme celles des verreries et pour les fours à porcelaine, on fait sécher dans des étuves le bois refendu qui doit être employé à les chauffer.

Du charbon de bois.

Le charbon de bois, ainsi que nous l'avons déjà exposé, donne, à poids égal, beaucoup plus de chaleur que le bois, et on l'emploie toutes les fois que l'on veut obtenir une température fort élevée dans un espace très-circonscrit ; on s'en sert surtout dans les fourneaux, où le combustible doit être mêlé avec la substance à échauffer, et où il importe alors de ménager l'espace dans lequel s'opère la combustion. La conversion du bois en charbon, en séparant les parties volatiles, dont la plupart pourroient produire de la chaleur, mais qui cependant sont ordinairement perdues dans la carbonisation, occasionne visiblement une perte réelle et considérable sur la masse des matières combustibles qui sont annuellement détruites et consommées pour les besoins des arts. M. de Rumford a cherché à évaluer cette perte, et il a trouvé qu'elle s'élève à environ 64 pour 100 du bois employé, de sorte que la chaleur que l'on pourroit obtenir de la quantité de bois convertie annuellement en charbon, est réduite à *un tiers* par cette seule opération : dans cette évaluation se trouve nécessairement compris le combustible brûlé dans l'opération elle-même. Malheureusement on ne sait pas encore se passer de charbon, c'est-à-dire, se servir, pour toutes les opérations, des combustibles dans leur état naturel, avec le même avantage qu'après leur carbonisation.

Dans la carbonisation des bois en grand, on n'obtient guère

que le quart, et même souvent que le cinquième en poids
du bois employé, et l'on compte sur un cinquième en fu-
merons.

On convertit en charbon des bois de diverses espèces, et
les différentes parties du végétal donnent des charbons de
qualités différentes. Pour former le meilleur charbon, on se
sert de bois taillis ou des branches du chêne ou du châtaignier,
et, suivant les pays, de hêtre, de pin ou de sapin. La quantité du charbon obtenu varie dans les diverses contrées : dans
le centre de la France une corde de bois à charbonner (qui
est de 80 pieds cubes), formée avec du chêne rondin sec,
pesant 1,425 livres, produit 19 pieds cubes de charbon, dont
le poids est de 504 livres. La pesanteur spécifique du charbon
de bois de chêne, ou le poids du pied cube, varie entre 10
et 13 livres, ce qui fait environ 200 kilogrammes le mètre
cube. Les charbons de bois tendres, et notamment ceux des
bois résineux, qui sont fréquemment employés dans le Nord
de l'Europe et les pays montueux, ne pèsent que 7 ou 8
livres le pied cube.

Le charbon absorbe promptement l'humidité de l'air ou du
sol sur lequel on le dépose ; son poids augmente alors, et cela
commence aussitôt qu'il est sorti des fosses où on l'a préparé :
il peut prendre jusqu'à un quart ou un tiers de son poids
d'eau.

Le charbon qui vient d'être fait passe trop vite dans les
fourneaux, surtout lorsque la combustion y est excitée par le
vent de machines soufflantes un peu puissantes : sous ce rapport, il n'y a pas d'économie à l'employer. Dans les usines,
et particulièrement pour les hauts-fourneaux à fer, on préfère au charbon récent celui qui est demeuré deux ou trois
mois dans les magasins.

II. *La houille.*

Le combustible minéral connu sous le nom de *charbon de
terre*, *charbon de pierre*, *houille*, est d'un usage fréquent et
avantageux dans les fabriques, et principalement dans le
travail des métaux, à cause de la chaleur considérable et
concentrée qu'il produit par sa combustion. Les diverses exploitations présentent des variétés assez nombreuses, parmi

lesquelles il faut choisir les plus convenables pour l'emploi qu'on en veut faire. Deux circonstances de composition influent principalement sur les usages de ce combustible, en raison des quantités de chaleur qu'il produit : ce sont, d'une part, la proportion de substances bitumineuses qu'il renferme, et, d'un autre côté, celle des matières terreuses ou incombustibles qui se trouvent unies à la partie combustible. La variété de houille nommée *anthracite*, qui se trouve dans les terrains de formation intermédiaire, s'allume difficilement et ne donne presque pas de flamme ; d'ailleurs le charbon y est mêlé de beaucoup de terres et de pyrite de fer, et, par ces raisons, ce combustible est presque tout-à-fait impropre à la fonte des minérais dans les fourneaux. En se bornant à l'examen de celles même des houilles qui sont reconnues pour être de bonne qualité, on y reconnoît encore des différences essentielles : les unes sont très-peu bitumineuses, et on les appelle, à cause de cela, *houilles sèches* ou *maigres* ; elles servent à la cuisson de la pierre à chaux, au chauffage domestique, et, faute de mieux, aux fourneaux d'évaporation. Une autre variété, plus bitumineuse, qui brûle avec flamme et donne une grande chaleur, est employée particulièrement dans les verreries, les fourneaux à réverbère et dans un grand nombre de fabriques. Enfin, une troisième espèce est celle de la houille la plus pure, et qui jouit de cette propriété, de se prendre, de se coller au feu : elle sert particulièrement aux travaux de la forge ; on la nomme *houille collante*, *maréchale*. C'est la plus recherchée et par conséquent la plus chère ; cependant elle ne produit pas un bon effet dans les fourneaux où elle brûle sur une grille, parce que les morceaux, en se collant entre eux et aux barreaux, forment un obstacle très-nuisible à la circulation de l'air, ce qui rend la combustion lente et incomplète. Cette espèce de houille est d'ailleurs très-friable et se présente presque toujours en poussière.

En général, les houilles les plus bitumineuses sont les plus inflammables, celles que l'on allume le plus aisément. Dans les fabriques et presque toujours, excepté pour forger les métaux, la combustion de la houille s'opère sur *une grille* en fer dont les barreaux sont plus ou moins écartés, suivant la grosseur des fragmens de combustible dont on se sert communément : c'est la grandeur de la grille ou sa surface qui détermine, toutes choses égales d'ailleurs, la quantité de houille qui se brûle dans chaque heure , et par conséquent la quantité de chaleur qui est continuellement produite dans le foyer. L'ouvrier qui est chargé de conduire le feu, est occupé à tenir la grille bien libre , c'est-à-dire, à la dégager quand il s'y attache des matières vitrifiées ou du *mâche-fer*, et il la charge lorsque le combustible y manque. Les pyrites, que la houille contient fort souvent, détruisent assez promptement, par le soufre qu'elles laissent dégager , les barreaux de fer qui forment les grilles , et même souvent jusqu'aux chaudières en fonte ou en tôle que l'on chauffe dessus.

La pesanteur spécifique de la houille de bonne qualité varie de 1,20 à 1,60 ; celle qui est impure et qui contient beaucoup de matières terreuses ou des pyrites , est la plus pesante. L'hectolitre de houille, de moyenne grosseur, pèse communément de 80 à 85 kilogrammes ; quand il s'agit de houille menue , et que la mesure est comble, son poids peut s'élever à 90 et même jusqu'à 100 kilogrammes.

Lorsqu'on distille de la houille, on en sépare des substances volatiles dont la plus grande partie est bitumineuse ; il reste du charbon qui , dans les houilles de bonne qualité et bien pures, forme de 60 à 70 centièmes de ce combustible , quelquefois jusqu'à 80. On sait que c'est par une sorte de distillation et par une décomposition simultanée des bitumes que l'on prépare les gaz qui servent à *l'éclairage*. Les bonnes houilles ne fournissent guère que quatre pour cent en poids de ce gaz éclairant. Le résidu charbonneux peut servir aux usages domestiques et dans quelques fabriques.

En brûlant la houille complétement, ou bien le charbon resté après sa distillation , on obtient un résidu terreux plus ou moins considérable : dans la meilleure, il n'est que de 1 à 5 pour cent ; mais dans certaines variétés qui sont encore fort employées dans les fabriques, il y a 10, 12 et jusqu'à 20 ou 25 centièmes de cendres.

L'emploi de la houille, dans son état naturel, est, comme nous l'avons dit, fort avantageux dans les fabriques ; à poids

égal, son effet calorifique est fort supérieur à celui du bois
et à peu près le même que celui du charbon de bois.

Du coke ou charbon de houille.

Les mêmes raisons qui font préférer, dans certaines circonstances, l'usage du charbon à celui du bois, font employer le coke ou charbon de houille de préférence à la
houille. On carbonise la houille dans le même but et par
un procédé analogue à celui usité pour le bois, et le produit ou résidu de l'opération s'appelle *coke*, dénomination
empruntée à la langue angloise. Presque toujours les parties
volatiles ou les bitumes que laisse dégager la houille se dissipent dans l'atmosphère, et il y a ainsi près de la moitié et
quelquefois plus de la chaleur que la houille auroit pu produire si elle eût été brûlée dans son état naturel, qui est
absolument perdue. Mais le coke produit une chaleur beaucoup plus intense dans le foyer resserré d'un fourneau, et
l'on peut obtenir avec lui, toutes les fois que l'on n'a pas
besoin de flamme, des effets que la houille, dans son état
naturel, ne produiroit pas ; souvent même on cherche à
rendre le coke le plus compacte qu'il est possible, et l'on
préfère, pour certains usages, celui qui a été préparé de
manière à le rendre moins poreux. Tout cela résulte de ce
que, plus il y a de matière combustible réunie dans un même
espace, plus la température du foyer est élevée.

La carbonisation de la houille s'exécute en tas et à l'air
libre, quand elle est en morceaux d'une certaine grosseur :
quand il s'agit de houille menue ou en poussière, on ne
peut y parvenir qu'en la mettant dans un fourneau qui a
souvent de l'analogie avec le four du boulanger ; quelquefois
on n'y fait arriver la houille que quand il est rouge. Dans
tous les cas, on cherche à produire, par la combustion d'une
petite portion de ce combustible, la chaleur suffisante pour
dégager les parties volatiles du reste ; mais on ne laisse que
le moins possible s'enflammer les bitumes, de peur d'avoir
une combustion trop active, et afin de conserver le plus
que l'on peut la partie charbonneuse solide et fixe. Le
coke, formé par la distillation de la houille en grand, a
été quelquefois employé, en Angleterre, à fondre les mi-

nérais de fer ; mais il paroît que celui qui provient de la préparation du gaz éclairant et qui demeure dans les cornues de ces appareils d'éclairage , ne peut servir avantageusement dans les fourneaux , même dans ceux où l'on refond la fonte de fer pour en former des objets moulés : peut-être cela tient-il à ce qu'il est trop poreux, et il ressemble alors sous ce rapport à la braise de boulanger ou au charbon préparé à feu ouvert, qui ne donne qu'une foible chaleur en brûlant.

La houille que l'on choisit pour faire le coke destiné à fondre les minérais de fer, doit toujours contenir fort peu de matières terreuses ; mais il n'est pas indispensable d'employer la houille maréchale ou celle de première qualité et qui est la plus bitumineuse : en Angleterre , on préfère, pour les hauts-fourneaux, celle qui, méritant le nom de houille grasse, ne contient cependant pas trop de bitume, qui présente des feuillets minces, et qui est exempte de pyrite de fer et de pierres. Si l'on emploie quelquefois la houille la plus bitumineuse, c'est qu'en général elle contient moins de substances nuisibles au fer et de matières terreuses.

Le coke, qui provient de la houille peu bitumineuse, mais pure, est moins poreux, plus dense, que celui qui est préparé avec la houille très-collante, et il offre alors l'avantage de donner une plus haute température dans les fourneaux.

La houille grasse augmente de volume par la carbonisation, et le volume du coke est quelquefois double de celui du combustible employé , surtout s'il n'a éprouvé aucune compression pendant l'opération : certaines variétés changent peu de volume, et quelques houilles maigres diminuent dans cette circonstance : cette diminution peut aller à la moitié du volume primitif. Dans quelques usines d'Angleterre , la houille produit, en coke, la moitié seulement de son poids. Aux forges de Merthyrtydwill, le produit en coke est des trois cinquièmes du poids de la houille employée. Dans les usines royales de la Silésie, la houille produit un volume de coke égal au sien et seulement un tiers en poids.

Le coke de bonne qualité et bien fait est ordinairement fibreux ou lamelleux, quelquefois strié ; il est léger et d'un gris métallique fort remarquable, peu tachant, dur et sonore : sa combustibilité est généralement moindre que celle de la houille, et celui qui provient des houilles peu bitumineuses l'est moins que celui qui provient des houilles grasses. En général, il exige dans les fourneaux où on l'emploie une plus grande quantité d'air à la fois, et comme il peut supporter sans inconvénient un courant d'air bien plus rapide que le charbon de bois, on en obtient une température beaucoup plus élevée : c'est ce qui fait que les hauts-fourneaux chauffés au coke fondent beaucoup plus de minérai dans le même temps, que ceux où l'on fait usage du charbon de bois.

Le coke doit être employé le plus tôt possible après sa fabrication ; il attire promptement l'humidité de l'air, et peut ainsi en absorber un poids d'eau égal au sien : dans cet état il donne moins de chaleur que quand il est sec, et il n'y a aucun avantage qui compense cet inconvénient. Il faut avoir soin de le conserver dans des magasins bien secs.

III. *Du lignite ou bois bitumineux fossile.*

Les bois bitumineux diffèrent de la houille par plusieurs propriétés, et notamment par celle de produire beaucoup moins de chaleur qu'elle, dans les foyers des fourneaux : on ne s'en sert guère que pour les fourneaux d'évaporation ; mais il paroît qu'on pourroit aussi l'employer au fourneau à réverbère. On a essayé de le convertir en charbon, mais il y avoit tant de déchet qu'on ne voit aucun cas où cette opération puisse être avantageuse. Les bois bitumineux contiennent des pyrites qui s'effleurissent à l'air, et ils se délitent ainsi, même dans les lieux les moins humides.

IV. *La tourbe.*

La tourbe est, comme on sait, un combustible extrait du sol de certaines vallées marécageuses. Elle sert principalement au chauffage domestique et aux fourneaux d'évaporation, dans les pays où on se la procure à bon marché. On peut aussi l'employer dans les fourneaux à réverbère, lorsqu'elle est de bonne qualité, et la faire servir ainsi au travail des métaux. L'odeur qu'elle exhale en brûlant est fort désagréable, et cette seule circonstance met obstacle à ce que son usage s'étende dans les contrées où l'on n'y est pas accoutumé. On évite cet inconvénient en la carbonisant dans des fourneaux disposés à cet effet, et on rend en même temps ce combustible d'un transport plus facile et moins coûteux. Le charbon de tourbe donne assez de chaleur en brûlant, et il a été essayé pour fondre les minérais de fer dans les hauts-fourneaux, principalement mêlé avec le charbon de bois. On a reconnu, pour celui qui étoit préparé avec la tourbe de la meilleure qualité, qu'il n'altéroit point la pureté du fer; mais il est resté des incertitudes sur l'utilité de son emploi, parce qu'on a cru voir qu'il falloit consommer presque autant de charbon de bois que si l'on n'eût pas mis de tourbe dans le fourneau.

Il y a plusieurs variétés de tourbe, dont les propriétés, comme combustible, sont assez différentes : nous ne nous arrêterons point à les décrire. Les meilleures tourbes ne produisent jamais plus du tiers de l'effet calorifique de la houille, c'est-à-dire qu'il faut consommer trois fois plus de tourbe que de houille pour obtenir le même résultat. Pour le chauffage des chaudières, des machines à vapeur, usage auquel la tourbe est assez convenable, on a indiqué qu'il falloit sept parties en poids de tourbe pour en remplacer une de bonne houille.

Comparaison des combustibles entre eux.

Les avantages des combustibles ne sont pas absolus, c'est-à-dire, indépendans des usages auxquels on les destine ; et comme il y a entre les divers combustibles d'un même genre d'assez grandes différences, il convient toujours de faire un essai spécial de celui que l'on ne connoit pas encore, surtout lorsqu'on fonde sur son emploi le succès de quelque fabrique, ou même lorsqu'il s'agit d'appliquer un combustible connu à de nouveaux usages. Cependant nous allons exposer divers résultats généraux, qui serviront à comparer les facultés calorifiques des divers combustibles entre eux, lorsqu'on les brûle dans des circonstances semblables, et qui offriront des limites auxquelles on pourra rapporter les faits observés dans la pratique.

Tableau des quantités de chaleur produites par la combustion complète de diverses substances combustibles, dans le calorimètre à glace.

SUBSTANCES COMBUSTIBLES.	QUANTITÉ DE GLACE FONDUE, EXPRIMÉE EN NOMBRE DE FOIS LE POIDS DE LA SUBSTANCE.
Charbon de bois............	95 fois son poids de glace.
Hydrogène	295.60.
Phosphore..................	100.
Bois	50.
Houille	94 ou 95.
Tourbe.....................	32.
Huile d'olives..............	148,
Bougie.....................	133.

Suivant M. **Dalton**, la quantité de chaleur fournie par la combustion d'une livre de charbon de bois (et celle produite par un poids égal de houille est à peu près la même) suffiroit pour faire passer 45 livres d'eau, du terme de la congélation à celui de l'eau bouillante. D'après le chimiste écossois Black, la houille de Newcastle, brûlée dans un fourneau bien construit, produit un effet tel, que 100 livres convertissent en vapeur, sous la pression ordinaire de l'atmosphère, 538 livres ou cinq fois et un tiers son poids d'eau. Il y a entre les houilles d'assez grandes différences : par exemple, on admet en Angleterre que la houille de Newcastle, qui passe pour la meilleure des trois royaumes, donne un quart de plus de chaleur que celle de Glasgow.

Des expériences de Lavoisier, qui ont été connues du comte de Rumford, indiquent les rapports suivans entre les différens combustibles ordinairement employés à vaporiser dans les mêmes appareils, des quantités égales d'eau, c'est-à-dire, à produire des effets calorifiques ou des quantités de chaleur à peu près égales :

    403 livres de coke, ou......... 17 mesures ;
    600 — de houille, ou....... 10 —
    600 — de charbon de bois, ou 40 —
  1089 — de bois de chêne, ou.. 55 —

On trouve, pour du bois de chêne et de la houille employés successivement dans un fourneau à réverbère et dans ceux de verreries, qu'une partie en poids de houille équivaut à 1,70 de bois. Dans quelques verreries on a trouvé 1,66 pour du bois très-sec, ce qui est peu différent. Cependant, en général, on peut admettre qu'il faut deux parties de bois pour remplacer une partie de houille de bonne qualité.

Au reste, les quantités d'oxigène absorbées dans la combustion d'un même poids de ces deux substances sont à peu près dans le rapport de 1 pour le bois, et 2 pour la houille : ce qui est une indication suffisante pour conclure que les quantités de chaleur dégagées doivent être, même en grand, à peu près dans ce rapport.

On a trouvé, en comparant les effets de la tourbe et du charbon de tourbe avec ceux de la houille, que, pour chauffer de l'eau dans des chaudières de teinturier, les rapports des effets étoient ceux des nombres 1,50 : 6,50 : 9,15.

Des physiciens allemands ont reconnu que 100 pieds cubes de tourbe, de la meilleure qualité, donnoient autant de chaleur que 84 pieds cubes de bois de sapin, mais que la tourbe de médiocre qualité ne pouvoit en remplacer que 12 pieds cubes.

Suivant Rumford, une livre de bois de sapin, par sa combustion, peut réchauffer et porter de la glace fondante à l'ébullition 20 ¼ livres d'eau. Il admet pour la houille, qu'elle réchauffera de même, dans un fourneau, 36 ½ fois son poids d'eau. Voici un tableau formé du résultat de diverses expériences faites dans des circonstances assez rapprochées de celles de la pratique.

DÉSIGNATION DES SUBSTANCES COMBUSTIBLES.	EAU CHAUFFÉE DE 100° C. en poids du combustible.	QUANTITÉ D'EAU BOUILLANTE convertie en vapeur.
Charbon de bois......	57.60 fois son poids.	10.9 fois son poids.
Houille.............	36.50.	6 ou 7.
Chêne sec..........	31.70.	=
Sapin...............	20.	=
Houille de Newcastle..	....	6.
Idem.	....	6.25.
Idem.	....	7.89.

Le coke doit être considéré comme produisant, à poids égal, à peu près autant de chaleur que le charbon de bois, du moins lorsqu'il ne contient que très-peu de matières terreuses.

Si l'on veut déduire des expériences les plus exactes, des notions utiles pour la pratique, il faut comparer les quantités de chaleur mesurées dans le calorimètre à glace, qui sont un maximum ou une limite dont on ne peut espérer de s'approcher de très-près avec les effets calorifiques produits par l'unité de poids d'un combustible brûlé dans un fourneau : on verra par là de combien l'effet utile est éloigné de la limite théorique. C'est ainsi que l'on a reconnu que les fourneaux d'évaporation, construits avec le plus de soin et établis sur les meilleurs principes, laissoient encore perdre *un tiers* de la chaleur développée dans leur intérieur ; d'autres, moins bien disposés, n'en mettent à profit que la moitié ou seulement les deux cinquièmes.

§. 3. *De l'air et de son action dans les fourneaux.*

I. Pour brûler complétement un corps combustible, il est nécessaire de satisfaire à plusieurs conditions, dont les principales sont de maintenir ce corps à une température suffisamment élevée, et de lui procurer en même temps le contact de l'air atmosphérique souvent renouvelé : si l'on veut produire une combustion rapide, il faut une température plus élevée et un renouvellement plus fréquent de l'air, c'est-à-dire, un courant plus rapide.

Lorsque le combustible est en masse, on augmente les surfaces qu'il doit présenter, et par conséquent le nombre de ses points de contact avec l'oxigène atmosphérique, en le divisant en morceaux tels qu'il reste entre eux, lorsqu'ils sont accumulés dans le foyer, des interstices suffisans pour la circulation de l'air ; car un combustible réduit en poussière brûle plus difficilement que lorsqu'il est seulement concassé, parce qu'il ne satisfait pas à cette dernière condition. La disposition du combustible est aussi une circonstance importante, suivant son espèce : ainsi le bois refendu brûle bien sur un foyer plat, tandis que la houille et le charbon demandent d'être placés sur une grille. Il est également indispensable, pour produire une haute température dans un foyer, d'y accumuler la plus grande quantité possible de combustible dans l'espace le plus resserré, et d'y faire passer, dans un temps donné, le plus d'air que l'on pourra. Le rapprochement des morceaux de combustible l'un de l'autre est un avantage, sous le rapport de l'augmentation de leur température par l'irradiation réciproque de la chaleur. lorsqu'on a pris les moyens convenables pour que le courant d'air n'en soit pas affoibli notablement. On atteint ce double but de la manière la plus avantageuse, en faisant traverser le foyer rempli de combustible par un courant d'air qui est poussé dans le fourneau par une machine et avec une compression suffisante.

En général, il faut faire passer dans un foyer une quantité d'air atmosphérique beaucoup plus grande que celle qui seroit rigoureusement nécessaire pour brûler le combustible. si tout l'oxigène qu'il contient étoit absorbé. La mobilité de l'air, sa dilatation par la chaleur, et en outre l'action de celui qui est projeté par les machines soufflantes ou aspiré par les cheminées, ne permettent jamais un long contact, non-seulement d'une molécule avec les mêmes parties de combustible, mais non plus un long séjour du même air dans le foyer : il en résulte nécessairement qu'il sort des fourneaux beaucoup d'oxigène qui n'a point trouvé d'occasion favorable pour entrer en combinaison. Plus on veut brûler rapidement le combustible, c'est-à-dire, plus on veut élever la température d'un foyer, plus il faut augmenter le courant d'air en vitesse et en volume ; il n'y a d'autres limites que celles résultant du refroidissement que produit inévitablement le renouvellement de l'air, et qui, à un certain point, l'emporte sur l'accroissement de chaleur qu'on attend d'une circulation plus prompte.

Lorsque l'on connoît la composition d'une substance combustible, on peut aisément calculer, d'après la théorie chimique, quelle seroit la quantité d'oxigène exactement nécessaire pour en opérer la combustion complète ; on en déduiroit encore plus facilement celle de l'air atmosphérique qu'il faudroit employer en supposant que tout l'oxigène qu'il contient (21 centièmes) fût absorbé. On trouveroit ainsi que

pour une partie de bois sec, on doit employer au moins
2,20 d'air atmosphérique, et pour une partie de houille,
4,40 parties d'air. Mais, comme nous l'avons dit, cette quantité calculée est un *minimum* et seroit tout-à-fait insuffisante :
l'expérience fait voir qu'il convient de faire passer dans les
foyers où l'on veut déterminer une combustion fort active,
trois fois autant d'air qu'il seroit rigoureusement nécessaire ;
de sorte que, pour le bois, on en fait entrer dans le foyer
environ dix, et pour la houille vingt fois son poids.

Nous reviendrons incessamment sur les dispositions qui ont
pour but de mettre le combustible en contact avec l'air, et
les moyens dont on fait usage pour introduire de l'air comprimé dans les fourneaux, ou, en général, pour y produire
un renouvellement rapide de l'air.

II. L'air agit essentiellement, dans les fourneaux, en raison
de l'oxigène libre qu'il contient dans la proportion d'un
cinquième environ ; les quatre autres cinquièmes paroissent
sans action chimique, et n'avoir qu'une influence passive ou
mécanique sur les opérations. Ainsi l'oxigène atmosphérique
produit la combustion, mais non pas à beaucoup près aussi
rapidement ni aussi complétement qu'il le feroit s'il n'étoit
point délayé dans quatre fois son volume de gaz azote. Enfin,
ce dernier gaz, témoin inutile de la combustion, en diminue
encore les effets en emportant du foyer une quantité de chaleur proportionnée à la température même de ce foyer et
à la quantité considérable d'air qu'il faut employer pour brûler
rapidement les corps combustibles.

L'oxigène de l'air exerce son action, toujours très-énergique dans les hautes températures, sur les métaux qui
se trouvent souvent mêlés avec le combustible dans les fourneaux : c'est ainsi que le fer, le plomb, l'étain, le zinc, le
cuivre, etc., réduits à l'état métallique par le contact des
combustibles dans les fourneaux, sont souvent ramenés à
celui d'oxide par le courant d'air servant à la combustion.
On ne diminue cet inconvénient, qui ne sauroit être écarté
complétement, qu'en opérant dans des vases fermés ou creusets, et dans les fourneaux, qu'en entretenant dans leur intérieur, comme on le fait ordinairement, une certaine quantité de verre terreux ou *laitiers* destinés à envelopper les

globules métalliques et à les préserver ainsi de l'oxidation lorsqu'ils viennent à traverser le courant d'air à l'endroit où il est introduit dans le foyer, c'est-à-dire, où il est le plus oxidant. Par exemple, dans la fonte des minérais de fer, on dispose ses mélanges de manière qu'il y ait toujours environ le double en volume de laitiers relativement au fer métallique.

Ces laitiers servent en outre à recouvrir les métaux réduits et fondus dans les bassins ou creusets, où on les laisse rassemblés pour qu'ils se purifient par le repos.

Au reste, quelque chose que l'on fasse, toutes les fois que l'air pénètre dans les fourneaux où l'on réduit des oxides métalliques, on doit s'attendre qu'il y aura une succession de réductions et d'oxidations, dont il s'agit seulement d'assurer le résultat définitif : pour remplir ce dernier objet, on soustrait à l'action du courant d'air le métal obtenu, en plaçant le creuset qui le reçoit au-dessous de l'orifice d'entrée de l'air et par cela seul peu exposé à son action, et en tenant le métal constamment recouvert de laitiers, qui, plus légers, se tiennent à la surface du bain.

III. L'action de l'air atmosphérique est due, ainsi que nous l'avons reconnu tout à l'heure, aux affinités très-énergiques et fort multipliées de l'oxigène libre qu'il renferme, et le gaz azote, en délayant le gaz oxigène, diminue son action à peu près comme s'il étoit dilaté de manière à occuper un volume quintuple de celui qu'il auroit s'il n'y avoit point de mélange. On peut ainsi se faire aisément une idée de la diminution de l'action produite par un volume donné de ce gaz ; mais ceux qui voudroient pénétrer plus avant dans cette matière, trouveront des faits analogues dans les recherches de M. Davy sur la production de la flamme.

Il y a encore d'autres actions de l'air ou, pour mieux dire, des courans d'air dans les fourneaux, les unes mécaniques, les autres chimiques en même temps : il est bon de les connoitre et de les apprécier, quoique les effets en soient bien moins généraux et bien moins importans que ceux qui sont dus à l'oxigène qu'il contient.

M. Gay-Lussac a fixé l'attention des chimistes et des métallurgistes sur quelques effets de l'air relativement à la va-

porisation des métaux, et il ne faut pas négliger cette influence dans l'examen des phénomènes des fourneaux ; c'est
pour cela que nous allons les rappeler en peu de mots : « Ce
« seroit envain, » dit M. Gay-Lussac, dans le tome I.er des
Mémoires d'Arcueil, « que l'on voudroit distiller du zinc dans
« un vase n'ayant qu'une légère communication avec l'air
« et également chauffé dans tous les sens, si la température
« n'étoit pas suffisante pour le faire bouillir. Un mélange
« d'oxide de zinc et de charbon donneroit pourtant, dans
« les mêmes circonstances, un très-beau zinc métallique. On
« sait aussi que, pour faire des fleurs de zinc, il faut, indé-
« pendamment de l'oxidation, un courant d'air au-dessus de
« la surface du métal. Le plomb, l'antimoine, le bismuth
« fument beaucoup à une chaleur rouge dans des creusets
« ouverts et paroissent par conséquent très-volatils; dans des
« creusets fermés, ils ne donneroient pas de sublimé et pa-
« roîtroient très-fixes. » Ce n'est pas la nature chimique
de l'air qui, seule, produit ces phénomènes; un courant d'un
gaz quelconque, de vapeurs et même de vapeur d'eau, peut
produire un entraînement de cette espèce. L'action de semblables courans est fort remarquable ; et les recherches de
feu M. Descotils (Journal des mines, tome XXVII), qui en
ont constaté les effets sur le sulfure de plomb et le plomb
métallique, ne laissent aucun doute sur leur importance dans
certaines opérations métallurgiques relatives aux minérais de
plomb. « On peut établir comme un fait certain, dit-il, que la
« sublimation du sulfure de plomb est singulièrement favo-
« risée par un courant de gaz quelconque, qui peut d'ailleurs
« agir par ses propriétés chimiques. Lorsqu'on emploie un
« courant d'air atmosphérique, l'oxigène contenu dans ce-
« lui-ci convertit une portion du sulfure en sulfate de plomb,
« qui se volatilise et est entraîné par le courant, d'une ma-
« nière analogue à ce qu'on voit arriver dans les fourneaux
« où l'on traite ce minérai. On ne trouve en résidu (et
« c'est alors du plomb métallique) que la moitié environ
« du métal qui étoit contenu dans le sulfure. » Cela explique
très-bien les pertes notables qui ont lieu sur le plomb, dans
le traitement de la galène au fourneau à manche, à l'aide
d'un grillage préliminaire, et l'avantage que l'on trouve à

employer le fer comme agent de séparation à l'égard du soufre, parce que, dans ce dernier cas, il ne se forme aucune substance gazeuse. Il paroit que ces effets des courans d'air, fort notables quand il s'agit du plomb, du zinc, de l'antimoine et peut-être encore de quelques autres métaux, sont insensibles sur le cuivre, l'argent et autres peu oxidables par l'air.

Enfin, il y a des effets tout-à-fait mécaniques de l'air, qui ne sont pas sans quelque influence sur les opérations qui se pratiquent dans les grands fourneaux, surtout lorsqu'ils sont traversés par des courans d'air très-rapides : c'est ainsi que les minérais en poussière, ou trop légers par eux-mêmes, courent risque d'être rejetés au dehors par le vent des machines soufflantes, et qu'on est obligé d'y apporter remède en les mouillant, ou bien de quelque autre manière. De même, dans les hauts-fourneaux à fer, il arrive souvent que le charbon ou le coke, plus légers que le minérai, sont soulevés davantage, laissent celui-ci descendre plus vite, et se séparent ainsi de ce qui devoit demeurer avec eux.

Il ne faut pas oublier que les gaz ou vapeurs qui se forment par la combustion, contribuent à augmenter le courant, et produisent, comme l'air atmosphérique, les effets dont nous venons de parler.

Remarquons aussi, à cette occasion, que les produits aériformes de la combustion dans les fourneaux, sont un mélange, avec le gaz oxigène qui n'a pas été absorbé, de gaz azote, de gaz acide carbonique, et surtout de gaz oxide de carbone qui paroit se former en abondance dans les hauts-fourneaux, soit qu'il soit un produit immédiat de la combustion du charbon dans les circonstances où elle s'opère, soit, ce qui est plus vraisemblable, que l'acide carbonique formé se décompose en traversant une haute colonne de charbon embrasé : c'est principalement sur l'existence de ce gaz imparfaitement brûlé que repose le chauffage de divers appareils à l'aide de la flamme qui sort des hauts-fourneaux. On a fait aussi quelquefois servir ces gaz à l'éclairage, du moins comme un objet de curiosité. On peut consulter à ce sujet un Mémoire de M. Berthier, ingénieur en chef des mines, inséré dans le tome XXXV du Journal des mines.

§. 4. *Des opérations qui s'exécutent dans les four-*
neaux, et des fondans que l'on emploie.

I. Pendant long-temps on n'a vu, dans le traitement des minérais par le moyen du feu, qu'une opération analogue à la liquéfaction d'un métal pur : on supposoit qu'il suffisoit de mettre le minéral en fusion, ou, comme on dit encore aujourd'hui, de le *fondre*, pour que le métal, plus pesant que les matières terreuses, s'en séparàt et parút avec ses propriétés caractéristiques. On ne savoit pas alors que les métaux ne sont point à l'état de mélange dans leurs minérais. Mais, comme ils sont combinés chimiquement avec l'oxigène, et souvent aussi avec le soufre ou d'autres métaux, on ne peut espérer de les obtenir purs qu'à l'aide d'une décomposition réelle, pour laquelle il faut employer des agens chimiques, dont le feu n'est qu'un auxiliaire plus ou moins nécessaire. En effet, la simple fusion d'un minérai dans un vase fermé et sans contact de matières combustibles, comme dans un creuset de platine bien fermé, produiroit un verre ou une scorie, et point de métal. C'est, pour la plupart des minérais, le contact du charbon, dont l'action a été pendant si long-temps supposée bornée à la simple production de la chaleur, qui les décompose et met à nu les substances métalliques. Enfin, une certaine proportion entre les matières terreuses dans les fourneaux, soit qu'elle se rencontre naturellement, soit qu'on y arrive par des mélanges artificiels, suffit pour obtenir des scories fondues et par suite la réunion du métal.

Ce qu'on appelle la *fonte* des minérais est donc une opération toute chimique, où les affinités sont mises en jeu, et dans laquelle il faut employer des agens de décomposition pour obtenir un résultat déterminé. Nous allons examiner comment ces effets sont opérés dans les fourneaux, et quelles sont les conditions nécessaires pour atteindre le but que l'on se propose.

En métallurgie, encore plus qu'en chimie, l'une des conditions les plus essentielles de l'action chimique, c'est, comme nous l'avons déjà indiqué, une certaine élévation de température, quelquefois modérée, plus souvent extrêmement élevée et voisine des plus hauts degrés de chaleur que l'art puisse produire. Pour bien comprendre les phénomènes qui ont lieu dans l'intérieur des fourneaux, il faut remarquer que le résultat général des fontes de minérais se compose de produits que l'on peut réduire à deux : premièrement le produit utile, qui sera le métal ou les métaux qui forment le but de l'opération, ou du moins un composé qui les contiendra beaucoup plus concentrés que dans le minérai, ainsi qu'on le voit dans les résultats de la fonte crue, de la fonte pour obtenir des mattes, etc. ; en second lieu, les substances terreuses ou autres, dans lesquelles le métal se trouvoit engagé et que l'on rejette comme inutiles, lorsqu'elles ne contiennent plus de métal combiné ou en grenaille, que l'on puisse en retirer avec bénéfice : elles sont ordinairement combinées entre elles sous forme de verres ou de scories, et viennent occuper la superficie des creusets ou bassins de réception, le métal demeurant au-dessous.

On voit par ces détails que, dans une opération de fonte de minérai, il y a deux effets, produits successivement ou simultanément dans le même fourneau : 1.° la fusion complète, ou à peu près, de toutes les matières terreuses et même d'une partie des oxides métalliques contenus dans le minérai ; elle s'opère à l'aide d'une forte chaleur, et aussi d'un mélange en proportions convenables de toutes ces matières. 2.° La réduction des oxides métalliques ou la désulfuration des métaux sulfurés, qui doit s'opérer après ou en même temps que la fusion des matières étrangères. Cet effet de la *réduction* des oxides métalliques ne peut guère s'opérer pour certains métaux, tels que le fer, qu'à l'aide d'une haute température et d'un assez long contact de l'oxide avec le charbon. Le temps nécessaire pour la réduction peut influer sur les dimensions des fourneaux ; c'est ainsi que l'on peut fondre les minérais de plomb, et surtout la litharge, dans des fourneaux très-peu élevés, tandis que ceux où l'on fond les minérais de fer le sont ordinairement beaucoup davantage.

Au reste, ces deux effets, que nous venons de distinguer, ont une influence très-marquée l'un sur l'autre, du moins relativement au résultat final ; car c'est suivant que les circonstances sont plus ou moins favorables à l'un ou à l'autre, que l'on obtient ou non la totalité du métal contenu, et que l'opération se fait avec économie. Ainsi, lorsque les proportions des subtances terreuses ne sont pas les plus convenables pour former un composé facilement fusible à la température ordinaire des fourneaux, ou bien si cette température est trop basse et quelquefois même quand elle est trop élevée, les oxides métalliques obéissent à la tendance qu'ils ont à se combiner avec les terres pour former une combinaison vitreuse, et il en résulte une perte notable sur le métal contenu et que l'on se proposoit d'obtenir en entier; la réduction étant devenue beaucoup plus difficile lorsque l'oxide est entré dans une combinaison et s'est vitrifié avec des terres, il faudra, pour obtenir le même résultat, consommer plus de combustible et le plus souvent même traiter plusieurs fois les mêmes matières. Nous indiquerons tout à l'heure les moyens qui sont mis en usage pour éviter ces inconvéniens.

Ajoutons encore, relativement à ce qui se passe dans les fourneaux, que la séparation complète des métaux réduits d'avec les matières terreuses, dépend d'abord de leur réunion en globules, et ensuite de la facilité que trouvent ceux-ci à traverser ces mêmes matières plus ou moins bien fondues, pour se rendre, sans être oxidés de nouveau, dans les parties inférieures ou creusets destinés à les recevoir. C'est sous ce rapport qu'il est utile que les laitiers aient toujours une fluidité suffisante pour que la séparation du métal s'en opère complétement en raison de la différence des pesanteurs spécifiques : mais, d'un autre côté, un laitier trop liquide n'enveloppe pas suffisamment les globules métalliques, n'y adhère pas assez et les laisse exposés à l'oxidation par l'action du vent de la tuyère; de plus, des laitiers de cette espèce attaquent souvent les parois des fourneaux, et dissolvent même quelquefois beaucoup de l'oxide que l'on se propose de réduire. C'est donc entre ces deux inconvéniens qu'il faut marcher, et c'est une partie de l'art des fondeurs qui exige beaucoup de soins et une grande connoissance des moyens de conduire un fourneau. Lorsqu'on a des scories épaisses qui retiennent des grains de métal, on les bocarde et on les soumet à un lavage pour en retirer ces grains. C'est ainsi qu'on le pratique pour certains laitiers des hauts-fourneaux à fer, qui peuvent être ainsi traités avec bénéfice. Il y a peut-être une plus grande perte à avoir des laitiers très-fluides, qui contiennent beaucoup de métal par l'effet de la dissolution de son oxide, parce que l'on ne peut l'en séparer que par une nouvelle fonte, opération toujours fort dispendieuse, ce qui oblige le plus souvent à abandonner et à rejeter des scories encore riches.

II. *Des fondans*. On donne le nom de *fondans* aux substances que l'on ajoute à des minérais pour faciliter l'opération de les fondre dans un fourneau : ce sont ordinairement des substances terreuses, ou des scories ou laitiers provenant des fontes précédentes. Les minérais métalliques sont, comme on sait, en général composés d'*une gangue*, combinée ou mêlée avec des oxides ou des sulfures métalliques : c'est cette gangue qui doit former le laitier dont on a ordinairement besoin dans l'intérieur d'un fourneau. Cependant il peut arriver qu'elle ne soit pas assez abondante, ou, ce qui est le cas le plus fréquent, que les substances terreuses dont elle est composée ne se trouvent pas dans la proportion convenable pour prendre, à la température habituelle des fourneaux, le degré de liquidité que l'on désire lui donner. On obtient les résultats les plus utiles en ajoutant au minérai une ou plusieurs substances terreuses, dont la nature et la quantité devront être déterminées, pour donner au mélange la fusibilité convenable. A la vérité, on augmente ainsi la masse des matières à fondre ; mais aussi on rend possibles, ou du moins plus faciles, et par suite moins coûteuses sous le rapport du combustible, différentes opérations métallurgiques qui ne le seroient pas autrement.

Les principales conditions auxquelles doivent satisfaire les fondans, sont d'abord de ne point nuire à l'extraction du métal que l'on veut retirer des minérais, ni à sa qualité : c'est ainsi que, relativement au fer, les substances qui d'ailleurs pourroient être de très-bons fondans des gangues, mais qui contiendroient du soufre ou du phosphore, ne doivent jamais être employées. Les fondans doivent remplir leur objet avec économie, c'est-à-dire, d'abord épargner le combustible en facilitant la fonte ; ensuite il faut les choisir parmi les matières qui sont le plus abondantes et qui reviennent au moindre prix, à raison de leur exploitation ou de leur achat et de leur transport jusqu'au fourneau.

En général, les verres terreux qui se forment dans les fourneaux, sont *des silicates* à plusieurs bases, soit terreuses, soit oxides métalliques. On peut se diriger dans le choix et les proportions des fondans, par des essais faits en petit, dans des creusets, et ensuite en grand dans les fourneaux eux-mêmes. Mais il peut être souvent fort utile d'employer l'analyse chimique : en l'appliquant à la recherche de la composition des scories ou laitiers qui sortent d'un fourneau, quand sa marche est régulière et reconnue pour avantageuse, on connoitra quelles sont les substances qui se trouvent alors dans le fourneau, et dans quelles proportions elles doivent y être pour former de bons laitiers. L'analyse des minérais faisant connoître de même leur composition, on verra tout de suite ce qu'il faut y ajouter, ou comment il faut les mêler entre eux pour obtenir un résultat satisfaisant. C'est certainement le meilleur guide que l'on puisse suivre : malheureusement il n'est pas à la portée de tout le monde ; il faut beaucoup d'habitude, et un assez grand nombre de réactifs et d'instrumens, pour opérer avec quelque exactitude et arriver à des résultats certains.

On sait maintenant que la fusion des terres les unes par les autres n'a pas lieu par entraînement, comme on le croyoit autrefois, et en raison de la présence d'une terre fusible ; il est bien reconnu qu'une terre infusible (et elles le sont presque toutes, lorsqu'elles sont soumises seules à la chaleur des fourneaux) rend très-aisément fusibles d'autres terres dont le mélange ne l'est point du tout : c'est donc un effet d'affinités chimiques très-déterminées. On a fait beaucoup de recherches sur ces actions mutuelles des terres, et c'est dans leurs résultats généraux qu'il faut chercher des règles de conduite pour faire usage des fondans terreux ; en voici le résumé relativement aux quatre terres qui se rencontrent le plus ordinairement dans les roches, savoir, *la silice, l'alumine, la chaux* et *la magnésie.*

1.° Les terres sont infusibles seules, lorsqu'elles sont bien pures : il s'en suit qu'un minérai qui seroit composé d'un oxide métallique ayant pour gangue du quartz, ne pourroit être traité seul dans un fourneau de fusion, parce que l'oxide, une fois réduit, laisseroit de la silice pure, qui ne pourroit point se fondre ; et par conséquent, d'un côté, le métal ne se sépareroit point complétement, et de l'autre, le fourneau s'engorgeroit. Ces effets auront lieu nécessairement, à moins que les cendres du combustible ne suffisent pour vitrifier la silice, ce qui est un cas tout particulier, ou bien que cette terre ne retienne, en combinaison, suffisamment d'oxide pour former avec lui un composé fusible ; mais alors il y aura une diminution dans le produit, c'est-à-dire une perte sur le métal contenu, ce que l'on peut souvent éviter en employant un fondant.

2.° Les mêmes terres (et il s'agit toujours des quatre principales), mêlées deux à deux, doivent être également regardées comme à peu près infusibles, en quelque proportion que ce soit. Cependant on aperçoit qu'il y a un commencement de fusion qui peut augmenter beaucoup par la présence d'un oxide métallique ou d'une autre terre, même en très-petite quantité. Tout porte à croire que les mélanges de silice et de chaux, en certaines proportions et avec très-peu d'oxide de fer ou de manganèse, peuvent se fondre et former dans les fourneaux à fer un laitier qui possède toutes les qualités désirables.

3.° Un grand nombre, et même la plupart, des mélanges *ternaires* des quatre terres indiquées, sont fusibles : il faut cependant en excepter ceux de chaux, alumine et magnésie, si ce n'est dans le cas où la chaux ou l'alumine (l'une ou l'autre) forme la moitié du mélange. En général, la magnésie diminue la fusibilité des mélanges, et l'on ne doit jamais l'y faire entrer en proportion trop considérable.

4.° Les résultats de toutes les expériences s'accordent pour faire voir que le mélange des quatre terres principales est presque toujours fusible en toute proportion, si ce n'est dans un petit nombre de cas particuliers.

On emploie aussi comme fondans, mais seulement dans certains cas ou dans quelques localités, la chaux fluatée, appelée *spath fluor* à cause de cette propriété, la baryte sulfatée et même la chaux sulfatée.

Le quartz est un excellent fondant à l'égard des oxides métalliques, et principalement pour ceux de fer, de plomb, etc. Enfin, les alcalis et les sels alcalins contenus dans les cendres du charbon de bois doivent être considérés comme des fondans à l'égard des substances terreuses : peut-être même exercent-elles, malgré leur petite quantité, une influence nuisible sur les parois des hauts-fourneaux où l'on emploie le charbon végétal.

Pour les minérais de fer, qui presque tous sont argileux ou calcaires, on fait usage de deux espèces de fondans, qui correspondent à ces deux natures de gangue : aux premiers on ajoute de *la castine* ou pierre calcaire plus ou moins pure, souvent une espèce de *marne;* aux minérais calcaires qui contiennent trop de chaux, on ajoute, sous le nom d'*herbue,* une terre ou pierre argileuse, ou une marne magnésienne. Enfin, un moyen d'obtenir dans les fourneaux un composé convenablement fusible, consiste à mêler en certaines proportions des minérais dont les gangues sont différentes : cette méthode est fréquemment mise en usage par les maîtres de forges, qui y trouvent souvent, outre l'avantage de ne rien mettre de stérile dans leur fourneau, celui d'améliorer la qualité du fer qui serait produit par un seul de ces minérais.

Terminons ce qui concerne les fondans par une observation générale, applicable par conséquent à tous les cas où on les emploie : c'est qu'on ne doit s'en servir que quand cela est reconnu indispensable, et préférer toujours ceux qui produisent le même effet avec la moindre masse. Cela est fondé sur ce qu'en introduisant une matière quelconque dans un fourneau, elle exige toujours une certaine quantité de combustible pour être fondue : d'où il suit que toute substance que l'on y met inutilement, occasionne une dépense de combustible que l'on auroit pu éviter. Dans les hauts-fourneaux où l'on traite les minérais de fer, on compte qu'il faut employer une partie de coke pour fondre une partie de minérai ou de son mélange avec les fondans : quand on se sert de charbon de bois, il ne faut guère consommer que les deux tiers en poids de la masse à fondre. On observe à peu près le même rapport dans la fonte des minérais de cuivre peu riches et contenant beaucoup de gangue terreuse.

II. Des fourneaux ou appareils dont on se sert pour opérer économiquement la combustion et employer avantageusement la chaleur produite.

Les appareils et machines dont on fait usage en métallurgie sont de deux sortes : les *fourneaux* ou appareils de combustion et d'opération, et les *machines soufflantes*, qui sont une dépendance nécessaire de quelques-uns d'entre eux. Il y a un assez grand nombre de fourneaux qui n'ont point besoin de machines soufflantes, ou du moins dans lesquels celles-ci se trouvent remplacées par des dispositions particulières qui suffisent pour déterminer un courant d'air proportionné aux besoins de l'appareil. Sous ce rapport, tous les fourneaux employés peuvent former deux classes bien distinctes : ceux qui exigent une machine soufflante, et qu'on désigne sous le nom de *fourneaux à courant d'air forcé ;* et ceux qui n'en ont pas besoin, et qu'on appelle *fourneaux à courant d'air naturel.*

Une *fonderie* se compose ordinairement des appareils et des machines dont on peut avoir besoin pour le traitement de certains minérais et le raffinage des métaux qui en proviennent ; enfin, on y comprend aussi les magasins, dont on ne peut se passer, pour renfermer et mettre en réserve les combustibles, les minérais et les produits obtenus.

1.re SECTION.

Des fourneaux.

§. 1.er *De la disposition générale et de la construction des fourneaux.*

L'espace circonscrit dans lequel se trouvent renfermées les substances à traiter et le combustible destiné à leur faire éprouver une température plus ou moins élevée, s'appelle *un fourneau.* Cet appareil est ordinairement muni d'orifices ou d'entrées, auxquelles on donne souvent le nom de *portes,* qui servent à y introduire et à en faire sortir diverses matières, ainsi qu'à pratiquer diverses manipulations. Les fourneaux sont ordinairement traversés par un courant d'air indispensable pour la combustion, et à sa sortie ce courant

entraîne avec lui diverses substances volatiles, telles que les
gaz et les vapeurs formées par la combustion, ainsi que certains produits de l'opération. La construction des fourneaux
présente des difficultés sous plusieurs rapports. Il faut d'a-
bord se procurer des matériaux capables de résister aux
effets de la chaleur ; ils ne doivent ni se fendre, ni éclater
par son impression, ni se fondre par suite de son action
prolongée. On fait souvent usage de certains *grès*, après
en avoir fait l'essai en petit ou en grand ; plus souvent.
et cela est applicable à presque toutes les localités, on fait
exprès des *briques* avec de l'argile réfractaire, c'est-à-dire.
qui ne contient ni chaux ni oxides métalliques, et qu'on emploie après l'avoir calcinée légèrement et en la mêlant avec
un tiers au moins de vieilles briques réfractaires non vitrifiées. On assure que celles qui sont faites dans des moules
de fonte et par la compression due au choc d'un mouton,
sont préférables à toutes les autres.

La chaleur produit sur l'ensemble des parties qui composent un fourneau une action tendant à les écarter, à les
disjoindre, et par conséquent à les détruire : on la combat
en reliant leurs diverses parties par des barres et des liens
de fer forgé, qui se prêtent aux diverses variations que les
changemens de température font éprouver aux dimensions
des fourneaux.

On doit aussi chercher à éloigner des fourneaux, et surtout de leurs fondations, toutes les causes d'humidité que
l'on peut soupçonner : l'eau qui s'introduit dans la maçonnerie non-seulement refroidit beaucoup le foyer et peut
le rendre incapable de produire les effets qu'on en attend,
ou du moins occasioner une consommation inutile du combustible ; mais en outre, en se réduisant en vapeur, elle écarte
les pierres de construction et amène une prompte dégradation
de l'ensemble. Un des moyens les plus utilement employés
consiste à ménager, à la base des fourneaux, des canaux
voûtés où l'air puisse circuler, et d'où surtout la vapeur
d'eau puisse sortir. Presque tous les fourneaux à réverbère
sont établis sur voûte. Enfin, on a été jusqu'à ménager. dans
la maçonnerie fort épaisse qui entoure *la chemise* des hauts-
fourneaux à fer, des canaux ou *évents* que l'on garnissoit de

tuyaux de tôle, afin de faciliter la sortie de la vapeur d'eau du milieu des paremens : toutefois on a abandonné cette pratique comme peu utile. C'est une maxime générale de n'employer un fourneau neuf que quand il est bien sec, et de le chauffer toujours avec beaucoup de précaution, lorsqu'il est demeuré long-temps sans avoir été mis en feu.

Nous avons dit que souvent les matières que l'on mettoit dans les fourneaux, par exemple, certaines terres et tous les oxides métalliques, exerçoient une action chimique sur les parois de ces appareils et les corrodoient promptement. Pour remédier à cet inconvénient grave, on se contente quelquefois de choisir ses matériaux parmi ceux que l'on a reconnu opposer la résistance la plus longue à cette action, et on les remplace lorsqu'ils sont presque détruits : d'autres fois, on fait usage de poussière de charbon, ordinairement mêlée avec de l'argile et humectée ; on peut ainsi donner à ce mélange, qu'on appelle *brasque*, les formes que l'on désire. Le charbon est, comme on sait, infusible et presque indestructible, lorsqu'il ne se trouve pas en contact avec l'oxigène libre ou combiné. C'est dans des bassins formés dans la brasque, que l'on recueille et que l'on conserve pendant plusieurs heures le plomb, le cuivre, l'étain et autres métaux qui viennent d'être obtenus de la fonte des minérais.

Le choix des fourneaux, relativement aux opérations que l'on a dessein d'exécuter, et surtout les bonnes proportions de celui que l'on a choisi, ont la plus grande influence sur le succès des procédés métallurgiques, et même des entreprises de cette nature. Les fourneaux ont des formes et des dimensions différentes, suivant les opérations auxquelles ils doivent servir, et l'on trouvera à l'article de chaque métal la description de ceux qui sont employés à son traitement ; mais ces appareils, considérés par genres, ont des propriétés tout-à-fait distinctes, qu'il est utile d'exposer ici.

1.° Quelquefois il est de nécessité, ou du moins plus convenable, de mettre en contact ou de mêler ensemble le minérai avec le combustible, et cela donne lieu à des fourneaux prismatiques plus ou moins alongés dans le sens vertical, et qu'on appelle *hauts-fourneaux*, *fourneaux courbes*, *fourneaux à manche*, etc. Ils sont à courant d'air forcé, et l'on n'y emploie guère que des combustibles convertis en charbon.

2.° D'autres fois on ne veut pas mettre en contact les substances à chauffer avec le combustible (comme le fer avec la houille), ou du moins cela n'est pas nécessaire ; alors on chauffe avec la flamme les matières placées non loin du foyer et dans un espace fort circonscrit : c'est *le fourneau à réverbère*, dont le nom dérive de ce que les matières sont échauffées non-seulement par le contact immédiat de la flamme, mais encore par l'irradiation qui a lieu de la surface intérieure d'une voûte qui s'échauffe fortement, et dont la première destination étoit sans doute d'obliger la flamme et le courant d'air chaud à toucher les matières placées sur l'àtre. On y emploie les combustibles dans leur état naturel, et l'on y trouve encore l'avantage de voir constamment et de suivre tous les changemens qui ont lieu dans les matières que l'on traite : on peut aussi ajouter à celles-ci certaines substances, les mêler ensemble, les rapprocher ou les éloigner de l'endroit où se trouve la plus grande chaleur ; enfin, arrêter l'opération quand on veut, et la recommencer sans grande préparation ni perte de temps. Tous ces avantages ne se trouvent point dans les grands fourneaux, où la matière à traiter est mêlée avec le combustible. Cependant, ce qui a peut-être le plus contribué à étendre l'usage des fourneaux à réverbère, c'est qu'ils n'ont pas besoin de machines soufflantes, et qu'ils sont, par cette raison, indépendans de toute force motrice ; on n'est plus obligé de placer son fourneau auprès d'un cours d'eau ou d'employer des chevaux à faire mouvoir des soufflets, ce qui est toujours fort coûteux et peu en usage pour les fourneaux d'une certaine grandeur. On sait que, dans les fourneaux à réverbère, et généralement dans tous ceux où l'on chauffe avec la flamme, la circulation de l'air à travers le combustible, ou ce qu'on appelle *le tirage*, est déterminé par une cheminée plus ou moins élevée, dans laquelle l'air, très-échauffé et par conséquent très-raréfié, s'élève en raison de la différence de sa pesanteur spécifique, comparée à celle de l'air extérieur et de la hauteur de la colonne d'air dilaté.

3.° Enfin, il y a des opérations où les matières qu'il s'agit de traiter doivent être maintenues à l'abri du contact de la flamme et même de l'air; alors on les renferme dans des creusets plus ou moins grands, que l'on chauffe extérieurement en les plaçant dans un fourneau convenablement disposé. Tantôt on les chauffe par la flamme d'un combustible, et alors ces creusets sont mis sur une banquette pratiquée dans l'intérieur du fourneau, comme on le voit dans les fours de verreries; quelquefois on les chauffe en même temps par dessous, comme on le fait pour les caisses à cémenter le fer. Enfin, on se sert aussi des combustibles carbonisés, ainsi que le pratiquent les fondeurs de cuivre, de bronze, et même ceux qui fabriquent l'acier fondu : dans ce cas, le creuset est placé sur une grille, au milieu du combustible, mais son fond doit être appuyé sur un cylindre de terre réfractaire de même diamètre et élevé de plusieurs pouces, afin que l'air froid qui traverse la grille ne le refroidisse pas trop et de peur qu'il ne le fasse éclater; c'est ainsi que l'on chauffe les creusets de petite dimension, quand on fait des essais de minérais par la voie sèche. Nous n'entrerons dans quelques détails que relativement aux deux premiers genres de fourneaux.

§. 2. *Des fourneaux dans lesquels les matières à traiter sont mêlées avec le combustible.*

Nous avons déjà indiqué les propriétés caractéristiques de ce genre de fourneaux, en disant qu'on y projetoit de l'air à l'aide d'une machine, et qu'on n'y employoit ordinairement que des combustibles carbonisés; il n'est cependant pas impossible d'y brûler du bois à l'état naturel et seulement coupé en petits morceaux, ainsi qu'on l'a vérifié, en Suède, sur des hauts-fourneaux à fer.

L'intérieur de ces fourneaux est une cavité prismatique, plus ou moins régulière, dont l'axe est vertical; c'est une espèce de *puits* (ce qui leur a fait donner en allemand le nom de *Schacht-Ofen*), qui présente ou un prisme droit comme dans les fourneaux à manche, ou un assemblage de pyramides ou de cônes, comme dans les hauts-fourneaux à fer. Quelques-uns, cependant, sont très-bas, comme les *foyers de forge* et ceux où l'on traite le minérai de fer par la méthode catalane, le *fourneau écossois* employé pour le plomb, et peut-être quelques autres.

On introduit, par l'orifice supérieur, les substances à fondre avec le combustible ; et les matières fondues, produit de
l'opération, sortent par la partie inférieure, où se trouve un
orifice plus ou moins grand, disposé à cet effet : ainsi tout
ce qui entre dans un fourneau de cette espèce, et qui n'est
point susceptible d'être réduit en vapeur par la chaleur qui
s'y développe, doit parcourir toute la hauteur du fourneau
et en sortir à l'état liquide. Il convient de remarquer, comme
une propriété de ce fourneau, qu'il y a constamment dans
son intérieur un *mouvement descensionnel* à peu près uniforme
quand il est en bon train ¹. Lorsque quelque substance s'arrête
dans l'intérieur, parce qu'elle n'est pas suffisamment fluide,
on dit qu'il y a *embarras*, et c'est un *engorgement* lorsque les
matières ne descendent plus du tout. Alors on cherche à
dissiper l'engorgement, soit en augmentant la chaleur du

---

1 Si l'on vouloit reconnoître tous les mouvemens qui ont lieu dans
l'intérieur d'un fourneau, il faudroit considérer d'abord que les matières
solides, chargées à sa partie supérieure, prennent un mouvement descendant, en raison de la diminution successive, mais assez prompte,
du volume du charbon qui est dissous par l'air atmosphérique; tandis
que les substances volatiles et l'air introduit dans le fourneau possèdent un mouvement ascensionnel beaucoup plus rapide. Nous avons
dit que toutes les matières solides n'avoient pas un mouvement uniforme, c'est-à-dire qu'il ne s'exécutoit pas rigoureusement par tran-
ches horizontales, et que la différence des pesanteurs spécifiques avoit
quelque influence sur le résultat : mais il y a aussi des différences
entre les substances devenues liquides et celles qui sont demeurées
à l'état solide ; enfin, il y en a entre les diverses matières fondues,
suivant le degré de fluidité dont elles jouissent, leur adhérence aux
corps solides qu'elles rencontrent et leurs pesanteurs spécifiques. Ces
substances liquides tombent et filtrent goutte à goutte à travers la colonne de matières solides, et c'est ainsi que l'on conçoit que s'opère
principalement la réduction des oxides métalliques dans beaucoup de
fourneaux. D'un autre côté, les gaz et les vapeurs qui traversent la
même colonne, en sens opposé, y occasionnent aussi des changemens
chimiques, tels que des oxidations et des dissolutions. On voit par là
qu'il se produit dans un fourneau élevé, mais d'une manière beaucoup
plus compliquée et en quelque sorte multiple, des effets analogues
à ceux pour lesquels est disposé l'appareil imaginé par M. Clément,
professeur au Conservatoire des arts et métiers, et qu'il a appelé *cascade
chimique*.

fourneau, soit en ajoutant des fondans : quand ces moyens sont insuffisans, il faut arrêter l'opération, démolir en partie le fourneau pour retirer les matières arrêtées, et le rétablir avant de recommencer, ce qui entraine toujours plus ou moins de perte de temps, de combustible et par conséquent d'argent. Mais quand la marche d'un fourneau est régulière, le remplissage, qu'on appelle la *charge*, a lieu à des intervalles de temps à peu près égaux, et il en est de même pour la sortie des matières.

Nous avons déjà parlé de deux orifices principaux : celui de la partie supérieure, qu'on appelle *gueulart* dans les hauts-fourneaux à fer et par lequel on charge, et celui inférieur, par où sortent les matières liquides. Il y en a un troisième, par lequel on introduit l'air ; c'est l'*orifice* ou le *trou de la tuyère* : quelquefois il y a plusieurs orifices de tuyère, comme il peut y avoir plusieurs orifices de *coulée* ou de *percée*.

La position des orifices de tuyère est déterminée, d'une part, par la nécessité d'entretenir toutes les parties du fourneau suffisamment échauffées, et de l'autre, de se réserver à la partie inférieure, un endroit encore fort échauffé et néanmoins à l'abri de l'action trop oxidante de l'air. On atteint ce double but en plaçant la tuyère à une petite hauteur au-dessus du fond ; ce sera seulement quelques pouces dans les fourneaux peu élevés, et un à deux pieds au plus dans les plus hauts.

L'ouverture de la tuyère est ordinairement garnie d'un conduit ou *tuyau* (d'où lui vient son nom), qui est en terre ou en métal, et destiné à conduire l'air dans l'intérieur du fourneau · dans quelques-uns d'entre eux (les foyers de forge, par exemple) elle s'avance plus ou moins au-delà de la paroi intérieure ; mais dans les grands fourneaux, où la chaleur est fort considérable, et même dans ceux où l'on fond les oxides de plomb, cuivre, etc., toute matière se fondroit promptement, et la tuyère n'est jamais saillante.

Dans les fourneaux à manche, qui servent à fondre les minérais de plomb ou de cuivre, on profite d'un accident pour suppléer à cette impossibilité de prolonger la tuyère dans l'intérieur du fourneau, et l'on porte ainsi le vent beaucoup plus loin qu'on ne le feroit sans cela. Comme il s'amasse continuellement, vers la tuyère, des matières fondues que le courant d'air refroidit et finit par solidifier, il se forme une espèce de tuyau ou cylindre creux, au milieu duquel passe le vent ; c'est ce que les fondeurs appellent le *nez*, qui fait un véritable prolongement de la tuyère : dans les hauts-fourneaux à fer on n'en laisse point former, mais dans les fourneaux à manche on le forme exprès et on le conserve d'une certaine longueur: il y a des avantages ou des facilités à fondre de cette manière.

C'est dans la tuyère que se réunissent les *buses* ou *canons* des soufflets, souvent au nombre de deux ; pour cela elle est conique, mais son petit orifice, tourné vers l'intérieur du fourneau, n'a jamais plus de deux pouces ou deux pouces et demi de diamètre : enfin, on lui donne quelquefois une certaine *inclinaison*, soit au-dessus du plan horizontal, soit au-dessous, et quelquefois même une *déclinaison*, c'est-à-dire que sa direction fait un angle, qui n'est pas toujours droit, avec la face intérieure dans laquelle elle est implantée. La direction de la tuyère a toujours beaucoup d'influence sur la conduite des opérations; on le conçoit facilement, quand on sait que c'est sa position qui détermine l'endroit de la plus grande chaleur dans le fourneau, et qu'en la faisant plonger ou en la relevant, on augmente la chaleur ou on la diminue dans le creuset.

La détermination de l'endroit où se trouve la plus grande chaleur dans un fourneau, n'est pas susceptible d'une précision géométrique; mais on voit qu'elle doit se trouver là où a lieu la combustion la plus rapide : or, c'est évidemment vers la tuyère et un peu au-dessus, parce que l'air tend à s'élever dès le moment où il en sort, tant à cause de la dilatation qu'il éprouve, qu'à raison du mouvement ascensionnel déjà imprimé à toutes les substances aériformes qui se trouvent dans le fourneau.

C'est à raison de ce mouvement qu'il est de toute nécessité de faire arriver l'air à la partie inférieure de l'appareil, pour qu'en s'élevant ensuite, il échauffe les parties supérieures, prépare les matières à la fonte, et produise cet effet avantageux, qu'elles n'arrivent, ainsi que le combustible lui-même, à l'endroit de la plus grande chaleur, qu'après avoir acquis une température peu différente de celle qui s'y développe, et par conséquent sans la diminuer sensiblement.

On voit, d'après tout ce que nous venons de dire, que la combustion et les diverses opérations chimiques, telles que la réduction des oxides métalliques, la combinaison et vitrification des terres, et la séparation des métaux, tout cela s'opère dans le même espace et pour ainsi dire confusément ensemble. C'est donc une opération très-compliquée que celle de la fonte des minérais dans les fourneaux où ils sont jetés pêle-mêle avec les combustibles; elle l'est d'autant plus, qu'une fois mises dans le fourneau, on ne peut plus guère agir immédiatement sur ces matières, et que l'on ne juge de l'état de l'opération que par des signes peu certains et presque par conjecture : aussi l'art du fondeur est-il extrêmement difficile; une longue pratique, beaucoup d'attention et un travail pénible mettent seulement en état d'éviter les accidens graves. Le fondeur doit apercevoir par de foibles indices les dérangemens qui se préparent, en démêler les causes, en assigner le remède, et l'appliquer à un instant où un œil moins exercé n'aperçoit point encore de changement dans la marche du fourneau. Ces indices, sur lesquels nous ne nous arrêterons point, sont l'obscurcissement de la tuyère, par l'orifice de laquelle on doit toujours apercevoir une lumière plus ou moins brillante; l'épaisseur ou la fluidité trop grande des laitiers ou scories; leur couleur, celle de la flamme qui sort du fourneau; enfin, le bruit que fait l'air qui traverse les matières, et celui qui résulte souvent de leur chute dans l'intérieur, lorsqu'elles ne descendent pas régulièrement, mais par secousses. Enfin, à l'aide d'un *ringard* (barre de fer pointue), le fondeur sonde les parties inférieures, et il détache les matières agglutinées lorsqu'il en trouve d'attachées aux parois du fourneau. Les principaux moyens d'action du fondeur sur les matières contenues dans un fourneau, résultent principalement de ceux qui peuvent augmenter ou diminuer la température de son intérieur. Il en existe plusieurs pour arriver au même but; mais il faut choisir et employer les plus convenables dans chaque circonstance, et quelquefois les combiner ensemble. C'est ainsi que tantôt on augmente ou l'on diminue la quantité de combustible par rapport à la masse de matière à fondre ; tantôt on augmente ou l'on diminue le vent ; enfin, on ajoute quelquefois des fondans ou d'anciennes scories, qui agissent comme dissolvans.

Les principales causes des dérangemens d'un fourneau sont les variations dans la qualité du combustible, ou bien dans la nature et la pureté des minérais ; quelque changement dans la marche des machines soufflantes ; enfin, des dégradations dans son intérieur : souvent l'inattention des fondeurs y contribue beaucoup, parce que, oubliant de charger le fourneau quand il en est temps, ils le surchargent ensuite tout d'un coup pour cacher et dans l'intention de réparer leur faute.

La conduite d'un fourneau consiste à l'entretenir constamment rempli (ou à peu près) de combustible et des matières à fondre, dans les proportions que l'expérience a fait connoître comme les plus avantageuses : le fondeur doit toutefois faire varier ces proportions suivant l'état du fourneau, sa chaleur ou son refroidissement. Il veille à tenir la tuyère en tel état que l'air pénètre bien dans l'intérieur ; il surveille le travail des machines soufflantes ; il prépare les mélanges, ordonne les charges et fait ensuite enlever les scories ou laitiers ; puis il fait la *percée* pour faire couler le métal hors du fourneau, lorsque le creuset est rempli. Le fondeur est chargé de préparer le fourneau, de le débarrasser des engorgemens qui surviennent ; enfin, de le réparer toutes les fois qu'il en a besoin : il a ordinairement avec lui un aide et plusieurs manœuvres. Dans quelque circonstance que l'on se trouve, il ne faut jamais perdre de vue que l'objet de toute opération métallurgique est non-seulement d'obtenir un certain résultat utile, mais encore avec la moindre dépense qu'il sera possible : en conséquence on doit toujours choisir les moyens les moins coûteux, et épargner surtout le combustible et la main d'œuvre.

Dans le genre de fourneaux dont nous venons de donner une idée, on en distingue plusieurs espèces, que nous allons indiquer sommairement.

Les *fourneaux courbes* ou *fourneaux à manche* servent à fondre les minérais de plomb, de cuivre, d'étain. etc. ; ils sont peu élevés et on les charge par devant : mais ce qui les caractérise surtout, c'est que le creuset dans lequel se rassemblent les matières fondues et qu'on appelle *bassin d'avant-foyer*, se trouve en avant du corps du fourneau et, pour ainsi dire, extérieur à celui-ci ; un petit canal incliné, creusé dans la brasque, ainsi que le bassin dont nous venons de parler, sert à y conduire les matières, et on l'appelle *trace*; enfin il y a toujours un second bassin dit *de percée*, ou inférieur, qui peut communiquer avec le premier. Le devant du fourneau, que l'on appelle *poitrine*, est fermé, dans sa partie inférieure, par des briques ou des pierres, de manière que l'on peut aisément les démolir lorsqu'on arrête le fourneau et les rétablir pour recommencer ; car souvent le fondage dans ces fourneaux ne dure qu'une semaine.

Cette poitrine des fourneaux courbes s'abaisse jusqu'à la brasque, excepté dans l'endroit où se trouve la trace, où il reste un vide ou trou qu'on appelle *œil*, parce qu'il en sort constamment un peu de flamme et de lumière pendant le travail : de là les expressions de *fondre sur œil* et *fondre sur trace*, qui désignent des circonstances un peu différentes. On dit aussi dans les mêmes circonstances que l'on *fond à poitrine ouverte*, tandis que, dans d'autres circonstances, et par exemple dans les hauts-fourneaux à fer, on fond *à poitrine fermée*.

Le *bassin d'avant-foyer*, recevant tout ce qui sort fondu du fourneau, se remplit bientôt de scories et de métal, ou de mattes qui occupent des hauteurs différentes dans ce bassin. On enlève presque à chaque instant les scories ou crasses qui se solidifient par refroidissement à la superficie du bassin, et lorsqu'on aperçoit qu'il demeure presque rempli de matières métalliques, *on perce*, c'est-à-dire que l'on débouche un conduit pratiqué dans la brasque et qui amène ces matières dans un autre bassin, creusé dans le sol de la fonderie, et qu'on appelle *bassin de réception* ou *de coulée*.

Il y a des fonderies où l'on forme deux bassins d'avant-foyer, et par conséquent deux *œils*, dont l'un est bouché, pendant que le métal coule par l'autre; il y a aussi deux bassins de réception : cette disposition a pour objet d'éviter d'arrêter la fonte pendant que l'on fait *la percée*.

La hauteur des fourneaux dont on vient de parler, ne passe guère 2 ou 2,30 mètres : lorsqu'ils sont plus élevés, on ne peut plus les charger par devant, et ils prennent le nom de *demi-hauts-fourneaux*; la hauteur de ceux-ci va jusqu'à 4 mètres et davantage.

On trouvera à l'article de chaque métal l'indication de l'espèce de fourneau que l'on emploie ordinairement pour ses minérais, et des dessins dont l'explication en fera connoître tous les détails. Nous ne nous arrêterons point à traiter des *hauts-fourneaux* à fer, dont la hauteur est quelquefois de 20 mètres, quoiqu'elle soit souvent beaucoup moindre : ils ne diffèrent pas essentiellement des précédens, et offrent souvent cette particularité, qu'ils admettent fréquemment plusieurs tuyères. On rencontre cette dernière disposition plus rarement dans les fourneaux où l'on fond le cuivre et le plomb. Cependant on y a trouvé des avantages réels au Hartz et dans d'autres usines de l'Allemagne, où on les emploie depuis quinze ou dix-huit ans. Quelques hauts-fourneaux à fer, et notamment tous les anciens fourneaux, n'en ont qu'une ; mais presque tous ceux qui sont chauffés avec le coke, en ont deux et quelquefois trois.

Nous ne dirons rien des *fourneaux écossois* et des foyers de forge, qu'on appelle quelquefois *bas-fourneaux*, si ce n'est qu'ils sont compris dans les généralités exposées ci-dessus.

§. 3. *Des fourneaux à réverbère.*

Les *fourneaux à réverbère* sont ceux où le minérai, sans être contenu dans un vase fermé, n'est cependant point en contact avec le combustible : il ne peut recevoir que l'action de la flamme et du courant rapide d'air et de fumée qui traverse l'appareil. Ces appareils sont composés de trois parties distinctes : *la chauffe*, dans laquelle se fait la combustion ; *le laboratoire*, où l'on place les matières à fondre ou à chauffer ; enfin, *la cheminée*, qui sert à amener dans le fourneau un courant d'air suffisant.

1.° La chauffe se compose de *la grille*, sur laquelle on place le combustible ; son étendue en surface doit être proportionnée aux effets que l'on veut produire, c'est-à-dire, au degré et à la quantité de chaleur que l'on veut obtenir : il y a entre cette surface, qui devra être chargée de combustible, la capacité intérieure du laboratoire et la section de la cheminée, des proportions dont il ne faut pas trop s'éloigner si l'on veut obtenir un bon résultat.

L'écartement des barreaux de la grille dépend de la nature du combustible; il est plus considérable pour le bois que pour la houille, et plus grand pour la houille en gros morceaux que pour la houille menue : de même, l'espace situé au-dessus de la grille, et où doit être contenu le combustible, est plus grand pour le bois, qui se présente sous un volume bien plus considérable que la houille et qui donne une flamme plus longue. Quand on emploie la houille, la grille est beaucoup plus rapprochée de la voûte : mais on doit laisser plus d'intervalle pour celle qui est très-bitumineuse que pour la houille plus maigre; car il faut que la flamme n'entre dans le laboratoire que dans un état de pleine combustion, et non pas mêlée de beaucoup de fumée.

Le combustible est introduit dans la chauffe par une porte, qu'il convient de tenir bien fermée et même de n'ouvrir que le plus rarement possible, afin de ne pas laisser passer au-dessus de la grille, de l'air qui refroidiroit considérablement le fourneau. Le mieux est de fermer cette ouverture de la chauffe avec une plaque de fonte qui glisse dans des coulisses de même matière. La grille est chargée de combustible sur une certaine hauteur, qui, pour la houille, ne doit guère dépasser six à sept centimètres. On a quelquefois employé une espèce de trémie presque horizontale, qui, étant adaptée à l'orifice de chargement de manière que le combustible puisse glisser aisément sur la grille, tient cette ouverture bouchée par l'accumulation de la houille elle-même; celle-ci, s'échauffant à mesure qu'elle s'approche du foyer, se dispose ainsi à la combustion.

Au-dessous de la grille se trouve *le cendrier*, qui sert non-seulement à recevoir les cendres et les portions de combustible qui passent entre les barreaux et tombent avant d'être entièrement brûlés, mais encore comme de réservoir pour l'air qui doit se précipiter continuellement à travers la grille et entretenir une combustion très-active : c'est pour cela qu'ordinairement ces cendriers ont, ainsi que leur orifice

extérieur, de fort grandes dimensions. On a même souvent
le soin de tourner la porte du cendrier, formée par une
voûte de 15 à 18 centimètres d'élévation, vers le nord ou
le levant, afin d'avoir de l'air frais, et même quelquefois on
y dirige les vents suivant leurs variations.

2.° *Le laboratoire* se compose intérieurement de *la sole* ou
aire, de l'*autel* ou *pont*, et de la *voûte* ou *réverbère*.

La sole est la surface plane ou courbe, horizontale ou
inclinée, sur laquelle on place les matières à échauffer ou
à fondre ; elle est ordinairement formée de sable réfractaire
(quartzeux), ou de brasque : quelquefois à l'extrémité opposée
à la chauffe on pratique un bassin ou creuset, qui communique à l'extérieur et dans un ou plusieurs bassins de réception par des canaux ou conduits que l'on ferme ou que l'on
ouvre à volonté, au moyen d'un tampon de sable ou d'argile.
Le *pont* est un petit mur élevé de quelques pouces, et qui
sépare la chauffe du laboratoire ; il sert d'un côté à empêcher que rien ne puisse tomber dans la chauffe, et de l'autre
à former un obstacle à ce que l'air, qui pourroit être demeuré froid, après avoir traversé la grille, ne touche trop
promptement les matières à échauffer.

Enfin, *la voûte* destinée à faire toucher ces matières par
la flamme, et en même temps à projeter sur elles beaucoup
de chaleur rayonnante, a une courbure qui lui donne une
forme fort surbaissée, et qui laisse plus ou moins d'intervalle
entre sa surface inférieure et la sole, suivant que l'on a
besoin d'espace, soit pour les opérations elles-mêmes, soit
pour le passage d'un volume d'air échauffé plus ou moins
considérable. La courbure de cette voûte n'est pas aussi importante qu'on l'a cru ; il suffit qu'elle puisse se soutenir facilement et qu'elle ne présente aucune cavité inutile, du
moins lorsqu'on veut avoir une haute température. On la
construit ordinairement en briques réfractaires, ainsi que
le pont et ce qui supporte le sable de la sole. Quelquefois
ce sont des briques non cuites et seulement séchées, que
l'on unit avec de l'argile délayée servant de mortier, comme
on le fait dans les fours de verrerie. Le laboratoire et
la voûte qui le recouvre, doivent aller en diminuant depuis
la chauffe jusqu'à la cheminée, et dans aucun endroit ils

ne doivent être plus larges que le foyer. Au reste, pour les dimensions et les proportions, on se dirige suivant les opérations et d'après les fourneaux établis qui, servant aux mêmes usages, passent pour produire de bons effets.

L'endroit où se trouve la plus grande chaleur est situé tout auprès du pont, et c'est là que l'on place les matières réfractaires que l'on veut fondre. Il y a dans le corps du fourneau une ou plusieurs ouvertures ou *portes*, qui servent, soit à charger la sole, soit à remuer ces matières ou à faire quelque autre opération : il est sensible qu'il faut tenir toutes ces ouvertures exactement fermées, et même margées avec de l'argile, lorsqu'on veut obtenir la plus grande chaleur que le fourneau puisse produire.

L'extérieur du fourneau peut être construit en briques ordinaires ou en pierres taillées ; mais, dans tous les cas, il est nécessaire d'en assurer la solidité et la durée par un assemblage de barres de fer, dont l'ensemble prend le nom d'*armature*.

5.° La *cheminée*, partie très-importante des fourneaux à réverbère, puisque c'est celle qui détermine le *tirage* et par suite l'activité de la combustion, doit être considérée dans ses dimensions par rapport à celles de la chauffe et du laboratoire ; mais celles intérieures et les seules influentes, sont la surface de sa section et sa hauteur totale.

On peut calculer assez aisément, mais non pas fort exactement, d'après la connoissance (la mesure) de la température moyenne de l'air dans la cheminée, quelle sera la quantité d'air extérieur qui traversera la grille dans un temps donné ; car on sait que la force qui pousse celui-ci est la différence de poids qui existe entre une colonne d'air à la température actuelle de l'atmosphère, et la colonne de fumée et d'air dilaté contenue ou renfermée dans la cheminée, et toutes les deux ayant la même hauteur que celle-ci.

La section et la hauteur doivent être proportionnées à la surface de la grille, en ayant égard à la distance des barreaux et à la nature du combustible : on ne peut donner de règle à cet égard ; mais, pour conduire le fourneau, augmenter ou diminuer, entre certaines limites, la chaleur produite, la cheminée est souvent munie d'un *registre* ou trappe qui permet d'augmenter ou de diminuer la section du canal de la cheminée, et par suite le tirage du fourneau : ce moyen est simple, et l'effet en est aussi prompt qu'assuré.

On remarquera que la cheminée des fourneaux à réverbère remplace la machine soufflante qui est adaptée aux fourneaux à courant d'air forcé : et, quoique cela puisse paroître plus simple et moins dispendieux, il ne faut pas croire cependant que la dépense soit absolument nulle ; car cette nécessité d'établir un courant d'air fort rapide entraîne celle de maintenir l'air renfermé dans la cheminée à une température fort élevée, et par conséquent de laisser sans autre emploi toute la chaleur entraînée par l'air et les vapeurs qui sortent du laboratoire encore extrêmement échauffés. Dans quelques circonstances où l'on n'avoit pas besoin d'un tirage fort actif, on a employé avec succès une cheminée très-élevée, qui déterminoit le passage de la flamme et des gaz à travers un second laboratoire, semblable au premier et chauffé aussi, quoique plus foiblement, par le même combustible : ces dispositions ingénieuses et économiques s'appliquent particulièrement au chauffage des métaux, pour les travailler ensuite à l'état solide, et surtout au *grillage* des MINÉRAIS (voyez ce dernier mot).

M. de Buffon a essayé, sans beaucoup de succès, de remplacer les soufflets d'un haut-fourneau à fer par une cheminée qui surmontoit le gueulart ; il avoit adapté, en outre, à la tuyère, un cône aspirateur de très-grande dimension : mais les résultats ne furent jamais satisfaisans.

Quelquefois l'orifice de sortie de la fumée se trouve placé au-dessus du fourneau même, et c'est ainsi qu'on le pratique pour les fourneaux où l'on fond le bronze des canons ; il n'y a, pour ainsi dire, point de cheminée. Mais, lorsque celle-ci doit être fort élevée, il convient de la placer à côté, et alors le fourneau communique avec elle au moyen d'un canal incliné, qu'on appelle le *rampant*. La hauteur des cheminées des fourneaux à réverbère est souvent de 8 à 10 mètres, mais quelquefois de 17 et même de 20 mètres.

Les fourneaux à réverbère construits dans de bonnes proportions et destinés à produire un haut degré de chaleur, peuvent conserver sur la sole une température de 150 et même jusqu'à 160 degrés du pyromètre de Wedgewood : c'est la chaleur à laquelle le fer doux commence à entrer en fusion ; mais ordinairement elle est beaucoup moindre.

Nous avons dit que l'air qui traversoit les foyers de combustion ne se dépouilloit jamais de son oxigène, et que de là résultoit la nécessité d'en faire pénétrer beaucoup davantage et généralement deux ou trois fois plus qu'il n'en pourroit être absorbé pour une combustion complète. Une conséquence importante de cet état des choses, c'est que dans les fourneaux à réverbère le courant de flamme et d'air, plus ou moins brûlé, qui passe de la chauffe dans le laboratoire, produit presque toujours, en résultat, un effet d'oxidation. Il peut bien arriver que des parties de combustible non brûlées et tombant sur les matières placées sur la sole, paroissent les désoxider partiellement ; mais cet effet ne peut être durable, et le plus souvent, à l'aide de ces courans, on parvient à oxider des métaux, à brûler du soufre, etc. Il est vrai que l'on aide souvent à ces effets en ouvrant des portes par lesquelles il se précipite de l'air frais dans le laboratoire ; mais le résultat énoncé n'en est pas moins constant et général.

Nous n'avons pas cru devoir traiter en particulier des *fourneaux de grillage*, dont on trouvera l'indication, à l'endroit où il sera parlé de cette opération, au mot MINÉRAI ; les détails relatifs aux fours de verrerie, fours à chaux, fourneaux de cémentation, se trouveront également ailleurs.

2.ᵉ SECTION.

Des machines soufflantes.

Les machines soufflantes ont pour but de porter de l'air au milieu du combustible renfermé dans un fourneau, et malgré la résistance qu'opposent nécessairement les matières accumulées dans son intérieur : toutes celles que l'on a imaginées jusqu'ici compriment l'air dans un réservoir, d'où il s'échappe ensuite avec la vitesse due au degré de compression qu'il éprouve et en quantité déterminée en outre par la grandeur de l'orifice d'écoulement. Il y a donc deux choses à considérer dans l'effet d'une machine soufflante : la quantité d'air qu'elle peut fournir dans un temps donné, et la vitesse qu'elle lui imprime. On remarquera toutefois que, dans une machine, ces deux élémens ne sont point indépendans, mais liés ensemble, de manière qu'avec la même force motrice on peut, entre certaines limites, faire entrer une grande quantité d'air avec une petite vitesse, ou un petit volume d'air avec une vitesse plus grande. Autrement, on peut, en conservant le même volume d'air fourni, le faire sortir par un petit orifice avec une grande vitesse, ou par un orifice plus grand avec une vitesse nécessairement moindre. Comme on cherche toujours à rendre la marche des fourneaux la plus uniforme et la plus régulière qu'il est possible, on doit faire concourir à ce but toutes les circonstances qui peuvent influer sur les fontes, et celles de la quantité de l'air et de sa vitesse sont au nombre des plus importantes. Il faut donc que les machines soufflantes fournissent une quantité d'air uniforme, quoiqu'on se ménage d'ailleurs les moyens de faire varier la vitesse de projection. Nous indiquerons, à la fin de cet article, en quoi consistent les *régulateurs* employés pour les grandes machines, et comment on mesure la compression ou la force élastique de l'air qui détermine sa vitesse au sortir du réservoir.

Les machines soufflantes sont toutes comprises dans les quatre genres que voici : 1.° *les soufflets* proprement dits : 2.° *les pompes soufflantes* ou *soufflets à piston;* 3.° *les soufflets hydrauliques ;* 4.° *les trompes.*

Les moteurs employés pour donner le mouvement à celles de ces machines qui ont des parties mobiles, et en général à l'air qu'il s'agit de transporter, varient suivant les localités et la puissance des machines : ce sont des cours d'eau ou des machines à vapeur, et bien plus rarement des chevaux.

A chaque machine soufflante est adapté un *porte-vent* ou tuyau destiné à conduire l'air dans le fourneau ; ce porte-vent se termine par un tuyau un peu conique, en métal, qu'on appelle *buse*, et c'est cette buse qui est placée dans la tuyère, seule ou accompagnée d'une ou de deux autres. La direction que l'on donne aux buses des soufflets dans la tuyère, et même la distance que l'on met entre leur extrémité et celle de la tuyère, sont des choses auxquelles les fondeurs donnent toujours beaucoup d'attention.

§. 1.er *Des soufflets.*

Les soufflets des fonderies ont à peu près la même forme et sont construits sur les mêmes principes que les soufflets domestiques : on en voit de même de simples et de doubles; il y en a en cuir et un plus grand nombre en bois. Ceux en cuir sont peu employés actuellement, à raison de leur prix plus élevé et de leur peu de durée. Les soufflets tout en bois sont d'un usage moins dispendieux, et l'on peut à moins de frais leur donner de grandes dimensions. Ils sont formés (voyez fig. 1, *A* et *B*) de deux coffres pyramidaux placés horizontalement et dont l'un pénètre dans l'autre : celui (*b c*), qui porte *la buse* (*c*), est immobile, c'est l'inférieur : il porte à son fond une soupape (*s*). Le coffre supérieur (*a*) est seul mobile : lorsqu'il est levé, l'air entre dans le soufflet par la soupape (*s*); lorsqu'il s'abaisse, l'air est comprimé et sort par l'orifice de la buse (*c*). Les bords des deux caisses s'appliquent exactement l'un contre l'autre, au moyen de litteaux (*d f*) bien dressés et constamment maintenus en contact avec les parois de la caisse fixe par des ressorts (*r*). Une roue hydraulique fait ordinairement mouvoir ces soufflets : les *cames* (*h*), en appuyant successivement sur les mentonnets (*i*), font baisser la partie supérieure du soufflet et le bras (*k*) du levier (*k l*) auquel il est attaché : l'autre bras (*l*) remonte et relève la caisse supérieure du second soufflet (*a*). Ces deux soufflets, placés l'un à côté de l'autre, et s'ouvrant et se fermant alternativement, donnent un vent continu et à peu près uniforme.

On voit aisément comment l'air renfermé dans la cavité que forment les deux caisses, est comprimé chaque fois que la caisse supérieure s'abaisse, et par quelle raison il doit alors s'échapper par l'orifice de la buse. Mais, comme les deux caisses ne peuvent point se toucher exactement par leur fond, l'air n'est jamais expulsé en entier; il en reste toujours un peu qui conserve le degré de compression que lui a donné la machine, jusqu'à ce qu'il se dilate au moment où la caisse supérieure s'élève. C'est un inconvénient et un défaut grave de toutes les machines de cette forme, et qui fait consommer, en pure perte, une partie de l'effort du

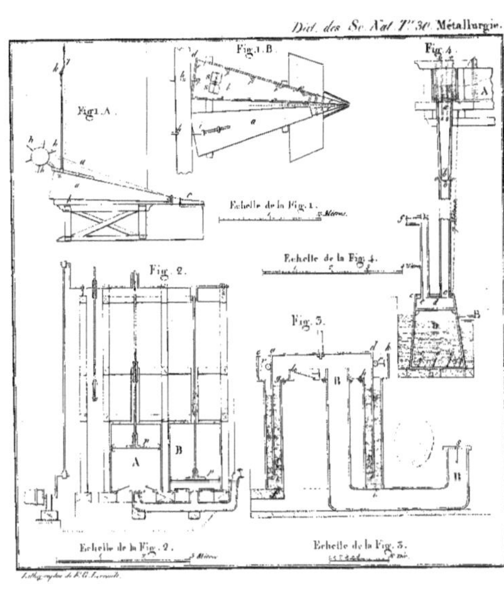

Fig. 1. B.
Fig. 4.
Fig. 1. A.
Echelle de la Fig. 1.
Echelle de la Fig. 4.
Fig. 2.
Fig. 3.
A
B
Echelle de la Fig. 2.
Echelle de la Fig. 3.

moteur. Enfin les frottemens sont très-grands dans ces soufflets, et tendent encore à diminuer leur effet; c'est ce qui
leur fait préférer les soufflets à piston.

§. 2. *Des pompes soufflantes.*

Les pompes soufflantes ou soufflets à piston (fig. 2) sont
d'une invention assez récente et remplacent avantageusement, dans les usines, les soufflets anciens. Ces machines
sont composées d'une caisse cylindrique de la forme d'un
parallèlipipéde (A, B), dans laquelle monte et descend
un *piston* (p) de même diamètre que la caisse. L'air contenu dans celle-ci, étant comprimé par le piston, sort avec
force par la buse et entre dans le fourneau. C'est la *pompe
de compression*, que l'on voit dans les cabinets de physique.
Il suffit que le piston soit bien garni et le corps de pompe
bien allésé, pour qu'il ne se perde point d'air ; et en réglant
le mouvement de manière que la base du piston vienne
toucher le fond de la caisse, ce qui est toujours facile,
on évitera l'inconvénient que nous avons signalé dans les
soufflets ordinaires, celui de comprimer inutilement de
l'air qui demeure ensuite dans la machine. Il est d'ailleurs
très-aisé de faire mouvoir cette machine, en communiquant,
dans le sens vertical, un mouvement de va-et-vient à la
tige du piston. Enfin, en ajustant convenablement des soupapes, on peut en faire une machine à double effet, c'est-
à-dire, dont le piston comprimera de l'air et en laissera
entrer dans une partie de sa capacité intérieure, en même
temps et à chaque levée ou à chaque abaissement. On aperçoit déjà qu'un des avantages de ces soufflets sera d'occuper
beaucoup moins d'espace que ceux en bois qui produiroient
le même effet.

On fait les pompes soufflantes tantôt en fer fondu, et alors
le corps de pompe est cylindrique ; souvent en bois, c'est
alors une caisse carrée : quelquefois, enfin, on forme cette
caisse par quatre plaques de marbre poli, assemblées convenablement. Le piston peut être garni en cuir, ou bien il
peut être à *litteaux*, comme dans les nouvelles machines à
vapeur d'Edwards.

§. 5. *Des soufflets hydrauliques.*

Martin Triewald a imaginé (Transactions philosophiques. année 1736) une machine soufflante composée de deux cuves ou caisses renversées dans de l'eau ; elles étoient munies de soupapes et suspendues chacune à l'extrémité d'un balancier : lorsque l'une d'elles s'élevoit, elle se remplissoit d'air par une ouverture qui se fermoit au moyen d'une soupape lorsqu'elle redescendoit ; alors, et pendant ce mouvement de descension, l'air se trouvoit comprimé en raison de la diminution de l'espace compris entre le fond de la caisse et la surface de l'eau du réservoir. Cet air pouvoit sortir d'ailleurs en ouvrant une autre soupape et passer ensuite dans le porte-vent. L'autre caisse, disposée exactement de la même manière. exécutoit un mouvement semblable, mais en alternant avec la précédente. Ce principe, réellement ingénieux, a été employé de diverses manières, et l'on y trouve toujours un moyen d'éviter les frottemens très-notables qui ont lieu dans les soufflets en bois et dans ceux à piston. Grignon a décrit. dans son ouvrage sur les forges, une machine soufflante analogue, qu'il avoit fait établir à Châtelaudren. Enfin, il y a peu d'années que M. Baader en a construit plusieurs dans diverses forges de l'Allemagne : on en trouve la description dans le tome XXIX du Journal des mines.

On emploie aussi, dans la même contrée et sous le nom de *caisse à eau,* une machine soufflante semblable, mais très-petite et portative, pour aérer certaines parties d'une mine et faciliter le percement des puits ou des galeries. Voici la description abrégée d'une machine de cette espèce, employée pour donner de l'air à un grand fourneau. Supposons qu'on ait (fig. 5) une espèce de cloche en fonte, en cuivre ou en bois ($a\,b\,c\,d$), susceptible d'être plongée dans l'eau et relevée périodiquement à l'aide d'une force motrice quelconque : lorsque cette cloche est enfoncée dans un espace ($e\,f\,g\,h\,i\,k$) rempli d'eau, l'air qu'elle contient est chassé par la pression qu'il éprouve contre l'eau, et il passe à travers le tuyau (BB), pour arriver dans un réservoir (ou régulateur hydraulique), et de là dans le fourneau.

Dès que la cloche remonte, l'air extérieur y rentre de

nouveau, au moyen de la soupape (l), qui s'ouvre alors pour se refermer aussitôt que la cloche plonge. Les mouvemens de cette machine se faisant dans un liquide, on voit que les frottemens sont à peu près nuls.

Une autre application plus nouvelle, et peut-être plus ingénieuse encore, de ce même principe, qui consiste à comprimer de l'air entre des surfaces de corps solides et la superficie de l'eau, a donné lieu à une machine soufflante qui est employée généralement en Angleterre pour fournir du vent aux petits fourneaux à refondre le fer pour le moulage ; on la voit maintenant employée à Paris. Mais il ne paroît pas qu'on puisse donner à ce soufflet hydraulique des dimensions assez considérables pour le faire servir à un haut-fourneau : tel qu'on le construit actuellement, il se distingue, dit-on, par la force du vent qu'il produit, autant que par la simplicité de sa composition. Cette machine, en bois ou en métal, se compose d'une caisse cylindrique à deux fonds opposés et plats (espèce de tonneau dont l'axe est horizontal) ; elle est maintenue à quelques pouces au-dessus du sol par des montans portant des collets de cuivre, sur lesquels tournent les extrémités de l'axe qui traverse la caisse. Un levier adapté à l'extérieur sert à lui imprimer un mouvement de va-et-vient, en lui faisant décrire un arc de cercle : l'intérieur est divisé sur la hauteur en deux compartimens par une cloison fixée au sommet et sur le côté, et qui descend verticalement jusqu'aux trois quarts environ du diamètre ; cette cloison doit être rendue imperméable à l'air. Deux soupapes, pratiquées à chaque fond de la caisse et près du sommet, sont destinées à admettre et à expulser alternativement l'air ; les unes s'ouvrent en dedans et les autres en dehors. La caisse est remplie d'eau jusqu'au niveau de l'axe, un peu au-dessus du bord inférieur de la cloison ; deux flotteurs en bois empêchent la trop grande agitation du liquide, lorsqu'on fait mouvoir la machine : voici comment elle agit. Nous avons dit que le mouvement de va-et-vient qu'on lui imprime, lui fait décrire un arc de cercle ; ainsi, dans quelque position qu'elle se trouve, l'eau occupe toujours le même espace dans l'un ou dans l'autre compartiment, et l'air, fortement comprimé dans la partie comprise entre la cloison, la surface du liquide et les parois de la machine, sera forcé de s'échapper en soulevant les soupapes et de passer dans la tuyère avec une force proportionnée à la différence de niveau de l'eau dans les deux compartimens. Lorsque ce compartiment monte de nouveau, un semblable effet se produit dans l'autre, tandis qu'en même temps l'air rentre par la soupape d'aspiration. De cette manière l'air est alternativement expulsé, avec une très-grande force, de chaque compartiment, et par le simple mouvement de va-et-vient; mais il ne l'est pas constamment, parce qu'il y a une petite interruption causée par la reprise de l'air : on peut obvier à cet inconvénient en établissant deux machines combinées de manière à ce que l'une soit en pleine action, tandis que l'autre aspire l'air. On assure qu'à l'aide d'une de ces machines, mue par un seul homme, on peut fondre cinq quintaux anglois de fonte, et même plus, par heure, dans les petits fourneaux qu'on emploie assez souvent à cet usage.

§. 4. *Des trompes.*

La *trompe*, dont l'idée a sans doute été suggérée aux habitans des montagnes par les effets des chutes d'eau et des cascades, qui font toujours ressentir un vent frais dans leur voisinage, est une machine ou plutôt un appareil extrêmement simple, en ce qu'il n'a aucune partie mobile. Son effet est fondé sur la propriété qu'a l'eau d'entraîner dans son mouvement l'air qui l'environne, et de le laisser échapper aussitôt que son mouvement est brusquement détruit. Une trompe (fig. 4) consiste en un tuyau de bois ou arbre creusé (*a b c*), cylindrique ou carré, qui peut avoir vingt centimètres de diamètre, et par exemple sept mètres de hauteur; il est placé verticalement, de manière à recevoir par sa partie supérieure un courant d'eau, et pour faciliter l'introduction de ce liquide il porte une espèce d'entonnoir alongé (*a b*) : vers la partie étroite (*b*) se trouvent quatre ouvertures obliques (*o o*), qu'on nomme *trompilles*, par lesquelles l'air environnant peut entrer dans le tuyau et se mêler avec l'eau. L'eau, amenée par un canal (*A*) au-dessus de la trompe, s'y précipite par l'entonnoir et produit un courant qui fait entrer l'air par les trompilles; elle enveloppe cet air, et l'entraîne avec elle dans un tonneau ou caisse (*D*) qui termine la trompe et forme comme un réservoir. L'eau, en tombant sur la pierre ou la planche (*d*) qui est placée à une petite hauteur dans la tonne, laisse dégager l'air dont elle se sépare; elle s'écoule par les trous (*e e e*) percés au fond de cette tonne, et sort par un canal (*B*) situé à quinze centimètres au-dessus du fond de cette caisse. L'air, séparé de l'eau par le choc que ce liquide a éprouvé sur la planche ou la pierre (*d*) dont nous venons de parler, et comprimé d'ailleurs par l'eau qui l'entoure, est chassé avec force dans un porte-vent (*cf*) qui le conduit dans le fourneau. Le plus ordinairement on réunit ensemble deux trompes pour le service d'un fourneau, et les deux tuyaux ou arbres verticaux viennent se rendre, par leur partie inférieure, dans la même caisse ou réservoir. Cette machine soufflante, extrêmement simple et peu coûteuse, et qui d'ailleurs n'éprouve jamais de dérangement, est employée depuis bien des années et avec avantage dans les pays de montagnes, où les chutes d'eau un peu considérables se rencontrent très-fréquemment. On en voit beaucoup dans les Alpes et les Pyrénées; elles offrent entre elles quelques différences qu'il ne convient pas d'examiner ici.

On a fait aux trompes, comme aux soufflets hydrauliques, le reproche de donner de l'air humide, qui pouvoit produire de mauvais effets dans les fourneaux, ou tout au moins en diminuer la chaleur; mais il ne paroît pas que ce reproche soit fondé, et il n'a point trouvé crédit auprès des praticiens.

Quelque soin que l'on apporte dans la construction des trompes, on ne peut espérer d'obtenir, avec une même dépense d'eau, un courant d'air égal à celui que fourniroit la même force motrice employée à mouvoir une pompe soufflante.

§. 5. *Des régulateurs.*

Quand on se sert de soufflets ou de trompes pour entretenir la combustion, il convient d'établir auprès de chaque fourneau une paire de chacune de ces machines; mais, lorsqu'on s'est décidé à faire usage des soufflets hydrauliques ou des soufflets à piston dont la grandeur, et par suite les effets, ne sont point, comme dans les précédentes, limités par de certaines considérations pratiques, il faut bien se garder de multiplier les machines. On ne doit en établir qu'une seule dans chaque fonderie, surtout s'il s'agit de pompe soufflante, et lui donner les dimensions et la force nécessaires pour en obtenir toute la quantité d'air dont on peut avoir besoin pour toute une fonderie. Alors il convient, sous plusieurs rapports, d'avoir un réservoir d'où l'on puisse tirer l'air à chaque instant et en quantité variable, et sans en laisser perdre, comme on le fait assez ordinairement; il faut surtout ne pas diminuer le courant nécessaire à d'autres fourneaux : il est donc important que ce réservoir conserve de l'air avec une compression constante, malgré les irrégularités qui ont lieu dans la marche des machines et les variations qui surviennent dans la consommation de celui qu'elles fournissent. Un tel réservoir est ce que l'on appelle un *régulateur* pour les machines soufflantes. On en connoit trois sortes, dont nous allons indiquer brièvement le principe fondamental.

1.° Le régulateur à eau a beaucoup d'analogie avec le soufflet hydraulique, auquel on le réunit souvent; il consiste en une cloche ou caisse renversée dans laquelle se rend l'air qui sort de la machine soufflante. Cette caisse peut être fixe, et alors c'est le liquide dont le niveau s'abaisse, lorsque l'air entre par compression et remonte à mesure qu'il en sort pour aller dans les fourneaux. Quand la caisse est mobile, elle est chargée d'un certain poids, que l'air soulève au moment de son introduction, et qui retombe quand il en sort une portion, puisque cela diminue sa compression intérieure. On conçoit que, par ces moyens, et surtout à l'aide du dernier, on peut obtenir une compression sensiblement constante dans le réservoir, et par conséquent un écoulement à peu près uniforme dans les fourneaux. Enfin, en réglant convenablement le poids qui comprime l'air, on lui donnera la vitesse convenable aux effets qu'il doit produire.

2.° Le régulateur à piston diffère très-peu du précédent. Il est formé d'une caisse ou d'un cylindre dans lequel se meut, à frottement et verticalement, un piston de même diamètre, et qui est chargé d'un poids plus ou moins grand et toujours proportionné à la compression que l'on veut faire éprouver à l'air contenu dans le réservoir. Dans ce régulateur, ainsi que dans le précédent, il y a plusieurs soupapes,

et en outre des ouvertures extérieures, dites *de sûreté*, placées à une hauteur telle qu'en soulevant le piston l'air trouve
une issue, si sa compression dépasse un certain terme qui
pourroit compromettre la résistance de la machine et occasioner les accidens les plus graves.

3.° Enfin, on a employé, dans quelques grandes fonderies
de l'Angleterre, comme réservoir et régulateur, des *caves à
air* ou grands espaces voûtés, dans lesquels on réunissoit
tout l'air fourni par une machine soufflante très-puissante.
On conçoit qu'en effet, lorsqu'il s'agit d'un espace de vingt
mètres cubes ou davantage, les variations dans les quantités
d'air fournies ou extraites deviennent tout-à-fait insensibles.
Mais ces caves sont fort dispendieuses à établir, et l'on éprouve
beaucoup de difficulté pour empêcher la déperdition de l'air.

Tous les grands réservoirs destinés à fournir de l'air à des
fourneaux doivent être munis d'*un manomètre* à eau ou à
mercure, destiné à faire connoître, à chaque instant, la
compression qu'éprouve ce fluide dans l'intérieur, et les variations qui peuvent avoir lieu dans sa force élastique : c'est
l'unique moyen de pouvoir juger de la marche des machines.

C'est aussi à l'aide du même instrument appliqué à la caisse
fixe d'un soufflet, ou au réservoir d'une trompe, ou bien
seulement au porte-vent, que l'on mesure la quantité d'air
qui est introduite dans un fourneau quelconque, soit constamment, soit à diverses époques des opérations. Le manomètre fait connoître la force élastique de l'air; on en déduit sa vîtesse de sortie par un orifice, et ensuite il suffit
de multiplier cette vîtesse par l'aire de cet orifice, pour
avoir le volume d'air qui sort par chaque minute.

Nous terminerons ici les généralités qui forment les principes de la métallurgie, parce qu'on trouvera au mot MinéRai la description des opérations préparatoires qu'on fait
subir aux matières qui doivent être traitées dans les fonderies, et notamment celle du *grillage*, qui est toute chimique,
mais qu'on a cru devoir réunir aux préparations dites *mécaniques*, telles que le triage, le bocardage et le lavage.
(GUENYVEAU.)

MÉTAMORPHOSE chez les Insectes (*Entom.*) : *Metamor-
phosis, Transmutatio, Transfiguratio, Transformatio.*

On comprend sous ce nom l'histoire des changemens de forme ou de structure qui surviennent pendant la vie des insectes, depuis le moment où ils sortent de l'œuf jusqu'à celui où ils sont aptes à reproduire leur espéce ou à propager leur race.

Ce mot est tout-à-fait grec, μεταμορφωσις : il est composé de la préposition μετα, *au-delà*, *après*, et du substantif μορφωσις, *configuration*, *formation*.

Les anciens ont connu, mais incomplétement, les changemens que les insectes subissent dans leurs formes. On voit par plusieurs passages d'Aristote [1], lorsqu'en particulier il parle des chenilles arpenteuses, de l'abeille, du scarabée, etc., qu'il savoit que ces insectes étoient d'abord pondus sous la forme d'œuf, qu'ils prenoient successivement celle de larves ou de chenilles, puis de nymphe ou de chrysalide, et enfin que ce n'étoit qu'après avoir revêtu leur derniére forme qu'ils devenoient propres à la reproduction.

Cependant, ce n'est véritablement que par les observations [2] du savant littérateur et naturaliste toscan, du célébre Rédi, c'est-à-dire, vers le milieu du 16.ᵉ siécle, que la reproduction des insectes a été bien observée et reconnue ; car auparavant on croyoit à la génération fortuite ou spontanée, que l'on attribuoit à la corruption, à la fermentation et à la combinaison de ce qu'on nommoit alors les divers élémens. Goddaërt, Swammerdam, Malpighi, Leuwenhœck et Vallisnieri, à peu prés dans le même temps, ont observé les changemens que subissent la plupart des insectes.

Fabricius a consacré un chapitre trés-curieux aux métamorphoses des insectes, dans sa *Philosophie entomologique*, petit ouvrage qu'il a composé à l'instar de l'immortel travail que Linnæus avoit publié sur la botanique, avec ce même titre de Philosophie : c'étoit en 1778. La science a fait de grands progrès depuis ; mais, quoique ce travail soit incomplet, il rapproche les uns des autres un grand nombre de faits, ce qui permet de les comparer et d'en tirer des conséquences positives.

---

1 Consultez, dans ce Dictionnaire, l'art IMAGE, tome XXIII, p. 36.
2 *Esperienze intorno alla generazione degl' insetti.*

Pour éviter les répétitions, nous ne présenterons dans cet article du Dictionnaire que des considérations générales sur les divers états par lesquels l'insecte passe avant de parvenir à sa perfection ou à son extrême degré d'accroissement. Nous renverrons aux mots Œufs, Larves, Nymphes et Insectes, les détails intéressans que les insectes peuvent offrir aux naturalistes, lorsqu'ils les observent sous ces quatre formes différentes.

Il suffira de rappeler ici que la *larve*, la *chenille* ou le *ver* (car on lui donne aussi, mais improprement, ce dernier nom), provient presque constamment d'un Œuf, c'est-à-dire que ses rudimens, encore liquides, mais fécondés le plus souvent dans le corps de la mère et avant la ponte, sont contenus, sous le plus petit volume, et protégés par une coque ou une enveloppe membraneuse, plus ou moins solide, dont les apparences, la forme, la consistance, la disposition, les enveloppes, la couleur, etc., varient à l'infini. Les précautions que prend la mère sont extrêmes pour déposer ses œufs, d'une manière convenable, dans le lieu le plus propre au développement des larves qui doivent en provenir, suivant la nature de l'aliment qui leur convient.

Il est un petit nombre d'insectes qui présentent des exceptions à cet égard, soit que l'œuf éclose dans l'intérieur du corps de la mère, soit qu'il y subisse ses premiers changemens, c'est-à-dire qu'il passe par quelques-unes des formes qui se succèdent le plus ordinairement et qui constituent les métamorphoses. La *mouche de la viande* ou vivipare est dans ce cas; elle pond des larves et non des œufs. C'est un animal ovovivipare, comme la vipère, qui a tiré son nom de cette particularité. Les *cochenilles* femelles, les *cloportes* conservent aussi leurs œufs à peu près comme les sygnathes parmi les poissons. D'autres insectes, comme les *pucerons femelles*, à certaines époques de leur vie, pondent ou plutôt produisent aussi des insectes déjà parfaits, fécondés d'avance et qui n'ont plus besoin que de se nourrir pour croître, et se reproduire isolément et spontanément. Enfin, il en est, comme les *hippobosques* et quelques autres genres voisins, qui gardent successivement une larve dans l'intérieur de leur corps, jusqu'à ce qu'elle ait acquis tout son développement et qu'elle soit revêtue de la coque de nymphe, telle qu'elle s'observe dans la plupart des diptéres : alors le ventre de la mére se fend, la nymphe s'en sépare comme un œuf véritable, elle durcit à sa surface; l'insecte qu'elle renferme sort bientôt sous la forme qu'il doit conserver. Aussi les hippobosques, qui sont de faux ovipares, ont-ils été appelés puppipares.

Les Larves, dont les formes ne sont que provisoires, et qui n'ont qu'une existence passagère ou transitoire, ont reçu ce nom de la particularité qui indique qu'elles n'ont qu'une figure d'emprunt. Le mot *larva* signifioit chez les Latins le masque que portoient les acteurs qui devoient représenter tel ou tel personnage sur la scène. (Voy. Larve, t. XXV, p. 238.)

Les larves varient pour la structure générale, les mœurs et les habitudes, dans les différens ordres. Cependant c'est sous cette forme de larve que l'insecte prend presque tout son accroissement; car la nymphe, à ce qu'il paroit, mais surtout l'insecte parfait, n'augmentent plus de volume.

A mesure que les larves grossissent, elles sont obligées de changer de peau : c'est ce que l'on nomme leur Mue. Souvent, à l'enveloppe que perd l'insecte, il en succéde une autre, d'une toute autre couleur, ou dont les apparences sont différentes. Telle chenille, celle du ver à soie, par exemple, est velue dans le premier âge, ou en sortant de l'œuf; mais, aux dernières mues, sa peau est rase ou tout-à-fait nue. Telle autre prend des taches ou des appendices d'une autre couleur. Le moment de la mue est pour les larves une véritable crise, dont les époques sont hâtées ou ralenties suivant la température plus ou moins élevée, l'abondance ou le défaut de nourriture. Sous la forme de larve, les insectes sont uniquement occupés de leur conservation et de leur accroissement.

Les Nymphes, auxquelles on donne encore d'autres noms, suivant les différences que présentent dans leurs formes les espéces des divers ordres établis dans la classe des insectes; les nymphes sont des individus qui passent de l'état de larve à celui d'insecte parfait ou d'image. Sous cette forme l'animal ne croit plus ordinairement : il peut encore quelquefois prendre de la nourriture, mais il participe beaucoup de la forme qu'il prendra par la suite; il en présente pour ainsi dire l'ébauche avec toutes les parties, mais le plus souvent resserrées sur elles-mêmes et comme emmaillottées. Celles qui doivent se nourrir, sont, comme on doit le penser, plus ou moins agiles et à peu près conformées de même que l'insecte parfait, et la plupart ressemblent encore aux larves, avec cette différence qu'elles portent le plus souvent des rudimens d'ailes : tels sont tous les orthoptères, et en particulier les sauterelles; tels sont encore tous les hémiptères, comme les cigales, les punaises. On observe les mêmes dispositions dans quelques névroptères, comme les éphémères, les libelles ou demoiselles ; mais, dans cet ordre, d'autres espèces, comme les fourmilions, les hémérobes, les phryganes, proviennent de nymphes tout-à-fait différentes des larves.

C'est principalement d'après les modifications que les insectes éprouvent à l'époque où ils prennent cette apparence de nymphes, que l'on a distingué par des dénominations différentes les divers modes de métamorphose ou de transmutation. Quoique la plupart de ces dénominations n'aient pas été heureuses, nous craindrions, en leur en substituant d'autres, de donner lieu à des confusions; nous avons préféré employer à peu près les mêmes termes, en présentant à cet égard quelques détails explicatifs.

Ainsi Fabricius appelle métamorphose *complète*, le cas où les insectes ne subissent pas réellement le moindre changement de formes, excepté peut-être dans le nombre des pattes et dans le développement des organes sexuels : ce sont donc des insectes immuables (*immutabilia insecta*). La plupart des véritables aptères sont dans le cas d'une sorte d'*amorphose* (sans formation); ils muent à la vérité, mais ils ne changent pas de formes : tels sont les araignées, les faucheurs, les scolopendres, les poux, les ricins, les forbicines, les podures. D'autres prennent quelques membres de plus ; tels sont les cirons, les iules, les cloportes : de sorte que parmi ces insectes, qui sont tous sans ailes ou aptères, on ne distingue pas les trois états de larves, de nymphes et d'insectes parfaits. Il est bon de faire observer cependant que beaucoup d'insectes sans ailes subissent de véritables métamorphoses, comme nous l'indiquerons par la suite. (Voyez l'article APTÈRES.)

C'est à la métamorphose *demi-complète* que Fabricius a rapporté la série de changemens qu'éprouvent dans les phases de leur existence les insectes dont les formes restent à peu près les mêmes, c'est-à-dire, dont les larves ne diffèrent des nymphes que par la taille et les dimensions des parties, ou par l'absence, le rudiment ou le développement complet des ailes, en conservant sous ces trois états leurs mœurs et la même nature de nourriture. Les orthoptères, les hémiptères et quelques névroptères sont, comme nous l'avons dit, absolument dans cette catégorie, que nous appellerons l'*emmorphose* (tenant de la formation), où l'insecte conserve la forme de l'espéce pendant toute sa vie, quoiqu'il ait une larve et une nymphe distinctes.

Le troisiéme mode de métamorphose est celui que nous offrent les insectes qui, comme les coléoptères et la plupart des hyménoptéres, proviennent de larves plus ou moins mobiles, suivant qu'elles sont appelées à se nourrir par ellesmêmes, ou qu'elles sont alimentées d'avance ou journellement par leurs parens jusqu'à l'époque où, après les diverses mues qu'exige l'accroissement de leur corps, elles passent à l'état que Fabricius nomme nymphe *incomplète*, c'est-à-dire que la larve change tout à coup de forme à sa derniére mue, et qu'elle laisse apercevoir l'insecte parfait, mais d'abord dans un état de mollesse extrême, qui se solidifie peu à peu et qui présente l'animal avec tous ses membres, ses six pattes, ses ailes, mais fléchis, repliés sur eux-mêmes et dans un état presque absolu de paralysie : état de nymphe, d'où il ne sort qu'en perdant la surpeau qui tenoit toutes ses parties dans une immobilité forcée. A quelques modifications prés, c'est à cette sorte d'*atectomorphose* (formation immobile) qu'on pourroit rapporter les changemens qu'éprouvent, d'une part, la puce parmi les aptéres, et beaucoup de larves d'hydromyes ou de tipules dans l'ordre des diptéres, ainsi que quelques névroptéres, tels que les fourmilions, les hémérobes et les friganes, dont nous avons déjà parlé.

Le quatriéme mode principal de transformation nous est offert par les papillons et les autres lépidoptéres, dont les Chenilles (voyez ce mot, tome VIII, p. 429) se changent en chrysalides : c'est cette sorte de nymphe que Fabricius nomme *obtectée*, et qu'on appelle encore *pupe, aurélie,* et quelquefois, vulgairement et par comparaison, *féve.* Au moment où l'insecte quitte pour la dernière fois la peau de chenille, il paroît sous une tout autre forme que celle qu'il aura par la suite. C'est un corps indivis, de forme variable, le plus ordinairement conique vers l'une de ses extrémités, et présentant sur l'une des faces de l'extrémité opposée des traits saillans qui dessinent quelques parties de l'insecte parfait, en particulier les antennes, les pattes et les ailes, mais dans un état de rapprochement et de contraction extrême. (Voyez CHRYSALIDE, tome IX. p. 148.) Quelques-unes de ces nymphes, qui sont presque toujours condamnées à une sorte d'immobilité, éprouvent cette *périmorphose* (cette *circonformation*), à l'air libre et à nu : telles sont les chrysalides des papillons de jour. D'autres proviennent de chenilles qui se sont mises à l'abri dans une sorte de cocon de soie qu'elles filent autour de leur corps, ou bien, comme les teignes et quelques *pyrales*, elles se transforment dans le fourreau même qu'elles habitoient. Enfin quelques chrysalides, sur le point de prendre leur dernière forme, avancent hors de leur coque à l'aide des pointes roides dont les segmens de leur corps sont garnis : tels sont quelques cossus, quelques sésies et galleries.

Le cinquième et dernier mode de métamorphose nous est présenté par la Pupe de la plupart des insectes à deux ailes : c'est cette sorte de nymphe que Fabricius appelle *coarctée*, que nous nommerions *atypomorphose* (formation sans modèle). Les larves de ces insectes, qu'on nomme assez improprement les *vers* des mouches, sont en effet privées de pattes ; elles se meuvent cependant à l'aide de quelques organes particuliers et avec plus ou moins d'agilité. La plupart se développent dans des lieux ou des matières très-humides, quelquefois même dans les liquides. Elles changent de peau plusieurs fois ; mais à leur dernière mue elles perdent tout-à-fait leurs formes primitives. Leur corps se raccourcit, se contracte de manière à présenter une sorte de coque d'œuf ou de boule alongée, dont l'enveloppe, d'abord molle et blanchâtre, se durcit et brunit ensuite, en ne laissant distinguer au dehors ni trace, ni linéament, ni apparence quelconque de l'insecte qu'elle renferme. Cette coque est en effet une sorte de coquille cornée, tout-à-fait indépendante de l'animal qu'elle protège. Lorsqu'on l'ouvre, on trouve dans son intérieur un insecte sous forme de nymphe, analogue à celle des coléoptères par l'état de contraction de ses membres. Quand cette *pupe* a pris assez de consistance, elle fait des efforts sur les parois de sa prison, qui se déchire constamment et circulairement, de manière à laisser éclore le corps de l'insecte, qui en sort tout humide, avec les ailes peu développées, mais qui ne tardent pas à s'étendre convenablement, pour soutenir la mouche dans l'atmosphère qui sert de véhicule à son nouveau mode de locomotion, afin qu'elle puisse subvenir à ses nouveaux besoins et à la propagation de sa race.

Telles sont les principales métamorphoses des insectes. Il en est quelques-unes qui participent de plusieurs des modes que nous venons de faire connoître. L'étude de cette période de la vie des insectes est une des plus curieuses dont le naturaliste puisse être témoin. Chez quelques espèces en particulier, le changement de la nymphe en insecte parfait s'opère avec une rapidité extrême, et l'observateur peut accélérer ou retarder cette opération, de manière à la voir s'opérer à volonté sous ses yeux et dans un espace de temps qui dure à peine une minute. Voyez l'art. Frigane, t. XVII, p. 396. (C. D.)

MÉTATHORAX. (*Entom.*) Nom donné par M. Audouin à la troisième pièce du corselet, qui supporte chez les insectes ailés la paire de pattes et les ailes postérieures. (C. D.)

MÉTAUX. (*Min.*) Les modernes appliquent ce nom spécialement et uniquement à une classe particulière de corps bruts ou inorganiques, qui paroissoient avoir des propriétés très-tranchées à l'époque où l'on n'en connoissoit qu'un petit nombre. Mais, depuis qu'on a connu un plus grand nombre de ces corps, depuis qu'on les a mieux connus, on a remarqué que ces propriétés si caractéristiques s'effaçoient peu à peu dans quelques-uns d'entre eux, et qu'il n'y avoit plus de démarcation tranchée, susceptible d'être indiquée par des propriétés absolues, entre les substances nommées métalliques et celles qu'on appeloit terreuses par opposition.

Les anciens appliquoient à ce mot une tout autre signification, et l'étendoient beaucoup plus que nous, en désignant par le nom de Métal, *metallum*, tout ce qui se retiroit du sein de la terre, sans égard à sa nature. Ainsi, *nivea metalla* veut dire, dans Silius Italicus, une veine de marbre blanc, etc. Il appliquoit encore ce nom aux excavations, mines ou carrières, creusées dans le sein de la terre.

Les corps tels que les modernes définissent les métaux, s'étant trouvés comme bases dans des substances terreuses et alcalines, regardées comme simples, il a fallu séparer des autres ces nouveaux métaux, si difficiles à voir. M. Haüy les a désignés par le nom d'*hétéropsides*, en donnant aux anciens métaux, à ceux dont les caractères se manifestent plus facilement, le nom d'*autopsides*. Nous avons adopté cette division, dont on trouvera les caractères au mot Minéralogie, à l'article V, §. 2, de la Classification. Voyez aussi le mot Corps (Chimie), et les mots Métallurgie, Minérai et Mines. (B.)

MÉTAUX. (*Chim.*) Corps simples, doués d'un brillant vif qui, loin de disparoître par le frottement d'une poussière susceptible d'user la surface de ces corps, devient au contraire plus éclatant. Voyez tom. X, p. 511. (Ch.)

MÉTEIL. (*Bot.*) On donne communément ce nom, dans les campagnes, à un mélange de froment et de seigle, semés, cultivés et récoltés ensemble. (L. D.)

METEL. (*Bot.*) Nom spécifique d'une espèce de *datura*. (L. D.)

MÉTÉORES. (*Phys.*) Ce mot qui, dans la langue grecque, signifie ce qui est élevé, s'appliquoit primitivement à tous les phénomènes qui se passent au-dessus de la terre. Aristote, cependant, en avoit séparé les planètes et les étoiles, à cause de la régularité de leurs mouvemens: mais il y comprenoit encore les comètes (voyez Astre). Aujourd'hui on n'entend par *météores* que les phénomènes qui prennent naissance dans notre atmosphère, et qui n'en sont, en quelque sorte, que des modifications. On les divise quelquefois en trois classes, selon qu'ils sont *aqueux*, *ignés* ou *aériens*, c'est-à-dire que l'eau, le feu ou l'air semblent y jouer le principal rôle. La dernière classe se compose des vents, qui, présentant beaucoup de circonstances diverses, seront l'objet d'un article séparé.

Des météores aqueux.

Ces phénomènes doivent leur origine à l'eau suspendue dans l'atmosphère, d'abord sous la forme de vapeur invisible, et qui passe ensuite par différens états, que désignent les mots *brouillard* ou *brume*, *nuages*, *pluie*, *rosée*, *neige*, *givre*, *grêle*, *grésil.* Les quatre derniers sont compris sous la dénomination commune de *frimas.*

Les brouillards qu'on observe à la surface de la terre, semblables à la vapeur visible qui s'élève de l'eau chaude, déposent sur les corps qu'ils touchent une humidité très-sensible ; souvent ils affectent d'une manière très-marquée et très-désagréable le sens de l'odorat. On ne sait pas encore à quoi tient cette dernière circonstance ; car tout ce qu'on a pu reconnoître dans les brouillards, c'est qu'ils sont formés de globules aqueux qui flottent dans l'air. En examinant ces globules avec une loupe d'environ trois centimètres de foyer (à peu près un pouce), Saussure a vu qu'ils étoient creux, et il a trouvé la même apparence à la vapeur qui s'échappe d'un vase contenant un liquide chaud, tant qu'elle conserve la forme de fumée. Il observa particulièrement la vapeur du café et celle de l'eau chargée d'encre, dont les globules eussent paru noirs, s'ils avoient été pleins ; mais ils conservèrent la couleur blanchâtre de ceux qui émanent de l'eau pure. Ayant ainsi reconnu que la vapeur d'eau, lorsqu'elle flotte dans l'air sous une forme visible, est composée de vésicules creuses, spécifiquement plus légères que ce fluide, Saussure lui a donné le nom de *vapeur vésiculaire,* pour distinguer cet état de celui où elle est invisible (art. Hydrogène, tome XXII, p. 189).

Ces vésicules se groupent entre elles de diverses manières et sont plus ou moins grosses. On trouve dans le *Journal de la Soc. des pharm. de Paris,* publié pendant les années VI, VII et VIII, p. 3o3, la description faite par Fourcroy d'un brouillard très-épais, qui eut lieu l'après-midi du 22 Brumaire an VI (12 Novembre 1797), où la vapeur se montroit par groupes tournés en spirales comme des tire-bouchons : elle avoit une odeur et une saveur remarquables. L'obscurité étoit si grande qu'on ne pouvoit trouver son chemin dans les rues qu'en tâtant à la manière des aveugles : les voitures n'étoient aperçues qu'à quelques pas, et ceux qui les conduisoient ne pouvoient reconnoître la direction de la voie publique ; enfin, il falloit être très-près des réverbères pour en voir la foible lueur.

Les brouillards ont principalement lieu dans les temps froids et humides, comme depuis l'automne jusqu'au printemps. Ils sont plus fréquens dans le fond des vallées et à la surface des rivières que dans les autres localités.

On a reconnu qu'au milieu du brouillard la température est moins élevée qu'à ses limites inférieures et supérieures, et que sa formation sur les rivières demande que la température de la surface de la rivière surpasse celle de l'air qui repose sur cette surface : mais il faut en outre que cet air soit calme ; car une différence très-sensible dans les températures de l'air et de l'eau ne produit point de brouillard, lorsqu'un courant d'air sec passe sur le fleuve ou dans la vallée. Sur le Danube, un semblable courant empêchoit la formation du brouillard, quoique la température de la surface du fleuve fût de 61 degrés Fahrenheit (ou 16 degrés centigrades), et celle de l'air de 54 degrés (ou 12 degrés centigrades). (*Recherches expérimentales sur la formation des brouillards*, par M. G. Harvey, ou *Annales de chimie et de physique*, tom. XXIII, p. 197.)

Sur la mer les brouillards prennent le nom de *brume;* il y en a presque toujours dans les mers polaires, où, par leur obscurité, ils augmentent beaucoup les dangers de la navigation.

Les brouillards ne sont pas toujours humides ; quelquefois ils paroissent secs : telles étoient les vapeurs qui ont régné sur une immense étendue de pays pendant l'été de 1783, le jour aussi bien que la nuit, que la chaleur ni le vent ne dissipoient pas, et qui n'ont pas même mis en déliquescence les sels qui en sont le plus susceptibles. (Voyez les *Mém. de l'Acad. des sciences de Paris*, année 1782, p. 754.)

Les nuages ont une apparence parfaitement semblable à celle du brouillard. On les traverse en s'élevant sur les flancs des hautes montagnes ; on les voit ensuite sous ses pieds. Saussure, qui les a fréquemment observés en voyageant dans les Alpes, en indique ainsi la formation. D'abord peu étendu et peu épais, sous l'apparence d'un brouillard léger, le nuage, en se formant, s'attache à la montagne; puis il s'étend, s'élève et finit par en être détaché, selon la direction du vent qui l'emporte. (*Essai sur l'hygrométrie.*)

Puisque les brouillards et les nuages se soutiennent à des hauteurs diverses, et que les plus élevés. en équilibre avec la couche d'air dans laquelle ils flottent, sont nécessairement les plus légers, il s'en suit que l'état vésiculaire de la vapeur aqueuse doit être susceptible de divers degrés de densité. La distinction des brouillards et des nuages ne tenant d'ailleurs qu'à leur situation, ce qui est brouillard dans un lieu est vu comme un nuage dans un autre; et il doit y avoir souvent du brouillard et des nuages sur le même lieu, puisqu'il peut s'y former à la fois des amas de vapeurs vésiculaires de densités différentes, dont les uns rampent à terre, et les autres se tiennent à des hauteurs plus ou moins considérables. Les nuages les plus légers atteignent une très-grande élévation, puisqu'on en voit au sommet des plus hautes montagnes.

Ils affectent aussi des figures très-variées ; et pour les soumettre à l'observation, sous ce rapport, afin d'en tirer, s'il est possible, quelques remarques utiles sur leur réunion, sur leur division et leur mouvement, on a pensé à établir sur leurs formes et leurs apparences une nomenclature détaillée. (Voyez la 3.e partie du *Supplement to the fourth and fifth edition of the Encyclopedia Britannica*, art. *Cloud*.)

Quant aux couleurs qu'ils présentent, ce sont des jeux de lumière qui peuvent varier à l'infini par les décompositions, les réflexions et les réfractions résultant de leurs formes et de leur situation par rapport au corps éclairant et au spectateur.

La vapeur vésiculaire qui forme les nuages change d'état de deux manières : tantôt elle passe à l'état de vapeur invisible, et le nuage se dissipe; tantôt, au contraire, elle se convertit en gouttelettes et tombe en *pluie*. Il ne paroît pas, du moins le plus souvent, que le nuage se résolve en entier. Lorsque la pluie cesse, le nuage n'a fait que s'éclaircir ou changer de lieu, et la partie qui reste, ou est emportée par le vent, ou semble se dissiper par le passage à l'état de vapeur invisible.

La pluie présente beaucoup de variété dans les circonstances de sa chute : elle est plus ou moins forte ou abondante; ses gouttes ont des dimensions très-différentes, depuis cette petite pluie qu'on nomme *bruine*, qui n'est que la chute lente d'un brouillard, jusqu'à ces pluies d'orage qui versent en peu d'instans des torrens d'eau.

On s'est attaché depuis assez long-temps à mesurer, dans un grand nombre de lieux, la quantité d'eau qui y tombe au-

nuellement, exprimée par la hauteur qu'auroit la masse formée de la réunion de toute celle qui tombe successivement
sur une même surface horizontale. On a tiré de chaque suite
d'observations des résultats moyens, soit pour une année, soit
pour les divers mois de l'année, d'après lesquels on a reconnu que généralement la quantité annuelle de pluie est
beaucoup plus considérable dans les régions voisines de l'é-
quateur que dans les autres. Le plus fort résultat, indiqué
jusqu'ici, est celui du *Cap françois*, dans *l'île Saint-Domingue*,
où il tombe par an 3o8 centimètres (114 pouces) d'eau ; le
plus foible est celui d'*Upsal* en *Suède*, qui n'est que de 43
centimètres (16 pouces). Cette progression décroissante de
l'équateur vers les pôles est sujette à beaucoup d'anomalies.
A *Londres*, par exemple, il ne tombe annuellement que 53
centimètres (19 pouces) d'eau, et à *Kendal*, ville du comté
de *Westmorcland*, à 6o lieues seulement de *Londres*, il en
tombe 140 centimètres (52 pouces). En *France*, on retrouve
des différences semblables : les observations faites à *Paris*
donnent le même résultat que celles de Londres, tandis qu'à
Joyeuse, département de l'*Ardèche*, M. Tardy de la Brossy a
trouvé 13o centimètres (48 pouces), c'est-à-dire bien plus du
double. (*Annales de chimie et de physique*, tom. VI, p. 93.)

Ces anomalies deviendront plus nombreuses à mesure qu'on
multipliera les observations, et elles indiqueront probablement
l'effet des formes du terrain dans cette circonstance. Déjà on
a remarqué que, toutes choses égales d'ailleurs, il pleut davantage sur les pays montueux que sur les plaines : peut-être
même n'est-il pas nécessaire que les inégalités du terrain
soient fort considérables pour influer sensiblement sur la
chute de la pluie. Des remarques faites dans les environs de
Paris semblent prouver que de simples coteaux agissent assez
sur la direction du vent et des nuages, pour occasioner une
distribution inégale de la pluie sur les diverses parties d'un
espace peu étendu.

La répartition de la pluie entre les jours de l'année suit
une marche à peu près inverse de sa quantité totale. Le
nombre annuel moyen des jours pluvieux augmente à mesure
qu'on avance vers le pôle. On n'en trouve que 78 entre le
12.ᵉ et le 43.ᵉ degré de latitude nord ; à *Paris* on en compte

13 1, et 161 entre le 51.° et le 62.° degré de latitude nord. Il y a plus de jours de pluie en hiver qu'en été, et cependant il tombe beaucoup moins d'eau dans la première saison que dans la dernière. A Paris, pendant les mois de Juin, de Juillet et d'Août, il tombe autant d'eau que pendant les neuf autres mois de l'année. C'est aussi par l'énorme quantité d'eau qu'elles fournissent, que les pluies qui tombent entre les tropiques l'emportent sur celles qui ont lieu dans les autres parties du globe et qui occupent un plus grand nombre de jours. On croit aussi avoir observé qu'il pleut davantage le jour que la nuit.

On a remarqué en Angleterre, et le fait a été vérifié à l'observatoire de Paris, que la quantité de pluie s'augmentoit en descendant à terre: car, sur des surfaces de même étendue, on en recueilloit environ un 9.° de moins à la partie supérieure du bâtiment qu'à la partie inférieure, la différence de niveau étant de 27 mètres (ou 83 pieds). Mais on a vu aussi que cette circonstance n'étoit constante que dans les résultats moyens; car il arrive quelquefois qu'il tombe plus d'eau sur le haut du bâtiment que dans la cour. (Voyez *Annales de chimie et de physique*, tom. VI, p. 436.)

Ainsi qu'on l'a remarqué à l'égard des variations du Baromètre (voyez ce mot), les circonstances météorologiques sont plus régulières entre les tropiques que dans les zônes tempérées. L'année, dans la plupart des premières régions, offre toujours une saison pluvieuse, de laquelle il résulte, dans les fleuves, des crues fort réglées. C'est aux pluies abondantes qui tombent sur les montagnes de l'*Abyssinie* et sur celles de la *Lune*, situées vers le 10.° degré de latitude nord, où le Nil et ses principaux affluens prennent leur source, que ce fleuve doit les débordemens qui fertilisent l'Égypte, et dont les anciens ont donné des explications si diverses et si absurdes.

Dans nos contrées la chute des pluies n'est pas à beaucoup près aussi régulière : cependant on a remarqué que souvent, vers le solstice d'été, il survient des pluies pendant un temps assez considérable: et c'est de là sans doute que sont venus les proverbes attachés par la rime aux noms de Saint-Médard et de Saint-Gervais. La fête du premier tombant le 9 Juin, et celle du second le 19.

Au printemps et dans l'automne on remarque le soir et surtout le matin, dans beaucoup de contrées, de l'eau déposée en gouttelettes sur les feuilles des plantes : c'est la *rosée*, dont la quantité devient dans certains pays assez forte pour suppléer à la pluie et entretenir la verdure, lorsque la température est élevée et qu'il ne pleut pas, comme on le voit dans quelques parties de l'Italie, à Naples, par exemple.

La transparence de l'air n'étant pas troublée par la rosée, on ne peut l'assimiler au brouillard ; elle en diffère aussi en ce qu'elle ne mouille pas certains corps, comme les métaux polis et particulièrement l'or. Elle ressemble d'ailleurs à ce qu'on voit sur les vitres d'une chambre, lorsque les températures extérieure et intérieure diffèrent beaucoup. Le côté de la plus élevée se tapisse de gouttelettes d'eau sans qu'on aperçoive dans les environs aucune vapeur sensible ; et, ce qui est bien remarquable, certains carreaux de verre n'offrent aucune trace d'eau, quoiqu'il y en ait beaucoup de déposée sur ceux qui les environnent. Comme il arrive quelquefois, pour les corps qui sont à quelque distance du sol, que c'est leur surface inférieure qui se mouille, on a cru que dans cette circonstance la rosée s'élevoit de la terre, et qu'il y avoit ainsi une rosée ascendante et une rosée descendante ; mais toutes ces particularités ont été expliquées d'une manière satisfaisante par M. Wells, après qu'il eut reconnu, au moyen d'expériences très-ingénieuses, que la température des corps sur lesquels il se dépose de la rosée, est toujours plus basse de quelques degrés que celle de l'air environnant, et que tout ce qui tend, en général, à diminuer *l'étendue de la portion du ciel qui peut être aperçue de la place que le corps occupe, diminue la quantité de rosée dont celui-ci se recouvre.*

La théorie conclue de ces faits sera indiquée avec plus de détail à la fin de cet article, dans lequel j'ai cru, comme dans les précédens, devoir faire d'abord l'exposition des phénomènes.

Lorsque la température est assez basse, la rosée devient de la gelée blanche ; mais on croit qu'elle est déposée sous forme liquide avant sa congélation.

Le contraire a souvent lieu dans l'atmosphère, en hiver et sur les hautes montagnes, par une basse température. Les nuages formés de vapeurs vésiculaires se résolvent en petits flocons blancs qu'on appelle *neige*. Lorsqu'on les examine à la loupe, on voit qu'ils sont formés d'un assemblage de petits cristaux présentant des étoiles à six rayons; mais il faut pour cela que l'air soit calme, autrement les flocons ne sont formés que d'agglomérations irrégulières. Dans les régions boréales il tombe de la neige par un ciel en apparence serein. Elle affecte alors des formes très-régulières et très-élégantes, dont on trouve le dessin dans le tome XVIII des *Annales de chimie et de physique*, où M. Arago a donné un extrait fort intéressant du *Tableau des régions arctiques*, par M. Scoresby, capitaine baleinier.

La neige est très-utile aux végétaux qu'elle recouvre, parce qu'elle les préserve des effets des fortes gelées. C'est ainsi que des plantes qui résistent, sous son abri, aux rigoureux et longs hivers de la Sibérie, ne peuvent rester en pleine terre dans nos contrées, où il tombe moins de neige, et qui éprouvent souvent plusieurs alternatives de temps doux et de gelée dans le courant de l'hiver et au commencement du printemps.

Sur les lieux élevés la neige reste beaucoup plus long-temps que dans les lieux bas, à cause de la diminution de chaleur des couches de l'atmosphère, à mesure qu'elles sont plus hautes. Il y a même, suivant les élévations au-dessus du niveau de la mer et les distances aux pôles, des limites au-dessus desquelles la neige ne fond point : c'est de là que se conclut, dans chaque localité, la ligne des neiges perpétuelles. (Voyez TEMPÉRATURE.)

Le givre est le brouillard gelé sur les corps où il s'est déposé. Ce que les baleiniers anglois nomment *frost-rime* (*brouillard gelé*) dans les mers arctiques, paroît être une vapeur dense, congelée, qui rase ordinairement la surface de la mer, et que les vents violens portent jusqu'à la hauteur de 80 à 100 pieds : elle est composée de parties extrêmement déliées qui « s'attachent à tous les corps vers lesquels le vent les « pousse, et forment quelquefois une croûte de plus de trois « centimètres (un pouce) d'épaisseur, hérissée de longues « fibres prismatiques ou pyramidales, la pointe dirigée du côté « du vent. » (*Ann. de chim. et de phys.*, tome XVIII, p. 38.)

Une congélation plus compacte, qui s'est opérée par couches successives et sans apparence de cristallisation, distingue la grêle de la neige. Les grains de grêle acquièrent quelquefois des volumes très-considérables. On en a vu qui avoient huit centimètres (3 pouces) de diamètre (article Eau, tom. XIV, p. 4). On trouve dans beaucoup de livres des dimensions bien plus considérables, mais qui n'ont paru que des exagérations, ainsi que les poids qu'on y joint. (Voyez les *Mémoires de l'Académie des sciences*, année 1790, p. 273.) En s'arrêtant au nombre rapporté ci-dessus, supposant que la densité du grêlon ne différoit pas beaucoup de celle de l'eau et qu'il étoit à peu près sphérique, il auroit pesé 27 décagrammes (plus d'une demi-livre).

Il tombe rarement de la grêle en hiver, et l'on a cru remarquer qu'il n'en tomboit pas la nuit ; le plus souvent elle est mêlée ou suivie de pluie.

Dans le printemps elle se présente sous une forme moins dense et moins volumineuse : c'est alors le *grésil.* Les pluies soudaines qui arrivent à cette époque et qui sont mêlées de grêle ou de grésil, sont nommées *giboulées.*

Des météores lumineux.

On a compris sous cette dénomination les *éclairs* et les *feux Saint-Elme* (dont j'ai déjà parlé à l'article Électricité), les *feux follets*, les *globes de feu* et l'*aurore boréale*, qui ont des articles particuliers : j'aurai donc peu de chose à dire ici sur cette classe de météores ; mais je ferai d'abord observer que les deux derniers ne doivent plus compter dans les météores, puisqu'il y a lieu de croire qu'ils prennent naissance hors de l'atmosphère, ce qui paroit évident pour les globes de feu, d'après l'élévation qu'on a trouvée pour plusieurs. Celui de 1771, par exemple, ayant été aperçu en même temps dans un espace de 6 degrés en latitude et de 5 en longitude, depuis Sarlat, dans le midi de la France, jusqu'à Oxford, en Angleterre, le physicien Le Roi en a conclu que ce globe avoit été aperçu à plus de 41,000 toises de hauteur (20 lieues), que son diamètre surpassoit 500 toises, et que sa vitesse étoit de plus de 7000 pieds par seconde, plus de quatre fois aussi grande que celle d'un boulet de vingt-quatre. D'autres globes de feu ont encore paru à de plus grandes hauteurs, avec des diamètres et des vitesses plus considérables. (Voyez les *Mém* de l'*Acad. des sciences de Paris*, année 1771, Hist., p. 5o, et la *Corresp. astron.* de M. de Zach, 1822, tom. VII, p. 491 — 495.)

J'ajouterai à ce que j'ai dit à l'article Aurore boréale, que depuis on a reconnu plus précisément la liaison de ce phénomène avec le magnétisme, en remarquant que la réunion des gerbes, lorsqu'elle avoit lieu, étoit placée dans la direction du méridien magnétique de l'observateur, et que, comme cette direction change avec le lieu de l'observation, il faut que la circonstance dont il s'agit soit due aux positions relatives de l'observateur et des gerbes, et que le phénomène se passe dans une région bien au-delà de l'atmosphère.

L'action de l'aurore boréale sur l'aiguille aimantée a été constatée par M. Arago, sur l'observation curieuse d'une aurore boréale vue à Dublin, le 25 Mai 1788, à *onze heures du matin*, par M. Henri Usher, et consignée dans le tome II des *Mémoires de l'Académie d'Irlande*. L'apparition de ce phénomène en plein jour, contre l'opinion établie sur l'immense collection de faits rapportés par Mairan, pouvant paroître avoir besoin de quelque confirmation, M. Arago chercha dans les archives de l'observatoire de Paris quelle avoit été la marche diurne de l'aiguille aimantée du 18 au 3o Mai 1788, et trouva, du 24 au 25, des irrégularités qui indiquoient évidemment une cause perturbatrice. (*Annales de chimie et de physique*, tome IX, p. 552.)

Les *étoiles tombantes*, que l'on remarque surtout dans les belles nuits d'hiver, ont été mises aussi au nombre des météores lumineux; mais il ne paroît pas qu'on ait sur ce phénomène des connoissances assez positives pour le classer avec quelque certitude. Le tome XXI de la *Bibliothèque britannique* (pag. 31) contient des observations qui semblent prouver que le phénomène part d'une hauteur bien plus considérable que celle qu'on peut attribuer à l'atmosphère. MM. Benzenberg et Brandes s'étant placés dans des stations éloignées d'abord de 27,050 pieds de Paris, et ensuite de 46,200, ont déterminé un grand nombre de fois le lieu d'où sembloient partir les étoiles tombantes qui se montroient au même instant dans chaque station. On trouve dans la table de leurs résultats une hauteur de 5o lieues, et plus loin on voit qu'un autre de ces phénomènes surpassoit en éclat la planète Jupiter, et

avoit été aperçu à 166 lieues de hauteur. MM. Benzenberg
et Brandes ont remarqué que les étoiles tombantes sont accompagnées d'une queue plus long-temps visible que l'étoile
elle-même, et qui semble cesser de se mouvoir quand le
noyau de l'étoile disparoit. Ils recommandent ce genre d'observations comme très-propre à faire connoître les différences
des longitudes terrestres. (Voyez l'article Longitude.) Le
phénomène des étoiles tombantes se rattache-t-il aux *globes
de feu*, aux *aérolithes* ou *pierres tombées du ciel*, comme le
pensoit M. Chladni (*Bibliothèq. britanniq.*, tom. XVI, p. 79)?
C'est ce qu'on ignore entièrement. (Voyez les articles Globes
de feu et Météorites.)

Venoient ensuite, dans l'ancienne classification des météores, les *arcs-en-ciel*, les *halos* et les *parhélies;* mais ce sont des
phénomènes d'optique dus à des réfractions et à des réflexions
accidentelles de la lumière, produites par des dispositions
particulières des nuages et des vapeurs aqueuses par rapport
au corps lumineux et à l'observateur.

Résumé.

Pour expliquer rigoureusement les divers *météores aqueux*,
il faudroit connoître en détail les causes qui produisent les
changemens de forme, et la précipitation de la vapeur
aqueuse contenue dans l'atmosphère (voyez Vapeur), ainsi que
les circonstances qui accompagnent ces modifications. Des expériences faites avec soin ont appris que, les autres conditions
de l'air restant les mêmes, il admet d'autant plus de vapeur
d'eau à l'état élastique et invisible, qu'il est plus chaud; que
le refroidissement condense cette vapeur, la rend visible
sous la forme vésiculaire, et finit par la ramener à l'état
liquide et même à l'état solide. Un changement dans la densité de l'air, en tant qu'il en fait varier la température, en
apporte aussi dans la faculté qu'il a d'admettre la vapeur
aqueuse. On voit bien par là que les variations de la température et de la densité de l'air, occasionées par les vents,
peuvent, en général, déterminer la formation des nuages, des
brouillards, de la pluie et de la neige; mais il reste encore à
connoître les causes spéciales de chacune de ces modifications.

La formation de la grêle présente une difficulté particulière. Pour rendre raison du volume considérable des grains de grêle, on a dit que la congélation commençoit dans une région très-élevée de l'atmosphère, l'eau étant déjà réunie en gouttelettes, et que le volume s'accroissoit de nouvelles couches pendant le long trajet qu'elles parcouroient avant d'arriver à terre.

Mais cette explication a paru forcée, et Volta a conjecturé que l'électricité jouoit dans cette circonstance un rôle important; que la grêle se formoit entre deux nuages, fortement électrisés en sens contraire, qui attiroient et repoussoient alternativement les grêlons, et les tenoient ainsi suspendus assez long-temps en l'air pour y acquérir par l'addition de nouvelles couches un volume et un poids remarquables.

Voyant la grêle accompagner le plus souvent des phénomènes électriques dont on détournoit le danger par des paratonnerres, on a essayé de construire des *paragrêles*. Les journaux ont parlé récemment des bons effets de longues perches élevées au milieu des champs qu'on vouloit préserver, armées de pointes métalliques et environnées de paille de froment : mais, avant de prononcer sur l'utilité de ce moyen, il faut que des faits nombreux bien constatés en appuient l'efficacité. Peut-être que ces perches, si elles ont exercé quelque influence sur l'atmosphère, n'auront pas agi autrement que des paratonnerres; car on a remarqué que 140 de ces instrumens ont évidemment préservé de la grêle les environs de Munich. (Voyez le *Nouveau cours complet d'agriculture*, 2.ᵉ édition, art. GRÊLE.)

Si l'on a varié sur la cause qui tient la grêle suspendue pendant quelque temps dans l'atmosphère, on ne s'accorde pas encore sur celle qui produit la suspension des nuages. M. Gay-Lussac la trouve dans l'impulsion des courans ascendans, qui résultent de la différence de température entre la surface de la terre et les régions élevées. Il y est conduit par l'observation des bulles de savon, qui ne peuvent pas s'élever dans une chambre fermée, et qui, à l'air libre et au-dessus d'un sol échauffé, ne cessent de monter que lorsqu'elles éclatent. M. Fresnel pense que la suspension des nuages est principalement la conséquence de ce que leur pesanteur spécifique est moindre que celle des couches inférieures de l'air, ce qu'il

explique ainsi : il observe d'abord que l'eau contenue dans
le nuage y est très-divisée, et renferme dans ses interstices
de l'air qui ne peut s'en échapper que bien lentement ; ensuite
cette eau, étant, par sa nature, plus susceptible que l'air de
s'échauffer par les rayons solaires et par les rayons lumineux
et calorifiques qui lui viennent de la terre, acquiert ainsi une
température plus élevée, qu'elle communique à l'air empri-
sonné entre ses parties ; il se dilate alors, et le tout forme
comme une sorte de ballon qui reste suspendu au milieu des
couches environnantes. Je dois dire aussi que les deux célèbres
physiciens dont j'indique ici les opinions, paroissent douter de
l'existence de la vapeur d'eau sous forme vésiculaire. (Voyez
Annales de chimie et de physique, tome XXI, p. 59 et 260.)

Les incertitudes que la variété des circonstances du phénomène avoit répandues sur la théorie de la rosée, ont cessé
depuis les belles expériences de M. Wells, citées plus haut.
On a vu, à l'article CHALEUR (tom. VIII, p. 73), qu'elle se
propage à distance par un rayonnement qui opère entre les
corps une sorte d'échange, duquel résulte l'abaissement de
la température de celui dont le rayonnement est le plus considérable, parce qu'il perd ainsi plus de chaleur qu'il n'en
reçoit des autres corps. La diminution constante de température qu'éprouvent, pendant les nuits calmes et sereines,
les corps placés à la surface terrestre, indique dans ces corps
un rayonnement plus considérable que celui des parties supérieures de l'atmosphère. Il n'en est plus de même quand
on place au-dessus de ces corps un écran qui peut rayonner
à son tour, et rendre ce qu'il reçoit des corps environnans.
Lorsque le ciel est couvert, les nuages produisent aussi cet
effet d'autant mieux qu'ils sont moins élevés, parce que leur
température propre est moins basse.

Le refroidissement du corps rayonnant ne dureroit pas, si
les corps adjacens, ou qui le mettent en communication avec
la terre, étoient de bons conducteurs ; mais, si le contraire
a lieu, ce qui est le cas le plus ordinaire, ce corps demeurant plus froid que la couche d'air qui le touche, celle-ci
dépose une partie de l'eau qui s'y trouve suspendue : telle
est la formation de la rosée. Le vent l'empêche ou la diminue, parce qu'il amène continuellement sur le corps refroidi

de nouvelles couches d'air, plus chaudes que le corps, et qui lui restituent en tout ou en partie la portion de chaleur qu'il perd par le rayonnement. De plus, l'évaporation, favorisée par le vent, peut détruire la rosée à mesure qu'elle se forme.

Il n'est pas difficile d'apercevoir que les différences qui existent entre les divers corps, tant à raison de leur substance que des qualités de leur surface, soit dans la faculté de rayonner, soit dans celle de conduire la chaleur, doivent rendre ces corps plus ou moins aptes à se charger de rosée. L'or, l'argent, le cuivre et l'étain, par exemple, qui rayonnent foiblement et sont de très-bons conducteurs, se refroidissent peu. Ils perdent moins dans l'atmosphère par leur surface supérieure, et celle-ci répare plus promptement ses pertes, soit sur les parties inférieures du corps, soit sur ceux qui l'environnent ou avec lesquels il est en communication.

Il est évident que la rosée doit continuer à se déposer tant qu'il y a une différence de température suffisante entre le corps et la couche d'air contiguë ; que l'abaissement de la température de la surface du corps, continuant pendant toute la nuit, peut être porté assez loin quand les circonstances y sont propres : c'est ainsi que, dans nos climats, par les temps un peu froids, la rosée devient une gelée blanche. En aidant ces circonstances naturelles, on parvient au même résultat. Dans le Bengale, quoique la température y soit plus élevée, on expose à l'air, la nuit, de l'eau dans des vases peu profonds ; et pour en mettre la surface à l'abri des courans d'air, on place ces vases dans une fosse, en les environnant de cannes à sucre, de tiges de maïs, substances peu conductrices, qui empêchent la chaleur des parois de la fosse de se communiquer aux vases : avec ces précautions, et par suite de ce que la transparence de l'air, plus grande dans ces contrées que dans les nôtres, augmente beaucoup l'inégalité de rayonnement entre les corps placés à la surface terrestre et l'atmosphère, l'eau contenue dans les vases se transforme le plus souvent en glace.

C'est en vain qu'on a cherché, pour la succession des phénomènes météorologiques, des périodes, comme on en a trouvé dans le mouvement des astres ; aucune connoissance précise n'est résultée des hypothèses sur lesquelles on s'est appuyé, et des combinaisons qu'on a faites de la multitude d'observations qui ont été rassemblées.

Le penchant qui porte l'esprit humain à lier ensemble, dans la relation de cause et d'effet, deux phénomènes qui se succèdent, et qui l'a si souvent égaré, parce que les esprits peu éclairés sont plus frappés par une coïncidence fortuite que par un grand nombre de discordances qu'ils ne remarquent pas ou qu'ils oublient; ce penchant, dis-je, a fait regarder par le peuple les phases de la lune comme les époques nécessaires du changement de temps, c'est-à-dire, des alternatives de froid et de chaud, de temps sec ou pluvieux.

Mais dans ce cas, comme dans tous les autres, il faut demander à ceux qui prononcent si hardiment sur les liaisons des effets, s'ils ont eu soin de former des listes des événemens, d'après lesquelles ils sauroient dire combien de fois la succession a eu lieu et combien de fois elle a manqué, afin qu'on puisse juger si le nombre d'observations est suffisant pour qu'il en résulte une grande probabilité de la correspondance entre l'effet et la cause présumée. C'est ainsi que, sans savoir comment le quinquina guérit les fièvres périodiques, ni même ce que c'est que la fièvre, on a pu constater l'efficacité du remède, en observant sur un grand nombre de malades combien de fois il avoit réussi.

C'est à de semblables calculs que doivent se ramener la plupart des connoissances humaines, dans lesquelles il ne nous est pas donné d'apercevoir les détails de l'opération qui s'effectue (voyez mon *Traité élémentaire du calcul des probabilités*); et cette marche rejette bien loin l'influence de la lune. Ce satellite excite bien un petit mouvement dans l'atmosphère, une sorte de Marée (voyez ce mot); mais il est si foible qu'à peine peut-il faire varier le baromètre d'un dix-huitième de millimètre (un trente-sixième de ligne): voilà ce que M. de Laplace a trouvé par la théorie mathématique du mouvement des fluides (voyez l'*Annuaire* pour 1824, p. 198). Pour aller plus loin, les physiciens qui ont le mieux étudié ce sujet, n'ont pu s'entendre entre eux sur le choix des positions de la lune auxquelles il falloit attribuer le plus d'influence. Sont-ce ses phases, ou bien son passage par son apogée et par son périgée, qui sont les points de sa plus grande et de sa plus petite distance à la terre, ou bien enfin son passage de chaque côté de l'équateur, qui l'abaisse et l'élève alternativement par rapport à notre horizon? On ne sauroit faire concourir ensemble tous ces points; car, embrassant la plus grande partie de la révolution lunaire, il ne sauroit manquer d'y arriver quelque changement de temps dans nos climats, où les variations sont si nombreuses. En se bornant même aux quatre phases de chaque mois, et étendant l'influence à la veille et au lendemain, on auroit douze jours influens; et, à moins que ces jours ne fussent presque les seuls dans lesquels le temps ait changé, on n'en sauroit rien conclure, puisqu'il y auroit à peu près autant d'événemens contraires à l'influence conjecturée, qu'il y en auroit de favorables. C'est en effet ce qui est arrivé dans le recensement des observations fait avec soin et critique. Il semble donc à présent que ce n'est pas ainsi qu'on peut faire faire des progrès sensibles à la météorologie. M. de Humboldt pense avec raison qu'il la faut étudier d'abord dans les régions où les saisons présentent le plus de régularité; où les grandes causes, parmi lesquelles se trouvent au premier rang le changement de position de la terre par rapport au soleil, et les vents réglés, tels que les vents alisés, les moussons (voyez Vent), ont une grande prépondérance sur les causes accidentelles. Pour saisir ces dernières, lorsque les premières sont connues, il faudroit chercher à suivre, de proche en proche, la marche de chaque phénomène, déterminer avec soin le lieu où il commence, celui où il finit, afin de démêler l'action des localités sur les courans aériens, et de remonter, s'il est possible, jusqu'aux lois de la variation de ces courans dans une étendue de plus en plus considérable. Jusqu'à ce que l'on ait atteint ce but, il faut confesser franchement l'ignorance où nous sommes, et nous efforcer de détruire les idées fausses répandues à cet égard parmi les agriculteurs, moins encore pour leur effet, qui, dans beaucoup de cas, peut être assez indifférent, que pour saisir une occasion palpable de leur faire sentir combien il est facile de les égarer, et pour les rendre par là plus attentifs sur une foule d'autres préjugés qu'on a fait entrer de même dans leur esprit, mais dont les conséquences sont beaucoup plus graves. Nous renverrons à ce sujet au Mémoire que M. Olbers, célèbre astronome de Brême, a publié sur l'influence de la lune. (Voyez l'*Annuaire du Bureau des longitudes*, années 1822 et 1823.)

La prévision des phénomènes météorologiques dans un très-court espace de temps est moins problématique ; mais elle dépend des circonstances locales, parce qu'elle s'appuie principalement sur la direction du vent, combinée avec les indications du baromètre, qui n'offrent encore que des probabilités. C'est pourquoi nous n'en parlerons point ici, chacun connoissant les remarques propres au pays qu'il habite. (L. C.)

MÉTÉORIDE, *Meteorus*. (*Bot.*) Genre de plantes dicotylédones, à fleurs complètes, monopétalées, régulières, de la *polyandrie monogynie* de Linnæus, offrant pour caractère essentiel : Un calice persistant, à quatre lobes ; une corolle monopétale, à quatre divisions ; des étamines nombreuses ; les filamens réunis à leur base ; un ovaire inférieur ; un style ; un drupe monosperme, couronné par le calice.

MÉTÉORIDE ÉCARLATE ; *Meteorus coccineus*, Lour., *Flor. Cochin.*, 2, pag. 499. Grand arbre de la Cochinchine, dont les rameaux sont ascendans, tortueux, garnis de feuilles éparses, pétiolées, glabres, ovales, oblongues, aiguës, médiocrement dentées en scie ; les fleurs d'un rouge écarlate, disposées en grappes simples, terminales, très-longues, pendantes ; les pédicelles très-courts ; le calice à quatre lobes droits, arrondis ; la corolle monopétale, hipocratériforme ; le tube court ; le limbe à quatre lobes ovales, un peu réfléchis ; les étamines nombreuses ; les filamens flexueux, filiformes, une fois plus longs que la corolle, réunis à leur base en un tube court, cylindrique ; les anthères petites et arrondies ; l'ovaire arrondi ; le style de la longueur des étamines ; un stigmate un peu épais. Le fruit est un drupe presque à huit stries, glabre, coriace, de couleur brune, à une seule loge, couronné par le calice, contenant une semence dure, cornée, arrondie. Cette plante croit dans les grandes forêts, à la Cochinchine. Son bois n'est bon qu'à brûler : les jeunes feuilles se mangent en salade ; mais les drupes ne sont pas employés. (Poir.)

MÉTÉORINE, *Meteorina*. (*Bot.*) Ce genre de plantes, que nous avons proposé dans le Bulletin des sciences de Novembre

1818 (pag. 167), appartient à l'ordre des Synanthérées, et à notre tribu naturelle des Calendulées. Voici ses caractères, que nous avons observés sur des individus vivans et cultivés de *Meteorina gracilipes* et de *Meteorina crassipes*, et sur un échantillon sec de *Meteorina lyrata*.

Calathide radiée : disque multiflore, régulariflore, androgyniflore extérieurement, masculiflore intérieurement ; couronne unisériée, liguliflore, féminiflore. Péricline subcampanulé, supérieur aux fleurs du disque : formé de squames subunisériées, à peu près égales, appliquées, lancéolées, foliacées, souvent membraneuses sur les bords. Clinanthe nu, plan ou conique, peu élevé pendant la fleuraison, toujours plan pendant la maturation. *Fleurs extérieures du disque :* Ovaire comprimé bilatéralement, obovale, glabre, lisse, inaigretté, pourvu d'une bordure aliforme sur chacune de ses deux arêtes extérieure et intérieure ; fruit très-large, obcordiforme, à deux ailes larges, membraneuses, plus ou moins épaissies sur leur bord ou près de leur bord. Corolle à tube presque nul, à limbe long, subcylindracé, à cinq divisions privées d'appendice. Style à deux stigmatophores libres, divergens, arqués en dehors, courts, larges, arrondis au sommet, bordés de deux gros bourrelets stigmatiques oblitérés au sommet, et munis d'une rangée transversale de collecteurs, située sur la face extérieure au-dessous du sommet, qui forme un demi-cône. Nectaire très-petit, blanchâtre ou verdâtre. *Fleurs intérieures du disque :* Faux-ovaire long, étroit, grêle, comprimé, contenant à sa base un rudiment d'ovule avorté, imperceptible dans les fleurs centrales. Corolle à divisions portant chacune, derrière le sommet, un appendice calleux, corniforme. Style à deux stigmatophores non divergens et beaucoup plus courts que ceux des fleurs extérieures. *Fleurs de la couronne :* Fruit presque droit, oblong, épaissi de bas en haut, cylindracé-triquètre. Corolle à languette elliptique-oblongue, tridentée au sommet ; le tube et la base du limbe hérissés de longs poils articulés. Style à deux stigmatophores longs, pourvus de bourrelets stigmatiques glabres.

Météorine a pédoncules filiformes : *Meteorina gracilipes*, H. Cass.; *Calendula pluvialis*, Linn., Sp. pl., édit. 3, p. 1304. C'est une plante herbacée, annuelle, dont la tige, haute d'environ un demi-pied, est droite, rameuse, striée, velue, scabre, garnie de feuilles ; celles-ci sont alternes, longues d'un à deux pouces, étroites, lancéolées, sinuées, denticulées ; les inférieures en spatule, les supérieures linéaires ; la tige et les rameaux se terminent en un long pédoncule droit, nu, filiforme, portant une grande calathide, à disque brun foncé, et à couronne composée de languettes trèslongues, dont la face intérieure ou supérieure est blanche, plus ou moins violette à la base, et dont la face extérieure ou inférieure est ordinairement d'un violet bronzé; les fruits de la couronne sont très-ridés transversalement, à rides ramifiées, anastomosées, formant des tubercules plus ou moins manifestes ; ceux du disque ont deux ailes, dont la partie intérieure est mince, membraneuse, et dont la partie extérieure forme un bourrelet épais, presque cylindrique, subéreux. Cette météorine, indigène au cap de Bonne-Espérance, est cultivée en Europe dans les jardins, pour la beauté de ses calathides, qui s'ouvrent dès sept heures du matin et ne se ferment point avant quatre heures du soir, si le temps est serein : mais, s'il doit pleuvoir dans le jour, elles ne s'ouvrent point le matin à sept heures ; on a remarqué cependant qu'elles n'annonçoient pas les pluies d'orage. On sème les graines de cette plante, au mois de Mars, sur couche, ou même en pleine terre, dans la place où elle doit rester, et l'on jouit de ses calathides depuis Juin jusqu'en Septembre : elle se plaît dans une bonne terre un peu légère, fréquemment arrosée, et surtout exposée au soleil ; car cette exposition est absolument nécessaire pour l'épanouissement de ses calathides.

MÉTÉORINE A FEUILLES LYRÉES; *Meteorina lyrata*, H. Cass. Tige herbacée, rameuse; feuilles alternes, lyrées; calathides solitaires au sommet des rameaux, et analogues à celles des autres météorines. Cette espèce, ne se distinguant de la précédente que par ses feuilles lyrées, n'est peut-être qu'une variété : elle a, comme la première, les pédoncules grêles, et les fruits du disque obcordiformes, munis de deux ailes ou bordures, dont la partie intérieure est mince, membraneuse, et dont la partie extérieure est épaisse, subéreuse ces fruits sont rougeâtres, et, vus à une forte loupe, ils paroissent un peu pubescens. Quoique les ovaires et les stigmates de la couronne fussent parfaitement conformés dans les calathides fleuries, nous avons remarqué sur une calathide garnie de fruits mûrs, que ceux de la couronne paroissoient être stériles par avortement : mais cette stérilité n'est probablement qu'accidentelle, comme dans l'espèce précédente, dont souvent la plupart des fruits de la couronne avortent et ne mûrissent point. Du reste, notre plante offre tous les caractères propres au genre *Meteorina*. Nous l'avons observée sur un échantillon sec de l'herbier de M. de Jussieu.

Météorine a pédoncules épaissis : *Meteorina crassipes*, H. Cass.; *Calendula hybrida*, Linn., *Sp. pl.*, édit. 3, pag. 1304. Cette troisième espèce, qui habite, comme les autres, le cap de Bonne-Espérance, ressemble aussi à la première, dont elle se distingue toutefois très-facilement par ses pédoncules épaissis en leur partie supérieure ; sa tige est plus haute, et garnie de feuilles plus longues, oblongues-lancéolées, obtuses ou élargies au sommet, dentées sur les bords ; les calathides sont plus petites ; leur péricline est presque tomenteux, ainsi que le pédoncule ; les fruits de la couronne offrent trois faces lisses, séparées par trois arêtes saillantes et crénelées ; ceux du disque ont deux ailes membraneuses, qui ne sont épaissies que très-peu et seulement sur une ligne située à quelque distance du bord extérieur.

Le genre *Meteorina* revendique sûrement quelques autres espèces, que nous nous abstenons pourtant d'indiquer, parce que nous n'avons pas observé nous-même leurs caractères génériques.

Nous devons profiter de l'occasion qui se présente, pour exposer ici le tableau méthodique des genres composant la tribu des Calendulées.

VII.ᵉ Tribu. Les CALENDULÉES (*Calenduleæ*).

Genera dubitanter Solidaginibus, id est Astereis, adjecta. H. Cass. (1812) Journ. de phys. v. 76. p. 122. — *Synantheræ incertæ sedis, Heliantheis affines.* H. Cass. (1813) Journ. de phys. v. 78. p. 281. — *Tribus peculiaris dicta Calenduleæ, inter Arctotideas et Heliantheas media.* H. Cass. (1814. 1816. 1818)

Journ. de phys. v. 82. p. 128. v. 85. p. 12. v. 86. p. 186. —
Eadem inter Arctotideas et Tagetineas media. H. Cass. (1819)
Journ. de phys. v. 88. p. 161.

(Voyez les caractères de la tribu des Calendulées,
tome XX, page 366.)

Première Section.

Calendulées-Prototypes (*Calenduleæ-Archetypæ*).

Caractères : Calathide ordinairement grande. Péricline supérieur aux fleurs du disque, formé de squames subunisériées, à peu près égales, longues, étroites.

I. Ovaires de la couronne très-arqués en dedans ; faux-ovaires du disque point comprimés ni bordés ; corolles du disque à tube long environ comme le tiers du limbe ; bourrelets stigmatiques papillés.

1. * Calendula. = *Calthæ sp.* Tourn. — Adans. — *Caltha.* Vaill. (1720). — Mœnch — *Calendulæ sp.* Lin. — Juss. — Gærtn. — *Calendula.* Neck. (1791). — H. Cass. Dict.

II. Ovaires ou faux-ovaires de la couronne presque droits ; ovaires ou faux-ovaires du disque comprimés, bordés ; corolles du disque à tube extrêmement court, presque nul ; bourrelets stigmatiques nus.

2. * Blaxium. = *Calendula fruticosa.* Lin. — *Blaxium.* H. Cass. Dict.

3. * Meteorina. = *Calthæ sp.* Tourn. — Adans. — *Dimorphotheca.* Vaill. (1720). — Mœnch. — *Cardispermum.* Trant (1724). — *Calendulæ sp.* Lin. — Juss. — Gærtn. — *Guttenhoffia et Lestibodea.* Neck. (1791). — *Meteorina.* H. Cass. Bull. nov. 1818. p. 167. Dict.

4. * Arnoldia. = *An ? Calendula chrysanthemifolia.* Vent. — *Arnoldia.* H. Cass. Dict.

5. † Castalis. = *Calendula flaccida.* Vent. (1803). — *Castalis.* H. Cass. Dict.

Seconde Section.

Calendulées-Ostéospermées (*Calenduleæ-Osteospermeæ*).

Caractères : Calathide ordinairement petite. Péricline à peu

près égal aux fleurs du disque, formé de squames pauci-
sériées, un peu inégales, courtes, les intérieures larges.

I. Faux-ovaires du disque, longs.

6. *GIBBARIA. = *Gibbaria*. H. Cass. Bull. sept. 1817. p. 159.
Dict. v. 18. p. 526.

7. *CARULEUM. = *Osteospermum cœruleum*. Jacq. — *Osteospermum pinnatifidum*. L'Hérit. — *Chrysanthemoidis sp*. Mœnch.
— *Caruleum*. H. Cass. Bull. nov. 1819. p. 172. Dict. v. 18.
p. 162.

II. Faux-ovaires du disque, courts.

8. *OSTEOSPERMUM. = *Chrysanthemoides*. Tourn. (1705) —
Dill. — Mœnch. — *Monilifera*. Vaill. (1720). — Adans. — *Osteospermum*. Lin. (1737). — Gœrtn.

9. *ERIOCLINE. = *Non ? Osteospermum spinosum*. Lin. — Lam.
— *An ? Osteospermum spinosum*. Willd. — Pers. — *Eriocline*.
H. Cass. Bull. sept. 1818. p. 142. Dict. v. 15. p. 191.

Les genres composant la tribu des calendulées avoient été
d'abord admis par nous, avec l'expression du doute, dans
la tribu des astérées, que nous nommions alors section des
solidages. Nous les avons ensuite rejetés parmi les synanthérées non classées, en annonçant qu'on devroit peut-être les
associer aux hélianthées, dont ils étoient, selon nous, très-
voisins. Bientôt après, nous avons fait de ces genres une
tribu particulière, interposée entre celle des Arctotidées et
celle des Hélianthées. Enfin, nous avons placé nos Calendulées entre les Arctotidées et les Tagétinées; et nous croyons
pouvoir persister dans cette dernière disposition, malgré la
critique dont elle a été l'objet de la part de feu M. Richard.

Ce botaniste, dans son Mémoire sur les Calycérées (p. 42),
prétend que nous n'avons pas connu toute l'importance de
la considération du disque, c'est-à-dire, du nectaire, dans
la nombreuse famille des Synanthérées, et que nous ne
l'avons aperçu que dans un bien petit nombre des plantes
qui la composent. Il propose ensuite, comme très-naturelle
et préférable à toute autre, une nouvelle méthode de classification des Synanthérées, suivant laquelle cet ordre de
plantes seroit distribué en deux grandes divisions, caractéri-

sées l'une par la présence, l'autre par l'absence du nectaire ;
et il paroit croire que la structure de cet organe, les diverses
formes qu'il présente, et ses relations avec d'autres organes,
offriroient des ressources pour subdiviser en plusieurs groupes
naturels ses deux divisions primaires. « Si M. Cassini, dit-il,
« n'eût pas négligé la considération du disque, il n'auroit
« pas été tenté de comprendre les Calendulées dans sa tribu
« des Hélianthées; le manque de cet organe dans les pre-
« mières auroit pu l'éclairer sur l'union des signes propres
« à les bien caractériser et à les mieux coordonner. » Nous
démontrerons ailleurs, jusqu'au plus haut degré d'évidence,
que nous ne méritons point le reproche d'avoir négligé le
nectaire des Synanthérées; que M. Richard, au contraire,
a fort mal étudié cet organe, et que les nouvelles bases de
classification indiquées par lui sont tout-à-fait inadmissibles
et ne peuvent même pas soutenir le plus léger examen :
mais dès-à-présent nous devons faire remarquer l'erreur de
ce botaniste relativement aux Calendulées. Selon lui, ces
plantes seroient privées de nectaire, et cependant nous affir-
mons avoir trouvé un nectaire interposé entre le sommet de
l'ovaire ou du faux-ovaire et la base du style, dans les fleurs
hermaphrodites ou mâles de toutes les Calendulées que nous
avons observées. Quant aux fleurs femelles, nous avons établi, dans notre premier Mémoire, lu à l'Institut en 1812,
que le nectaire est ordinairement avorté ou demi-avorté
dans les fleurs femelles des Synanthérées; et cette loi générale
s'observe chez les Calendulées comme chez les autres tribus.
On seroit presque tenté de conjecturer que M. Richard, probablement convaincu de l'affinité des Calendulées avec le
genre *Bellis*, et remarquant que le nectaire manquoit dans
ce dernier genre, aura fondé peut-être sur cette seule
observation toutes ses critiques et tout son système, qu'il
n'auroit sans doute pas aussi légèrement hasardés, s'il avoit
pris la peine de lire avec quelque attention notre premier
Mémoire, publié dans le 76.e volume du Journal de physique.
Il y auroit vu notamment (pag. 257) que, dans le *Calendula
fruticosa*, toutes les fleurs sont pourvues d'un nectaire, mais
que celui des fleurs femelles est beaucoup plus petit que
celui des fleurs mâles; que, dans l'*Arctotis lyrata*, les fleurs

femelles ont un nectaire égal et semblable à celui des fleurs hermaphrodites, que le nectaire paroît être nul dans toutes les fleurs de l'*Arctotheca repens* et du *Bellis perennis*; qu'enfin cet organe existe chez certaines Synanthérées dont l'affinité avec le *Bellis* ne pouvoit pas être douteuse pour M. Richard. Ce botaniste auroit aussi trouvé dans notre Mémoire (p. 126) que les fleurs mâles de l'*Osteospermum moniliferum* ont un disque épigyne, ou nectaire, sur lequel est articulée la base du style.

Nous ne pensons pas qu'on puisse nous attaquer avec avantage pour avoir rapproché les Calendulées des Arctotidées, mais nous concevons très-bien qu'on nous blâme de les avoir rapprochées des Tagétinées, plutôt que des Astérées, qui comprennent le genre *Bellis*, le *Lagenophora*, et parmi lesquelles nous avions d'abord admis les *Calendula* et *Osteospermum*. Cette disposition présentée en 1812, dans notre premier Mémoire, prouve que nous ne méconnoissions point les rapports des Calendulées avec le *Bellis* et les autres Astérées mais tous les naturalistes savent ou doivent savoir qu'il est impossible de construire une série linéaire, simple et droite, de telle manière que toutes les affinités s'y trouvent exprimées, et que chaque portion de la série soit infailliblement placée entre les deux portions avec lesquelles elle a le plus de rapports. Nous avons déjà fait remarquer (tom. XXIII, pag. 581) que les combinaisons partielles, faites d'abord séparément pour chaque portion, sont souvent inconciliables avec la disposition générale à laquelle il faut définitivement parvenir, ce qui oblige à des concessions réciproques entre les combinaisons partielles et la combinaison générale. Le placement des Calendulées dans la série générale des synanthérées offre un exemple de cette difficulté, qui se représente à chaque instant et qui fait le désespoir des classificateurs. En effet, nous aurions bien voulu placer les Calendulées entre les Arctotidées et les Astérées ; mais cet arrangement partiel, fort convenable sans doute, auroit exigé le sacrifice de plusieurs autres arrangemens, auxquels nous devions attacher une plus grande importance.

Notre tribu des Calendulées est composée uniquement des deux anciens genres *Calendula* et *Osteospermum*, mais chacun d'eux réunit maintenant des espèces nombreuses, et qui, selon nous, ne sont pas toutes exactement congénères. C'est pourquoi nous considérons ces deux groupes comme deux sections, comprenant chacune plusieurs genres. On ne doutera pas de la nécessité de cette innovation, si l'on remarque que nos deux sections, représentant les deux anciens genres, sont à peine distinctes l'une de l'autre, tandis que les genres dont elles se composent sont distingués par des caractères très-suffisans. Au reste, notre travail sur les Calendulées n'est qu'une ébauche très-imparfaite, qui devra être complétée et rectifiée lorsqu'on aura soigneusement étudié toutes les plantes de cette tribu.

Le premier genre de notre tableau est le vrai *Calendula*, qui, étant réduit dans de justes limites, se distingue parfaitement de tout autre, et que nous caractérisons ainsi :

CALENDULA. (*Cal. arvensis, officinalis*, etc.) Calathide radiée : disque multiflore, régulariflore, entièrement masculiflore ; couronne unisériée, liguliflore, féminiflore. Péricline supérieur aux fleurs du disque, formé de squames subunisériées, à peu près égales, appliquées, linéaires-aiguës, foliacées. Clinanthe convexe, inappendiculé. *Fleurs du disque :* Faux-ovaire droit, grêle, cylindrique, glabre, lisse, inaigretté, inovulé, plein intérieurement. Corolle à tube long environ comme le tiers du limbe, à limbe à cinq divisions inappendiculées. Style simple, terminé par un cône bifide, hérissé de collecteurs. Nectaire cylindracé, charnu, blanc. *Fleurs de la couronne :* Ovaire subcylindracé, très-arqué en dedans, inaigretté, grandissant beaucoup après la fleuraison, et acquérant ordinairement divers appendices ou excroissances plus ou moins considérables. Corolle à languette oblongue, tridentée ; le tube et la base du limbe hérissés de longs poils articulés. Style à deux stigmatophores longs, pourvus de bourrelets stigmatiques, épais et papillés sur la partie supérieure des stigmatophores, oblitérés et glabres sur leur partie inférieure.

Nous avons observé un *Calendula* dont le clinanthe portoit quelques squamelles très-grandes, squamiformes.

Le second genre est notre *Blaxium*, qui ressemble au vrai *Calendula*, en ce que toutes les fleurs du disque sont mâles ;

mais il s'en distingue par les caractères qui lui sont communs avec les trois genres *Melcorina*, *Arnoldia*, *Castalis*.

BLAXIUM. Calathide radiée : disque multiflore, régulariflore, entièrement masculiflore; couronne unisériée, liguliflore, féminiflore. Péricline campanulé, supérieur aux fleurs du disque; formé de squames unisériées, à peu près égales, appliquées, oblongues-lancéolées-aiguës. Clinanthe conique, élevé, nu. *Fleurs du disque* : l'aux-ovaire long, étroit, linéaire, comprimé bilatéralement, inaigretté, muni d'une bordure sur chaque arête, plein en dedans, absolument privé d'ovule, et s'alongeant prodigieusement après la fleuraison. Corolle à tube extrêmement court, et à divisions privées d'appendice calleux. Style à stigmatophores nuls. Nectaire très-petit, blanc. *Fleurs de la couronne* : Ovaire presque droit, oblong, épaissi de bas en haut, subtriquètre, hérissé de poils, inaigretté. Style à deux stigmatophores longs, pourvus de bourrelets stigmatiques glabres.

Blaxium decumbens, H. Cass. (*Calendula fruticosa*, Linn.) Arbuste haut d'environ cinq pieds; tige ligneuse, très-rameuse; rameaux très-nombreux, comme sarmenteux, foibles, tortueux, arqués, tombans ou pendans lorsqu'ils ne sont pas soutenus; les jeunes rameaux cylindriques, pubescens, rougeâtres, garnis de feuilles; feuilles alternes, longues d'environ un pouce et demi, larges d'environ six lignes, presque semi-amplexicaules, comme spatulées, très-entières ou quelquefois un peu dentées, épaisses, charnues, pubescentes sur les deux faces, munies d'une forte nervure médiaire, à partie inférieure linéaire, pétioliforme, à partie supérieure obovale, arrondie au sommet, qui est surmonté d'une petite pointe; calathides larges d'environ un pouce et demi, solitaires au sommet des rameaux, dont la partie supérieure est pédonculiforme; péricline poilu; languettes de la couronne blanches en-dessus, rougeâtres en-dessous; corolles du disque rouges ou violettes; styles du disque noirâtres au sommet.

Nous avons fait cette description sur un individu vivant, cultivé au Jardin du Roi, dont les fruits ne nous ont jamais offert qu'un péricarpe contenant une graine imparfaite, vide, desséchée, membraneuse, quoique les ovaires et les stigmates de la couronne soient parfaitement conformés. Cette plante, loin d'avoir l'odeur désagréable ordinairement propre aux Calendulées, exhale, lorsqu'on froisse sa calathide, une odeur presque balsamique, assez analogue à celle de certaines inulées, telles que le *Molpadia*, ou de certaines hélianthées, telles que l'*Encelia*.

Le genre *Meteorina* diffère de notre *Blaxium*, 1.° en ce que les fleurs extérieures du disque sont fertiles, et que par conséquent elles sont vraiment hermaphrodites; 2.° en ce que le clinanthe est plan ou presque plan, au moins après la fleuraison; 3.° en ce que le faux-ovaire des fleurs mâles contient un rudiment d'ovule plus ou moins manifeste; 4.° en ce que la corolle des fleurs mâles a ses divisions munies d'un appendice calleux; 5.° en ce que le style des fleurs mâles a deux stigmatophores qui ne paroissent différer de ceux des fleurs hermaphrodites que parce qu'ils sont beaucoup plus courts.

Le *Meteorina*, l'*Arctotis*, et quelques autres genres de Synanthérées, à couronne féminiflore, et à disque androgyniflore extérieurement, masculiflore intérieurement, ne peuvent se rapporter exactement ni à la polygamie superflue, ni à la polygamie nécessaire du système sexuel de Linné, et ils sembleroient exiger la formation d'un ordre intermédiaire dans la classe de la Syngénésie.

Les deux genres *Gattenhoffia* et *Lestibodea* de Necker se confondent l'un et l'autre dans le *Meteorina*, car la seule différence qui les distingue est que le *Gattenhoffia* a de véritables tiges, tandis que le *Lestibodea* n'a que des hampes; d'où il suit que les *Calendula pluvialis* et *hybrida* de Linné appartiendroient au *Gattenhoffia*, et que le *Lestibodea*, fondé principalement sur le *Calendula tomentosa* de Linné fils, revendiqueroit aussi probablement les *Calendula nudicaulis* et *graminifolia* de Linné. En lisant les caractères attribués par Necker à ses deux genres, on pourroit croire qu'ils se distinguent en ce que, dans le *Lestibodea*, les corolles centrales ont leurs divisions étalées et en forme de capuchon, ce qui signifie sans doute que les divisions de ces corolles portent chacune, derrière le sommet, un appendice calleux, corniforme. Mais, puisque le *Gattenhoffia* comprend les espèces pourvues de vraies tiges, il revendique nécessairement les *Calendula pluvialis* et *hybrida;* or ces deux plantes ont les corolles centrales appendiculées : donc le *Gattenhoffia*, auquel Necker n'attribue point ce caractère, le possède réellement tout aussi bien que le *Lestibodea*, auquel il l'accorde exclusivement ; donc ces deux prétendus genres ne diffèrent l'un de l'autre que par les caractères de la tige.

Notre genre *Arnoldia* se distingue du *Meteorina*, 1.° en ce que toutes les fleurs du disque, extérieures et intérieures, sont vraiment hermaphrodites, parfaitement semblables les unes aux autres en toutes leurs parties, et absolument privées d'appendices calleux derrière le sommet des divisions de la corolle; 2.° en ce que les fleurs de la couronne offrent environ cinq fausses-étamines, à filet bien conformé, à anthère avortée.

ARNOLDIA. Calathide radiée : disque multiflore, régulariflore, entièrement androgyniflore ; couronne unisériée, liguliflore, féminiflore. Péricline un peu supérieur aux fleurs du disque, formé de squames subunisériées, à peu près égales, appliquées, linéaires-aiguës, foliacées. Clinanthe plan, inappendiculé. *Fleurs du disque :* Ovaire court, large, très-comprimé bilatéralement, obovale-cunéiforme, comme tronqué au sommet, inaigretté, lisse, pourvu sur chaque arête d'une nervure portant une bordure aliforme, membraneuse-charnue, élargie au sommet, qui se prolonge un peu en forme de corne. Corolle à tube très-court, à limbe très-long, subcylindracé, à divisions privées d'appendices calleux derrière le sommet. Style à deux stigmatophores libres, divergens et un peu arqués en dehors, très-courts, très-larges, arrondis au sommet, un peu spatulés, pourvus de deux énormes bourrelets stigmatiques, presque entièrement confluens en une seule masse, et séparés seulement en bas par un petit sillon. *Fleurs de la couronne :* Ovaire presque droit, glabre, triangulaire, inaigretté; muni sur chacune de ses trois arêtes d'un appendice subaliforme, épais, ridé transversalement, festonné ou lobé. Corolle tridentée au sommet, hérissée, sur la face antérieure du tube et les deux côtés de la base du limbe, de gros et longs poils articulés. Style à stigmatophores pourvus de deux bourrelets stigmatiques poncticulés, non confluens. Environ cinq fausses-étamines, à filet bien conformé, à anthère avortée.

Arnoldia aurea, H. Cass. (*An ? Calendula chrysanthemifolia*, Vent., Jard. de la Malm., pag. 56, tab. 56.) Arbuste haut de plus de deux pieds, rameux; rameaux cylindriques, un peu striés, glabriuscules, verts ou rougeâtres, garnis de feuilles; feuilles alternes, étalées, inégales et dissemblables, longues d'environ deux pouces, larges d'environ un pouce, épaisses, un peu charnues, d'un vert un peu glauque, souvent rougeâtres en-dessus, garnies sur les deux faces de poils courts et menus; à partie inférieure étroite, linéaire, pétioliforme, la supérieure large, obovale, inégalement et irrégulièrement dentée ou presque lobée, à dents acuminées; quelques feuilles presque lyrées; calathides larges d'environ un pouce et demi ou deux pouces, solitaires au sommet des rameaux, dont la partie supérieure est pédonculiforme; corolles du disque et de la couronne jaunes, ainsi que les organes sexuels; odeur de *Calendula*.

Nous avons fait cette description sur un individu vivant, cultivé au Jardin du Roi sous le nom de *Calendula chrysanthemifolia*; mais cette étiquette nous paroît au moins douteuse : car, si la plante du Jardin du Roi est la même que celle du Jardin de la Malmaison, il faut nécessairement admettre que la description de Ventenat contient des erreurs bien lourdes. En effet, ce botaniste affirme très-expressément que, dans sa plante, toutes les fleurs du disque, tant extérieures qu'intérieures, sont stériles, comme dans le genre *Osteospermum*; d'où il suit que le disque est entièrement masculiflore, comme dans notre *Blaxium*, au lieu d'être entièrement androgyniflore, comme dans notre *Arnoldia*. Ajoutons que Ventenat, qui avoit précédemment remarqué les fausses-étamines des fleurs de la couronne dans son *Calendula flaccida*, ne mentionne point ce caractère dans sa description du *Calendula chrysanthemifolia*. Enfin, cette dernière plante auroit, selon Ventenat, des calathides deux fois plus grandes que celles de l'*Aster chinensis*, ce qui ne peut pas convenir à notre *Arnoldia*.

Le genre *Castalis* se distingue de tous les autres genres connus jusqu'à présent dans la tribu des Calendulées, par les

fleurs de sa couronne, qui sont neutres, au lieu d'être femelles.

Castalis. Calathide radiée : disque multiflore, régulariflore, androgyniflore extérieurement, masculiflore intérieurement ; couronne unisériée, liguliflore, neutriflore. Péricline formé de squames unisériées, presque égales, lancéolées, pointues, membraneuses sur les bords. Clinanthe convexe, nu. *Fleurs extérieures du disque :* Fruit comprimé bilatéralement, large, obcordiforme, inaigretté, pourvu sur
chaque arête d'une large bordure aliforme, membraneuse,
épaissie sur le bord en forme d'ourlet. Corolle à tube extrêmement court, à limbe cylindracé, à cinq divisions privées
d'appendices. Style à deux stigmatophores courts, divergens.
Fleurs intérieures du disque : Faux-ovaire comprimé, long,
étroit, linéaire, pourvu d'une petite bordure sur ses deux
arêtes. Corolle semblable à celle des fleurs extérieures. Style
à stigmatophores nuls. *Fleurs de la couronne :* Faux-ovaire
presque droit, oblong, grêle, cylindracé, strié, pubescent,
absolument privé de style et de stigmates. Corolle à tube
court, hérissé de poils articulés, contenant trois ou quatre
fausses-étamines; à languette oblongue, tridentée au sommet.

Castalis Ventenati, H. Cass. (*Calendula flaccida*, Vent.,
Jard. de la Malm., pag. 20, tab. 20.) Nous ne décrivons
pas les caractères spécifiques de cette plante, que nous n'a-
vons point vue, et sur laquelle pourtant nous avons cru
pouvoir fonder un genre dont les caractères sont empruntés
à Ventenat. Mais nous remarquons que les botanistes qui
considèrent le *Calendula flaccida* comme une simple variété
du *Calendula tragus*, commettent probablement une grave
erreur: car Jacquin, dans sa description du *Calendula tragus*
(*Hort. Schœnbr.*, vol. 2, pag. 14), attribue expressément aux
fleurs de la couronne deux stigmatophores lancéolés, noirs-
pourpres, ce qui doit faire présumer que ces fleurs sont
vraiment femelles, et par conséquent fertiles : en sorte que,
selon nous, le *Calendula tragus* n'appartiendroit pas au même
genre que le *Calendula flaccida*, dont la couronne est composée de fleurs neutres et stériles.

Le *Castalis*, ayant la couronne neutriflore, et le disque
androgyniflore extérieurement, masculiflore intérieurement,

ressemble en cela à quelques genres d'Arctotidées-Gortériées, qui, comme lui, ne peuvent se rapporter exactement à la polygamie frustranée de Linné.

Notre genre *Gibbaria*, qui a le péricline imbriqué, spinescent, les ovaires gibbeux, et les faux-ovaires aigrettés, ne sauroit être confondu avec aucun autre. Cependant il aura besoin d'être étudié de nouveau sur des échantillons en meilleur état que celui qui a été observé et décrit par nous.

Notre *Garuleum* semble s'éloigner des Calendulées par la couleur bleue de sa couronne, et par la structure des styles du disque : il est pourtant inséparable de cette tribu, mais il mérite à tous égards d'y être considéré comme un genre distinct.

Le genre *Osteospermum*, réduit dans de justes limites, ne doit admettre désormais que les espèces à clinanthe nu, et à fruits subglobuleux, glabres, lisses, drupacés.

Le dernier genre est notre *Eriocline*, qui diffère du précédent par le clinanthe fimbrillifère ; et ce caractère suffit pour le distinguer de toutes les autres calendulées.

Notre tableau de cette tribu offriroit sans doute un plus grand nombre de genres, si nous avions pu observer la plupart des espèces rapportées par les botanistes au *Calendula* et à l'*Osteospermum*. Peut-être aussi nous y aurions trouvé quelques plantes étrangères aux Calendulées, telles que les *Calendula magellanica* et *pumila* de Willdenow, qui appartiennent à notre genre *Lagenophora* (tom. XXV, pag. 109), lequel fait partie de la tribu des Astérées. Enfin, la connoissance des genres qui restent à établir dans les Calendulées, nous auroit probablement éclairé sur la meilleure disposition possible de tous les genres de ce groupe, et sur leur distribution en sections naturelles suffisamment caractérisées ; car nous sentons mieux que personne les imperfections du tableau que nous avons présenté dans cet article.

Voyez nos tableaux des Inulées (tom. XXIII, pag. 560), des Lactucées (tom. XXV, pag. 59), des Adénostylées et des Eupatoriées (tom. XXVI, pag. 226), ceux des Ambrosiées et des Anthémidées insérés dans l'article MAROUTE, et celui des Arctotidées inséré dans l'article MÉLANCHRYSE. (H. CASS.)

MÉTÉORIQUES [Fleurs], (*Bot.*), soumises à l'influence atmosphérique, qui avance ou retarde l'heure à laquelle elles s'ouvrent et se referment. Les vents d'est, les grandes chaleurs, les pluies d'orage, agissent visiblement sur ces fleurs. Celles du *calendula pluvialis*, par exemple, s'épanouissent quand le ciel est serein. Celles du *sonchus sibiricus* se ferment pendant la nuit, quand un beau jour se prépare. (Mass.)

MÉTÉORITE (*Min.*); vulgairement Pierres de la lune, Pierres du ciel; Aérolithes ou Bolides de quelques minéralogistes.

Comme il n'est plus permis de douter de la chute des pierres atmosphériques, ni par conséquent de leur existence, on a dû leur accorder un nom et une place dans la méthode minéralogique. Plusieurs dénominations ont été proposées; mais nous adoptons celle de *météorite*, qui rappelle simplement le phénomène incontestable de la chute de ces pierres, sans rien préjuger ni sur leur origine, ni sur la route qu'elles ont dû suivre avant d'arriver jusqu'à nous.

Les météorites sont donc des masses pierreuses et métallifères, qui se précipitent des régions atmosphériques à la surface de la terre, avec un ensemble de phénomènes constant, sur lequel nous insisterons lorsque nous aurons donné la description des différentes variétés qui composent ce groupe tout-à-fait étranger aux minéraux terrestres.

Je divise les météorites en trois sections:

1.° Les *Météorites métalliques*, qui sont composés de fer presque pur, et qui tombent rarement;

2.° Les *Météorites pierreux*, qui ne renferment que des grains de fer disséminés dans une pâte pierreuse, qui sont les plus communs, et qui tombent actuellement sur tous les points de la terre;

5.° Les *Météorites charbonneux*, dont nous n'avons encore qu'un seul exemple.

Tous ces météorites, considérés minéralogiquement, appartiennent au genre Fer, puisqu'ils en contiennent tous à l'état natif, et ils figurent à côté du fer natif terrestre, dont nous avons aussi quelques exemples certains. (Voyez Fer natif.)

1.re SECTION.

Météorites métalliques (Meteoreisen, Karst.).

Les météorites métalliques sont presque entièrement composés de fer métallique, plus ductile que le fer fabriqué, plus blanc, et qui est constamment allié à une portion plus ou moins forte de nickel, jusqu'à 17,6 p. c. Ils jouissent, du reste, de toutes les autres propriétés du fer ordinaire ; mais la présence du nickel est si constante qu'elle suffit pour décider, aux yeux du minéralogiste, si telle ou telle masse de fer, trouvée isolée, est un météorite ou un produit de l'art.

Le météorite métallique le plus connu est celui qui fut décrit par le célèbre Pallas, et qui fut découvert par un Cosaque sur le sommet du mont Kemir, en Sibérie, entre l'Oubéi et le Sisim. Il pesoit alors plus de 1400 livres; mais il fut diminué par les curieux qui le visitèrent, et le reste fut placé dans le Muséum impérial de Pétersbourg. Quant à ceux de la Nouvelle-Biscaye, du cap de Bonne-Espérance, du Sénégal, du Brésil et du Mexique, ils sont tous aussi avérés et beaucoup plus volumineux. Celui du pays de Galam, au Sénégal, a été exploité par les naturels du pays, qui s'en sont fabriqué des couteaux grossiers, des dards de flèches, etc.

Le météorite de Sibérie, analysé par Klaproth, a donné

Fer 58,50
Nickel............... 0,75
Silice............... 20,50
Magnésie........... 19,25
____
99,00

Depuis lors, Stromeyer a trouvé du cobalt dans ce même météorite ; et cette découverte pourra donner l'éveil aux chimistes qui ont éprouvé une forte perte dans les analyses des autres météorites, qui contiennent peut-être aussi du cobalt, et qui offriroient ainsi la réunion des trois seuls métaux magnétiques connus, le fer, le nickel et le cobalt.

Assez ordinairement le fer de ces météorites est caverneux et comme spongieux : tel est surtout celui du mont Kemir, dont les cavités sont remplies par une substance vitreuse que l'on compare avec raison au péridot volcanique ; assez souvent aussi sa surface est couverte d'un vernis qui le garantit de la rouille. L'on remarque que ces météorites métalliques sont beaucoup plus rares que ceux de la division suivante, et qu'ils sont aussi beaucoup plus volumineux et par conséquent plus pesans. Il paroîtroit que les circonstances qui sont essentielles à leur formation, sont rares, et s'il étoit permis de hasarder une idée nouvelle, on pourroit les considérer comme des météorites pierreux qui auroient subi un degré de chaleur tel que le fer disséminé se seroit rassemblé, tandis que la partie pierreuse se seroit vitrifiée, à peu près comme cela arrive dans les usines à fer lors de la formation des loupes. La ductilité et la ténacité dont ces météorites sont doués, s'opposent à leur rupture, et c'est pour cette raison qu'ils tombent ordinairement en une seule masse, ainsi que le remarque M. Daubuisson. Une chose assez singulière aussi, c'est que ces météorites, tout incontestables qu'ils sont, appartiennent à des époques assez reculées pour que l'on n'ait conservé aucun souvenir de leur chute, si ce n'est cependant de celui d'Agram en Croatie, qui tomba en 1751, et dont la chute fut accompagnée de toutes les circonstances qui caractérisent ces phénomènes. Nous nous en occuperons bientôt en parlant de la chute des météorites en général. Il est certain que, si le volume de ce genre de météorite n'étoit pas toujours assez considérable, la plupart de ceux que l'on a consignés nous seroient encore inconnus ou seroient perdus pour toujours, comme l'ont été tous les météorites pierreux, dont le plus volumineux pesoit moins de trois quintaux, tandis que la masse de fer de la Nouvelle-Biscaye, observée par M. de Humboldt, est estimée à quatre cents quintaux.

2.e SECTION.

Météorites pierreux.

Les météorites pierreux sont ceux qui tombent de nos jours ; ce sont eux qui ont formé ces pluies de pierres dont les auteurs les plus anciens ont fait mention ; et comme ils ont tous le même aspect, la même physionomie, quel que

soit le lieu de leur chute, nous leur appliquerons, avec M.
Daubuisson, ce signalement général :

« Formes entièrement indéterminées et irrégulières, sur-
« face offrant de toutes parts des arêtes ou angles, arron-
« dis ou émoussés, à peu près comme ceux d'un corps qui
« auroit éprouvé un commencement de fusion, et couverts
« en entier d'une croûte noire très-mince, le plus souvent
« semblable à un simple enduit superficiel, mais qui a quel-
« quefois plus d'une ligne d'épaisseur : elle est fréquemment
« vitrifiée en partie. Intérieur d'un gris cendré plus ou
« moins foncé, se couvrant de taches de rouille par suite
« de son exposition à l'air. Cassure matte, terreuse, à grain
« grossier, analogue à celle de certains grès; elle présente
« souvent des pièces séparées grenues, qui lui donnent l'as-
« pect de certaines brèches : elle est rude au toucher.

« Les météorites pierreux sont faciles à briser; quelque-
« fois même ils sont friables : ils raient le verre, et la croûte
« étincelle sous le choc de l'acier. Leur pesanteur spécifique
« varie entre 3,3 et 4,3, suivant que le fer abonde plus ou
« moins. »

Des fragmens gris à l'intérieur, exposés au feu du chalumeau, y noircissent, s'y frittent et se couvrent d'un vernis
tout-à-fait pareil à celui de la croûte noire dont nous avons
parlé.

Le fer nickélifère que tous les météorites pierreux contiennent, s'y trouve mélangé et disséminé sous la forme de
grains plus ou moins fins; quelquefois imperceptibles à l'œil
nu, ils ne deviennent sensibles que lorsqu'on vient à limer
et à dresser la surface que l'on veut étudier à la loupe. Quelquefois cependant on l'y rencontre en paillettes, en filets
ou en petits lingots qui se croisent en formant des figures
anguleuses, ainsi que M. Gillet-Laumont l'a décrit et figuré
dans le Journal des mines [1]. Enfin on remarque aussi dans
la cassure de ces météorites des points pyriteux bien caractérisés.

Les deux seules exceptions ou variétés de cette section des

---

[1] Voyez aussi le rapport de M. de Thury sur les aciers damassés,
avec figures.

météorites sont fournies par celui tombé à Ensisheim, dont la texture est schisteuse, et par celui de Chassigny, près Langres, dont le tissu est sensiblement lamelleux ; tous les autres ont la cassure du grès grossier.

Je citerai, pour exemple de la composition des météorites pierreux, l'analyse, faite par M. Vauquelin, de celui qui tomba à Laigle, département de l'Orne, en 1803. Il contient, d'après ce savant chimiste :

$$
\begin{array}{lr}
\text{Fer} & 56 \\
\text{Nickel} & 3 \\
\text{Silice} & 53 \\
\text{Magnésie} & 9 \\
\text{Chaux} & 1 \\
\text{Soufre} & 2 \\
\hline
& 104
\end{array}
$$

M. Léman a rassemblé le résultat de vingt-huit analyses faites sur vingt-un météorites différens par nos chimistes les plus distingués, et il résulte de ce tableau comparatif :

1.° Que tous les météorites pierreux contiennent de la silice dans des proportions qui varient entre 21 et 56 p. c.;

2.° Qu'ils contiennent de 20 à 47 de fer métallique ;

3.° Que le nickel y manque quelquefois, mais qu'on l'y trouve aussi jusque dans la proportion de 6 p. c. ;

4.° Que la magnésie, qui n'a manqué que deux fois dans ces vingt-huit analyses, entre jusqu'à 25 à 30 p. c. dans leur composition ;

5.° Que le soufre, qui est assez constant, s'y est rencontré jusqu'à 9 p. c. ;

6.° Enfin, que l'on peut regarder comme principes additionnels ou accidentels :

L'*alumine*, dont on a cependant trouvé jusqu'à 17 p. c., mais qui a manqué vingt fois ;

La *chaux*, qui s'y est trouvée jusqu'à 12 p. c., mais qui a manqué dix-huit fois ;

Le *carbone*, le *manganèse*, le *chrôme* et le *cobalt*, qui ne se sont jamais trouvés qu'à très-petites doses et dans quelques météorites seulement. C'est M. Laugier qui y a reconnu les deux derniers métaux, en donnant des moyens de les y découvrir, lors même qu'ils sont en quantité infiniment petite.

Malgré la différence dans les proportions des principes constitutifs essentiels et la légère anomalie des principes additionnels, on conviendra sans doute qu'un accord si parfait dans la composition de minéraux si extraordinaires, d'une origine encore si problématique, qui sont tombés sur tous les points de la terre, est un fait presque aussi remarquable que la chute elle-même de ces corps étrangers.

3.ᵉ SECTION.

Météorites charbonneux.

Nous n'avons encore qu'un seul exemple de cette variété; mais il suffit pour qu'il trouve ici une place distincte, puisqu'il est tombé de nos jours, que sa chute a été décrite et que son analyse a démontré la présence des principes essentiels des autres météorites; ses caractères extérieurs et une légère dose de carbone lui valent seuls la place séparée qu'il occupe.

Ce météorite particulier, tombé à Saint-Étienne de Holm, près d'Alais, département du Gard, le 5 Mars 1806, à cinq heures et demie du soir, se divisa en deux masses seulement, qui toutes deux étoient d'un noir terne dans toute leur épaisseur, friables, feuilletées et terreuses, tachant les doigts comme le charbon, et pesant spécifiquement moitié moins que les météorites pierreux, c'est-à-dire, environ 1.94. J'ajoute que ce météorite étoit susceptible de s'affleurir naturellement et de se couvrir d'aiguilles contournées de sulfate de fer. Analysé par M. Thénard, il a été trouvé composé de

Silice	21,00
Magnésie	9,00
Fer oxidé...........	40,00
Nickel	2,50
Manganése..........	2,00
Chrôme	1,00
Soufre.............	5,50
Carbone...........	2,50
	81,50

M. Vauquelin, qui a analysé le même météorite, ayant trouvé 3o de silice et 11 de magnésie, n'a pas eu autant de perte ; mais cependant elle est encore assez forte pour que l'on soit en droit de présumer que quelques principes particuliers ont échappé à la sagacité des savans auteurs de cette double analyse.

Telles sont donc les trois seules sections que nous pouvons établir aujourd'hui parmi les météorites proprement dits, l'état de la science ne permettant pas encore de classer à leur suite les substances molles ou pulvérulentes qui tombent aussi des régions atmosphériques, mais dont les principes constituans ne nous sont pas connus. (Voyez Globes de feu.)

Nous n'insisterons point sur la réalité des phénomènes de la chute des météorites : assez d'autres avant nous l'ont démontrée jusqu'à l'évidence, soit en s'appuyant sur les faits rapportés par les auteurs les plus respectables de l'antiquité et du moyen âge, soit en rapprochant les circonstances qui accompagnent toujours l'arrivée de ces corps aériens ; soit, enfin, en comparant le récit des témoins qui ont vu les météorites traverser les airs, qui les ont entendus siffler sur leurs têtes, détoner avec fracas, et qui, accourus sur la place où ils les avoient vus tomber, les ont trouvés brûlans encore et enfoncés dans la terre qui avoit cédé sous leur poids. Quand ces mêmes relations, ces mêmes circonstances et les mêmes pierres nous sont rapportées des régions les plus éloignées ; quand le récit du laboureur et celui du savant sont en parfaite harmonie ; quand la pierre de l'Inde et celle de Normandie ne peuvent se distinguer l'une de l'autre, quand l'analyse chimique y démontre les mêmes principes constitutifs ; quand, enfin, aucune roche terrestre ne peut être rapprochée de ces pierres aériennes, le doute n'est plus admissible, même pour les personnes les plus réservées et les plus éloignées du prestige et des attraits de la nouveauté. Ce n'est donc point avec la prétention d'ajouter le plus léger poids à la masse imposante des preuves de tout genre qui se sont accumulées depuis vingt ans en faveur de la chute des pierres atmosphériques, mais seulement pour compléter ce que nous avons à dire sur ce phénomène, que nous allons récapituler ici la série des faits généraux qui l'accompagnent. Nous nous servirons du récit de deux savans également distingués, MM. Biot et Daubuisson, qui furent chargés, l'un de constater la chute des météorites de Laigle, en Normandie, et l'autre, celle qui arriva quelques années plus tard aux environs de Toulouse. Nous citerons ensuite les chutes qui eurent quelque influence sur la conversion des savans qui avoient refusé pendant si long-temps d'en admettre la réalité, et nous terminerons en exposant brièvement les différentes théories qui ont été proposées pour expliquer le fait dès l'instant qu'il fut constaté.

Les météorites arrivent dans notre atmosphère sous forme d'une masse, ou bolide, d'un volume généralement peu considérable. Ce corps s'enflamme brusquement : il paroit alors comme un globe lumineux qui se meut avec une extrême rapidité, et dont la grandeur apparente est souvent comparée à celle de la lune ; tantôt elle est plus petite, tantôt elle va jusqu'à deux et trois pieds. Dans son mouvement il lance souvent comme des étincelles, et laisse derrière lui une queue ou traînée brillante, qui paroit être de la flamme retenue en arrière par la résistance de l'air. La très-vive clarté qu'il répand, se soutient pendant quelques instans et même pendant une ou deux minutes ; en disparoissant elle laisse habituellement un petit nuage blanchâtre, qui ressemble à de la fumée et qui se dissipe au bout de quelque temps. Après l'extinction de la lumière, on entend une ou plusieurs fortes détonations pareilles à celles d'un canon de fort calibre ; elles sont suivies d'un roulement très-fort, semblable à celui de plusieurs tambours ou de plusieurs voitures roulant sur le pavé, bruit que les gens du Midi expriment par le mot *bronsina*, et qui se prolonge pendant quelques minutes, en suivant la direction qu'avoit le bolide. Là où il passe, et immédiatement après son passage, on entend dans l'air des sifflemens, et un bruit occasioné par la chute de pierres qui tombent avec rapidité et qui frappent avec force la terre, dans laquelle elles s'enfoncent plus ou moins, cassant les branches d'arbres qu'elles rencontrent, blessant les animaux dispersés et effrayés par le bruit, etc.

Ces pierres, dont le nombre et la grosseur varient, sont chaudes, comme brûlées, et répandent une odeur de soufre ou de poudre à canon au moment de leur chute.[1] Rarement le terrain qu'elles couvrent de leurs débris, est fort étendu; cependant les météorites de Laigle se trouvèrent dispersés sur un espace ellipsoïde qui avoit deux lieues et demie de long sur une de large : leur nombre fut estimé à trois ou quatre mille. Mais on conçoit combien il est difficile d'approcher de la vérité dans une pareille évaluation; car il est certain que les plus petits éclats furent perdus, et il est possible que quelques-uns des plus gros se soient enterrés dans les champs nouvellement labourés. M. Biot, qui ne visita Laigle que deux mois après la chute, trouva lui-même une de ces pierres encore enfoncée dans la terre. Du reste, le phénomène a lieu sous toutes les latitudes, comme nous l'avons déjà dit, même en pleine mer, dans toutes les saisons, et il paroît être tout-à-fait indépendant de l'état météorologique de l'atmosphère; on remarque seulement qu'il se présente rarement pendant la nuit.

Parmi les chutes de météorites qui ont influé sur l'opinion des savans, et qui ont contribué à constater l'identité existant entre les chutes actuelles et celles qui sont rapportées par les auteurs de tous les âges, nous citerons les suivantes.

1.º A *Ensisheim*, en Alsace (département du Haut-Rhin). Le 7 Novembre 1492, entre onze heures et midi, il tomba un météorite du poids de 260 livres. L'empereur Maximilien I.ᵉʳ, qui étoit précisément à Ensisheim, fit apporter cette pierre au château et la fit suspendre ensuite dans le chœur de l'église du bourg, où elle étoit encore enchaînée lors de la révolution; à cette époque on la transporta dans la bibliothèque de Colmar. Un grand nombre de fragmens en furent détachés, et entre autres celui qui fait partie de la collection du Muséum d'histoire naturelle de Paris, qui pèse vingt livres. Ce météorite, qui date de trois siècles, établit d'une manière positive l'analogie la plus complète entre les météorites des temps anciens et ceux qui tombent de nos jours.

2.º A *Straschina près d'Agram*, en Croatie. Le 26 Mai 1751,

---

[1] Daubuisson, Traité de géognosie

à six heures du soir, il tomba deux masses de fer métallique (météorites métalliques), pesant l'une 71 livres et l'autre
16. La chute fut précédée de l'apparition d'un globe de feu,
dont la direction étoit vers l'est; il fut aperçu par un grand
nombre de témoins, qui entendirent un bruit comparable à
celui que produiroient plusieurs chariots roulant ensemble
sur le pavé. Le globe détona ensuite avec un grand bruit,
en répandant une fumée noire : puis il se divisa en deux
morceaux, dont le plus gros tomba dans un champ, où
il s'enterra à trois brasses de profondeur; l'autre alla tomber
dans une prairie, à quelque distance du premier.

Le fer qui compose ce météorite presque en entier, est
malléable et compacte comme du fer forgé; mais il est cellulaire à sa surface, comme celui de Sibérie. J'insiste sur
cette chute, parce que c'est la seule dont on ait conservé
le souvenir et même des échantillons, et qui se rapporte à
un météorite métallique : il suffit au moins pour confirmer
l'opinion généralement reçue sur l'origine des grosses masses
de fer isolées dont nous avons parlé plus haut.

5.° A *Lucé* (département de la Sarthe), le 13 Septembre
1768, il tomba une pierre du poids de sept livres vers quatre
heures et demie du soir. Cette même pierre, présentée à
l'Académie des sciences, avec la relation des circonstances
qui avoient accompagné sa chute, fut analysée par Lavoisier,
qui, de concert avec Fongeroux et Cadet, affirma à l'Académie, dans le rapport que ces trois savans avoient été chargés
de lui faire à ce sujet, que cette pierre n'étoit point tombée
du ciel et que ce n'étoit qu'un grès pyriteux frappé par la
foudre. Il existe dans les collections des fragmens de cette
même pierre de Lucé, qui sont parfaitement semblables aux
météorites les mieux constatés. Je ne cite cette chute que
pour faire sentir combien les savans les plus distingués étoient
alors éloignés de se rendre aux récits des témoins oculaires,
et à plus forte raison aux passages nombreux des historiens
qui font mention de chutes de pierres.

4.° A *Eichstædt*, le 9 Février 1785, il tomba plusieurs
pierres. Un ouvrier, travaillant près d'un four à tuiles, en
vit tomber une à la suite de la détonation ordinaire. Elle
s'enfonça et se refroidit dans la neige dont la terre étoit couverte : circonstance particulière.

5.º A *Juillac* et à *Barbotan* en Gascogne, le 24 Juillet 1790, entre neuf et dix heures du soir, il tomba une grande quantité de pierres, que l'on ramassa le lendemain de dix pas en dix pas, plus ou moins, sur une assez grande surface de terrain.

Le globe de feu qui précéda la chute de ces nombreux météorites, traversa les airs en suivant à peu près la direction du méridien magnétique; il étoit plus gros et plus lumineux que la lune qui brilloit au ciel en même temps, et il fut aperçu au même instant à Bordeaux, à Toulouse, à Agen, à Mont-de-Marsan, à Bayonne et dans beaucoup d'autres lieux intermédiaires. Deux de ces météorites, pesant chacun vingt livres, furent retirés de la terre et remis à Condorcet. Cette chute remarquable commença à ébranler l'incrédulité des savans françois.

6.º A *Sienne*, en Toscane, le 16 Juin 1794, entre sept et huit heures du soir, au moment où les habitans prenoient le plaisir de la promenade, parmi lesquels se trouvoient Soldani, naturaliste, et le comte de Bristol. Cette chute fit naitre les premiers écrits sur les météorites, et de suite quelques hypothèses explicatives : premier pas vers la conviction.

7.º A *Woold-Cottage*, dans le Yorkshire, le 13 Décembre 1795, il tomba une pierre du poids de 48 livres.

La chute de ce météorite fut constatée de la manière la plus authentique : elle existe encore dans le cabinet de M. Sowerby, à Londres, et la conviction des Anglois date de cette époque.

8.º A *Salles*, près Villefranche, département du Rhône, le 12 Mars 1798, entre sept et huit heures du soir, il tomba une pierre du poids de vingt à vingt-cinq livres. Ce météorite passa, en sifflant fortement, au-dessus de la tête de plusieurs personnes et alla se précipiter à cinquante pas de trois témoins. Le lendemain on trouva la pierre dans un trou d'un pied et demi de profondeur qu'elle avoit fait en tombant : elle étoit noire, ovoide et fendue dans plusieurs sens. M. De Drée constata cette chute et en donna la relation : premier météorite dont la chute est constatée par un minéralogiste.

9.º A *Krak-Hut*, à quatorze milles de Benarès, au Bengale,

le 19 Décembre 1798, vers huit heures du soir, il tomba des météorites dans une étendue de deux milles.

Plusieurs météorites de Benarès furent envoyés à Londres, où MM. de Bournon et Howard les examinèrent comparativement avec ceux qu'ils possédoient déjà et qui provenoient d'autres chutes. Leur analogie d'aspect et de composition fortifia infiniment la conviction qui avoit suivi la chute de Woold-Cottage, et le savant Vauquelin, ayant aussi analysé un météorite de Benarès et s'étant parfaitement rencontré avec le chimiste anglois, déclara en plein Institut que son opinion étoit fixée à cet égard, que ces pierres étoient bien tombées du ciel, et que celles de l'Inde, de France et d'Angleterre, étoient d'une identité parfaite. Trente ans s'étoient écoulés depuis que l'illustre et malheureux Lavoisier avoit affirmé le contraire en pareille circonstance. Quelques savans doutoient encore.

10.° A *Laigle*, enfin, en Normandie, à trente lieues de Paris, le 26 Avril 1803, vers une heure après midi, il tomba une pluie effrayante de pierres. Oh, pour le coup, tout le monde prit intérêt aux météorites. Les gens du monde s'en occupèrent sérieusement ; le peuple voulut en parler aussi ; l'on chanta les pierres de la lune : les mauvais plaisans s'en mêlèrent ; les bons Normands ne furent pas épargnés. On montra ces pierres pour de l'argent dans les jardins publics, et, la chose en étant là, il fallut bien aussi que les savans fissent raison à la multitude. M. Chaptal, alors ministre de l'intérieur, proposa à l'Institut, à ses collègues, d'envoyer un commissaire sur les lieux, afin d'y constater la vérité des faits. M. Biot accepta cette mission, et il fit à son retour un rapport tellement circonstancié, tellement fort de vérité et de conviction, qu'il entraîna tous les savans, qu'il mit tous les physiciens et tous les naturalistes de son bord, et que depuis cette époque mémorable dans les annales des sciences il ne s'est plus élevé aucun doute imposant à ce sujet. Je m'arrête ici.

Des catalogues et des ouvrages *ad hoc* ont été publiés par des hommes du premier mérite, à la tête desquels nous nous plaisons à placer M. Chladni, savant physicien allemand, à qui l'on doit le premier ouvrage spécialement consacré aux météorites (en 1794) ; depuis lui, MM. Izarn et Bigot de Morogue ont traité ce même sujet dans des mémoires du plus haut intérêt, et c'est à ces divers écrits que je renvoie pour la liste chronologique des chutes de pierres rapportées depuis 1478 ans avant notre ère jusqu'à nos jours, et qui s'élève maintenant à près de deux cents exemples avérés. [1]

Si l'on est maintenant parfaitement d'accord sur la réalité de la chute des météorites, il n'en est pas de même à l'égard du lieu d'où ils sont partis, ou de la manière dont ils se sont formés. Nous ne sommes plus au temps de ces brillans systèmes qui séduisoient l'esprit léger de la multitude, mais qui ne pouvoient soutenir l'examen scrutateur et sévère de la saine physique : aussi les différentes hypothèses qui ont été proposées pour expliquer ce phénomène, sont-elles appuyées sur des calculs ou des données qui permettent de les faire entrer dans la classe des *possibles;* ce qui est au reste tout ce que l'on a droit d'exiger des efforts de l'esprit humain, lorsqu'il s'agit d'expliquer des faits de cette nature.

---

1 Parmi les plus récens nous citerons les suivans :

1.° A Juvinas, canton d'Antraigues, arrondissement de Privas, département de l'Ardèche, le 15 Juin 1821, vers trois heures de relevée, il est tombé un aérolithe sur la montagne d'Oulète, hameau du *Cros-du-Libonnez.* Le 23 du même mois on déterra, à 13 décimètres de profondeur, une pierre du poids de 92 kil., garnie d'un vernis noir et bitumineux, ayant dans certaines parties une odeur de soufre. On fut obligé de la couper pour la sortir ; il en reste encore un bloc de 45 kilog. Trois jours après cette première fouille, c'est-à-dire le 26, on retrouva une autre pierre météorique, à une petite distance de la première, et du poids d'un kilogramme seulement. Extrait du procès-verbal qui fut dressé sur le lieu même, imprimé et adressé au préfet de l'Ardèche.)

2.° A Angers il tomba, le 3 Juin 1822, un aérolithe dont il existe un échantillon dans la collection du Muséum d'hsitoire naturelle de Paris. Il brûla les doigts des personnes qui le touchèrent immédiatement après sa chute.

3.° A l'entrée de la forêt de *Taunière,* à trois quarts de lieues de *Baffe* et deux lieues d'Épinal, département des Vosges, il tomba un aérolithe le 13 Septembre 1822. C'est dans cette pierre atmosphérique que des gens absolument étrangers à la minéralogie et à tout ce qui y a trait, ont prétendu avoir trouvé un anneau travaillé de main d'homme. On sait aujourd'hui de quel poids sont les objections de ce genre.

Les théories proposées pour l'explication de la chute et de l'origine des météorites se réduisent à un très-petit nombre.

1.° L'on suppose que ces corps pierreux et métalliques se seroient formés dans les régions élevées, par suite de la condensation subite de leurs élémens, qui auroient été réduits avant tout à l'état gazeux.

2.° Que ce sont les débris d'une planète qui se seroit éclatée, et dont les portions auroient continué à se mouvoir dans l'espace jusqu'au moment où elles seroient entrées dans la sphère d'attraction de la terre ; ou que ce sont de petits corps planétaires invisibles, qui circulent dans l'espace jusqu'à ce qu'ils atteignent cette même sphère, sous la condition que la ligne qu'ils décrivent puisse rencontrer notre globe.

3.° Que ces mêmes météorites sont lancés par les volcans que l'on suppose exister dans la lune.

Nous ne parlons pas de l'opinion qui supposeroit que ces pierres sont chassées par nos propres volcans terrestres : elle n'a pu être émise que par des personnes absolument étrangères à la minéralogie et à l'effet des éruptions volcaniques.

1.° On objecte à la première opinion, qu'il ne paroît pas probable, dans l'état actuel de nos connoissances, que le fer, le nickel, la silice et la magnésie, qui sont les principes fondamentaux de tous les météorites, se soient réduits à l'état gazeux ; et que, si l'on en admettoit la possibilité, on ne conçoit pas surtout comment ces principes se trouveroient toujours à peu près dans les mêmes proportions relatives, et comment ils pourroient donner naissance spontanément à des masses du poids de plusieurs quintaux, composées d'élémens distincts et séparés, analogues à nos grès pour la contexture.

2.° La seconde hypothèse, qui est celle de MM. Lagrange et Chladni, compte un grand nombre de sectateurs ; et si l'on en écarte la difficulté qui résulte de la parité des météorites pierreux tombés depuis trois cents ans, pour ne parler que de ceux dont nous avons des échantillons, il reste peu d'objections à lui adresser, même aux yeux des astronomes et des physiciens.

3.° Si l'on admet l'existence de volcans lunaires, et que l'on suppose que, différens des nôtres, leurs produits soient toujours les mêmes et qu'ils soient doués d'une force plus grande que celle de nos volcans terrestres, il ne reste plus de difficultés à vaincre, et cette opinion paraîtra l'une des plus admissibles ; car, quoique MM. Biot et Poisson aient calculé que, pour qu'un corps sorti de la lune pût arriver au point où il seroit attiré par la terre, il faudroit supposer qu'il eût été lancé par une force cinq fois plus considérable que celle qui chasse un boulet de canon, cet excès n'a rien d'incompréhensible, et ce qu'il y a d'étonnant, c'est que nous ayons pu nous-mêmes atteindre au cinquième de cette force. Cette hypothèse, qui est celle de M. de Laplace, suppose, il est vrai, une chose qui n'est pas prouvée, l'existence de volcans lunaires ; mais aussi elle explique parfaitement la direction oblique que suivent tous les météorites dont on a observé la chute, direction qui exige nécessairement une force projectile quelconque.

A l'égard des circonstances qui accompagnent si constamment l'apparition des météorites, on s'accorde assez généralement, dans toutes les hypothèses, à les considérer comme l'effet du *frottement* qui les échauffe à un degré excessif, et du changement de température qui les fait éclater avant qu'ils arrivent au terme de leur rapide et long voyage. On aura une idée de la vélocité de leur course, quand on saura qu'en supposant que les météorites soient lancés de la lune avec la force indiquée ci-dessus, il ne leur faudroit que deux jours et demi pour franchir les quatre-vingt-cinq mille lieues qui nous séparent de cet astre.

Nous nous résumerons donc en disant : qu'il est certain que les météorites tombent de l'atmosphère, et n'ont rien de commun avec aucun minéral terrestre ; que, quant à leur origine, l'état de la science permet d'admettre des suppositions fondées, mais seulement des suppositions. (Brard.)

MÉTÉOROLOGIE. (*Phys.*) C'est la science des *météores.* Les instrumens qu'elle emploie sont le Baromètre, le Thermomètre, l'Hygromètre et l'Udomètre. (Voyez ces mots.)

Par leur moyen on détermine la pesanteur de l'air, sa température, son humidité ou sa sécheresse, c'est-à-dire, les variations de la quantité de vapeur d'eau qui s'y trouve contenue, et la quantité d'eau qui tombe. A cela on joint l'indication des vents à chaque instant, laquelle peut s'obtenir par des *anémomètres*, espèce de girouettes construites pour montrer les directions qu'ils ont prises successivement. En répétant ces observations, on en tire des résultats moyens, soit pour une année, pour un mois, pour un jour ; on les lie avec les circonstances de la végétation, sur laquelle les météores et les variations de la température exercent la plus grande influence, et l'on apprend par là ce qu'on doit attendre d'une suite d'années, mais non pas d'une année en particulier. (L. C.)

MÉTEORUS. (*Bot.*) Il paroît que ce genre de Loureiro, consigné dans sa Flore de la Cochinchine, est une espèce de *stravadium*, dans la famille des myrtées, quoique l'auteur lui attribue une corolle monopétale et un fruit à huit pans au lieu de quatre. (J.)

MÉTHODE. (*Hist. nat.*) Ce qu'on appelle méthode en histoire naturelle, ne diffère point de la partie de la logique qui porte ce nom, ou plutôt c'est cette partie elle-même appliquée aux objets particuliers qui constituent les diverses branches de l'histoire naturelle. Elle consiste à distinguer exactement chacun de ces objets, et à les rapprocher ensuite suivant leurs plus grandes analogies, c'est-à-dire, à réunir les individus en espèces et les espèces en genres plus ou moins éloignés, afin que nous puissions, conformément au but de toute méthode, conserver le souvenir des vérités que nous avons acquises, communiquer aux autres celles que nous possédons déjà, et découvrir celles que nous ignorons encore.

L'application de la méthode aux êtres naturels est appelée par les naturalistes Classification, et ils ont désigné chaque sorte de genres par des noms différens, à mesure que ces genres s'éloignent davantage des espèces; c'est dans ce sens qu'ils emploient les dénominations d'ordre, de classe, de tribu, de famille, etc.

Ces divisions génériques sont fondées sur les qualités des êtres, et ces qualités ont plus ou moins d'importance, suivant la part qu'elles prennent à l'existence des individus: ce sont celles qui sont les plus influentes qui caractérisent les divisions les plus générales, parce qu'elles sont naturellement le partage de tous les êtres qui ont le même mode fondamental d'existence. A mesure qu'on descend à des qualités d'un ordre inférieur, les divisions se rapprochent des espèces ou des individus, qui ne se distinguent en effet les uns des autres que par les qualités les plus superficielles, c'est-à-dire, celles qui ne sont plus indispensables qu'à ce qu'ils ont d'individuel. C'est ainsi que le phénomène de la vie embrasse dans sa généralité les plantes et les êtres animés ; que celui de la sensibilité, qui n'est qu'une condition particulière de la vie, sépare les végétaux des animaux ; que la présence d'un squelette, condition de l'existence vitale moins importante que la sensibilité, puisqu'elle n'est pas aussi générale, partage les animaux en vertébrés et en invertébrés, etc. ; et l'on appelle cette espèce de hiérarchie, subordination des caractères.

Cependant les êtres qui font l'objet des études du naturaliste ne sont presque jamais des êtres simples : la grande majorité se compose d'êtres complexes, dont on ne peut reconnoître les qualités qu'en en faisant l'analyse, c'est-à-dire, qu'en les décomposant, qu'en les dénaturant ; et, pour un grand nombre d'entre eux, ce sont les qualités les plus importantes qui sont les plus cachées. Il résulteroit de là que, pour classer un de ces êtres, ou reconnoître sa nature jusqu'à un certain point, ce qui est absolument la même chose, il faudroit de toute nécessité le détruire, et dans beaucoup de cas ce seroit aller précisément contre le but qu'on se propose. Heureusement que l'observation a conduit à reconnoître l'intérieur de la plupart d'entre eux par leur extérieur, à se faire de leurs parties les plus apparentes des signes certains de celles qui sont le plus cachées. Ces résultats, dans certaines limites, sont même très-vulgaires : celui qui rencontreroit un animal à quatre pieds, couvert de poils, le rapporteroit aux mammifères ; si cet animal avoit des cornes et les pieds fourchus, il le regarderoit comme un ruminant ; et si, avec ces cornes étendues sur les côtés de la tête, il trouvoit un corps lourd et épais, il le réuniroit aux bœufs : et ses inductions ne l'auroient point trompé. Les naturalistes ont dû porter ces sortes d'observations beaucoup plus loin ; aussi sont-ils déjà parvenus, dans beaucoup de cas, à déterminer la nature d'un être par ses

seules qualités ou caractères extérieurs. Les formes d'un minéral, toutes différentes qu'elles peuvent être de celles de
sa molécule intégrante, donnent les moyens de conclure les
formes de celle-ci, et quelquefois même les substances élémentaires dont elle se compose : à la structure des feuilles on
reconnoît, dans beaucoup de cas, si elles appartiennent à
une plante dont l'accroissement a lieu par l'intérieur ou par
l'extérieur ; et il suffit de la figure des dents d'un animal,
pour qu'on puisse déduire jusqu'à un certain point une
grande partie de son organisation.

Ce genre de recherches, fondé sur les rapports qui unissent
les diverses parties d'un même être, n'a jamais fait le sujet
d'une exposition complète ; et c'est sans doute par cette raison qu'il a donné lieu à tant d'erreurs, et que, n'en comprenant point le principe, les uns en ont fait un usage si abusif
en formant des classifications purement artificielles, et les
autres l'ont si injustement repoussé, soit en condamnant toute
espèce de classification, soit en critiquant les travaux qui
avoient pour objet le perfectionnement de ces rapports, sans
lesquels cependant aucune histoire naturelle ne seroit possible.

D'après ce que nous avons dit de la subordination des
caractères, quoique les genres se composent d'espèces, les
ordres de genres, les classes d'ordres, etc., il pourroit arriver qu'une seule espèce formât un genre, un ordre, ou une
classe ; il suffiroit pour cela qu'elle eût à elle seule les caractères de l'une et de l'autre de ces divisions. Ce cas a fréquemment lieu pour les genres, mais beaucoup moins pour
les généralités d'un ordre supérieur, par la raison que celles-ci,
étant fondées sur des qualités qui prennent une part très-
étendue à l'existence des êtres, sont ordinairement accompagnées de qualités secondaires, subordonnées aux premières,
lesquelles varient d'autant plus qu'elles se rapprochent de
celles qui caractérisent les espèces.

Enfin, il est important de faire remarquer que, lorsque les
objets des sciences diffèrent, l'application de la méthode
donne des résultats qui diffèrent aussi. Ainsi, que dans
deux sciences les généralités d'un même ordre portent des
noms semblables, ce n'est pas une raison pour que les
objets ou les idées que ces généralités comprennent, aient

entre eux des rapports de même nature. La botanique n'emploie pas, pour caractériser ses genres, les mêmes systèmes d'organes que la zoologie, et ce qu'on appelle variété dans cette dernière science, est une tout autre chose que ce qui reçoit cette dénomination en minéralogie.

Il y a plus : les mêmes noms n'ont pas toujours été appliqués au même ordre de généralités ; et si le nom de famille, par exemple, appartient dans une science à des généralités très-élevées, très-abstraites, il est souvent donné, dans d'autres, aux genres les plus prochains. Le sens de ces dénominations générales n'a donc rien d'absolu, et est toujours relatif à celui qu'on ajoute aux objets qu'elles désignent.

Une méthode ou plutôt une classification parfaite ne peut être que le résultat d'une connoissance entière et absolue des êtres qu'elle embrasse et de leurs rapports ; et c'est dans ce sens qu'on a dit que la science étoit tout entière dans la méthode. Nos classifications tendront donc sans cesse à se perfectionner, sans jamais atteindre ce but : la perfection n'est point de nature humaine. Mais, conclure de leurs défauts ou de leurs difficultés, comme quelques-uns l'ont fait, qu'elles ne sont point dans la nature et qu'elles méritent peu les efforts qu'on a tentés pour les améliorer, c'est ne pas en comprendre le sens ; c'est renouveler à leur sujet les vaines disputes des réalistes et des nominaux ; c'est retomber dans toutes les absurdités de la scolastique ; c'est, en un mot, ramener l'histoire naturelle aux temps des Gesner et des Aldrovande. (Voyez Nomenclature.)

Comme chaque science, en appliquant la méthode aux objets qui lui sont propres, c'est-à-dire, en classant ces objets, arrive à des résultats qui lui sont également propres, nous renvoyons aux articles suivans pour chacune d'elles. (F.C.)

MÉTHODE, *Methodus*. (*Entom.*) Quoique l'article auquel ce mot donne lieu, soit applicable à toute l'histoire naturelle, et quoiqu'en le traitant en particulier sous le point de vue de l'entomologie, nous nous trouvions exposés à répéter les idées de nos plus savans collaborateurs et à les développer avec moins d'étendue et de talent, nous avons dû, ainsi que nous l'avions promis, présenter sous ce titre les considérations générales sur la classification des insectes.

L'idée que l'on peut attacher au mot de Méthode, se trouve pour ainsi dire indiquée par son étymologie même. Cette expression, empruntée du grec μεθοδος, d'abord par les Latins, a passé ensuite dans plusieurs autres langues ; elle signifie textuellement μετά όδος, *suivant la route, bon chemin, véritable voie.* C'est un terme composé, une figure, une sorte de métaphore, qui, appliquée aux sciences didactiques, à la rhétorique, aux mathématiques, à la physique, à la musique, enfin à toutes les connoissances qui peuvent être transmises ou enseignées, indique la voie la plus directe, le chemin le plus court, la route la plus convenable, la moins fatigante, pour faire arriver au but.

La méthode est donc le moyen de transmission de la science : c'est sous ce rapport que nous allons la considérer et l'appliquer à l'étude des insectes.

Toutes les fois qu'un homme qui raisonne et qui réfléchit, doit s'occuper d'objets dont la multiplicité peut mettre en défaut la mémoire la plus exercée, il a besoin d'adopter une manière de disposer, d'arranger, de distribuer, suivant un certain ordre, ces objets ou les termes qui les représentent, pour y recourir et les retrouver au besoin. C'est ainsi que les mots d'une langue sont déposés dans nos dictionnaires, pour indiquer leur signification ; que nos armées et notre territoire se trouvent subdivisés de manière que le gouvernement peut, en un instant, parvenir à se procurer des renseignemens positifs sur une personne déterminée et lui faire connoître sa volonté. Le besoin de cet ordre, de cet arrangement, ne pouvoit être plus indispensable que pour cette partie de nos sciences d'observation qui s'occupe de la connoissance des innombrables objets dont se compose notre univers et qui sont du ressort de l'histoire naturelle.

Quoique le but essentiel de cette science soit l'observation des êtres, comme elle s'occupe de corps isolés, elle a bientôt éprouvé la nécessité de les rapprocher les uns des autres, pour apprécier leur analogie, distinguer leurs différences et afin de les désigner d'une manière commode.

Deux problèmes à résoudre se présentent, en effet, à tout observateur naturaliste.

L'un, qui est le premier pas de la science, pourroit être

exprimé comme il suit : *Un corps présentant des qualités et des propriétés, le distinguer par cela même de tous les autres, à l'aide des livres ; apprendre le nom qui lui a été imposé, et par suite son histoire ou tout ce qui a été écrit sur ce sujet.*

L'autre problème seroit ainsi énoncé : *Observer un corps de manière à reconnoître sa nature, c'est-à-dire, sa composition, sa structure ou son organisation, pour indiquer la place qu'il doit occuper près des êtres dont il se rapproche le plus, et le distinguer de ceux dont il s'éloigne.*

La solution du premier problème est fournie par des bases établies d'avance, par une série de combinaisons reconnues exister. Les corps de la nature sont ainsi classés ou disposés dans quelques ouvrages, d'après l'observation, il est vrai ; mais cette observation n'a porté que sur certaines parties qui ne tiennent pas essentiellement à l'analogie réelle. Ce sont des coupes arbitraires commodes, comme des paradigmes, des dictionnaires, des tables d'un usage facile, pour faire reconnoître, au moins par leurs noms, les corps déjà connus et décrits : c'est ce que l'on nomme les *systèmes* ou les méthodes artificielles.

On satisfait au second problème par la *méthode* proprement dite, ou par la marche que l'on nomme *naturelle*, et qui consiste à établir une comparaison suivie dans les rapports et les différences des êtres, en faisant en sorte de conserver les affinités pour rapprocher le plus près possible les uns des autres ceux qui ont entre eux la plus grande conformité. Cette méthode s'est formée, non pas en établissant d'abord des divisions principales qui devoient servir de base et d'indication aux recherches ; mais en considérant les objets en eux-mêmes, en les comparant entre eux et avec ceux qu'on a eu occasion de reconnoître par la suite. Aussi Linnæus, qui avoit apprécié tous les avantages de la méthode naturelle, dit-il qu'elle doit être le but constant des travaux de tous les naturalistes, et qu'elle est la perfection de la science.

On a cherché à réunir les avantages de ces deux procédés, c'est-à-dire, le moyen, 1.° de faire arriver à la connoissance du nom d'un corps que l'on a sous les yeux, par l'étude de quelques-unes de ses qualités principales, a l'aide du système, 2.° de faire connoître la place naturelle, ou les rapports les plus évidens de l'objet que l'on observe avec ceux qui lui ressemblent le plus sous tous les rapports, à l'aide de la méthode naturelle : ou, plutôt, on a appliqué immédiatement ces deux manières d'étudier à un troisième procédé, qui consiste à faciliter les recherches à l'aide d'une comparaison continue, ou par une série de questions qui ne laissent de choix qu'entre deux propositions contradictoires, de manière que, l'une étant accordée, l'autre se trouve nécessairement exclue, ou réciproquement. Cette méthode, inventée en 1550 par le professeur Pierre La Ramée, connu aujourd'hui sous le nom de Ramus, a été d'abord appliquée à la connoissance des végétaux par Johrenius, mais d'une manière peu avantageuse. Soixante ans après celui-ci, en 1778, M. le chevalier de Lamarck en a fait une application extrêmement utile à la connoissance des plantes de la France, dans l'ouvrage qu'il a intitulé la Flore françoise. Malheureusement l'auteur avoit alors dirigé les questions de manière à ne conduire l'étudiant qu'au nom du genre de la plante. Cette méthode a été perfectionnée depuis par notre ami, M. De Candolle, dans la nouvelle édition qu'il a donnée de cet ouvrage.

Par cette méthode, que l'on a appelée *analytique*, on arrive, comme par une progression géométrique, à distinguer l'un de deux individus compris entre huit mille cent quatre-vingt-douze autres, à l'aide de douze questions ou divisions successives, comme il suit : 1 : 2 : 4 : 8 : 16 : 32 : 64 : 128 : 256 : 512 : 1024 : 2048 : 4096 : 8192.

C'est à l'aide de ce procédé que, dans un ouvrage publié sous le titre de Zoologie analytique, et par une suite de tableaux synoptiques, nous avons pu présenter la division entière du règne animal par une série de propositions dichotomiques abrégées, qui affirment ou nient l'existence de telle ou telle particularité sur laquelle l'observateur est interrogé successivement, et entre lesquelles il doit nécessairement choisir.

Pour faire usage de ces trois moyens d'arrangement, qu'on nomme *système*, *méthode* et *analyse*, on emploie certaines expressions dont la définition doit être bien convenue, afin que les termes expriment ainsi très-exactement les idées qu'on y attache.

Linnæus a établi les règles de cette sorte de langage, qui

est propre à l'histoire naturelle. Depuis il a été fait quelques corrections à ces définitions, que nous allons présenter ici d'une manière abrégée.

On nomme *caractère*, la note précise qui indique la différence. C'est une sorte de marque qui distingue un corps d'avec les autres, soit d'une façon absolue, soit d'une manière relative. Les naturalistes se sont efforcés d'indiquer ces différences dans un langage bref, exact et comparatif, de sorte qu'ils ont eu besoin d'employer une sorte d'idiome par lequel il faut commencer l'étude de l'histoire naturelle.

On distingue dans les méthodes trois sortes de caractères : celui qui indique la classe, l'ordre ou la famille ; celui qui dénote le genre, et enfin celui qui distingue l'espèce ou la variété.

Le caractère *classique* comprend les qualités les plus importantes ou du premier ordre : celui des insectes, par exemple, peut, dans l'état actuel de la science, être ainsi exprimé :

Animaux sans vertèbres ; à tronc, ou partie moyenne du corps, articulé en dehors ; munis de membres articulés ; respirant par des stigmates, qui sont les ouvertures des trachées intérieures.

Les insectes se partagent ensuite en huit ordres, dont plusieurs se trouvent subdivisés en sous-ordres et ceux-ci en familles. Ces sortes d'associations sont fondées sur des considérations importantes ou d'une grande valeur, qui influent sur l'organisation, les mœurs, les métamorphoses des insectes. Elles sont établies d'après des caractères qui ont successivement des valeurs moindres, mais relatives, et liées entre elles par les conséquences qu'elles entraînent.

Le caractère *générique* est tiré le plus ordinairement des particularités communes à un certain nombre d'espèces, mais d'une moindre importance que celles qui ont servi à l'établissement des groupes supérieurs. Il exprime les notes qui peuvent faire réunir les espèces qui ont entre elles la plus grande ressemblance. Il indique en particulier ces notes, qui doivent se retrouver uniquement ou inclusivement dans toutes les espèces.

Le caractère *spécifique* comprend les marques essentielles qui font reconnoître, par une phrase très-courte, les différens individus rapportés au même genre et qui les distinguent les uns des autres.

L'ESPÈCE est, pour nous, un *nom collectif d'individus qui peuvent se reproduire avec des qualités, une structure et des propriétés absolument semblables.* L'espèce, dont nous allons tout à l'heure indiquer les différentes définitions données par les auteurs, est l'objet direct des études du naturaliste. La connoissance de l'espèce est le but auquel conduisent les méthodes, et ce qu'il y a de plus réel dans la science.

On doit distinguer les espèces suivant qu'elles appartiennent aux deux principaux règnes de la nature.

Parmi les corps bruts, ou dans le règne inorganique, il n'y a pas de véritables individus : les caractères sont tirés de la forme ou configuration, de la structure mécanique ou physique, et de la composition chimique que fait connoitre l'analyse. Aussi M. Haüy a-t-il donné de l'espèce en minéralogie un caractère qui ne peut convenir ni aux végétaux ni aux animaux, en disant qu'elle est constituée par la *réunion des mêmes caractères physiques et chimiques, et des mêmes molécules intégrantes et constituantes.*

Linnæus semble avoir cherché à éviter la difficulté, en donnant de l'espèce la définition suivante : *Species tot numeramus, quot diversæ formæ in principio sunt creatæ* (Nous reconnoissons autant d'espèces que le créateur a produit de formes diverses au commencement du monde).

Buffon n'attachoit, à ce qu'il paroit, que des idées très-générales à l'existence de l'espèce, puisqu'il suppose aux individus qui la constituent *une ressemblance parfaite et des différences trop petites pour être distinguées.*

Adanson n'a pas caractérisé l'espèce en la définissant ainsi : *tous les individus semblables par succession constante* ; c'est à peu près ce qu'avoit dit avant lui Linnæus : *tot sunt species, quot diversæ formæ seu structuræ hodienum occurrunt.*

M. de Jussieu, dans son immortel ouvrage sur les genres des plantes, a donné de l'espèce l'idée, que dans l'espèce un individu quelconque est la véritable image de toute l'espèce passée, présente et future : *ita ut quodlibet individuum sit vera totius speciei præteritæ et præsentis et futuræ effigies.*

M. De Candolle, dans la Théorie élémentaire de la botanique, regarde comme espèce, la collection de tous les individus qui se ressemblent plus entre eux qu'ils ne ressemblent à d'autres ; qui peuvent, par une fécondation réciproque, produire des individus fertiles, et qui se reproduisent par la génération, de telle sorte qu'on peut, par analogie, les supposer tous sortis originairement d'un seul individu.

Quant aux *variétés*, ce sont de légères modifications, de foibles différences, constantes ou non, entre des individus d'une même espèce, soit par des circonstances extérieures ou par le croisement des races.

Linnæus avoit dit qu'il reconnoissoit pour variétés toutes les plantes, même différentes, qui provenoient de la semence d'une même espèce, et cette idée, qui a servi de règle à la botanique, a été adoptée pour la zoologie.

Les caractères étant des phrases courtes ou des définitions qui distinguent, comme nous venons de l'indiquer, les classes, les ordres, les sous-ordres, les familles, les genres, les espèces et les variétés, on doit facilement supposer que ces caractères sont *gradués* d'après la constance dans leurs rapports ou la subordination des fonctions.

On a distingué encore les caractères en *naturels*. Linnæus appelle ainsi tous les détails possibles ; la description complète, universelle, de toutes les parties. Il avoue que, quoique trop longs, ces caractères sont très-utiles, en ce qu'ils peuvent servir à toutes les méthodes.

On a nommé caractère *habituel*, les notes tirées du port, de l'habitude, du séjour. Les anciens auteurs s'en aidoient beaucoup.

On a appelé caractère *factice*, arbitraire, accidentel ou artificiel, celui qui est indiqué seulement pour faire distinguer les genres entre eux : il n'est plus employé que dans les systèmes ; il est emprunté indifféremment de telle ou telle partie, pourvu qu'elle soit apparente.

Enfin, le caractère *essentiel*, quoique variable par les découvertes successives, présente les particularités de l'espèce et du genre : il est d'autant meilleur qu'il est plus court ; il facilite beaucoup la connoissance des êtres.

Après avoir exposé toutes ces idées générales sur les méthodes, ainsi que nous nous y étions engagés dans l'article où

nous traitons des Insectes, nous allons présenter avec détail
la marche que nous avons suivie dans ce Dictionnaire, où
nous employons l'ordre constant de l'analyse appliquée à la
méthode naturelle.

Dans l'article que nous venons de citer et qui se trouve
inséré tome XXIII, nous avons consacré un chapitre particulier à l'histoire abrégée de l'entomologie (page 507 et suiv.).
Nous y avons fait connoître les principaux systèmes de classification, et en particulier ceux de Linnæus, de Degéer, de
Geoffroy, de Fabricius. de Latreille et de Clairville.

C'est pour compléter notre travail général que nous allons
indiquer ici (afin d'éviter les doubles emplois) la série des
articles qui seront à consulter pour se faire une idée de l'ensemble de ce travail.

D'abord, au mot Insectes, après avoir donné l'étymologie
du nom, nous avons fait connoître les caractères essentiels
de ces animaux, et indiqué le rang qu'ils paroissent devoir
occuper dans l'échelle des êtres. Ensuite nous avons traité
de la conformation générale et de la structure des insectes
(page 433); nous avons fait une histoire abrégée de leurs
fonctions ou de leur physiologie (page 441); nous y avons
exposé la méthode que nous avons mise en usage pour conduire à la connoissance des insectes et à leur classification
(page 471 et suiv.).

Le présent article peut être regardé comme la suite nécessaire du précédent, ainsi que ceux qui traitent des huit ordres, comme les Coléoptères, Orthoptères, Névroptères,
Hyménoptères, Hémiptères, Lépidoptères, Diptères et Aptères.

Il faudra encore recourir aux noms des soixante familles que
nous allons énumérer et caractériser; puis enfin, à l'aide des
noms des genres, qui sont au nombre de 356, et dont nous
présentons l'étymologie. les caractères essentiels et l'indication de la figure qui les représente dans l'Atlas, on arrivera
facilement à la description que nous avons faite des espèces.

*Caractères essentiels qui distinguent les ordres, les fa-
milles et les genres de la classe des insectes.*

Insectes. Animaux sans vertèbres ; à tronc, ou partie
moyenne du corps, articulé en dehors ; munis de membres

articulés; respirant par des stigmates, orifices des trachées intérieures.

On partage les insectes en huit ordres, d'après l'absence des ailes (les Aptères), ou leur présence. Les espèces qui ont des ailes, en portent quatre ou deux seulement (les Diptères). Parmi les espèces munies de quatre ailes, les unes ont la bouche garnie de mandibules et de mâchoires distinctes; les autres n'ont pas de mandibules. Chez celles qui ont la bouche propre à mâcher les corps solides, les quatre ailes sont tantôt différentes pour la consistance, tantôt absolument semblables. Quand les ailes supérieures sont plus consistantes que les inférieures, on nomme celles de dessus, qui servent comme de gaines ou d'étuis aux inférieures, des élytres, et alors les inférieures sont, ou pliées en travers (les Coléoptères), ou plissées sur leur longueur (les Orthoptères). Chez les espèces à ailes semblables pour la consistance, on distingue celles qui ont sur ces ailes des nervures comme en réseau (les Névroptères), et celles qui les ont en veines ou en branches principales subdivisées en rameaux (les Hyménoptères). Enfin, les insectes à quatre ailes, sans mâchoires, ont ou un bec articulé (Hémiptères), ou une langue roulée en spirale (Lépidoptères).

Ces huit ordres sont,

D'abord, parmi les espèces ailées et à mâchoires :

I. Les Coléoptères, insectes à quatre ailes, dont les supérieures, plus consistantes, recouvrent les inférieures, membraneuses, pliées en travers dans l'état de repos.

II. Les Orthoptères, insectes à quatre ailes, d'inégale consistance, dont les inférieures sont le plus ordinairement plissées sur la longueur dans l'état de repos.

III. Les Névroptères, insectes à quatre ailes de consistance semblable, à nervures en réseaux ou maillées.

IV. Les Hyménoptères, insectes à quatre ailes de même apparence, dont les nervures principales sont en longueur et ramifiées.

Ensuite, parmi les espèces ailées et sans mâchoires, on range :

V. Les Hémiptères, insectes à quatre ailes le plus souvent, mais à bouche formée par un bec articulé, non roulé.

VI. Les Lépidoptères, insectes à quatre ailes écailleuses, dont la bouche forme une langue roulée en spirale.

Viennent après les insectes à deux ailes :

VII. Les Diptères, à bouche variable, sans mandibules.

VIII. Enfin les Aptères, qui sont les insectes sans ailes.

Premier Ordre. LES COLÉOPTÈRES.

Étym. Κολεος, *gaine* ; πτερα, *ailes*.

Car. Insectes à quatre ailes, dont la paire supérieure est coriace, dure, courte, épaisse, le plus souvent opaque, réunie par une sorte de suture médiane longitudinale, convexe en-dessus, recouvrant le ventre et deux ailes membraneuses, veinées, pliées en travers et le plus souvent transparentes ; à bouche propre à mâcher, composée de mandibules et de mâchoires bien distinctes.

Cet ordre se divise en quatre grandes sections ou sous-ordres, d'après le nombre des articles qu'on peut compter dans l'extrémité libre de leurs pattes, qu'on nomme tarses.

1.° Les Pentamérés, qui ont cinq articles à tous les tarses, 5, 5, 5.

2.° Les Hétéromérés, à cinq articles aux deux premières paires de tarses, et quatre aux postérieurs, 5, 5, 4.

3.° Les Tétramérés, à quatre articles à tous les tarses, 4, 4, 4.

4.° Les Trimérés, dont les tarses n'ont que trois articles, 3, 3, 3.

1.ᵉʳ Sous-ordre. LES PENTAMÉRÉS.

Étym. Πεντα, *cinq* ; μερος, *partie, division*.

Caract. Coléoptères à cinq articles à tous les tarses.

Ce sous-ordre comprend dix familles, d'après la consistance, la brièveté ou la longueur des élytres, et la forme des antennes.

Nota. Les numéros en parenthèse indiquent l'ordre naturel des familles.

Les Apalytres (10), qui ont les élytres mous, le corselet plat et les antennes en fil.

Les Brachélytres (3), qui ont les élytres durs, très-courts, ne couvrant pas le ventre; les antennes en chapelet.

Les Créophages (1), qui ont les élytres durs, longs; les antennes en soie; les tarses simples.

Les Nectopodes (2), semblables aux précédens, mais avec les tarses aplatis en nageoires.

Les Sternoxes (8), qui ont les antennes en fil, souvent dentées; le corselet ou le sternum pointu.

Les Térédyles (9), qui ont les élytres durs, longs; les antennes en fil et le tronc cylindrique.

Les Priocères (5), à antennes en masse feuilletée d'un seul côté.

Les Pétalocères (4), à antennes en masse feuilletée à l'extrémité.

Les Stéréocères (7), à antennes en masse non lamellée, solide.

Enfin les Hélocères (6), à antennes en masse perfoliée.

1.re *Famille*. Les Carnassiers ou Créophages.

Étymol. Κρεῶς, *chair vivante*; φαγος, *mangeur*.

Car. A élytres durs, couvrant le ventre; antennes en soie, non dentées; corps déprimé; tarses simples non aplatis en nageoires; mâchoires à deux palpes.

1.re *Section*. A corselet plus étroit que les élytres et la tête, ou tête plus large que le corselet : *Cicindélètes* de M. Latreille (genres du n.° 7 à 12).

2.e *Section*. Tête aussi large que les élytres; tantôt engagée dans le corselet (genres du n.° 13 à 16); tantôt tout-à-fait distincte (genres du n.° 1 à 6) : *Carabiques* de M. Latreille.

(Voyez planches 1 et 2 des gravures qui forment la partie entomologique de l'Atlas de ce Dictionnaire.)

Genre 1. Anthie; *Anthia*, Weber. (Pl. 1, fig. 1.)
Étym. Ανθìας (Aristote) : nom donné à un poisson.
Car. Tête aussi large que les élytres; corselet inégal, rétréci en arrière, pas d'ailes inférieures; jambes antérieures échancrées.

Genre 2. CYCHRE; *Cychrus*, Fabricius. (Pl. 1 , fig. 2.)

Étym. Κυχρος, nom d'un oiseau.

Car. Corselet aussi large que les élytres ; tête non engagée dans le corselet, qui est arrondi ; bouche prolongée en une sorte de bec : pas d'ailes ; jambes de devant non échancrées.

Genre 3. TACHYPE : *Tachypus*, Weber. (Pl. 1 , fig. 3.)

Étym. Ταχυς, *rapide* ; πκς, *pied*.

Car. Corselet aussi large que les élytres, arrondi sur les bords ; élytres embrassant l'abdomen ; pas d'ailes ; jambes antérieures non échancrées.

Genre 4. CARABE ; *Carabus*, Linnæus.

Étym. Καραβος, sorte de crustacé (Aristote).

Car. Corselet plan, presque aussi large que la tête, accolé aux élytres, presque carré ; tête rétrécie en arrière ; pattes antérieures non échancrées.

Genre 5. CALOSOME ; *Calosoma*, Weber. (Pl. 1 , fig. 4.)

Étym. Καλος, *beau* ; σῶμα, *corps*.

Car. Corselet arrondi, déprimé, de la même largeur que les élytres ; tête dégagée ; bouche non prolongée ; des ailes.

Genre 6. BRACHIN ; *Brachynus*, Weber. (Pl. 1 , fig. 5.)

Étym. Βραχύτῶ, *je raccourcis*.

Car. Corselet alongé, rétréci derrière ; élytres comme tronqués, couvrant les ailes ; pattes antérieures échancrées.

Genre 7. CICINDÈLE ; *Cicindela*, Linn. (Pl. 2 , fig. 5.)

Étym. Nom latin qui signifie *insecte brillant*.

Car. Corselet alongé, plus étroit que les élytres et que la tête ; à mandibules saillantes ; à palpes épineux velus ; pattes très-longues et très-grêles.

Genre 8. COLLIURE ; *Colliurus*, Degéer , Thunberg.

Étymologie incertaine.

Car. des cicindèles ; mais le corselet excessivement alongé, cylindrique ; dernier article des tarses à deux lobes.

Genre 9. MANTICHORE ; *Mantichora*, Fabr. (Pl. 2 , fig. 4.)

Étym. Μαντιχωρα, *animal monstrueux* (Arist., Ælien, Pline).

Car. Tête plus large que le corselet, lequel est plus étroit que les élytres, qui sont soudés et qui embrassent l'abdomen ; mandibules très-grosses, courbées, dentelées.

Genre 10. DRYPTE : *Drypta* , Latreille. (Pl. 2 , fig. 7.)

Étym. Δρυπτῶ , *je déchire avec les ongles.*

Car. Corselet plus étroit que les élytres et de la longueur de la tête ; dernier article des tarses bilobé.

Genre 11. ÉLAPHRE ; *Elaphrus* , Fabricius. (Pl. 2 , fig. 6.)

Étym. Ἐλαφρός , *léger.*

Car. Corselet plus étroit que la tête ; des ailes ; palpes simples non velus ; dernier article des tarses simple ; jambes non échancrées.

Genre 12. BEMBIDION ; *Bembidion* , Latreille. (Pl. 1 , fig. 6.)

Étym. Βαμβίξ ιδια , *forme de cône.*

Car. Corselet plus étroit que les élytres, recouvrant des ailes ; jambes antérieures échancrées ; tarses non lobés.

Genre 13. CLIVINE ; *Clivina* , Latreille.

Étym. Nom d'un oiseau dans Pline.

Car. Tête engagée dans le corselet, qui est globuleux, aussi large que les élytres ; corps alongé ; jambes dentelées en dehors. (Voyez SCARITE DES SABLES.)

Genre 14. SCARITE ; *Scarites* , Fabricius. (Pl. 2 , fig. 3.)

Étym. Σκαριξῶ , *je cours avec vitesse.*

Car. Corps alongé ; tête engagée dans un corselet en croissant , rétréci en arrière ; jambes de devant dentelées en dehors ; mandibules fortes, croisées.

Genre 15. NOTIOPHILE ; *Notiophilus* , Duméril. (Pl. 2 , fig. 1.)

Étym. Νοτιος , *lieu humide,* φιλος , *qui aime.*

Car. Tête engagée dans le corselet, qui est carré ; corps alongé, aplati ; yeux globuleux.

Genre 16. OMOPHRON ; *Omophron* , Latreille. (Pl. 2 , fig. 2.)

Étym. incertaine. Ὁμόφρων , *de même opinion.*

Car. Corps hémisphérique, à tête engagée dans un corselet accolé aux élytres et plus large que long.

2.ᵉ *Famille.* LES RÉMIPÈDES OU NECTOPODES.

Étymol. Νηκτος , *propre à nager;* πεδα , *pattes.* (Pl. 3.)

Car. A élytres durs couvrant l'abdomen ; à antennes en soie ou en fil , non dentées ; à tarses aplatis en forme de rames.

Les uns ont les antennes plus courtes que la tête ; les autres les ont pour le moins aussi longues que la tête et le corselet pris ensemble. La forme de leur corps et celle des hanches des pattes postérieures varient.

Genre 17. DYTIQUE ; *Dytiscus*, Linnæus. (Pl. 3, fig. 1.)

Étym. Δύτης, *plongeur*.

Car. Corps ovale, déprimé ; sternum prolongé en pointe ; antennes plus longues que la tête et le corselet.

Genre 18. HYPHYDRE : *Hyphydrus*, Illiger. (Pl. 3, fig. 2.)

Étym. Ὑπὸ, *sous*; ὑδωρ, *l'eau*.

Car. Corps ovale, comme bossu ; à hanches postérieures, libres, distinctes; antennes plus longues que le corselet.

Genre 19. HALIPLE : *Haliplus*, Latreille; *Cnemidotus*, Illig. (Pl. 3, fig. 3.)

Étym. Ἁλίπλοος, *qui nage dans la mer*.

Car. du genre précédent ; mais la hanche ou la base de la cuisse est recouverte par une lame prolongée de la poitrine.

Genre 20. TOURNIQUET, *Gyrinus*, Linn. (Pl. 3, fig. 4.)

Étym. Γυρεύω, *je tourne en rond* (*circum eo*).

Car. Antennes très-courtes, un peu en masse, insérées dans une fossette. Quatre yeux : deux supérieurs, deux inférieurs, séparés par une ligne saillante. Pattes de devant très-alongées ; les postérieures très-courtes, très en arrière.

3.ᵉ *Famille.* LES BRÉVIPENNES OU BRACHÉLYTRES.

Étymologie : Βραχύς, *courte*; ελύτρον, *gaine*. (Pl. 5.)

Car. A élytres durs, courts, ne couvrant pas le ventre : à antennes grenues, en chapelet.

On distingue les genres d'après la forme des yeux, des palpes et des mâchoires, ainsi que d'après la disposition des élytres.

Genre 21. STAPHYLIN : *Staphylinus*, Linn. (Pl. 5, fig. 1 *bis*.)

Étym. Σταφυλὴ, *luette*.

Car. Élytres couvrant au plus la moitié de l'abdomen ; yeux non globuleux; palpes non renflés ; corselet de la largeur du ventre.

Genre 22. Oxypore : *Oxyporus*, Fabricius. (Pl. 3, fig. 2 *bis*.)

Étym. Ὀξύπορος, *qui traverse vite.*

Car. Tête engagée dans le corselet, à yeux simples, à palpes renflés en croissant ; à antennes grosses, perfoliées, comprimées ; mandibules très-avancées.

Genre 23. Pédère ; *Pæderus*, Fabricius. (Pl. 3, fig. 3 *bis*.)

Étymol. incertaine. Παίδερος.

Car. Tête et corselet arrondis, globuleux ; palpes renflés antennes grossissant insensiblement ; mandibules peu saillantes.

Genre 24. Stène ; *Stenus*, Latreille. (Pl. 3, fig. 4 *bis*.)

Étym. Στενός, *étroit, rétréci.*

Car. Tête à yeux globuleux, plus large que le corselet, antennes grossissant vers l'extrémité libre.

Genre 25. Lestève : *Lesteva*, Latreille ; *Anthophagus*, Gravenhorst. (Pl. 3, fig. 6.)

Étym. Ληστεύω, *je vole.*

Car. Tête engagée dans un corselet presque carré, aussi large que les élytres ; antennes en chapelet, insérées au devant des yeux.

Genre 26. Tachin ; *Tachinus*, Gravenhorst. (Pl. 3, fig. 5. *Tachinus atricapillus.*)

Étym. Ταχινός, *vif, prompt.*

Car. Tête plus étroite que le corselet, qui est sessile sur les élytres, lesquels couvrent plus de la moitié de l'abdomen ; toutes les jambes épineuses.

4.ᵉ *Famille.* Les Lamellicornes ou Pétalocères.

Étymol. Πέταλον, *feuille* ; κερας, *corne, antenne.* (Pl. 4.)

Car. A élytres durs, longs ; à antennes en masse feuilletée à leur extrémité libre ; jambes dentelées.

La forme particulière du front, qui se prolonge vers la bouche, la présence ou l'absence de l'écusson à la base des élytres, et la disposition particulière des antennes, offrent des caractères suffisans pour distinguer les genres de cette famille, qui correspondent aux scarabées de Linnæus.

Genre 27. Géotrupe; *Geotrupes*, Fabricius. (Pl. 4, fig. 1.)
Étym. Γῆ, *la terre*; τρυπαω, *je troue*.
Car. Chaperon large, rhomboidal; un écusson entre les élytres.

Genre 28. Bousier; *Copris*, Geoffroy. (Pl. 4, fig. 2.)
Étym. Κοπρος, *fumier*, *bouse*.
Car. Chaperon arrondi, non dentelé, en croissant, cachant la bouche; point d'écusson entre les élytres.

Genre 29. Aphodie; *Aphodius*, Illiger. (Pl. 4, fig. 5.)
Étym. Αφοδος, *stercus*, excrément.
Car. Chaperon arrondi; non dilaté; un écusson entre les élytres.

Genre 5o. Onite; *Onitis*, Fabricius. (Pl. 4, fig. 4.)
Étym. incertaine. Ὀνίτις.
Car. Chaperon arrondi, dentelé; tête et corselet sans cornes; point d'écusson entre les élytres.

Genre 51. Scarabée; *Scarabæus*, Linn. (Pl. 4, fig. 5.)
Étym. Σκαραβος, *hanneton*, Aristote; *Oryctes*, Illiger : de ὀρύκτης, *fossoyeur*.
Car. Chaperon extrêmement court, ne couvrant pas la base des antennes, qui ne sont pas garnies de poils à la base.

Genre 52. Trox; *Trox*, Fabricius. (Pl. 4, fig. 9.)
Étym. Τρωξ, de τρωγῶ, *je ronge*.
Car. Tête engagée dans le corselet et cachée en-dessous par les hanches antérieures. Chaperon très-court, ne couvrant pas la base des antennes, qui est velue ou à poils roides; élytres souvent soudés, pas d'ailes.

Genre 55. Hanneton, *Melolontha*. (Pl. 4, fig. 6.)
Étymol. incertaine : Μηλολονθη, de μηλον, *jardin*, *verger*; ονθος, *fumier*.
Car. Chaperon large, de forme carrée, alongé, rebordé à son pourtour.

Genre 54. Cétoine; *Cetonia*, Fabricius. (Pl. 4, fig. 7.)
Étymologie inconnue : κετονια, Hésiode.
Car. Chaperon plus long que large; corselet étroit en devant; écusson pointu; une pièce triangulaire distincte à la base externe des élytres.

Genre 55. Trichie : *Trichius*, Fabricius. (Pl. 4, fig. 8.)
Étym. Τριχίος, *poilu*.
Car. Chaperon plus long que large ; corselet arrondi : un espace libre à la base externe des élytres, qui distingue le corselet.

———

5.ᵉ *Famille*. Les Serricornes ou Priocères.

Étym. πρίων-ονος, *scie*, et κερας, *antenne*. (Pl. 5.)
Car. A élytres durs, longs ; à antennes en masse feuilletée ou dentelée en dedans.

La forme du corps, des antennes et du corselet, détermine les trois petits genres qui composent cette famille.

Genre 56. Lucane ou Cerf-volant ; *Lucanus*, Linnæus. (Pl. 5, fig. 1.)
Étym. Nom employé par Pline.
Car. Antennes brisées, en masse pectinée : corps aplati ; lèvre inférieure et mâchoires terminées par des pinceaux de poils ; chaperon pointu ; jambes antérieures dentelées ; quatre crochets aux tarses.
Genre 57. Passale : *Passalus*, Fabricius. (Pl. 5, fig. 2.)
Étym. Πασσαλος - *cheville, clou de bois*.
Car. Antennes arquées, non brisées, en masse pectinée, velues : corps aplati, parallélipipède ; jambes antérieures dentelées.
Genre 58. Synodendre ; *Synodendron*, Fabr. (Pl. 5, fig. 3.)
Étym. Σύν, *avec* ; Δενδρον, *le bois*.
Car. Antennes brisées, en masse pectinée ; corps cylindrique ; corselet tronqué en devant.

———

6.ᵉ *Famille*. Les Clavicornes ou Hélocères.

Étym. Ηλος, *tête de clou*, et κερας, *antenne*. (Pl. 5 et 6.)

Car. A élytres durs ; antennes terminées par une masse souvent alongée, à articles comme perforés ou perfoliés.

La forme du corps, des élytres, des pattes et des antennes, sert à la distinction des genres de cette famille, qui sont au nombre de dix.

Genre 39. Sphéridie; *Sphæridium*, Fabr. (Pl. 5, fig. 1 *bis*.)
Étym. Σφαιριδιον, *en forme de globe*.
Car. Corps hémisphérique, tronqué en-dessous; jambes antérieures dentelées, aplaties.

Genre 40. Scaphidie; *Scaphidium*, Oliv. (Pl. 5, fig. 2 *bis*.)
Étym. Σκαφη, *bateau*, ιδεα, *forme*.
Car. Corps ové, à extrémités pointues, masse des antennes très-alongée.

Genre 41. Nitidule; *Nitidula*, Fabricius. (Pl. 6, fig. 3.)
Étymologie : de *nitidus*, brillant.
Car. Corps aplati, à élytres couvrant le ventre et le rebordant; antennes en masse, de deux ou trois articles.

Genre 42. Silphe; *Silpha*, Linnæus. (Pl. 6, n.° 4.)
Étym. Σιλφη, Aristote; *blatte*, insecte.
Car. Antennes plus longues que le corselet, en masse alongée, perfoliée; élytres à bords relevés, plus larges et plus longs que l'abdomen; corselet arrondi en bouclier.

Genre 43. Bouclier; *Peltis*, Geoffroy. (Pl. 5, fig. 5.)
Étym. du latin *pelta*, targe ou pavois.
Car. Antennes de la longueur du corselet, en masse perfoliée, alongée; à élytres comme tronqués et plus courts que l'abdomen.

Genre 44. Nécrophore; *Necrophorus*, Fabr. (Pl. 5, fig. 6.)
Étym. Νεκρος, *cadavre*; φορω, *je porte* : νεκροφορος, *porte-mort*.
Car. Corps aplati; élytres plus courts que le ventre; antennes en masse globuleuse ou en bouton, à articles perfoliés.

Genre 45. Élophore; *Elophorus*, Fabr. (Pl. 6, fig. 8.)
Étym. Ελος, *marais*; φορυω, *je pénètre*.
Car. Corps aplati; élytres couvrant le ventre; antennes courtes, en masse aplatie.

Genre 46. Parne; *Parnus*, Fabricius. (Pl. 6, fig. 7.)
Étym. Παρνος, nom tiré de l'histoire.
Car. Corps oblong, ovale; antennes en masse alongeable, protractile.

Genre 47. Hydrophile; *Hydrophilus*, Geoff. (Pl. 6, fig. 9.)
Étym. Υδωρ, *l'eau*; φιλεω, *j'aime*.
30.

Car. Corps ovale, convexe en-dessus, arrondi, en caréne en-dessous ; masse des antennes perfoliée ; tarses moyens et postérieurs aplatis, ciliés, en forme de rames.

Genre 48. DERMESTE ; *Dermestes*, Linn. (Pl. 6, fig. 10.)

Étym. Δερμα, *la peau ;* ἐσ]ῶ, *je dévore.*

Car. Antennes en masse perfoliée, plus longues que la tête ; corps déprimé, ovale ; pattes propres à marcher.

Genre 49. BYRRHE ; *Byrrhus*, Linn. (Pl. 6, fig. 11.)

Étym. Βυρσις, *bourse de cuir.*

Car. Corps ové ; antennes en masse perfoliée, alongée, plus courtes que le corselet ; tête engagée dans le thorax ; toutes les pattes à articulations creusées en long pour se recevoir réciproquement, quand l'animal se contracte.

7.ᵉ *Famille.* LES SOLIDICORNES OU STÉRÉOCÈRES.

Étym. Στερεος, *solide ;* κερας, *corne, antenne.* (Pl. 7.)

Car. A élytres durs ; à antennes en masse ronde, solide.

Trois genres, très-faciles à distinguer les uns des autres.

Genre 50. LÈTHRE : *Lethrus*, Scopoli ; *Bulbocerus*, Thunb. (Pl. 7, n.° 1.)

Étymologie incertaine. Βολβὸς, *bulbe ;* κερας, *corne, antenne.*

Car. Semblable à un bousier ; chaperon arrondi, non dentelé : pas d'écusson entre les élytres ; jambes de devant dentelées ; antennes terminées par un bouton tronqué.

Genre 51. ESCARBOT ; *Hister*, Linnæus. (Pl. 7, fig. 2.)

Étym. Ἱστηρ, *arrête,* du verbe ἱστημι.

Car. A élytres durs, courts, non écailleux ; un écusson entre les élytres ; jambes de devant à dentelures.

Genre 52. ANTHRÈNE ; *Anthrenus*, Geoffroy. (Pl. 7, fig. 3.)

Étym. Ανθρενη, *insecte des fleurs, abeille.*

Car. Élytres couverts de poils ou d'écailles colorées ; tête engagée dans le corselet ; antennes très-courtes, en masse solide.

8.ᵉ *Famille.* Les Thoraciques ou Sternoxes.

Étym. Στεϱνον, *devant de la poitrine;* ὀξὺς, *pointu.* (Pl. 8.)

Car. A élytres durs, couvrant le ventre; à corps alongé, aplati; antennes en fil, souvent dentées; à corselet à pointes ou sternum saillant.

On distingue les six genres de cette famille d'après la forme des antennes, du corselet et des articles aux tarses.

Genre 53. Cébrion; *Cebrio,* Olivier. (Pl. 8, fig. 1.)
Étym. Κεϛρὶον, *nom d'un oiseau* (Aristophane).
Car. Antennes en fil; corselet à deux pointes en arrière, carené en-dessous; tarses simples.

Genre 54. Atope; *Atopa,* Paykull. (Pl. 8, fig. 2.)
Étym. Ατόπος, *qui n'est pas dans son lieu.*
Car. Corps aplati; corselet terminé par deux pointes en arrière, recevant la tête dans une sorte de capuchon; antennes en fil; tarses à deux lobes.

Genre 55. Throsque; *Throscus,* Latreille. (Pl. 8, fig. 3.)
Étym. Θϱοϛκῶ, *je saute.*
Car. Antennes dentelées à l'extrémité libre; corselet à deux pointes en arrière; avant-dernier article des tarses à deux lobes.

Genre 56. Taupin; *Elater,* Linnæus. (Pl. 8, fig. 4.)
Étym. Ελατεϱ, *qui frappe (pulsator).*
Car. Antennes dentelées; corps étroit, alongé, aplati; corselet terminé en arrière par deux pointes; sternum reçu dans une cavité de la poitrine servant au saut.

Genre 57. Bupreste: *Buprestis,* Linnæus; *Richard,* Geoffroy. (Pl. 8, fig. 5.)
Étym. Βϰς, *bœuf;* πϱηστης, *renflement.*
Car. Antennes courtes, en scie ou en peigne; corps aplati, rétréci en arrière; corselet échancré, recevant la tête.

Genre 58. Trachyde; *Trachys,* Fabricius. (Pl. 8, fig. 6.)
Étym. Τϱαχυς, *dur, rude.*
Car. Corps court, large, triangulaire; corselet sans pointes; antennes très-courtes.

9.ᵉ *Famille.* Les Percebois ou Térédyles.

Etym. Τερηδον, *vrille*, et υλης, *bois.* (Pl. 8.)

Car. A élytres durs ; antennes en fil ; corps arrondi , alongé, convexe.

Six genres, dont les caractères sont tirés de la forme des antennes, du corps, et en particulier du corselet.

Genre 59. Vrillette; *Anobium,* Fab. (Pl. 8, fig. 1 *bis.*)
Étym. Ανα, *derechef* (*sursum*) ; Βιόω, *je vis, je me revivifie, je ressuscite.*

Car. Corps arrondi, oblong ; tête rentrant dans un corselet en capuchon, de la largeur de l'abdomen.

Genre 60. Panache; *Ptilinus,* Geoffr. (Pl. 8, fig. 2 *bis.*)
Étym. Πτιλον plume *en panache flottant.*

Car. Antennes très-pectinées, en plume, insérées au devant des yeux ; corps convexe; tête engagée dans un corselet de la largeur des élytres.

Genre 61. Ptine : *Ptinus ,* Linnæus ; *Bruchus,* Geoffroy. (Pl. 8, fig. 3.)
Étym. Πτισσω, *je fonds, j'écorce.*

Car. Corps cylindrique; corselet un peu bossu, en capuchon plus étroit en arrière ; antennes simples, plus longues que la tête et le corselet pris ensemble.

Genre 62. Mélasis; *Melasis,* Olivier. (Pl. 8, fig. 4.)
Étym. Μελας, *noir.*

Car. Corps arrondi; antennes pectinées ; corselet terminé par deux pointes en arrière.

Genre 63. Tille: *Tillus,* Olivier; *Trichodes* de Fabricius. (Pl. 8, fig. 5.)
Étym. Τιλλω, *j'arrache* (*vello*).

Car. Corps arrondi ; corselet plus étroit en arrière que les élytres, recevant la tête dans un capuchon; antennes grossissant insensiblement.

Genre 64. Limerois; *Lymexylon,* Fabricius. (Pl. 8, fig. 6.)
Étym. Λυμη, *perte, ruine;* ξυλον, *des bois.*

Car. Corps alongé et étroit; yeux très-gros; corselet cylindrique ; tête penchée; élytres mous.

10.ᵉ *Famille*. Les Mollipennes ou Apalytres.

Étym. Απαλος, *molle*, et ελυτρòν, *gaine*, *élytre*. (Pl. 9.)

Car. A élytres mous ; corselet aplati ; antennes en fil, variables.

On a établi neuf genres dans cette famille , d'après la forme du corselet, des antennes et la disposition des anneaux de l'abdomen.

Genre 65. Drile ; *Drilus*, Olivier. (Pl. 9 , fig. 5.)
Étymologie incertaine : Δριλος, nom d'un insecte.
Car. Corselet aussi large que long , arrondi, non bordé, antennes en peigne.

Genre 66. Lyque ; *Lycus*, Fabricius. (Pl. 9 , fig. 4.)
Étym. Λυκòῶ, *je détruis*.
Car. Corselet carré, à tête plus étroite, prolongée en museau ; antennes comprimées, en fil ; corps alongé, aplati.

Genre 67. Lampyre ou Ver-luisant ; *Lampyris*, Linnæus. (Pl. 9 , fig. 1 et 2.)
Étym. Λαμπυρις (Aristote).
Car. Corselet demi-circulaire, cachant la tête ; yeux très-gros ; antennes courtes, filiformes, aplaties, variables, simples ou pectinées.

Genre 68. Malachie ; *Malachius*, Fabricius. (Pl. 9 , fig. 7.)
Étym. Μαλακος, *mou*.
Car. Corselet carré ; antennes à demi dentelées ; des vésicules rétractiles sortant du corselet et de la poitrine.

Genre 69. Téléphore : *Telephorus*, Degéer ; *Cantharis*, Linnæus. (Pl. 9 , fig. 8.)
Étym. Τῆλε, *de loin* ; φορος, *apporté*.
Car. Corselet carré ; antennes simples, très-longues, écartées entre elles ; abdomen plissé latéralement en papilles.

Genre 70. Omalise ; *Omalisus*, Geoffroy. (Pl. 9 , fig. 3.)
Étym. Ομαλιζῶ, *j'aplatis*.
Car. Antennes en fil, rapprochées à la base ; corselet carré, déprimé, présentant deux pointes en arrière.

Genre 71. Mélyre ; *Melyris*, Olivier. (Pl. 9 , fig. 6.)
Étym. Μελύρις, nom incertain.
Car. Corselet aussi large que long, à bords relevés, recouvrant un peu la tête ; corps ovale convexe ; antennes dentelées.

Genre 72. Cyphon : *Cyphon*, Paykull ; *Elodes*, Latreille. (Pl. 9, fig. 9.)

Étym. Κυφός, *bossu.*

Car. Corps raccourci, à corselet étranglé, carré ; antennes simples, non dentées ; bords de l'abdomen non plissés.

DEUXIÈME SOUS-ORDRE. LES HÉTÉROMÉRÉS.

Étym. Ετερος, *diversifiée*, et μερος, *partie.*

Coléoptères à cinq articles aux deux paires des tarses antérieurs, et quatre seulement aux postérieurs.

Ce sous-ordre ne comprend que six familles, dont les caractères principaux sont tirés de la consistance, de la forme et de la disposition des élytres, ainsi que de la configuration des antennes, savoir :

Les Épispastiques (11), à élytres mous, flexibles.

Les Sténoptères (12), à élytres durs, rétrécis ; à antennes dentées.

Les Ornéphiles (13), à élytres durs, larges ; à antennes dentées.

Les Lycophiles (14), à élytres durs, non soudés ; à antennes en masse alongée.

Les Photophyges (15), à élytres durs, soudés ; sans ailes.

Les Mycétobies (16), à élytres durs, non soudés ; à antennes en masse arrondie.

11.ᵉ *Famille.* Les Vésicans ou Épispastiques.

Étym. Ἐπισπασῶ-Ἐπισπάω, *j'extrais, j'attire en dehors.* (Pl. 10.)

Car. A élytres mous, flexibles.

Les dix genres que comprend cette famille, ont été établis principalement d'après la forme des antennes.

Genre 73. Dasyte ; *Dasytes*, Paykull. (Pl. 10, fig. 1.)

Étym. Δασυτης, *lainage, poils follets.*

Car. Corps velu ; élytres de la largeur du corselet ; tarses à premier article plus alongé.

Genre 74. Lagrie ; *Lagria*, Fabricius. (Pl. 10, fig. 2.)

Étym. Λαχνη, *duvet*.

Car. Tête et corselet plus étroits que les élytres ; corps velu ; antennes en chapelet, non coudées, à articles irréguliers, dont le dernier est plus long.

Genre 75. Notoxe ; *Notoxus*, Schæffer ; *Cucule*, Geoffroy. (Pl. 10, fig. 3.)

Étym. Νῶτος, *dos* ; οξὺς, *pointu*.

Car. Antennes grenues ; tête arrondie, reçue dans une cavité du corselet surmonté d'une corne.

Genre 76. Anthice ; *Anthicus*, Paykull. (Pl. 10, fig. 4.)

Étym. Ανθος, *fleurs*.

Car. Antennes en fil, à articles arrondis ; corselet plus étroit que les élytres, noueux, comme étranglé ou arrondi et bossu.

Genre 77. Méloe ; *Meloe*, Linn. (Pl. 10, fig. 5.)

Étymologie obscure, Μελον.

Car. Élytres courts, ne recouvrant pas les ailes ; antennes à articles grenus, souvent irréguliers ; tête plus large que le corselet, qui est carré ; abdomen renflé.

Genre 78. Cantharide : *Cantharis*, Geoffroy, Linnæus ; *Lytta*, Fabr. (Pl. 10, fig. 6.)

Étymologie incertaine, vague : Κανθαρὶς (Aristote).

Car. Antennes droites, en fil, plus longues que la tête et le corselet ; tête en cœur ; crochets des tarses doubles ou comme fourchus.

Genre 79. Cérocome : *Cerocoma*, Geoffr. (Pl. 10, fig. 7.)

Étym. Κομη, *chevelure* ; κερας, *corne*.

Car. Antennes courtes, en masse, à articles irréguliers, quelquefois velus ; corps métallique.

Genre 80. Mylabre : *Mylabris*, Fabr. (Pl. 10, fig. 8.)

Étym. Μυλαβρὶς, *blatte molle* (Aristophane).

Car. Corps oblong, bossu, non métallique ; antennes un peu en masse ; corselet plus étroit que les élytres.

Genre 81. Apale ; *Apalus*, Olivier. (Pl. 10, fig. 9.)

Étym. Απαλος, *mou*.

Car. Corps bossu, oblong ; antennes en fil, des deux tiers de la longueur du corps.

Genre 82. Zonite ; *Zonitis*, Fabricius. (Pl. 10, fig. 10.)

Étym. Ζωσῖτις, *entouré de bandes.*

Car. Antennes filiformes, à articles égaux, de la moitié
de la longueur du corps.

12.ᵉ *Famille.* Les Angustipennes ou Sténoptères.

Étym. de Στενος, *étroites,* et de πτερα, *ailes.* (Pl. 11.)

Car. A élytres durs, rétrécis; à antennes en fil, souvent
dentées.

Six genres composent cette famille : on les distingue entre
eux par la suture des élytres, la forme des antennes et la
présence de l'écusson.

Genre 83. Sitaride; *Sitaris,* Latreille. (Pl. 11, fig. 1.)
Étymologie incertaine.

Car. Elytres écartés en arrière, à suture séparée; antennes
filiformes, courtes.

Genre 84. Œdémère; *Œdemera,* Olivier. (Pl. 11, fig. 2.)
Étym. Οιδεω, *j'enfle;* μερος, *cuisse.*

Car. Elytres à suture séparée en arrière; antennes de plus
de la moitié de la longueur du corps; corselet comme
étranglé au milieu.

Genre 85. Nécydale; *Necydalis,* Fabr. (Pl. 11, fig. 3.)
Étym. Νεκυδαλος (Aristote) : nom d'un insecte.

Car. Elytres à suture continue, à écusson à la base; antennes en fil, plus longues que la tête et le corselet.

Genre 86. Rhipiphore; *Rhipiphorus,* Fabr. (Pl. 11, fig. 4.
C'est une femelle.)

Étym. Ριπις, *éventail;* φορος, *qui porte.*

Car. Antennes en fil, en éventail dans les mâles; élytres à
suture continue, sans écusson à la base.

Genre 87. Mordelle; *Mordella,* Linn. (Pl. 11, fig. 5.)
Étymologie incertaine : peut-être du latin *mordeo.*

Car. Antennes filiformes, en scie; abdomen pointu; élytres
très-rétrécis, à écusson et suture réunis.

Genre 88. Anaspe; *Anaspis,* Geoffr. (Pl. 11, fig. 6.)
Étym. α *privatif;* Ασπις, *écusson.*

Car. Antennes en masse alongée, abdomen pointu; élytres
très-rétrécis, à suture continue et sans écusson à la base.

13.ᵉ *Famille.* Les Sylvicoles ou Ornéphiles.

Étym. : de Oρυη, *forêt, bois*, et de φιλεῶ, *j'aime.* (Pl. 12.)

Car. A élytres durs, larges ; à antennes en fil, souvent dentées.

La forme du corselet et des cuisses, qui varie, a suffi pour faire distinguer les six genres que nous allons indiquer.

Genre 89. Helops ; *Helops*, Fabricius. (Pl. 12, fig. 1.)
Étymologie incertaine : Eλοψ, nom d'un poisson.
Car. Corselet presque carré, échancré en devant ; élytres durs, larges ; antennes en fil.
Genre 90. Serropalpe : *Serropalpus*, Helwigg ; *Melandrya*, Fabricius. (Pl. 12, fig. 2.)
Étym. du latin *serra*, scie ; *palpus*, palpe.
Car. Corselet aussi large que long ; les palpes maxillaires en scie, terminées par un article en forme de hache ; antennes en fil.
Genre 91. Cistèle ; *Cistela*, Fabricius. (Pl. 12, fig. 3.)
Étymologie obscure. Nom donné d'abord par Geoffroy.
Car. Corselet rétréci en devant ; tête petite, inclinée ; yeux en croissant ; antennes souvent dentelées.
Genre 92. Calope ; *Calopus*, Fabricius. (Pl. 12, fig. 4.)
Étym. Kαλος, *beau* ; πᾶς, *pied*.
Car. Antennes filiformes, dentées, très-longues ; corselet arrondi, cylindrique, plus étroit que les élytres ; cuisses postérieures non renflées.
Genre 93. Pyrochre : *Pyrochroa*, Geoff. (Pl. 12, fig. 5.)
Étym. Πυρ, *feu* ; ὦχρος, *jaune*.
Car. Corselet arrondi, déprimé ; tête en cœur, inclinée ; cuisses postérieures simples.
Genre 94. Horie ; *Horia*, Fabricius. (Pl. 12, fig. 6.)
Étymologie incertaine : en latin *horia, une barque*, plante.
Car. Corselet arrondi, convexe ; élytres très-bombés ; cuisses postérieures grosses, renflées ; crochets des tarses dentelés.

14.ᵉ *Famille*. Les Ténébricoles ou Lygophiles.

Etym. Λυγῆ, *ténèbres, obscurité;* φιλεῶ, *j'aime.* (Pl. 13.)

Car. A élytres durs, non soudés ; à antennes grenues, en masse alongée.

On rapporte cinq genres de coléoptères à cette famille : on les distingue par la forme et les proportions du corselet, et par la disposition des jambes de devant.

Genre 95. Upide; *Upis,* Fabricius. (Pl. 13, fig. 1.)
Étymol. incertaine : *Upis;* mythologique, nom de Diane.
Car. Antennes grossissant insensiblement ; corps alongé, plus large en arrière ; corselet cylindrique, plus étroit que les élytres.
Genre 96. Ténébrion ; *Tenebrio,* Linn. (Pl. 13, fig. 2.)
Étymol. en latin, *qui fuit la lumière* (Varron).
Car. Abdomen libre sous les élytres ; antennes grossissant vers le bout ; corselet carré, plat, de la largeur des élytres ; cuisses de devant renflées, à jambes simples.
Genre 97. Pédine ; *Pedinus,* Latreille. (Pl. 13, fig. 3.)
Étymologie incertaine.
Car. Corps ovale; jambes antérieures larges, triangulaires.
Genre 98. Opatre : *Opatrum,* Fabricius; *Asida,* Latreille. (Pl. 13, fig. 4.)
Étymol. incertaine : Οπατρος, *d'un même père?*
Car. Antennes à articles grenus, légèrement poilus; corps renflé ; corselet très-échancré en devant pour recevoir la tête.
Genre 99. Sarrotrie : *Sarrotrium,* Illiger; *Orthocerus,* Latreille. (Pl. 13, fig. 5.)
Étym. Σαρροτριον, *scopula,* un petit balais.
Car. Corselet plat, de la largeur des élytres ; antennes à articles velus.

15.ᵉ *Famille*. Les Lucifuges ou Photophyges.

Étym. φωτος, *de la lumière;* φυγας, *fuyard.* (Pl. 14.)

Car. A élytres très-durs, soudés, sans ailes.

Les neuf genres rapportés à cette famille sont principalement distingués par la forme générale du corps et par celle de leurs pattes ou même de leurs jambes.

Genre 100. BLAPS : *Blaps*, Fabricius. (Pl. 14, fig. 1.)
Étym. βλαξ, *lent, paresseux :* nom du silure, poisson.
Car. Corps bossu, lisse ; à élytres soudés, prolongés en queue.

Genre 101. PIMÉLIE : *Pimelia*, Fabricius. (Pl. 14, fig. 2.)
Étym. Πιμελης, *gras, qui a trop d'embonpoint.*
Car. Corps bossu, ovale, étroit en devant ; corselet arrondi, rebordé ; pattes antérieures dentelées.

Genre 102. EURYCHORE ; *Eurychora*, Thunb. (Pl. 14, fig. 3.)
Étym. Ἐυρύχαρα, *large.*
Car. Corps anguleux ; élytres déprimés, dilatés, concaves ; antennes en fil ; pattes antérieures non dilatées ; corselet en demi-cercle, échancré en devant.

Genre 103. AKIDE ; *Akis*, Herbst. (Pl. 14, fig. 4.)
Étym. ἀκις, *javelot.*
Car. Corps anguleux ; élytres déprimés, dilatés, concaves ; antennes grossissant insensiblement ; pattes de devant non dilatées : corselet tronqué, à deux pointes en arrière.

Genre 104. SCAURE ; *Scaurus*. Fabricius. (Pl. 14, fig. 5.)
Étym. Σκαῦρος, *qui a de gros talons.*
Car. Antennes à dernier article plus long que les autres ; corps oblong : cuisses antérieures très-gonflées ; jambes coudées.

Genre 105. SÉPIDIE ; *Sepidium*, Fabricius. (Pl. 14, fig. 6.)
Étym. Σηπιδιον, *pourriture, la sèche.*
Car. Antennes granulées, à articles égaux ; corselet dilaté et élytres garnis de crêtes ou lignes saillantes.

Genre 106. ÉRODIE ; *Erodius*, Fabricius. (Pl. 14, fig. 7.)
Étym. Ερωδιος, *nom d'un oiseau aquatique.*
Car. Antennes en chapelet ; corps arrondi, bossu ; corselet transverse ; tarses de devant épineux ; cuisses renflées.

Genre 107. ZOPHOSE ; *Zophosis*, Latreille. (Pl. 14, fig. 8.)
Étym. Ζοφωσις, *obscurité.*
Car. Antennes en fil ; corps en carène en-dessous, convexe en-dessus ; corselet court, transversal, échancré en-devant.

Genre 108. TAGÉNIE : *Tagenia*, Latreille ; *Stenosis*, Herbst. (Pl. 14, fig. 9.)

Étymologie ignorée.

Car. Corps lisse, alongé ; à tête et corselet plus étroits que les élytres.

16.ᵉ *Famille.* LES FONGIVORES OU MYCÉTOBIES.

Étym. Μὑκης-ητος, *champignon* : βἰος, *qui se nourrit.* (Pl. 15.)

Car. A élytres durs, non soudés ; à antennes grenues, en masse alongée.

Le nombre des articles qui forment la masse des antennes, a fourni les caractères principaux des genres ; car ce nombre varie de trois à huit. La forme particulière du corselet a présenté ensuite des moyens de distinction, ainsi que la disposition des antennes.

Genre 109. BOLÉTOPHAGE : *Boletophagus*, Illiger ; *Eledona*, Latreille. (Pl. 15, fig. 1.)

Étym. Βολἰτης, *bolet* ; φαγῶ, *je mange.*

Car. Antennes arquées, terminées par sept articles plus grands, triangulaires, aplatis ; mâles à tête et corselet cornus.

Genre 110. HYPOPHLÉE ; *Hypophlæus*, Fabr. (Pl. 15, fig. 2.)

Étym. ὑπὸ, *dessous* ; φλοἰος, *l'écorce.*

Car. Corps linéaire, souvent arrondi ; corselet beaucoup plus long que large ; masse des antennes de sept articles perfoliés.

Genre 111. ANISOTOME ; *Anisotoma*, Knoch. (Pl. 15, fig. 3.)

Étym. Ανἰσα, *inégale* : τομα, *section.*

Car. Corps aplati en-dessous, convexe et ovale en-dessus ; masse des antennes de cinq articles perfoliés qui peuvent s'écarter ou se rapprocher.

Genre 112. AGATHIDIE ; *Agathidium*, Illiger. (Pl. 15, fig. 4.)

Étym. Αγαθἰς-διος, *petite pelotte.*

Car. Corps ovale, plat en-dessous ; élytres ne couvrant pas tout l'abdomen ; masse des antennes de trois articles seulement.

Genre 113. DIAPÈRE ; *Diaperis*, Geoffroy. (Pl. 15, fig. 5.)

Étym. Διαπεἰρω, *je transperce.*

Car. Antennes grenues, perfoliées, en massue à huit articles ; corps ovale, bombé, lisse ; corselet arrondi, rebordé.

Genre 114. Cnodalon ; *Cnodalon*, Latreille. (Pl. 15, fig. 6.)

Étymologie obscure : Κναίδαλον (Hésiode), animal fabuleux.

Car. Corps ovale, bombé ; corselet et tête carrés ; sternum prolongé en pointe ; masse des antennes composée de six articles.

Genre 115. Tétratome ; *Tetratoma*, Herbst. (Pl. 15, fig. 7.)

Étym. Τετρα, *quatre*; τομα, *section*.

Car. Corps bombé, ovale, alongé; corselet arrondi, échancré pour recevoir la tête ; masse des antennes à quatre articles perfoliés.

Genre 116. Cossyphe ; *Cossyphus*, Olivier. (Pl. 15, fig. 8.)

Étymol. vague : Κόσσυφος, *merle, oiseau.*

Car. Antennes en masse perfoliée, de quatre articles; tête cachée sous un corselet en bouclier, comme dans les lampyres ; corps très-plat ; élytres et corselet à rebords foliacés, recouvrant tout le ventre.

Troisième sous-ordre. Les TÉTRAMÉRÉS.

Étymologie : de τετρα, *quatre*, et μερος, *partie, division.*

Coléoptères à quatre articles à tous les tarses.

Ce sous-ordre comprend cinq familles et deux genres anomaux : leurs caractères sont tirés de l'insertion des antennes, de la forme de ces antennes et de la disposition générale du corps.

Les Rhinocères (17), dont les antennes sont portées sur un bec, prolongement du front.

Les Cylindroïdes (18), dont le corps est cylindrique et les antennes en masse.

Les Omaloïdes (19), à corps aplati et à antennes en masse.

Les Xylophages (20), dont les antennes sont en soie.

Les Phythophages (21), dont les antennes sont en fil, et le corps arrondi.

Les deux genres anomaux sont les genres Spondyle et Cucuje.

17.ᵉ *Famille*. Les Rostricornes ou Rhinocéres.

Étym. : de Ῥίν - ῥίνος, *nez*, et de κερας, *corne*. (Pl. 16.)

Car. Antennes portées sur un bec ou prolongement du front.

Onze genres sont rangés dans cette famille, et leur caractère essentiel est tiré de la forme des antennes, qui sont, ou non, en masse, et dont le mode d'articulation varie, ainsi que leur insertion. La forme du corps, de la tête et des tarses, a été également prise en considération.

Genre 117. Bruche : *Bruchus*, Linn. ; *Mylabris*, Geoffroy. (Pl. 16, fig. 1.)
Étym. Βρύκῶ, *je ronge*.
Car. Corps ovale, comme bossu, carené en-dessous ; tête ovale, verticale, portée sur un col ; antennes droites, en fil, grossissant insensiblement ; élytres comme tronqués ; abdomen pointu ; cuisses postérieures renflées.
Genre 118. Becmare ; *Rhinomacer*, Geoff. (Pl. 16, fig. 2.)
Étym. Ῥίν, *nez*, μακρος, *long*.
Car. Corps en poire, plat en-dessus ; antennes filiformes, non coudées, portées au bout d'un bec plat.
Genre 119. Anthribe ; *Anthribus*, Geoffroy. (Pl. 16, fig. 3.)
Étym. Ανθος, *fleurs* ; τρίϐῶ, *je détruis*.
Car. Antennes portées sur un bec court, plat, en masse non brisée ; abdomen comme tronqué.
Genre 120. Brachycère ; *Brachycerus*, Oliv. (Pl. 16, fig. 4.)
Étym. Βραχύς, *courte* ; κερας, *antenne*.
Car. Corps court, renflé, inégal, raboteux ; tête verticale, engagée, à bec court, tronqué ; antennes courtes, comme tronquées et obtuses à l'extrémité ; élytres soudés, sans ailes, embrassant l'abdomen.
Genre 121. Attelabe ; *Attelabus*, Linn. (Pl. 16, fig. 5.)
Étym. Αττελαϐος, Aristote , *insecte qui ronge les fruits*.
Car. Antennes non brisées, en masse alongée ; tête et corselet plus étroits que les élytres ; trompe courte, comme étranglée ; avant-dernier article des tarses à deux lobes.
Genre 122. Oxystome ; *Oxystoma*, Duméril. (Pl. 16, fig. 6.)
Étym. οξυς, *pointu* ; στομα, *bouche*.

Car. Antennes en masse , non brisées; tête et corselet pointus en alène ; abdomen ovale.

Genre 123. Charanson; *Curculio*, Linn. (Pl. 16, fig. 7.)

Étym. obscure. *Gurgulio* (Varr.). Γοργωλως, *qui regarde de travers.*

Car. Antennes coudées, à premier article très-long, les trois derniers en masse ; corps arrondi, ové ; élytres bombés, souvent réunis, sans écusson ; cuisses gonflées en fuseau.

Genre 124. Orcheste; *Orchestes*, Illiger. (Pl. 16, fig. 8.)

Étym. Ὄρχηστής, *sauteur.*

Car. Antennes insérées au milieu d'un bec alongé. coudé sous le ventre ; cuisses postérieures renflées, propres au saut.

Genre 125. Ramphe; *Ramphus* , Clairville. (Pl. 16, fig. 9.)

Étym. Ραμφος, *bec.*

Car. Antennes coudées, terminées par une masse, insérées au-devant des yeux.

Genre 126. Lixe; *Lixus*, Fabricius. (Pl. 16, fig. 10.)

Étymologie incertaine; peut-être de *prolixus*, alongé.

Car. Corps alongé, cylindrique; bec prolongé, portant vers l'extrémité des antennes coudées ; yeux à la base de la tête ; élytres souvent pointus, formant une fourche.

Genre 127. Brente; *Brentus*, Fabricius. (Pl. 16, fig. 11.)

Étym. Βρενθος, *oiseau*, nom du grêbe (Aristote.)

Car. Corps excessivement·alongé, cylindrique ; tête très-longue, non inclinée ; antennes courtes, non brisées ; corselet très-long ; élytres plus longs que le ventre.

18.ᵉ *Famille.* Les Cylindriformes ou Cylindroïdes.

Etym. : Κύλινδρος, *arrondie*; ἰδέα, *forme, figure.* (Pl. 17.)

Car. Coléoptères à corps cylindrique ; à antennes en masse non portées sur un bec.

La forme du corselet, des antennes et du ventre, a permis de distinguer les cinq genres que l'on rapporte à cette famille.

Genre 128. Apate ; *Apate*, Fabricius. (Pl. 17, fig. 1.)

Étym. Απατῆ, *fraude.*

Car. Corselet bossu , plus large que la tête ; antennes en massue perfoliée.

Genre 129. Bostriche; *Bostrichus*, Geoffr. (Pl. 17 , fig. 2.)
Étym. Βόσθριχος, *frisure.*
Car. Tête petite. verticale, engagée dans le corselet ; antennes courtes, en masse solide. comprimée ; élytres arrondis ; jambes de devant élargies.

Genre 130. Scolyte ; *Scolytus* , Geoffroy. (Pl. 17 , fig. 3.)
Étym. Σκολίστης, *tortuosité.*
Car. Corps comme tronqué obliquement en arrière ; antennes courtes , en masse solide : tête engagée dans un corselet en capuchon.

Genre 131. Nécrobie : *Necrobius*, Latr. ; *Corynetes*, Fabr. (Pl. 17 , fig. 4.)
Étym. Νεκρος, *corps mort , cadavre;* βὶος, *qui se nourrit.*
Car. Corselet rétréci en arrière, comme rebordé; antennes grossissant insensiblement.

Genre 132. Clairon ; *Clerus*, Geoffroy. (Pl. 17 , fig. 5.)
Étym. Κλῆρος, Arist. , *insecte des ruches.*
Car. Corselet rétréci en arrière, non rebordé ; antennes en masse de trois articles.

Genres anomaux de ce sous-ordre des Tétramérés.

Genre 133. Spondyle ; *Spondylis* , Fabricius. (Pl. 17 , fig. 6.)
Étymologie incertaine : Σπονδυλη , *vertèbre.*
Car. Antennes de même grosseur , filiformes , un peu aplaties, au plus de la longueur du corselet, qui est globuleux.

Genre 134. Cucuje; *Cucujus*, Fabricius. (Pl. 17 , fig. 7 , et pl. 7 , fig. 3.)
Étymologie incertaine : nom brésilien, *cucujo.*
Car. Corps très-aplati , ovale, oblong ; antennes très-longues, en fil, à articles velus.

19.ᵉ *Famille.* Les Planiformes ou Omaloïdes.

Étym. Ομαλος, *plate;* ιδεα, *forme.* (Pl. 7.)
Car. Corps très-plat , déprimé, antennes en masse, non portées sur un bec.

La largeur de l'abdomen et la forme des antennes ont fourni les caractères des six genres rapportés à cette famille.

Genre 135. LYCTE ; *Lyctus*, Paykull. (Pl. 7, fig. 1.)

Étym. Λυγτος, *lisse, poli*.

Car. Corps linéaire ; antennes en masse solide ; mandibules saillantes.

Genre 136. COLYDIE ; *Colydium*, Paykull. (Pl. 7, fig. 2.)

Étymologie ignorée.

Car. Corps linéaire ; antennes courtes, en masse perfoliée.

Genre 137. TROGOSITE ; *Trogosita*, Olivier. (Pl. 7, fig. 4.)

Étym. Τρωγῶ, *je ronge;* σιτος, *le blé*.

Car. Corps ovale; antennes en masse aplatie ; corselet plat ; mandibules fortes.

Genre 138. IPS ; *Ips*, Fabricius. (Pl. 7, fig. 5.)

Étymologie incertaine : Iψ, *ver qui ronge le bois* (Aristote).

Car. Corps ovale; corselet convexe ; antennes en massue de la longueur de la tête et du corselet.

Genre 139. MYCÉTOPHAGE ; *Mycetophagus*, Fabr. (Pl. 7, fig. 6.)

Étym. Μυκετός, *mousse;* φαγος, *mangeur*.

Car. Corps ovale, à élytres rebordés ; antennes courtes, en massue très-alongée.

Genre 140. HÉTÉROCERE ; *Heterocerus*. Fabricius, Bosc. (Pl. 7, fig. 7.)

Étym. Ετερος, *diverse;* κερας, *corne*.

Car. Corps ovale ; à élytres dilatés sur les bords ; antennes en masse très-courtes ; toutes les jambes dentelées. élargies.

20.ᵉ *Famille.* LES LIGNIVORES OU XYLOPHAGES.

Étym. Ξυλόν, *bois*, et φαγος, *mangeur.* (Pl. 18.)

Car. Antennes longues, en soie, non portées sur un bec.

La forme des élytres, du corselet, et la disposition, ainsi que le mode d'insertion, des antennes, ont fait partager cette famille en huit genres, comme il suit.

Genre 141. RHAGIE ; *Rhagium*, Fabricius. (Pl. 18, fig. 1.)

Étymologie incertaine : Ρηγίον, *rupture*.

Car. Antennes courtes ou pas plus longues que la moitié

du corps. très-rapprochées à leur insertion ; tête large, rétrécie en arrière ; corselet étroit, épineux ; élytres rétrécis à leur pointe.

Genre 142. Lepture; *Leptura*, Linn. (Pl. 18 , fig. 2.)

Étym. Δεπτος , *mince, rétrécie*; ὐρὰ, *queue.*

Car. Corps et élytres rétrécis en arrière ; corselet non épineux, plus étroit en devant.

Genre 143. Molorque ; *Molorchus*, Fabr. (Pl. 18 , fig. 3.)

Étymologie incertaine, mythologique : Μολορχος, *vieillard d'Arcadie.*

Car. Antennes insérées au-devant des yeux ; élytres très-courts, ne couvrant pas les ailes, qui ne se plient pas en travers.

Genre 144. Callidie ; *Callidium*, Fabricius. (Pl. 18 , fig. 4.)

Étym. Καλος, *belle*; ιδεα , *forme.*

Car. Corps un peu déprimé ; corselet arrondi ou globuleux, sans épines, presque aussi large que long ; élytres voûtés, non rétrécis.

Genre 145. Saperde : *Saperda*, Fabricius. (Pl. 18, fig. 5.)

Étym. obscure. Σαπερδης, nom d'un poisson dans Athénée.

Car. Corps alongé, convexe ; élytres d'égale largeur ; corselet arrondi, plus long que large , sans épines.

Genre 146. Capricorne : *Cerambyx*, Linn. (Pl. 18 . fig. 6 , et Pl. 59 , fig. 1 et 2.)·

Étym. Κερας, *corne*; βυς, *bœuf.*

Car. Antennes insérées entre les yeux ; corps étroit, déprimé ; corselet épineux ; cuisses et jambes déprimées.

Genre 147. Lamie ; *Lamia*, Fabricius. (Pl. 18 , fig. 7.)

Étym. Λαμια, nom d'un poisson, sorte de squale.

Car. Antennes insérées entre les yeux ; corps arrondi, cylindrique ; tête très-inclinée ; abdomen ovale, renflé ; cuisses arrondies, souvent gonflées.

Genre 148. Prione ; *Prionus*, Fabricius. (Pl. 18 , fig. 8.)

Étym. Πριον-ονος, *une scie.*

Car. Corps déprimé ; tête très-inclinée ; antennes variables, insérées au-devant des mandibules ; corselet à bords dentelés ou épineux.

21.ᵉ *Famille.* LES HERBIVORES OU PHYTOPHAGES.

Étym. Φυτὸν, *plante*, et φαγος, *mangeur.* (Pl. 19 et 20.)

Car. Antennes filiformes, longues, à articles arrondis;
corps bombé.

Cette famille nombreuse se partage en deux groupes:
les genres dont les antennes sont tout-à-fait en fil, et ceux
dans lesquels l'extrémité libre des antennes est un peu plus
grosse; les caractères sont d'ailleurs très-distincts.

Genre 149. DONACIE; *Donacia*, Fabricius. (Pl. 19, fig. 1.)
Étym. Δοναξ, *roseau.*

Car. Abdomen un peu déprimé; élytres plus larges que
le corselet et la tête, légèrement rétrécis à l'extrémité;
corselet non épineux; corps le plus souvent métallique.

Genre 150. CRIOCÈRE; *Crioceris*, Geoffroy. (Pl. 19, fig. 2.)
Étym. Κριὸς, *belier;* κερας, *corne.*

Car. Corps lisse, poli; tête plus large que le corselet, qui
est étroit, cylindrique.

Genre 151. HISPE; *Hispa*, Linn. (Pl. 19, fig. 3.)
Étymologie obscure, peut-être du latin *hispidus*, hérissé.

Car. Antennes en fil; corselet plus étroit que les élytres;
tout le corps couvert d'épines.

Genre 152. HÉLODES; *Helodes*, Paykull. (Pl. 19, fig. 4.)
Étymologie inconnue. Ἑλώδης, *des marais?*

Car. Antennes de la longueur au plus de la tête et du
corselet, qui est plat, plus large que la tête.

Genre 153. LUPÈRE; *Luperus*, Geoffroy. (Pl. 19, fig. 5.)
Étym. Λυπηρος, *triste.*

Car. Antennes presque aussi longues que le corps; corselet court, plat, inégal, de la largeur des élytres.

Genre 154. GALÉRUQUE; *Galeruca*, Geoff. (Pl. 19, fig. 6.)
Origine inconnue.

Car. Corselet légèrement aplati; antennes à articles grenus,
n'atteignant pas la longueur du corps; cuisses postérieures non renflées.

Genre 155. GRIBOURI; *Cryptocephalus*, Geoff. (Pl. 19, fig. 7.)
Étym. Κρυπτος, *cachée*, et κεφαλὴ, *tête.*

Car. Antennes simples en fils très-longs; corps raccourci;
à tête cachée dans un corselet comme bossu.

Genre 156. CLYTHRE; *Clythra*, Laicharting. (Pl. 20, fig. 9.)
Étymologie incertaine : Κλυθρῆ; *Melolontha* de Geoffroy.

Car. Antennes en scie, au moins à l'extrémité ; corps raccourci ; tête rentrant dans un corselet comme bossu.

Genre 157. ALTISE; *Altica*, Geoffroy. (Pl. 20, fig. 8.)
Étym. Αλτικος, *sauteur*.

Car. Antennes en fil, de la moitié de la longueur du corps ; corselet court, inégal, transversal ; cuisses postérieures renflées, propres au saut.

Genre 158. CHRYSOMÈLE; *Chrysomela*, Linn. (Pl. 20, fig. 10.)
Étym. Χρυσος, *d'or*, et de μηλα, *pomme, boule.*

Car. Antennes très-peu renflées ; corps ovale, arrondi aux extrémités ; corselet plat, rebordé, arrondi sur les côtés, échancré au devant.

Genre 159. EUMOLPE; *Eumolpus*, Kugellan. (Pl. 20, fig. 11.)
Étym. mythol. Nom d'un Athénien. Ευμολπος, *beau chant.*

Car. Antennes longues, grossissant un peu à la pointe, à derniers articles presque triangulaires ; corselet comme bossu, cachant la tête, qui est verticale.

Genre 160. ALURNE; *Alurnus*, Fabricius. (Pl. 20, fig. 12.)
Étymologie incertaine : Αλουρνος, *pourpre, rouge.*

Car. Corselet court, inégal ; élytres plus longs que l'abdomen d'un tiers, à grand écusson ; articles des tarses très-développés, veloutés en-dessous.

Genre 161. ÉROTYLE; *Erotylus*, Fabricius. (Pl. 20, fig. 13.)
Étymol. vague : Ερωτυλος, *amoureux; Émeraude* (Pline).

Car. Antennes grossissant insensiblement, à derniers articles plats, perfoliés; élytres très-larges, comme bossus, tête petite.

Genre 162. CASSIDE ; *Cassida*, Linn. (Pl. 20, fig. 14.)
Étymologie : du latin *Cassida*, bouclier.

Car. Antennes grossissant insensiblement ; corselet cachant la tête ; élytres débordant le corps, très-plat en-dessous, très-convexe en-dessus.

QUATRIÈME ET DERNIER SOUS-ORDRE. LES TRIMÉRÉS.

22.ᵉ *et* 23.ᵉ *Familles.* LES TRIDACTYLES et DIMÉRÉS.

Étym. τρεις, *trois,* et μερος, *division.* (Pl. 21 et 22.)

Car. Trois articles à tous les tarses.

Ces insectes forment un seul groupe, auquel on n'a pas cru devoir donner jusqu'ici d'autre nom que celui de sous-ordre : il comprend de très-petits insectes en général, dont les caractères sont tirés de la forme des antennes et du corselet.

Genre 163. DASYCÈRE; *Dasycerus,* Brongn. (Pl. 21, fig. 1.)
Étym. Δασὺς, *velue;* κερας, *corne.*
Car. Tarses entiers, non bilobés; antennes un peu en masse, à derniers articles globuleux et velus; tête plus large que le corselet.
Genre 164. ENDOMYQUE; *Endomychus,* Payk. (Pl. 21, fig. 2.)
Étym. Ενδομυχω, *je me cache dans l'intérieur.*
Car. Antennes plus longues que le corselet, en fil, grenues; corps aplati en-dessous, convexe en-dessus; corselet plus étroit que les élytres, qui entourent l'abdomen.
Genre 165. EUMORPHE; *Eumorphus,* Weber. (Pl. 21, fig. 3.)
Étym. Εὐ, *belle;* μορφῆ, *forme.*
Car. Antennes plus longues que la tête et le corselet, terminées en massue de trois articles; élytres dilatés en dehors; toutes les jambes courbées.
Genre 166. SCYMNE; *Scymnus,* Herbst. (Pl. 21, fig. 4.)
Étymologie incertaine. Σκυμνος, *petit chat.*
Car. Corps hémisphérique, plat en-dessous, convexe en-dessus; corselet et élytres rebordés; base des élytres accolée au corselet.
Genre 167. COCCINELLE : *Coccinella,* Linn. (Pl. 21, fig. 5, et 22, fig. 1 et 2.)
Étym. Diminutif de *coccus, coccionella.*
Car. Corps hémisphérique, plat en-dessous, une échancrure entre le corselet et la base des élytres; antennes en massue tronquée, plus courtes que la tête et le corselet.
Genre 168. PSÉLAPHE; *Psclaphus,* Herbst. (Pl. 22, fig. 3.)
Étym. Ψηλαφαῶ, *je tâtonne, je cherche en palpant.*

Car. Antennes grossissant insensiblement, à dernier article plus gros : palpes alongés : élytres raccourcis.

Genre 169. CHENNIE ; *Chennium*, Latreille. (Pl. 22, fig. 4.)

Étym. Nom d'un poisson dans Athénée, Χεννιον.

Car. Antennes monili ormes, a articles perfoliés, de la longueur de la moitié du corps ; élytres raccourcis.

Genre 170. CLAVIGERE ; *Clavigerus*, Panzer. (Pl. 22, fig. 5.)

Étym. Nom latin. *clavum gero*, porte-masse.

Car. Antennes de six articles, à troisième et sixième plus longs : élytres raccourcis.

Second Ordre. LES ORTHOPTÈRES.

Étym. Ο Θρ. *droites* ; πτερα, *ailes*. (Pl. 23, 24 et 25.)

Car. essentiels : des élytres : des mâchoires ; les ailes membraneuses plissées sur leur longueur ; métamorphose incomplète.

Quatre familles composent cet ordre. Dans la première sont comprises les espèces qui ont les élytres réunis par une sorte de suture moyenne, et des ailes qui, quoique plissées, sont aussi pliées en travers. Dans une autre famille les cuisses postérieures sont beaucoup plus longues que celles des autres pattes, et servent au saut. La disposition de la tête, qui est cachée sous un corselet large, chez les uns, et dégagée chez les autres, a permis de les séparer en deux familles, qui sont peu nombreuses en genres.

24.ᵉ *Famille.* Les FORFICULES ou LABIDOURES.

Étym. Δαξις-ιδος, *tenailles*, et ουρα, *queue*.

Car. Antennes de même grosseur de la base à la pointe : pattes égales entre elles, terminées par trois articles, dont l'avant-dernier est à deux lobes : abdomen terminé par deux crochets en pince mobile.

Genre 171. PERCE-OREILLE ; *Forficula*, Linn. (Pl. 23, fig. 5.)

Étym. *Forficula*, une petite pince.

Car. Les mêmes que ceux de la famille, que ce genre forme à lui seul.

25.ᵉ *Famille.* Les Blattes ou Omalopodes.

Étym. Ομαλος, *aplati;* πᾶς. *pied.*

Car. Antennes en soie, souvent très-longues ; corps très-déprimé ; corselet arrondi en bouclier, cachant la tête et l'origine des élytres ; abdomen terminé par deux appendices ; pattes très-comprimées, surtout dans les hanches, les cuisses, les jambes, qui sont épineuses ; tarses à cinq articles.

Genre 172. Blatte ; *Blatta*, Linn. (Pl. 25, fig. 4.)
De βλαπτῶ, *je nuis.*
Car. Les mêmes que ceux de la famille, car les espèces ont été jusqu'ici rapportées à un seul genre.

26.ᵉ *Famille.* Les Difformes ou Anomides.

Étym. Ανομίος, *singulière, bizarre ;* ἰδέα, *forme, figure.*
(Pl. 25.)

Car. Corps alongé ; tête dégagée du corselet ; pattes antérieures plus larges ou plus longues que les autres ; tous les tarses à cinq articles.

La forme des pattes de devant, des antennes et de l'abdomen, distingue parfaitement les trois genres qui sont réunis dans ce groupe.

Genre 173. Mante ; *Mantis*, Linn. (Pl. 25, fig. 1.)
Étym. Μαντὶς, nom grec de l'insecte, qui signifie aussi *devin, sorcier.*
Car. Hanches antérieures très-developpées ; jambes courtes, terminées par un crochet ; tête verticale, à antennes variables en soie ou en peigne.
(Les espèces à cuisses dilatées vers la jambe forment le genre *Ampusa* d'Illiger.)
Genre 174. Phyllie ; *Phyllium*, Illiger. (Pl. 25, fig. 2.)
Étym. Φὺλλίον, *feuille.*
Car. Pattes antérieures à hanches courtes ; cuisses et jambes dilatées, membraneuses ; abdomen et élytres excessivement élargis ; antennes variables.

Genre 175. Phasme ou Spectre ; *Phasma*, Fabr. (Pl. 23, fig. 5.)
Étym. Φασμα, *prodige*.
Car. Corps linéaire, très-alongé, le plus souvent sans ailes ;
pattes de devant très-longues, surtout les jambes ; antennes en soie, très-longues dans les mâles.

27.ᵉ *Famille.* Les Grylliformes ou Grylloïdes.

Étym. Γρυλλος, *gryllon*; ιδεα, *forme*. (Pl. 24 et 25.)

Car. Cuisses postérieures beaucoup plus longues et plus
grosses que celles des autres pattes, et propres au sauf.

Les huit genres rapportés à cette famille sont distingués
entre eux par la forme des antennes, qui varient beaucoup,
car elles sont en soie, en fil ou en prisme ; par le nombre
des articles aux tarses, qui varient de trois à quatre.

Genre 176. Locuste ; *Locusta*, Geoffr. (Pl. 24, fig. 1.)
Étym. Nom latin dans Pline.
Car. Antennes en soie très-longues ; élytres en toit ; femelles
à tarière longue, saillante ; tête encapuchonnée par le
corselet.
Genre 177. Truxale ; *Truxalis*, Fabricius. (Pl. 24, fig. 3.)
Étym. Nom ancien Τρυξαλὶς, *sorte de sauterelle*, Pline,
l. 30, ch. 6.
Car. Antennes prismatiques, comprimées ; front prolongé
en pointe pyramidale.
Genre 178. Sauterelle ; *Gryllus*, Linn. (Pl. 25, fig. 4, et
Pl. 59, fig. 3, 4.)
Étym. Γρυλλος, *gryllus*, Pline, liv. 29, ch. 6.
Car. Antennes non en soie, mais en fil, ou renflées à l'ex-
trémité ; corselet non prolongé en arrière entre les ély-
tres ; tarses à trois articles seulement.
Genre 178 *bis.* Pneumore ; *Pneumora*, Thunb. (Pl. 24, fig. 2.)
Étym. Πνεῦμα, *soufle, air, vent*, et de οραομαι, *je vois*.
Car. Antennes en fil ; pattes postérieures guères plus lon-
gues que le corps ; abdomen vésiculeux, comme vide.
Genre 179. Criquet, *Acrydium*, Geoffroy. (Pl. 25, fig. 5.)
Étym. Ακριδιον (Aristote) ; *petite sauterelle, parva locusta.*

Car. Élytres remplacés par un prolongement du corselet, formant un écusson sous lequel se trouvent les ailes ; antennes en fil.

Genre 180. GRYLLON ; *Acheta*, Linn. (Pl. 25 , fig. 6.)

Étym. Αχεταὶ , *sorte de cigale*, Aristote.

Car. Antennes en soie ; tête arrondie, reçue sous un corselet plus large que long ; pattes de devant simples ; femelles à tarière arrondie.

Genre 181. TRIDACTYLE : *Tridactylus*, Olivier ; *Xya*, Illig. (Pl. 25 , fig. 8.)

Étym. Τρυδακτυλος , *tripollicaris*, à trois doigts.

Car. Antennes courtes en fil ; pattes de devant simples ; tarses postérieurs garnis d'appendices étroits, crochus, en forme de crochets ou de doigts.

Genre 182. COURTILLÈRE ; *Gryllo-talpa*, Latr. (Pl. 25 , fig. 7.)

Étym. Deux mots latins. *Gryllon-taupe.*

Car. A jambes antérieures et tarses aplatis, dentelés en forme de scie et de ciseaux propres à fouir la terre : antennes en soie ; ailes prolongées en deux pointes plus longues que l'abdomen.

TROISIÈME ORDRE. LES NÉVROPTÈRES.

Étym. Νευρὸν , *nerfs* , et πἰερα , *ailes*. (Pl. 26 , 27 et 28.)

Car. Quatre ailes nues, d'égale consistance, à nervures ou lignes saillantes en réseau, ou maillées ; des mâchoires.

La conformation de la bouche, en rapport avec les mœurs des différens genres, a indiqué leur distribution en trois familles, ainsi que la disposition des ailes.

28.ᵉ *Famille.* LES TECTIPENNES OU STÉGOPTÈRES.

Étym. Στέγος , *un toit, qui recouvre* ; πἰερα , *ailes*. (Pl. 26 et 27.)

Car. Ailes en toit sur le corps dans l'état de repos ; bouche découverte et à parties très-distinctes.

Les neuf genres qui composent cette famille, sont distingués entre eux, d'abord par le nombre des articles aux tarses, qui varie de deux à cinq ; ensuite par la forme des antennes, du front et de l'abdomen.

Genre 183. FOURMILION : *Myrmeleon*, Linn. (Pl. 26, fig. 1.)
Étym. Μυρμεξ, *fourmi* ; λεον, *lion*.
Car. Antennes courtes, crochues, un peu en fuseau ; abdomen très-étroit et très-long ; ailes supérieures et inférieures à peu près d'égale largeur ; tarses à cinq articles.

Genre 184. ASCALAPHE ; *Ascalaphus*, Fabr. (Pl. 27, fig. 2, et Pl. 59, fig. 5.)
Étym. vague : Ασκαλαφος, nom mythologique d'un oiseau.
Car. Antennes presque de la longueur du corps, terminées en massue ou en bouton ; abdomen velu, plus court que les ailes ; tarses à cinq articles.

Genre 185. TERMITE ; *Termes*, Degéer. (Pl. 26, fig. 3, 3 a.)
Étym. inconnue : ver qui ronge le bois (Festus Pompejus).
Car. Antennes en soie ; ailes très-longues, formant un toit plat sur le corps (nulles dans les neutres) : tarses à trois articles seulement.

Genre 186. PSOQUE ; *Psocus*, Latreille. (Pl. 26, fig. 4.)
Étym. Ψω-ψωκω, *je réduis en poudre* (*minutatim separo*).
Car. Antennes longues en soie ; ailes très-minces, à reflet irisé, en toit, planes à la base ; une tarière en scie dans les femelles ; corselet ridé ; moins de cinq articles aux tarses.

Genre 187. HÉMÉROBE ; *Hemerobius*, Linn. (Pl. 26, fig. 5.)
Étym. Ημεροβιος, de Ημερα, *jour* ; βιος, *vie*.
Car. Antennes en soie, très-longues et très-grêles ; cinq articles aux tarses.

Genre 188. PANORPE ; *Panorpa*, Linn. (Pl. 27, fig. 6.)
Étymol. incertaine : *an* Παρνοπης? sorte d'insecte.
Car. Tête verticale, prolongée en forme de trompe ; à antennes en soie, longues ; ailes étroites, en toit horizontal dans le repos ; cinq articles aux tarses.

Genre 189. NÉMOPTÈRE, *Nemoptera*, Latr. (Pl. 27, fig. 7.)
Étym. Νημα, *fil* ; πτερα, *ailes*.
Car. Ailes supérieures écartées, presque ovales ; inférieures très-longues, linéaires, en forme de queues.

Genre 190. Raphidie; *Raphidia*, Linn. (Pl. 27, fig. 8.)
Étym. Ραφὶς-ίδος, *aiguille.*

Car. Tête alongée, ovale, large, arrondie derrière, portée
sur un corselet étroit, cyliudrique; tarses à quatre articles.

Genre 191. Semblide; *Semblis*, Fabricius. (Pl. 27, fig. 9.)
Étymologie incertaine.

Car. Ailes en toit plan à la base; tête horizontale; antennes en soie; abdomen arrondi à l'extrémité; tarses
à cinq articles.

Genre 192. Perle; *Perla*, Geoffroy. (Pl. 27, fig. 10.)
Étymologie: du nom d'une espèce.

Car. Ailes formant une sorte de gaine au corps: abdomen
prolongé en deux longues soies articulées comme des
antennes; trois articles aux tarses.

29.ᵉ *Famille.* Les Buccelés ou Agnathes.

Étym. α, *sans;* γναθος, *mâchoire.* (Pl. 28, n.ᵒˢ 1 à 4.)

Car. Bouche très-petite, distincte seulement par les palpes.

Deux genres composent cette petite famille; on les reconnoit à la forme des antennes, qui est fort différente.

Genre 193. Frigane; *Phryganea*, Linn. (Pl. 28, fig. 1, 2, 3.)
Étym. Φρυγανιον, *un fagot de petit bois.*

Car. Antennes en soie, souvent plus longues que le corps;
ailes en toit; les inférieures plissées en long; cinq articles aux tarses.

Genre 194. Éphémère; *Ephemera*, Linn. (Pl. 28, fig. 4 et 5.)
Étym. Εφημερος, *qui dure un jour.*

Car. Antennes très-courtes, de trois articles, dont le dernier est un poil; ailes dressées dans le repos, les inférieures très-petites ou nulles; pattes de devant très-longues; abdomen terminé par deux ou trois longues soies.

30.ᵉ *Famille.* Les Libelles ou Odonates.

Étym. ὀδὺς, *dent,* γναθος, *mâchoire.* (Pl. 28.)

Car. A bouche très-distincte, couverte par la lèvre inférieure comme par un masque : antennes très-courtes, en soie.

La proportion de la tête, le port des ailes ont servi pour distinguer les genres.

Genre 195. LIBELLULE : *Libellula*, Linn. (Pl. 28, fig. 6 et 7.)

Étym. Du latin *Libellus*, un petit livre, un livret.

Car. Tête sphérique, presque aussi longue que large, à front vésiculeux ; ailes étalées, horizontales dans l'état de repos.

Genre 196. AGRION : *Agrion*, Fabricius. (Pl. 28, fig. 8 et 9.)

Étym. Ἀγριος, *féroce, cruel*.

Car. Tête large, transversale, à front plat, à yeux distans, globuleux ; ailes verticales, dressées dans l'état de repos.

QUATRIÈME ORDRE. LES HYMÉNOPTÈRES.

Étym. Ὑμὴν-ένος, *membrane*; πlερα, *ailes*. (Pl. 29 — 55.)

Car. Quatre ailes nues, veinées ou à principales nervures en longueur ; des mâchoires ; cinq articles à tous les tarses.

Cet ordre, qui comprend huit familles, se partage d'abord en deux groupes, dont l'un, tout-à-fait naturel, comprend les espèces dont l'abdomen est appliqué immédiatement contre le corselet, sans pédicule ou pétiole intermédiaire, et qui proviennent de larves munies de pattes ou de fausses-chenilles. Les autres, qui ont le ventre joint au corselet par un pédicule, dont les larves ressemblent à des sortes de vers sans pattes, offrent ensuite de grandes différences : ainsi les unes ont la lèvre inférieure et les mâchoires beaucoup plus longues que les mandibules, tandis que chez les autres ces parties ne sont pas extrêmement développées. Parmi ces dernières il en est qui ont le ventre concave, et qui se roulent en boule dans le danger ; chez les autres, qui n'offrent pas cette particularité, on remarque que les ailes supérieures sont tantôt pliées en double sur leur longueur, ou toujours étalées. La forme des antennes et le nombre de leurs articles ont ensuite servi à caractériser les autres familles.

31.e *Famille*. LES APIAIRES OU MELLITES.

Étym. Μελιτ7α , *abeilles*. (Pl. 29 et 30.)

Car. A abdomen pédiculé; lèvre inférieure et mâchoires plus longues que les mandibules, formant une trompe.

Les genres sont établis d'après la forme de la lèvre supérieure, de la tête, des antennes et des tarses : ils sont au nombre de dix.

Genre 197. ABEILLE; *Apis*, Linn. (Pl. 29, fig. 4, *a, b, c.*)
Étym. *Apes*, de *a*, sans, *pes*, pattes (parce que l'insecte naît d'une larve sans pattes, *trunca pedum primo*).
Car. A lèvre supérieure ne couvrant pas la bouche; antennes en fil, brisées, moins longues que la tête et le corselet, qui sont à peu près d'égale largeur.

Genre 198. BOURDON; *Bombus*, Latreille; *Bremus*, Jurine. (Pl. 29, fig. 2.)
Étym. Βομβος, *bourdonnement des abeilles*.
Car. Lèvre supérieure ne recouvrant pas la bouche; antennes cylindriques, brisées, atteignant au plus la longueur du corselet; corselet bossu, très-velu, beaucoup plus large que la tête.

Genre 199. PHYLLOTOME : *Phyllotoma ; Anthophora*, Fabricius (porte-fleurs) ; *Megachile* , Latreille (grande mâchoire). (Pl. 29, fig. 3 et 3 *a*.)
Étym. Φυλλὸν, *feuille;* τομα, *coupe.*
Car. des abeilles; mais l'abdomen non conique, ovale, convexe en-dessous; tarses très-peu dilatés.

Genre 200. XYLOCOPE; *Xylocopa*, Latreille. (Pl. 29, fig. 1.)
Étym. Ξυλὸν, *bois;* κοπος, *coupeur;* ξυλοκοπος, *bucheron.*
Car. Lèvre supérieure alongée, dure, ne couvrant pas toute la bouche ; mandibules fortes, à deux ou trois dentelures; tête plus large que le corselet; abdomen à poils roides, rares.

Genre 201. EUGLOSSE; *Euglossa*, Latreille. (Pl. 30, fig. 5.)
Étym. Εὐ, *quelle belle;* γλωσσα, *langue.*
Car. Corps lisse; à tête large; abdomen conique, pédiculé, mais comme tronqué à la base; pattes postérieures très-développées, à jambes terminées par une épine.

Genre 202. EUCÈRE ; *Eucera*, Scopoli. (Pl. 30 , fig. 6.)

Étym. Εὐ , *quelle belle* ; κερας , *corne, antenne.*

Car. Antennes filiformes , à peine brisées , beaucoup plus longues que la tête et le corselet.

Genre 203. NOMADE ; *Nomada*, Fabricius. (Pl. 30 , fig. 7.)

Étym. Νομας-αδος , *qui vit au milieu des troupeaux.*

Car. Corps lisse sans duvet : tête plus large que le corselet ; chaperon un peu renflé ; écusson à points saillans.

Genre 204. ANDRÈNE : *Andrena*, Fabr. ; *Dasypoda* , Latr. (Pl. 30 , fig. 8.)

Étym. Ανθρηνη , *sorte de crabron.*

Car. Corps et pattes pubescens ; tête de la largeur du corselet ; point d'écusson ; pattes postérieures alongées ; jambes très-velues.

Genre 205. HYLÉE ; *Hylæus* ; Fabricius. (Pl. 30 , fig. 9.)

Étym. Ὑλαις , *du bois.*

Car. Corps lisse ; front plat : tête triangulaire ; antennes en fil , brisées , plus longues que l'ensemble de la tête et du corselet.

Genre 206. BEMBÈCE : *Bembex* , Fabricius. (Pl. 30 , fig. 10.)

Étym. Βεμβηξ , *toupie,* genre de guêpe (Aristophane).

Car. Lèvre supérieure et front prolongés , couvrant la bouche en une sorte de bec : tarses de devant élargis , épineux.

32.ᵉ *Famille.* Les DUPLIPENNES OU PTÉRODIPLES.

Étym. Διπλοω , *je double* ; πτερα , *les ailes.* (Pl. 31.)

Car. Abdomen pédiculé , tronqué à sa base , non concave en-dessous ; lèvre inférieure et mâchoires ne dépassant pas les mandibules : antennes brisées : les ailes supérieures pliées en long dans le repos.

Genre 207. GUÊPE : *Vespa* . Linn. ; Moufet. (Pl. 31 , fig. 8.)

Étym. Ancien nom latin (Pline).

Car. Antennes en fuseau , brisées , aux deux premiers articles plus longs.

Genre 208. MASARE ; *Masaris*, Fabricius. (Pl. 31 , fig. 9.)

Étym. mythol. : Μασαρις , l'un des surnoms de Bacchus.

Car. Antennes en masse ; ventre pétiolé : corps se roulant en boule.

33.ᵉ *Famille*. Les Chrysides ou Systrogastres.

Étym. Συστρος, *entouré par* ; γαστηρ, *le ventre.*

(Pl. 31.)

Car. Abdomen concave en-dessous, à anneaux très-mobiles, se roulant en boule sur la tête.

Trois petits genres sont rapportés à cette famille.

Genre 209. Chryside, ou Guêpe dorée ; *Chrysis*, Fabr. (Pl. 31, fig. 5.)

Étym. Χρυσος, *d'or.*

Car. Antennes brisées, en fuseaux très-mobiles ; corselet formé de deux pièces très-mobiles du côté du dos ; mâchoires et lèvres courtes.

Genre 210. Omale ; *Omalon*. (Pl. 31, fig. 6.)

Étym. Ομαλον, *lisse.*

Car. des chrysides ; mais le ventre alongé au lieu d'être ovoïde, et beaucoup moins concave.

Genre 211. Parnopès ; *Parnopes*, Latreille. (Pl. 31, fig. 7.)

Étymologie obscure : Παρνοπης, *sorte d'insecte*, nom déjà employé.

Car. des chrysides ; mais les deux premiers segmens de l'abdomen d'égale largeur ; le dernier très-grand ; mâchoires et lèvre très-longues.

34.ᵉ *Famille*. Les Florilèges ou Anthophiles.

Étym. Ανθος, *fleur* ; φιλεω, *j'aime.* (Pl. 31.)

Car. Abdomen pédiculé, arrondi, conique ; lèvre inférieure de la longueur des mandibules ; antennes non brisées.

La forme et la configuration des antennes, de l'abdomen et du chaperon, ont fait établir dans ce groupe quatre petits genres.

Genre 212. Philanthe ; *Philanthus*, Fabr. (Pl. 31, fig. 1, et Pl. 59, fig. 6 et 7.)

Étym. φιλεω, *j'aime* ; ανθος, *fleur.*

Car. Antennes renflées, en fuseau, insérées au milieu de la tête, qui est portée sur un cou ; abdomen lisse.

Genre 213. Scolie; *Scolia*, Fabricius. (Pl. 31, fig. 2.)

Étym. Σκολιος, *disloqué, tordu,* ou de Σκώλεξ, *ver.*

Car. Antennes longues, renflées au milieu, en fuseau ; abdomen velu, à poils roides.

Genre 214. Crabron ; *Crabro*, Linn. (Pl. 31, fig. 3.)

Étym. Nom du frelon dans Pline.

Car. Antennes brisées ; tête large, presque cubique ; à chaperon métallique ; abdomen pédiculé.

Genre 215. Melline ; *Mellinus*, Fabr. (Pl. 31, fig. 4.)

Étym. Μειλονος, *couleur jaune de paille, de miel.*

Car. Antennes en fil, peu coudées ; abdomen pédiculé ; chaperon non métallique.

35.ᵉ *Famille*. Les Insectirodes ou Entomotilles.

Étym. Εντομον, *insecte;* τιλλῶ, *je ronge.* (Pl. 32.)

Car. Abdomen pédiculé ; antennes très-longues, non brisées, de dix-sept à trente articles ; les autres parties de la bouche ne dépassent guères les mandibules.

Les cinq genres rapportés à cette famille diffèrent entre eux par la forme des antennes, par l'insertion de la tête et par la configuration de l'abdomen.

Genre 216. Ichneumon ; *Ichneumon*, Linn. (Pl. 32, fig. 1.)

Étym. Ιχνευμον, *qui recherche :* nom donné par Aristote à des guêpes.

Car. Antennes en soie, vibratiles, longues ; abdomen pétiolé, cylindrique ; tarière longue, de trois filets dans les femelles.

Genre 217. Fœne : *Fœnus*, Fabricius ; *Gasterruption*, Latr. (Pl. 32, fig. 2.)

Étymol. incertaine, peut-être de φονευς, *tueur (carnifex).*

Car. Antennes longues, en fil, non brisées, dressées, dirigées en avant ; tête comme portée sur un cou ; ventre comprimé en massue ; pattes postérieures très-longues.

Genre 218. Évanie ; *Evania*, Fabricius. (Pl. 32, fig. 3.)

Étymologie ignorée. Ευανιος, *qui plaît, placidus.*

Car. Antennes en fil ; tête sessile ; abdomen excessivement court, inséré sur le dos du corselet.

Genre 219. Banche ; *Banchus*, Fabricius. (Pl. 32, fig. 5.)

Étym. obsc. Βανχυς, nom d'un poisson, peut-être *la lamproie.*

Car. Antennes en soie ; abdomen comprimé, à pédicule peu étranglé, pointu.

Genre 220. Ophion ; *Ophion*, Fabricius. (Pl. 32, fig. 4.)

Étymologie incertaine : Ὀφίονευς, *de serpent.*

Car. Antennes en soie ; abdomen comprimé, à pédicule étroit, en masse à l'extrémité.

36.ᵉ *Famille.* Les Formicaires ou Myrméges.

Étym. Μύρμεξ, *fourmi.* (Pl. 32.)

Car. Antennes brisées en fil ; abdomen pédiculé, arrondi ; lèvre inférieure et mâchoires ne dépassant pas les mandibules.

Trois genres faciles à distinguer.

Genre 221. Doryle ; *Dorylus*, Fabr. (Pl. 32, fig. 1 *bis.*)

Étymol. obscure. Δορυλαος, nom d'homme (Strabon).

Car. Abdomen déprimé, courbé en faucille, articulé sur un premier anneau à trois angles.

Genre 222. Fourmi ; *Formica*, Linn. (Pl. 32, fig. 2 *bis.*)

Nom latin, *a ferendis micis?* porte-parcelles-de-sable.

Car. Abdomen à pétiole long, noueux, ou garni d'une écaille ou d'une lame dressée.

Genre 223. Mutille ; *Mutilla*, Linn. (Pl. 32, fig. 3 *bis.*)

Étymologie incertaine, peut-être du latin *mutilus*, mutilé, parce que ces insectes perdent facilement leurs ailes.

Car. Abdomen à pétiole court, sans nœud ni écailles ; corps ordinairement très-velu, à poils vivement colorés.

37.ᵉ *Famille.* Les Fouisseurs ou Oryctères.

Étym. Ορυκτηρ, *qui fouit la terre.* (Pl. 33.)

Car. Abdomen porté sur un pédicule étranglé ; antennes non brisées, de quatorze à dix-sept articles ; lèvre et mâchoires ne dépassant pas les mandibules.

Les six genres de cette famille ont été distingués par la forme des antennes et de l'abdomen.

30.	26

Genre 224. TIPHIE: *Tiphia*, Fabricius. (Pl. 55, fig. ..)
Étym. Τίφη, nom d'un oiseau (Hesychius).
Car. Corps alongé, velu; antennes filiformes, se roulant
en arc; abdomen ovale, à premier anneau concave.
Genre 225. LARRE; *Larra*, Fabricius. (Pl. 55, fig. 1.)
Étymol. incertaine.
Car. Antennes en soie, se roulant en spirale à la pointe;
tête plus large que le corselet; chaperon brillant.
Genre 226. POMPILE; *Pompilus*, Fabricius. (Pl. 55, fig. 5.)
Étym. obscure. Πέμπιλος, *poisson qui nage en troupe, en
procession* (coryphène).
Car. Abdomen à pédicule très-court; ailes vibratiles, tou-
jours écartées dans l'état de repos.
Genre 227. TRYPOXYLON; *Trypoxylon*, Latr. (Pl. 55, fig. 6.)
Étym. Τρυπάω, *je perce*; ξυλόν, *le bois.*
Car. Abdomen à pédicule peu alongé; tête large; abdo-
men alongé, arrondi; plus large au milieu.
Genre 228. SPHÉGE; *Sphex*, Linn. (Pl. 55, fig. 5.)
Étym. Σφηξ, *insecte qui pique, guêpe.*
Car. Abdomen à pédicule très-alongé, formé par les deux
premiers anneaux; ailes non étendues dans le repos,
mais dans la longueur du ventre.
Genre 229. PEPSIDE; *Pepsis*, Fabricius. (Pl. 55, fig. 4.)
Étym. Πέψις, *faim, besoin de manger, digestion.*
Car. Abdomen gros, à pédicule court; ailes à demi éta-
lées dans l'état de repos; toutes les pattes excessivement
développées; à jambes épineuses.

38.ᵉ *Famille.* LES ABDITO-LARVES OU NÉOTTOCRYPTES.

Étym. Νεοττός; *nouveau-né, animal très-jeune; fœtus;* κρυπτός;
caché. (Pl. 54.)

Car. Abdomen aplati ou renflé, à pédicule court; cuisses
souvent renflées; antennes brisées ou non, de forme
variable, non en soie, de treize articles au plus.

La forme des antennes, qui sont en fil ou renflées, et celle
de l'abdomen, ont fait partager cette famille en quatre genres.

Genre 230. **Leucopside** ; *Leucopsis, Leucospis*, Fabricius. (Pl. 34, fig. 2.)

Étym. Λευκωπὸς, *visage blanc.*

Car. Abdomen court, comprimé, obtus, comme sessile par la brièveté du pédicule ; tarière de la femelle recourbée sur le dos ; première pièce du corselet carrée ; cuisses postérieures très-renflées.

Genre 231. **Chalcide**; *Chalcis*, Fabricius. (Pl. 34, fig. 1.)

Étymol. douteuse : Χαλκος, de χαλκὶς, nom d'un serpent.

Car. Abdomen ovale, comprimé, à pédicule très-court ; cuisses postérieures très-renflées ; antennes brisées.

Genre 232. **Diplolepe** : *Diplolepis*, Geoffroy. (Pl. 34, fig. 3, etc.)

Étym. Διπλόω, *je double* ; λεπος, *l'écorce*; ou **Cynips** : étym. obscure, κυνιψ κυνιψις, *mouche de chien.*

Car. Abdomen comprimé à pédicule court ; antennes en fil. non brisées ; cuisses non renflées.

Genre 233. **Diaprie** : *Diapria*, Latreille ; *Psilus*, Jurine. (Pl. 34, fig. 4.)

Étym. Διατριειν, *couper avec une scie.*

Car. Antennes presque aussi longues que le corps, de moins de quinze articles ; ailes plus longues que le ventre, sans cellules.

39.ᵉ *Famille.* **Les Serricaudes ou Uropristes.**

Étym. Ουρα, *queue;* πρίστης, *qui coupe en sciant.* (Pl. 35.)

Car. Abdomen sessile ou non pédiculé sur le corselet ; une tarière dentelée en scie dans les femelles.

Les sept genres rapportés à cette famille se distinguent par la forme des antennes, par la conformation de l'abdomen et par le mode d'articulation de la tête.

Genre 234. **Urocère**: *Urocerus*, Geoffroy. (Pl. 35, fig. 1.)

Étym. Οὖρα, *queue;* et κερας, *corne.*

Car. Dernier segment du ventre prolongé en forme de corne ; tarière saillante.

Genre 235. **Xiphydrie** ; *Xiphydria*, Latr. (Pl. 35, fig. 2.)

Étymologie inconnue. Χιφιδιον, *petite épée.*

Car. Tête arrondie, portée sur un col; abdomen conique; pattes courtes.

Genre 256. SIRÈCE; *Sirex*, Linnæus. (Pl. 35, fig. 3.)
Étymologie inconnue.

Car. Antennes grossissant insensiblement, très-longues; corselet rétréci en devant; abdomen comprimé; pattes longues.

Genre 237. ORYSSE; *Oryssus*, Latreille. (Pl. 35, fig. 4.)
Étym. Ο;υσσῶ, *je fouis la terre.*

Car. Antennes en fil; tête grosse, arrondie, sessile; abdomen ovale, arrondi à l'extrémité.

Genre 238. TENTHRÈDE ou MOUCHE A SCIE; *Tenthredo,*
Linn. (Pl. 35, fig. 5.)
Étym. Τενθρηδον, *insecte à aiguillon* (Aristote).

Car. Antennes grossissant insensiblement ou sétacées; corselet chiffonné; corps alongé.

Genre 259. HYLOTOME; *Hylotoma*, Latr. (Pl. 35, fig. 6, 7, 8.)
Étym. Ϋλη, *bois* (*matière du*); τομῆ, *section.*

Car. Antennes variables dans les deux sexes, velues, dentelées ou pectinées; corselet chiffonné; abdomen large et mou.

Genre 240. CIMBÈCE; *Cimbex*, Olivier. (Pl. 35, fig. 9.)
Étymol. obscure. Κιμβηξ - κιμβιξα, *sorte de guépe.*

Car. Antennes terminées par un bouton; tête sessile.

CINQUIÈME ORDRE. LES HÉMIPTÈRES.

Étym. Ημισυς, *moitié, demi;* πʃερὰ, *aile.* (Pl. 36, 37, 38.)
Car. Quatre ailes; pas de mâchoires, mais un bec articulé sans palpes.

Cet ordre comprend des familles très-distinctes, au nombre de six; deux d'entre elles renferment les espèces à ailes non croisées, d'égale consistance, dont le nombre des articles aux tarses varie. Dans les quatre autres familles, les ailes supérieures sont comme des demi-élytres coriaces, croisées dans le repos, dont la largeur varie, ainsi que la forme des antennes.

40.ᵉ *Famille*. Les Frontirostres ou Rhinostomes.

Étym. Ῥἶν-ῥίνὸς, *nez* ; στὸμα, *bouche*. (Pl. 36.)

Car. Élytres demi-coriaces ; bec paroissant naître du front ;
à antennes longues, non en soie ; tarses propres à marcher.

Les genres ont été établis dans cette famille d'après la considération des antennes, du nombre des articles aux tarses,
de la disposition du corps, du prolongement du corselet ou
de la forme des pattes.

Genre 241. Pentatome ; *Pentatoma*, Olivier. (Pl. 36, fig. 1.)
Étym. Πεντὰ, *cinq* ; τομα, *division*.
Car. Antennes de la longueur de la tête et du corselet,
composées de cinq articles ; tarses de trois articles ; ventre
large, aplati, non entièrement recouvert par l'écusson,
qui est triangulaire.
Genre 242. Scutellaire ; *Scutellera*, Lamarck. (Pl. 36, fig. 2.)
Étym. *Scutellum*, écusson.
Car. Antennes en fil, de cinq articles ; écusson très-déve-
loppé, couvrant les élytres, les ailes, et protégeant l'ab-
domen.
Genre 243. Corée ; *Coreus*, Fabricius. (Pl. 36, fig. 3.)
Étym. Κορὶς, *punaise*.
Car. Antennes de quatre articles, dont le dernier en masse
ovale ou arrondie ; dos du corselet concave, à bords
élargis, relevés, ainsi que ceux de l'abdomen plus ou
moins rhomboïdal.
Genre 244. Acanthie ; *Acanthia*, Fabricius. (Pl. 36, fig. 4.)
Étym. Ἄκανθα, *épine*.
Car. Antennes filiformes, de quatre articles, insérées à la
base du bec ; corps très-aplati ; abdomen à bords ar-
rondis, de forme ovale ; yeux globuleux, saillans.
Genre 245. Lygée ; *Lygœus*, Fabricius. (Pl. 36, fig. 5, et
Pl. 60, fig. 10 et 11.)
Étym. obscure : Λυγαος, *ténébreux* ? λιγος-λιγγῶ, *j'ébranle* ?
Car. Antennes en fil, de quatre articles ; corps aplati,
alongé, étroit ; tête dégagée ; yeux globuleux, saillans ;
bec couché sous le corps.
Genre 246. Gerre ; *Gerris*, Fabricius. (Pl. 36, fig. 6.)

Étymologie obscure. *Gerris* (Pline), sauterelle de mer.

Car. Antennes longues en fil. de quatre articles : pattes postérieures et moyennes fort longues et très-distantes de la paire antérieure, qui est plus courte.

Genre 247. Podicère ; *Podicerus*, Duméril. (Pl. 56, fig. 7.)

Étym. Πυς. ποδος. *patte*; κηρας, *antenne.*

Car. Antennes excessivement longues, en forme de pattes, composées de quatre articles, dont le dernier est un peu en masse ; toutes les pattes très-longues.

41.ᵉ *Famille.* Les Sanguisuges ou Zoadelges.

Étym. Ζωον, *des animaux*; αδελγω, *je suce.* (Pl. 37.)

Car. Élytres demi-coriaces ; bec paroissant naître du front, antennes longues, terminées par un article plus grêle ; pattes propres à marcher.

La forme du corps et le mode d'insertion du bec ont servi à caractériser les genres.

Genre 248. Miride ; *Miris.* Fabricius. (Pl. 37 , fig. 1.)

Étymologie obscure. Seroit-ce de μειρω, *je divise* ?

Car. Antennes de quatre articles, dont le dernier en forme de soie, les autres variables ; bec plié, de quatre pièces ; tête engagée dans le corselet : corps alongé.

Genre 249. Punaise ; *Cimex*, Linn. (Pl. 37, fig. 2.)

Étymol., nom latin.

Car. Antennes de quatre articles, le dernier en soie ; corps très-plat, sans ailes.

Genre 250. Réduve ; *Reduvius*, Fabricius. (Pl. 37, fig. 3.)

Étym. *Reduviæ*, dépouilles.

Car. Antennes en soie, de quatre articles, séparées à leur insertion par un bec arqué ; tête dégagée, comme portée sur un col ; yeux globuleux, saillans ; corps plat en-dessus, caréné en-dessous.

Genre 251. Ploière ; *Ploiera*, Scopoli. (Pl. 37, fig. 4.)

Étymol. inconnue. Πλοιαριον ? (*navicula*), *un petit vaisseau.*

Car. Antennes excessivement longues. en forme de pattes, mais terminées par une soie ; bec arqué ; pattes de der-

rière et moyennes très-longues, les antérieures courtes ;
tous les tarses à trois articles : des ailes.

Genre 252. HYDROMÈTRE; *Hydrometra*, Latr. (Pl. 37. fig. 5.)
Étym. Ὕδωρ, *l'eau ; μετρον, mesure.*

Car. Corps linéaire, sans ailes ; bec arqué ; pattes excessivement grêles.

42.ᵉ *Famille.* Les RÉMITARSES ou HYDROCORÉES.

Étym. Ὕδρω, *d'eau ; κορὶς, punaise.* (Pl. 37.)

Car. Élytres demi-coriaces ; bec paroissant naître du front,
très-court et très-aigu ; antennes en soie, à peine de la
longueur de la tête ; pattes le plus souvent propres à
nager.

Parmi les cinq genres qui composent cette famille, deux
ont l'abdomen terminé par des filets, au moins chez les femelles, et les tarses postérieurs propres à marcher : la forme
des tarses antérieurs a suffi pour caractériser les autres
genres.

Genre 253. RANATRE; *Ranatra*, Fabr. (Pl. 37, fig. 1 *bis.*)
Étymologie inconnue.

Car. Corps linéaire ; pattes de devant servant de pinces,
courbées en crochets ; antennes très-courtes ; des filets
à la queue servant de pondoirs ou d'organes respiratoires.

Genre 254. NÈPE; *Nepa*, Linn., Geoffr. (Pl. 37, fig. 2 *bis.*)
Hepa (par faute typographique), nom du scorpion en latin.

Car. Corps aplati, ovale, large ; corselet carré ; pattes antérieures en crochets ; antennes très-courtes, des filets à
la queue.

Genre 255. NAUCORE; *Naucoris*, Geoffr. (Pl. 37, fig. 3 *bis.*)
Étym. Ναυς, *bateau ; κορὶς, punaise.*

Car. Corps aplati ; tête de la largeur du corselet ; pattes
de devant en crochets ; pas de filets à l'anus.

Genre 256. NOTONECTE; *Notonecta*, Linn. (Pl. 37, fig. 4 *bis.*)
Étym. Νωτος, *dos ; νεκτος, qui nage.*

Car. Corps alongé, convexe du côté du dos ; écusson long,
distinct ; tarses à deux articles seulement ; les moyens et
les postérieurs aplatis, ciliés.

Genre 257. Sigare; *Sigara*, Fabricius. *Corixa*, Geoffroy.
(Pl. 37, fig. 5 *bis.*)

Étymologie obscure : Σιγαρος, *tranquille.*

Car. Corps alongé, convexe; pas d'écusson; tarses antérieurs d'un seul article, comprimés, ciliés.

43.ᵉ *Famille.* Les Collirostres ou Auchénorhynques.

Étym. Αυχηνος, *du col;* ρυνχος, *nez, bec.* (Pl. 38.)

Car. Ailes de consistance semblable, non croisées, mais en toit; trois articles à tous les tarses; bec paroissant naître du front; antennes courtes.

Le mode d'insertion des antennes, l'absence ou la présence des yeux lisses ou stemmates, la disposition du corselet et des ailes, ont fourni les caractères essentiels des huit genres de cette famille.

Genre 258. Flate; *Flata*, Fabricius. (Pl. 38, fig. 1.)
Étymologie inconnue.

Car. Antennes courtes, en soie, insérées sous les yeux; tête comme tronquée; yeux globuleux; ailes larges, dilatées en arrière, en toit, souvent colorées.

Genre 259. Cigale : *Cicada*, Linn.; *Tettigonia*, Fabricius.
(Pl. 38, fig. 2.)

Étymologie du latin. Τεττιξ, *une cigale.*

Car. Tête plus large que le corselet; trois stemmates; front saillant, ridé; ailes transparentes, à nervures réticulées; une tarière dans les femelles; des écailles voûtées à la base de l'abdomen du mâle.

Genre 260. Membrace; *Membracis*, Fabr. (Pl. 38, fig. 3.)
Étym. incertaine : Μεμβρας, nom d'un poisson (Athénée).

Car. Tête aplatie horizontalement; corselet prolongé, difforme, bossu, cornu, voûté ou foliacé; antennes courtes.

Genre 261. Fulgore; *Fulgora*, Linn. (Pl. 38, fig. 4.)
De *fulgor*, splendeur, éclat.

Car. Front dilaté excessivement en forme de vessie, de museau ou de pointe.

Genre 262. Lystre : *Lystra*, Fabricius; *Promecopsis*, Latr., visage large. (Pl. 38, fig. 5.)

Étymologie inconnue.

Car. Tête très-large; deux stemmates au plus; point de tambour ou d'écailles sonores dans les mâles; élytres colorés.

Genre 263. Cercope; *Cercopis*, Fabricius. (Pl. 38, fig. 6.)

Étym. Κερκώπη, *petite cigale;* κερκωπεὼς, *rusé.*

Car. Corps un peu déprimé; ailes en toit arrondi ou raccourci; écusson très-grand; tête de la largeur du corselet.

Genre 264. Delphace; *Delphax.* (Pl. 38, fig. 7.)

Étymol. bizarre : Δελφαξ, *un petit cochon.*

Car. Antennes variables, de la longueur de la tête et du corselet; front à arête saillante; yeux gros, échancrés.

Genre 265. Centrote; *Centrotus*, Fabr. (Pl. 38, fig. 8.)

Étym. Κεντρὸν, *épine;* οτυς, *oreille.*

Car. Tête large; antennes courtes; corselet prolongé en pointe sécuriforme et dilatée sur les côtés.

44.ᵉ *Famille.* Les Plantisuges ou Phytadelges.

Étym. φυτὸν, *plante;* αδελγῶ, *je suce.* (Pl. 39.)

Car. Ailes semblables entre elles, non croisées dans l'état du repos, souvent étendues, transparentes; bec naissant du col; tarses à deux articles; femelles le plus souvent sans ailes.

Les quatre petits genres qui composent cette famille se distinguent entre eux par l'apparence des ailes, qui sont tantôt nues, tantôt couvertes d'une sorte de poussière, et ensuite par la conformation de la tête ou la disposition de l'extrémité libre de l'abdomen.

Genre 266. Aleyrode; *Aleyrodes*, Latr. (Pl. 39, fig. 1.)

Étym. Αλευρον, *farine.*

Car. Ailes en toit dans l'état de repos, couvertes d'une poussière farineuse; antennes de six articles.

Genre 267. Cochenille; *Coccus*, Linn. (Pl. 39, fig. 2, *a*, *b*.)

Étym. Κόκκος, *graine rouge.*

Car. Ailes nues ou nulles; antennes en fil; anus à deux soies; front arrondi.

Genre 268. Puceron : *Aphis*, Linn. (Pl. 39. fig. 3 et 3 *a*.)

Étym. Αφὶς, nom d'un insecte suçeur : αφυῶ, *je pompe, je bois.*

Car. Ailes nues ou nulles; antennes en fil; anus terminé par deux mamelons, tuyaux excrétoires.

Genre 269. Chermès ou Kermès : *Chermes*, Linn. (Pl. 39. fig. 4 et 4 *a*.)

Étymologie inconnue.

Car. Antennes grosses à la base, où elles semblent faire partie du front.

Genre 270. Psylle; *Psylla*, Geoffroy. (Pl. 39, fig. 5.)

Étym. Ψυλλα, *la puce.*

Car. Antennes filiformes; extrémité de l'abdomen garnie de deux soies; front comme fendu.

45.ᵉ *Famille.* Les Vésitarses ou Physapodes.

Étym. Φυσα, *vessie, bourse;* ποδος, *de pied.* (Pl. 36.)

Car. A élytres plans, étroits, croisés, couchés sur le dos dans l'état de repos; pattes courtes, à tarses terminés par des vésicules.

Genre 271. Thrips, *Thrips*, Linn. (Pl. 36, fig. 1 *bis*.)

Étym. Θριψ (Aristote), *vermisseau*, insecte.

Car. Corps alongé; antennes filiformes de huit articles; bec excessivement court.

========

Sixième Ordre. **LES LÉPIDOPTÈRES.**

Étym. Λεπις - ιδος, *écaille;* πlερα, *ailes.* (Pl. 40 à 45.)

Car. Quatre ailes écailleuses; bouche sans mâchoires, munie d'une langue roulée en spirale.

Quatre familles ont été établies dans cet ordre, d'après la forme des antennes qui sont simples, en fil et en soie, ou renflées, soit à l'extrémité comme un bouton, soit au milieu comme un fuseau.

46.ᵉ *Famille.* Les Globulicornes ou Ropalocères.

Étym. Ροπαλον, *masse, massue;* κερας, *corne.* (Pl. 40 et 41.)

Car. Antennes terminées en massue.

Genre 272. Papillon; *Papilio,* Linn. (Pl. 40, fig. 1 à 6, et pl. 60, fig. 8, 9.)
Ancien nom latin.
Car. Masse des antennes droite; ailes planes ou verticales dans le repos.
Genre 273. Hespérie; *Hesperia,* Fabr. (Pl. 41, fig. 1 à 4.)
Étym. mythol. : Ἑσπερὶς, *du soir.*
Car. Masse des antennes en crochet; ailes planes ou verticales dans le repos.
Genre 274. Hétéroptère; *Heteropterus,* Duméril. (Pl. 41. fig. 6 à 9.)
Étym. Ετεροιος, *irrégulière;* πΊερον, *aile.*
Car. Masse des antennes en crochet; ailes supérieures verticales, les inférieures horizontales dans l'état de repos.

———

47.ᵉ *Famille.* Les Fusicornes ou Clostérocères.

Étym. Κλοσ7ηρ - ηρος, *fuseau;* κερας, *corne, antenne.* (Pl. 42.)

Car. A antennes en fuseau ou en prisme, plus grosses au milieu qu'aux extrémités; une soie roide au bord externe de l'aile inférieure.

Genre 275. Sphinx; *Sphinx,* Linn. (Pl. 42, fig. 1.)
Étym. Σφιν῀ξ, *animal fabuleux.*
Car. Antennes prismatiques, renflées au milieu, terminées par des articles plus grêles, en soie; ailes longues, triangulaires, horizontales dans le repos; abdomen conique, pointu.
Genre 276. Sésie; *Sesia,* Fabricius. (Pl. 42, fig. 2.)
Étymologie inconnue.
Car. Antennes en massue alongée et courbée, terminées en pointe; abdomen non pointu, plat, tronqué ou arrondi; ailes variables.
Genre 277. Zygène; *Zygæna,* Fabricius. (Pl. 42, fig. 3.)

Étym. Ζυγαὶνα, nom d'un poisson.

Car. Antennes prismatiques simples ou pectinées ; ailes en toit ; port d'une phalène.

48.ᵉ *Famille.* Les Filicornes ou Némátocères.

Étym. Νημα-ατος, *fil* ; κερας, *corne, antenne*. (Pl. 44, 45.)

Car. Antennes en fil, souvent pectinées ; une soie au bord externe de l'aile inférieure ; ailes supérieures le plus souvent en forme de toit.

Genre 278. Bombyce ; *Bombyx*, Fabr. (Pl. 44, fig. 1 — 4, et Pl. 45, fig. 1 — 3.)

Étymol. obscure. Βομϐυξ, *qui murmure* (Aristote).

Car. Antennes pectinées ou barbues ; une trompe courte.

Genre 279. Cossus ; *Cossus*, Fabr. (Pl. 45, fig. 5.)

D'un nom latin dans Pline.

Car. Antennes pectinées ou dentelées en scie ; ailes en toit ; point de trompe visible.

Genre 280. Hépiale ; *Hepialus*, Fabricius. (Pl. 45, fig. 4.)

Étym. Ηπίαλος, *papillon de nuit*, Aristote.

Car. Antennes filiformes, à articles courts, pressés, arrondis en grains de chapelet.

49.ᵉ *Famille.* Les Séticornes ou Chétocères.

Étym. Χαὶτη, *soie* ; κέρας, *corne*. (Pl. 42, 43.)

Car. Antennes en soie, rarement pectinées ; ailes variables pour le port et la forme.

Les caractères des genres ont été principalement tirés des mœurs de ces insectes et de la forme de leurs larves ; cependant on les distingue aussi par la figure et le port des ailes, les uns ayant les ailes étalées dans l'état de repos, et les autres, au contraire, appliquées sur le dos, soit comme un toit protecteur, soit comme un véritable fourreau.

Genre 281. Lithosie ; *Lithosia*, Fabr. (Pl. 42, fig. 1 *bis*.)

Étymologie incertaine : Λιθος, *pierre*. Seroit-ce parce que ces espèces sous forme de chenilles se nourrissent des lichens qui poussent sur les pierres ?

Car. Ailes alongées, formant autour du corps un fourreau plat en-dessus.

Genre 282. NOCTUELLE; *Noctua*, Linn. (Pl. 42, fig. 2 *bis.*) Nom d'un oiseau de nuit.

Car. Ailes inclinées en toit voûté à base aiguë, antennes moins longues que le corps.

Genre 283. CRAMBE; *Crambus*, Fabr. (Pl. 43, fig. 3.) Étym. Κραμϐος, *maladie de la vigne* (Théophraste).

Car. Ailes triangulaires inclinées en toit plan.

Genre 284. PHALÈNE; *Phalœna*, Linn. (Pl. 43, fig. 4.) Étym. Φαλαίνα, *insecte qui s'approche la nuit de la lumière.*

Car. Ailes étendues planes, horizontales, non divisées.

Genre 285. PYRALE; *Pyralis*, Fabricius. (Pl. 43, fig. 5.) Étymol. obscure. Πυραλις, nom d'un insecte (Aristote).

Car. Ailes en toit large à la base, légèrement croisées; antennes courtes.

Genre 286. TEIGNE; *Tinea*, Linn. (Pl. 43, fig. 6.) Nom latin de Pline.

Car. Ailes entières, en fourreau arrondi, court; les inférieures plissées en long.

Genre 287. ALUCITE : *Alucita*, Fabricius. (Pl. 43, fig. 7.) Étymol. obscure : peut-être d'*aluceo*, je brille.

Car. Ailes en toit rétréci en devant, échancré en arrière; antennes très-longues; pattes grêles, longues, épineuses.

Genre 288. PTÉROPHORE; *Pterophorus*, Fabr. (Pl. 43, fig. 8.) Étym. Πτερον, *plume, aile;* φορος, *qui porte.*

Car. Ailes étendues dans le repos, fendues ou divisées en plumes ou en branches barbues.

SEPTIÈME ORDRE. LES DIPTÈRES.

Étym. Δὶς, *deux;* πΊερὰ, *ailes.* (Pl. 46 à 51.)

Car. Deux ailes nues; bouche sans mâchoires.

Quatre sous-ordres peuvent être établis dans ce groupe, d'après la forme de la bouche : les uns, comme les tipules, ont des palpes très-évidens à la bouche, qui forme une sorte

de museau plat ; d'autres ont, comme les mouches des mai-
sons, une sorte de trompe charnue ; il en est, comme les
cousins et les taons, dont la bouche se compose d'une sorte
de siphon articulé, ou de suçoir corné, visible même lorsqu'il
n'agit pas ; enfin, il est des diptères, comme les œstres, qui
ne semblent pas avoir de bouche du tout.

50.ᵉ *Famille*. Les Haustellés ou Sclérostomes.

Étym. Σκληρος, *dure;* στομα, *bouche.* (Pl. 46 et 47.)

Car. Suçoir saillant, alongé, sortant de la tête, souvent
coudé dans l'état de repos.

Les insectes de cette famille se partagent en genres, d'après
la disposition des antennes, dont la forme varie beaucoup,
comme on peut s'en apercevoir par l'inspection des planches,
et comme nous allons l'indiquer.

Genre 289. Cousin ; *Culex*, Linn. (Pl. 46, fig. 1 *a*, *b*, *c*.)
Du latin, *cutilex, quod cutem laciat.*

Car. Ailes étendues horizontalement dans le repos ; antennes plus longues que le corselet, plumeuses ou velues dans les mâles ; suçoir saillant, alongé, oblique.

Genre 290. Bombyle ; *Bombylius*, Linn. (Pl. 46, fig. 2.)
Étym. obs. : Βομβυλιος - *espèce de cousin* (Polliodore, Suidas.)

Car. Corps velu, un peu déprimé ; tête arrondie, plus
étroite que le corselet ; antennes en alène réunies à la
base ; suçoir long, dirigé en avant.

Genre 291. Hippobosque ; *Hippobosca*, Linn. (Pl. 46, fig. 3.)
Étym. Ιππος, *cheval;* βοσκώ, *je me nourris.*

Car. Suçoir court en bec vertical ; corps large, aplati, coriace ; tête sessile sur le corselet ; pattes fortes, longues,
à ongles courbés.

Genre 292. Conops ; *Conops*, Fabricius. (Pl. 46, fig. 4.)
Étymol. obscure ; Κωνοψ, *nom du cousin.*

Car. Antennes longues, dirigées en avant, à base commune,
à dernier article en fuseau ; suçoir coudé ; ventre en
massue.

Genre 293. Myope ; *Myopa*, Fabricius. (Pl. 46, fig. 5.)
Étym. Μυία, *mouche;* οπις, *visage, apparence.*

Car. Antennes dirigées en avant, à poil latéral simple ;
suçoir horizontal dans le repos, coudé deux fois ; tête
très-grosse, à front et bouche enflés.

Genre 294. Stomoxe ; *Stomoxys*, Geoffr. (Pl. 47, fig. 6.)

Étym. Στομα, *bouche*; οξὺς, *pointue.*

Car. Antennes en palette, à soie latérale plumeuse ; suçoir
horizontal coudé dans le repos ; port d'une mouche.

Genre 295. Rhingie ; *Rhingia*, Scopoli. (Pl. 47, fig. 7).

Étym. Ρυγχος, *groin* (Aristophane).

Car. Antennes en palette, à poil latéral simple ; suçoir
saillant horizontal. reçu sous un prolongement du front ;
abdomen ovale, obtus.

Genre 296. Chrysopside, *Chrysopsis*, Dumér. (Pl. 47, fig. 8.)

Étym. Χρυσος, *d'or*; οψις, *visage.*

Car. Antennes en fer d'alène ; corps court ; tête très-grosse
à yeux saillans très-brillans, métalliques pendant la vie ;
ailes larges à demi étalées.

Genre 297. Taon ; *Tabanus*, Linn. (Pl. 47, fig. 9.)

Nom latin (Pline, Varron).

Car. Antennes à dernier article denté en croissant, terminées en fer d'alène ; tête large transversale. sessile ; yeux
très-gros ; abdomen sessile, de même largeur que le corselet.

Genre 298. Asile ; *Asilus*, Linn. (Pl. 47, fig. 10.)

Du nom latin (Pline, Virgile).

Car. Antennes en fil, rapprochées à la base : suçoir vertical : corps alongé ; pattes très-longues ; tête portée sur
un col ; abdomen long, à base plus étroite que le corselet.

Genre 299. Empide ; *Empis*, Linn. (Pl. 47, fig. 11.)

Étym. Εμπὶς, *cousin* : εμπινῶ, *je bois.*

Car. Antennes en fer d'alène, rapprochées à la base ; corselet bossu ; abdomen pointu ; tête très-petite ; suçoir
long, vertical ; pattes longues, surtout celles de derrière.

51.ᵉ *Famille.* Les Simplicicornes ou Aplocères.

Étym. Απλοος, *simple*; κερας, *corne. antenne.* (Pl. 48.)

Car. Suçoir nul ou caché ; bouche en trompe rétractile
dans une cavité du front ; antennes sans poil isolé latéral.

La forme des antennes, de l'abdomen ; la disposition des
ailes, de la tête et du front, ont permis de partager cette
famille en dix genres.

Genre 300. RHAGION ; *Rhagio, Leptis*, Fabr. (Pl. 48, fig. 1.)
Étym. Ραχις, *épine.*
Car. Antennes à poil terminal simple ; corps alongé, glabre,
conique ; ailes plus longues que le ventre ; cuillerons
courts ; balanciers alongés.

Genre 301. BIBION ; *Bibio*, Fabricius. (Pl. 48 , fig. 2.)
Étym. incertaine. Βιβάω, *je marche vite, à grands pas.*
Car. Antennes à poil isolé terminal ; corps velu ; abdomen
conique ; tête grosse, transversale ; ailes étroites, plus
longues que l'abdomen ; cuillerons petits ; balanciers à
masse ovale.

Genre 302. SIQUE : *Sicus*, Fabr.; *Cœnomyia* (mouche odorante), Latreille. (Pl. 48, fig. 3.)
Étymologie inconnue.
Car. Antennes courtes, en fer d'alène, rapprochées à la
base ; tête petite, arrondie, inclinée ; ailes longues, larges,
croisées sur un abdomen plat, ovale, obtus.

Genre 303. ANTHRACE ; *Anthrax*, Scopoli. (Pl. 48, fig. 4.)
Étym. Ανθραξ, *noir, charbon.*
Car. Antennes très-courtes, à poil isolé, terminal : tête
grosse ; corselet arrondi à écusson sans épines ; abdomen
ovale, déprimé, obtus ; corps velu, pattes grêles, ailes
larges, colorées, étendues.

Genre 304. HYPOLÉON ; *Hypoleon*, Duméril. (Pl. 48, fig. 5.)
Étym. Υπολέον, *petit lion,* nom d'une espèce.
Car. Antennes cylindriques, courtes, terminées par une soie.

Genre 305. STRATIOME ou MOUCHE ARMÉE ; *Stratiomys*,
Linn. (Pl. 48, fig. 6.)
Étym. Στρατιωτης, *armée;* μυια, *mouche.*
Car. Antennes très-longues, rapprochées à la base en forme
d'Y, sans poil isolé ; corps alongé ; abdomen ovale, ob-
tus ; écusson armé de pointes ; ailes croisées dans le repos.

Genre 306. CYRTE : *Cyrtus; Ogcodes*, Latr. (Pl. 48, fig. 7.)
Étym. Κυρτος, *bossu.*
Car. Antennes à poil isolé simple, terminal : abdomen gonflé,
vide, obtus ; corselet bossu.

Genre 307. Mydas; *Mydas*, Fabr. (Pl. 48, fig. 8.)

Étym. Nom fabuleux.

Car. Antennes très-longues, dirigées en avant, comprimées, rapprochées, sans poil isolé; corps grand, alongé, un peu aplati; tête plus large que le corselet; ailes très-larges à la base.

Genre 308. Némotèle; *Nemotelus*, Geoffr. (Pl. 48, fig. 9.)

Étym. Νημα, *fil;* τελεω, *je termine.*

Car. Antennes très-courtes, en fer d'alène, rapprochées à la base sur un bec ou prolongement du front; corps glabre, luisant, ovale; écusson sans épines.

Genre 309. Cérie; *Ceria*, Fabricius. (Pl. 48, fig. 10.)

Étym. Κερας, *antenne, corne.*

Car. Antennes très-longues, à base commune, à premier article cylindrique plus long, le dernier en fuseau; tête triangulaire; abdomen conique, concave; ailes étroites à la base.

———

52.ᵉ *Famille.* Les Latéralisètes ou Chétoloxes.

Étym. Χαιτη, *soie;* λοξος, *latérale.* (Pl. 49 et 50.)

Car. Suçoir nul ou caché; bouche en trompe rétractile dans une cavité du front: antennes à poil isolé, latéral, simple ou plumeux.

Les douze genres principaux que l'on a rangés dans cette famille, se distinguent d'abord par la soie qui garnit le dernier article de leurs antennes, qui est tantôt simple, tantôt plumeuse ou barbue; ensuite par la longueur relative de l'avant-dernier article de ces antennes, qui est quelquefois plus court que les autres, et quelquefois plus long. Le mode d'insertion de la tête sur le corselet, la forme de l'abdomen, la disposition respective des pattes, la largeur du cuilleron, voilà les différens points de vue sous lesquels on doit considérer ces insectes.

Genre 310. Dolichope; *Dolichopus*, Latr. (Pl. 49, fig. 1.)

.Étym. Δολιχος, *longue, prolongée;* πες, *patte.*

Car. Antennes à poil isolé simple; tête sessile; ventre courbé, conique; pattes longues.

30. 27

Genre 311. Ceyx : *Ceyx*, Duméril ; *Calobata*, Meigen. (Pl. 49, fig. 2.)

Ét. myth. Καλοϐαται, *échassier ;* κευξ, nom du mari d'Alcyone.

Car. Tête arrondie, portée sur un cou ; antennes plus courtes que la tête, et à soie simple ; corps cylindrique, alongé ; pattes fort longues.

Genre 312. Tétanocère ; *Tetanocerus*, Dum. (Pl. 49, fig. 3.)

Étym. Τετανος, *dressée, roide ;* κερας, *antenne.*

Car. Antennes dirigées en avant, en fer d'alêne, à article intermédiaire plus long ; tête grosse, hémisphérique, tronquée en arrière ; bouche vésiculeuse.

Genre 313. Cérochète ; *Cerochetus*, Dumér. (Pl. 49, fig. 4.)

Étym. Κερας, *antenne, corne ;* χαιτη, *soie.*

Car. Poil isolé des antennes, simple, sur un article en palette ; tête sessile ; ventre ovale ; cuilleron simple.

Genre 314. Cosmie : *Cosmius*, Duméril ; *Tephritis*, Latreille. (Pl. 49, fig. 5.)

Étym. Κοσμιος, *orné.*

Car. Ailes grandes, écartées, tachetées, vibratiles ; ventre conique, courbé ; tête alongée, comprimée.

Genre 315. Thérève ; *Thereva*, Latr. (Pl. 49, fig. 6.)

Étym. Θηρεος, *bouclier, écusson, cuilleron.*

Car. Tête large ; ventre déprimé, obtus ; ailes épaisses, opaques, larges à la base ; cuillerons très-grands, ciliés.

Genre 316. Échinomye ; *Echinomyia*, Dumér. (Pl. 49, fig. 7 et pl. 50, fig. 7.)

Étym. Εχινος, *hérisson ;* μυια, *mouche.*

Car. Corps couvert de poils gros, durs et roides ; tête grosse ; ailes à demi étalées ; antennes à article intermédiaire plus alongé que les autres, cachées dans une fossette du front.

Genre 317. Sarge ; *Sargus*, Fabricius. (Pl. 50, fig. 8.)

Étym. obscure. Σαργος, nom d'un poisson.

Car. Tête isolée, arrondie ; ventre plat, ovalaire, métallique ; antennes à poil isolé, à dernier article en palette.

Genre 318. Mulion ; *Mulio*, Fabricius. (Pl. 50, fig. 9.)

Étym. obscure : Μυλη, *une meule.*

Car. Antennes longues, à dernier article en fuseau, à poil latéral simple, contiguës à la base.

Genre 319. Syrphe : *Syrphus*, Scopoli ; *Conops*, Fabricius. (Pl. 50, fig. 10.)

Étym. obscure. Hesychius : Σὺρφος, *mouche*, *cousin*.

Car. Tête sessile, tronquée en arrière ; antennes à dernier article en palette, dressées dans le repos ; ventre ovale ou conique, gros.

Genre 320. Cénogastre ; *Cenogaster*, Dum. (Pl. 50, fig. 11, et pl. 60, fig. 12, 13.)

Étym. Κενος, *vide* ; γαστηρ, *ventre*.

Car. Antennes à poil isolé, barbu ou plumeux ; front se gonflant en une sorte de bec ; abdomen comme vésiculeux, souvent transparent.

Genre 321. Mouche ; *Musca*, Linn. (Pl. 50, fig. 12.)

Nom latin, de Plaute.

Car. Antennes courtes, à poil isolé, plumeux : tête non prolongée en bec ; ventre opaque.

53.ᵉ *Famille.* Les Œstres ou Astomes.

Étym. α, *sans* ; στομα, *bouche*. (Pl. 51.)

Car. Sans trompe ni suçoir ; bouche remplacée par trois points enfoncés.

Genre 322. Œstre ; *Œstrus*, Linn. (Pl. 51, fig. *A*, *b*, *c*.)

Étym. Οἶστρος, *aiguillon*, *asile*, *taon*.

Car. Antennes courtes, reçues dans un creux du front, à poil isolé, simple, sur un dernier article en palette ; tarses à deux crochets et à deux pelottes.

54.ᵉ *Famille.* Les Bec-mouches ou Hydromyes.

Étym. Ὑδρω, *d'eau* ; μυῖα, *mouche*. (Pl. 51.)

Car. Bouche prolongée en un museau plat, saillant, munie de palpes, sans trompe ni suçoir distincts ; balanciers non recouverts par des cuillerons.

Les genres qui se rapportent à cette famille se partagent en ceux qui ont les antennes courtes, de la longueur de la tête et du corselet, et ceux qui les ont beaucoup plus longues. La forme de ces antennes et la disposition des ailes ont ensuite servi à la répartition des espèces.

Genre 323. Tipule ; *Tipula*, Linn. (Pl. 51 , fig. 1.)

Nom d'un insecte léger qui court sur les eaux, du latin, de Plaute , *neque tipulæ levius pondus est , etc.*

Car. Antennes en fil ou en soie, souvent en peigne dans les mâles ; pattes très-longues ; ailes écartées du corps dans le repos.

Genre 324. Limonie ; *Limonia*, Meigen. (Pl. 51 , fig. 2.)

Étym. obscure. Λειμονας. *prairie, nymphe des prés.*

Car. Antennes en soie de plus de douze articles velus pattes très-longues ; ailes couchées sur le corps dans l'état de repos.

Genre 325. Cératoplate ou Kératoplate ; *Keratoplatus ,* Bosc. (Pl. 51 , fig. 3.)

Étym. Κερας, *corne, antenne;* πλατυς, *plate.*

Car. Antennes oblongues, très-comprimées, de quatorze ou quinze articles, un peu plus larges vers le milieu, de la longueur du corselet.

Genre 326. Psychodes : *Psychodes*, Latreille ; *Phalænula ,* Meigen. (Pl. 51 , fig. 4.)

Étym. Ψυχη, *papillon;* ψυχος, *froid.*

Car. Antennes moniliformes, portées en avant, à articles poilus ; ailes larges, velues, arrondies, couvrant le corps, en toit ; pattes courtes.

Genre 327. Scatopse ; *Scatopse ,* Geoffr. (Pl. 51 , fig. 6.)

Étym. Σκωρ-σκατος, *ordure.*

Car. Antennes courtes, grenues, de la longueur du corselet ; tête petite, penchée ; corselet renflé ; ailes couchées sur l'abdomen et plus longues.

Genre 328. Hirtée : *Hirtæa ,* Meigen ; *Bibion ,* Geoffroy. (Pl. 51 , fig. 5.)

Étymologie probable : de *hirtus , hirsutus ,* velu.

Car. Antennes courtes, en massue perfoliée ; trois petits yeux lisses ; yeux des mâles beaucoup plus gros que ceux des femelles.

HUITIÈME ORDRE. LES APTÈRES.

Étym. α, *sans* ; πἷεϱα, *ailes*. (Pl. 52 à 58.)

Car. Pas d'ailes.

On peut partager cet ordre en familles, d'après diverses considérations : ainsi, beaucoup de genres n'ont pas d'antennes ; d'autres, qui ont les antennes distinctes, ont, à la place des mandibules ou des mâchoires, un suçoir ou un bec. Parmi les genres à mâchoires, il en est qui n'ont pas le ventre distinct des autres anneaux qui correspondroient à la poitrine ou au corselet, et chez d'autres l'abdomen vient après le corselet et ne porte pas de pattes ; mais tantôt il est muni d'appendices en forme de soies ou de poils, et tantôt il est nu : de là six familles, dont la plupart comprennent peu d'espèces.

55.ᵉ *Famille.* LES PARASITES OU RHINAPTÈRES.

Étym. Ῥὶν, *nez*, *bec* ; απἷεϱα, *sans ailes*. (Pl. 52 et 53.)

Car. Un bec ou suçoir, sans mâchoires et sans ailes ; tête et corselet distincts.

Les six genres qui composent cette famille sucent les animaux, et se distinguent par le nombre et la forme des pattes, ainsi que par la disposition des antennes.

Genre 329. PUCE ; *Pulex*, Linn. (Pl. 53, fig. 3, 4, 5 *a, b.*)
Étym. latine. Pline : *natus a pulvere.*
Car. Corps ovale comprimé ; tête petite, à antennes de quatre articles ; pattes postérieures beaucoup plus longues que les autres ; propres au saut.
Genre 330. POU ; *Pediculus*, Linn. (Pl. 53, fig. 1 et 2.)
Étym. latine. Petit pied.
Car. Corps aplati à segmens distincts ; pattes égales en longueur ; à derniers articles en crochet ; cinq articles aux antennes.
Genre 331. SMARIDIE ; *Smaridia*, Latr. (Pl. 52, fig. 1 *a, b.*)
Étym. obscure. Nom d'un poisson, Σμάϱιδος.
Caract. Corps globuleux ; tête, corselet et abdomen dis-

tincts ; deux yeux ; palpes alongés ; pattes antérieures plus longues que les autres.

Genre 332. Tique : *Ixodes*, Latreille ; *Cynorhæstes*, Hermann ; *Crotonus*. (Pl. 53 , fig. 6.)

Étym. Ιξος , *glu* ; ιξωδὴς , *visqueux* ; κροτον , *tique qui gâte les chiens.*

Car. Pas d'yeux distincts ; huit pattes courtes, rapprochées ; abdomen très-gros.

Genre 333. Lepte ; *Leptus*, Latreille. (Pl. 52 , fig. 2.)

Étym. Λεπτος , *grêle, menu.*

Car. Six pattes seulement, dont les intermédiaires plus courtes ; antennes tenant lieu de palpes.

G. 334. Sarcopte; *Sarcoptes*, Latr. (Pl. 52 , fig. 3, 4, 5, 6, 7, 8.)

Étym. Σαρξ-σαρκος , *chair* ; κοπ]ος , *qui pique.*

Car. Tête , corselet et abdomen distincts par des incisions ; huit pattes garnies de poils , terminées par de petites vésicules.

———

56.ᵉ *Famille.* Les Ricins ou Ornithomyzons.

Étym. Ορνιθος , *oiseau* ; μυζεω , *je suce.* (Pl. 54.)

Genre 335. Ricin, *Ricinus*, Linn. (Pl. 54 , fig. 4.)

Car. Tête et mâchoires distinctes ; antennes très-courtes ; six pattes ; abdomen arrondi , non terminé par des poils.

———

57.ᵉ *Famille.* Les Séticaudes ou Nématoures.

Étym. Νῆμα-ατος, *fil* ; ὕρα , *queue.* (Pl. 54.)

Car. Des mâchoires ; des antennes ; abdomen très-distinct, terminé par des soies ou filets ; six pattes seulement.

Genre 336. Forbicine ; *Forbicina*, Geoffroy. (Pl. 54, fig. 1.)

Car. Corps aplati ; six pattes ; antennes longues en soie , ventre ou abdomen distinct du corselet, terminé par trois soies alongées, susceptibles de s'écarter.

Genre 337. Machile ; *Machilis*, Latr. ; *Lepisma* , Linn. (Pl. 54 , fig. 2.)

Étym. Λεπὶς , *écaille.*

Car. Corps bossu, non aplati ; antennes courtes ; filets de
la queue inégaux, propres au saut.

Genre 338. Podure ; *Podura*, Linn. (Pl. 54, fig. 3 *a, b.*)

Étym. Πᾶς-οδος, *pied ;* ᾗρα, *queue.*

Car. Corps arrondi, terminé par deux filets qui se recourbent sous le ventre et se débandent comme un ressort.

58.ᵉ *Famille.* Les Aranéides ou Acères.

Étym. α, *sans ;* κερας, *corne, antenne.* (Pl. 55 et 56.)

Car. Pas d'antennes ; tête confondue avec le corselet ; abdomen sans pattes ; huit pattes ; des mâchoires ou des
mandibules distinctes.

La forme des mandibules, qui tantôt représentent des tenailles, tantôt de simples crochets ; le mode d'insertion du
ventre, qui, le plus souvent, est pédiculé et quelquefois sessile ou confondu avec le corselet ; le nombre des yeux ; le
mode de terminaison de l'abdomen, ont fourni les caractères
des huit genres principaux que nous avons inscrits dans cette
famille, que quelques auteurs ont distribuée en plus de trente
genres.

Genre 339. Araignée ; *Aranea,* Linn. (Pl. 55, fig. 1.)

Étym. Αραχνες.

Car. Mandibules en crochets ; abdomen pédiculé, arrondi
à l'extrémité ; palpes à la base des mandibules.

Genre 340. Mygale ; *Mygale,* Walckenaër. (Pl. 56, fig. 1.)

Étym. Μυγαλη, *musaraigne.*

Car. Mandibules en crochets, portant à l'extrémité un
palpe alongé pédiforme.

Genre 341. Phryne ; *Phrynus,* Olivier. (Pl. 56, fig. 2.)

Étym. Φρυνος, nom d'un crapaud terrestre.

Car. Corps plat ; palpes en forme de pattes et de griffes ;
pattes antérieures très-longues et très-grêles.

Genre 342. Scorpion ; *Scorpio,* Linn. (Pl. 56, fig. 3.)

Étym. Σκορπιος.

Car. Palpes en forme de pinces ; abdomen sessile, garni à
la base de deux peignes ; queue articulée, terminée par
un crochet ou aiguillon venimeux.

Genre 343. Pince; *Chelifer*, Geoffr. (Pl. 56, fig. 4.)

Étymologie, du latin, *porte-pince.*

Car. Palpes en pince ou en serre d'écrevisse; abdomen sessile; point de queue.

Genre 344. Galéode: *Galeodes*, Olivier; *Solpuga*, Lichtenstein. (Pl. 55, fig. 3.)

Étymologie obscure. Γαλεοδες, *poisson.*

Car. Mandibules en pince; palpes pédiformes; deux yeux seulement.

Genre 345. Faucheur; *Phalangium*, Linn. (Pl. 55, fig. 2, et pl. 60, fig. 14, 15, 16.)

Étym. Φαλαγξ, nom d'une araignée.

Car. Palpes filiformes; abdomen sessile, à segmens distincts, sans queue; pattes très-longues.

Genre 346. Trombidie; *Trombidium*, Fabr. (Pl. 55, fig. 4.)

Étym. Τρομβωδης, *en toupie, en cône.*

Car. Mandibules en crochets; abdomen sessile; corselet très-petit; les deux paires de pattes postérieures distinctes de celles de devant.

59.ᵉ *Famille.* Les Millepieds ou Myriapodes.

Étym. Μυριος, *multipliés, nombreux;* ποδα, *pieds.*

(Pl. 57 et 58.)

Car. Des mâchoires; tous les anneaux du corps à peu près semblables, sans distinction de corselet ni d'abdomen; des pattes à tous les anneaux.

Les sept genres de cette famille ont été établis d'après le nombre des pattes articulées sur chaque anneau, d'après la forme du corps et des antennes.

Genre 347. Scolopendre; *Scolopendra*, Linn. (Pl. 57, fig. 4.)

Étym. Σκολοπενδρα, Théophraste.

Car. Une seule paire de pattes courtes à chaque segment du corps, qui est également divisé en anneaux; antennes en soie.

Genre 348. Lithobie; *Lithobia*, Leach. (Pl. 57, fig. 5.)

Étym. Λιθος, *pierre;* βιος, *qui vit* (qui vit sous les pierres).

Car. Une seule paire de pattes courtes à chaque anneau,

qui est alternativement plus long et plus court ; antennes
en soie.

Genre 349. Scutigère ; *Scutigera*, Lamarck. (Pl. 58 , fig. 6.)
Étym. *Porte-écusson.*

Car. Corps à anneaux dilatés en-dessus, en recouvrement ;
antennes et pattes très-longues, très-grêles.

Genre 350. Polyxène ; *Polyxenus*, Latreille. (Pl. 58 , fig. 7.)
Étym. Πολυξεινος , *qui vit en troupe.*

Car. Corps mou , à articles presque égaux, garnis latéralement et à l'extrémité de pinceaux de poils ; antennes
courtes en fil.

Genre 351. Polydesme ; *Polydesmus*, Latr. (Pl. 57 , fig. 2.)
Étym. Πολυδεσμος , *beaucoup de liens , d'étranglemens.*

Car. Antennes courtes, un peu en masse, brisées ; deux
paires de pattes à chaque anneau , bien distinctes.

Genre 352. Iule ; *Iulus*, Linn. (Pl. 57 , fig. 1 et 1 *a*.)
Étym. Ιᾶλος (Lycophron) ; *ver à beaucoup de pattes , qui grimpe*
aux murs.

Car. Corps arrondi ; anneaux cylindriques à deux paires de
pattes à chaque ; antennes courtes, en masse.

Genre 353. Gloméride ; *Glomeris*, Latreille. (Pl. 57 , fig. 5.)
Étym. latine, *un peloton de fil.*

Car. Corps court, convexe en-dessus, concave en-dessous,
arrondi à l'extrémité, se roulant en boule ; deux paires
de pattes à chaque anneau ; antennes courtes.

60.ᵉ *et dernière Famille.* Les Quadricornes
ou Polygnathes.

Étym. Πολυς , *beaucoup ;* γναθος , *mâchoires.* (Pl. 58.)

Car. Des mâchoires ; abdomen peu distinct ; quatorze pattes.

Genre 354. Armadille ; *Armadillo* , Latr. (Pl. 58 , fig. 1.)
Nom espagnol, du latin , *quadrupède qui se roule en boule.*

Car. Corps concave en-dessous, se roulant en boule ; antennes brisées.

Genre 355. Cloporte ; *Oniscus*, Linn. (Pl. 58 , fig. 2.)
Étym. Ονίσκος , *petit âne.*

Car. Corps concave en-dessous, ne se roulant pas en boule ;
des filières à la queue ; antennes brisées.

Genre 356. Physode ; *Physodes*, Fabr. (Pl. 53, fig. 3.)
Étym. obscure. Φυσωδες, *venteux.*

Car. Antennes non brisées ; les derniers segmens du ventre cachés sous une grande plaque écailleuse, formant la queue. (C. **D.**)

MÉTHODE. (*Min.*) Voyez Minéralogie. (**B.**)

MÉTHODE. (*Malacoz.*) Voyez Mollusques. (**De B.**)

MÉTHODE. (*Entoz.*) Voyez Vers a sang rouge. (**De B.**)

MÉTHODE. (*Chetop.*) Voyez Vers intestinaux. (**De B.**)

MÉTHODE. (*Polyp.*) Voyez Zoophytes. (**De B.**)

MÉTHODE. (*Crust.*) Voyez Malacostracés. (**Desm.**)

MÉTHODE. (*Ichthyol.*) Voyez Ichthyologie. (**H. C.**)

MÉTHODE. (*Erpét.*) Voyez Erpétologie. (**H. C.**)

MÉTHODE. (*Ornith.*) Voyez Ornithologie. (**Ch. D.**)

MÉTHODE. (*Mamm.*) Voyez Quadrupèdes mammifères. (**F. C.**)

MÉTHODE NATURELLE DES VÉGÉTAUX. (*Bot.*) C'est vers la fin du siècle dernier que l'on a substitué à l'ancienne répartition des corps naturels en trois règnes, leur division plus circonscrite en corps inorganisés et corps organisés ; en spécifiant que la nature des premiers, qui sont les minéraux, consiste dans leur composition élémentaire, et que sur l'organisation est fondée la nature des seconds, auxquels se rapportent les animaux et les végétaux. On ajoutoit encore que, l'étude de l'organisation étant très-différente de celle de la composition élémentaire, l'histoire naturelle se partageoit nécessairement en deux sciences distinctes par leur objet, leurs principes, leur marche et leurs conséquences.

Ces vérités ne sont point étrangères à ceux qui ont étudié cette partie des connoissances humaines ; et si on leur donne ici quelque développement, c'est pour ceux qui, livrés à des travaux d'un autre genre, désirent trouver dans un exposé abrégé des notions générales sur une science agréable, qui chaque jour acquiert de nouveaux partisans.

Il convient d'abord de bien fixer les idées sur la nature et le mode d'existence des corps organisés et de ceux qui ne le sont pas. On sait que ces derniers sont composés de molécules élémentaires qui, réunies plusieurs ensemble, forment des mixtes, dont l'aggrégation constitue le corps inorganique ou minéral. Sa nature consiste dans celle des

élémens qui le composent, dans leur nombre, leurs proportions, leur degré d'union ou d'aggrégation. Le corps minéral, privé de vie, ne peut se reproduire sans se décomposer,
et de ses débris, diversement unis, résultent de nouveaux
corps, ou semblables, ou différens. Ces divers élémens n'ont
pas entre eux le même degré d'affinité; chacun d'eux, mis
en contact avec d'autres, s'attache plus particulièrement à
celui avec lequel son affinité est plus grande, et abandonne
celui dont l'affinité est moindre. De là cette réaction perpétuelle des minéraux entre eux, réaction qui opère la destruction des uns pour déterminer la formation des autres, et
qui produit ainsi la succession perpétuelle et le renouvellement des corps inorganiques.

La minéralogie et la chimie sont les sciences qui s'occupent spécialement de ces corps. La première en examine
tous les caractères extérieurs : elle a su reconnoître des
formes constantes propres aux divers genres d'aggrégation,
et déterminer, d'après l'inspection de ces formes, la nature
de chaque minéral. La chimie sépare ces aggrégations au
moyen de l'analyse, et reconnoît ainsi avec certitude l'existence de leurs principes dans le corps analysé : elle porte
cette connoissance au plus haut degré lorsqu'elle forme par la
synthèse et avec les mêmes élémens un nouveau corps pareil
au précédent. La situation naturelle de ces corps sur le globe
et leur disposition respective sont l'objet des recherches spéciales de la géologie, science vaste et brillante, qui étudie la
structure de la terre, et qui, pour expliquer ses diverses
révolutions, a présenté successivement plusieurs théories plus
ou moins satisfaisantes. Nous devons nous borner ici à cet
exposé sur la nature des minéraux et sur les sciences qui
s'en occupent.

La nature des corps organisés est très-différente de celle
des précédens. Ils sont composés de solides et de fluides, qui
exercent les uns sur les autres une action réciproque. Les
solides sont formés d'abord de parties simples ou similaires,
qui sont des fibres et des utricules, et qui, par leur réunion, constituent des parties organiques ou organes primitifs,
tels que des membranes et du tissu cellulaire, dont la contexture produit des vaisseaux, des glandes et autres organes

plus compliqués. C'est dans ces organes que circulent les fluides qui déposent dans chaque partie une portion de leurs principes servant au développement et à l'accroissement de ces mêmes parties. De l'ensemble de ces actions résulte la vie, qui est le caractère propre des corps organisés: c'est cette existence organique ou cette organisation qui constitue la nature de ces corps. Ils ne sont pas, comme les minéraux, le résultat de la décomposition d'un autre corps qui n'est plus; mais ils doivent leur naissance à un être existant antérieurement et qui a continué d'exister au moins quelque temps après les avoir produits. Ces êtres nouveaux s'accroissent, non par une juxtaposition des principes à la manière des minéraux, mais par intussusception des sucs qu'ils tirent des autres corps mis à leur portée, et que l'action de la vie transmet dans leur intérieur, pour y renouveler les fluides et ajouter aux solides de nouvelles parties. Ils éprouvent diverses vicissitudes depuis leur naissance et dans le cours de leur vie. Leur constitution pendant les premiers temps est plus tendre, plus molle, parce que la proportion des fluides est plus considérable. Peu à peu celle des solides augmente: c'est ce qui forme l'accroissement. Cette proportion devient égale à une certaine époque, qui est celle de la station ou l'état de maturité; c'est le temps où le corps organisé peut se reproduire, et former un être semblable à lui. A cette station succède le décroissement, qui est amené par la plus grande proportion des solides. Lorsque cette proportion devient excessive, les vaisseaux sont obstrués, les fibres se roidissent, les fonctions sont gênées, et leur interruption successive produit le dépérissement et la mort.

Ce mode d'existence des corps organisés est propre aux animaux et aux végétaux, qui ont beaucoup de fonctions communes, et surtout les fonctions principales tendant à la conservation de l'individu, qui consiste dans le maintien de la vie, et à la conservation de l'espèce, qui a lieu au moyen de la génération.

Mais ces deux grands règnes de la nature diffèrent par des caractères essentiels et par des systèmes d'organes qui existent dans l'un, et dont l'autre est privé. La plante, attachée à la terre, et recevant par ses racines, de ce grand réservoir, le suc propre à sa nature et à peu près déjà tout préparé, n'a pas besoin des organes qui serviroient à la transporter d'un lieu dans un autre pour chercher sa nourriture. On observe seulement que ses racines se dirigent naturellement vers le terrain qui peut leur fournir des sucs meilleurs et plus abondans : elles inspirent ces sucs par une action dont le mécanisme n'est pas connu, et les transmettent par la tige à toutes les parties du végétal.

Les animaux, au contraire, ne trouvent point leur nourriture toute préparée : ils sont obligés de se transporter d'un lieu dans un autre pour se la procurer, ou, s'ils ont fixé leur demeure dans un point, ils choisissent le lieu où cette nourriture est placée à leur proximité ; mais toujours le mouvement leur est nécessaire pour s'en emparer et pour l'introduire dans leur intérieur. Ces alimens, ainsi reçus par l'animal, ne sont pas ordinairement assez décomposés pour que ses suçoirs intérieurs puissent en extraire les parties nutritives. Il doit donc exister en lui des organes préparatoires qui réduisent ces alimens à l'état de sucs nourriciers, et d'autres qui, sous le nom d'intestins, faisant l'office de réservoir, comme la terre pour les végétaux, reçoivent en dépôt ces alimens ainsi préparés. C'est alors que commence une fonction commune aux deux règnes, et que les vaisseaux lactés de l'animal, comparés depuis long-temps par nous aux racines des plantes, tirent de ce réservoir le chyle nourricier, pendant que le résidu de la matière alimentaire est rejeté au dehors par une action propre aux animaux. Ceux-ci doivent donc avoir des organes destinés à exercer le mouvement, qui sont les muscles, et d'autres devant transmettre à ces derniers le principe de ce mouvement, qui sont les nerfs ; il faut encore qu'ils soient munis d'organes de la digestion plus ou moins compliqués, selon le genre de nourriture, organes dont l'emploi consiste à préparer les alimens, à les verser dans le réservoir intestinal, à en rejeter le résidu, lorsque le suc en a été extrait. Il faut, enfin, qu'ils aient les moyens de choisir ces alimens, et ces moyens sont les sens plus ou moins parfaits, selon les besoins et le genre de nourriture.

L'animal et la plante jouissent donc tous deux de la vie et

des fonctions essentielles pour l'entretenir, mais le premier
a des organes de la sensibilité, du mouvement et de la digestion, qui manquent à l'autre. Le résultat des grandes fonctions
qui tendent à introduire l'air dans l'intérieur de l'animal pour
en tirer un principe propre à l'élaboration du suc nourricier, ainsi que de celles qui transmettent ce suc dans toutes
ses parties, est le même que dans les végétaux ; mais les organes qui les exercent sont en lui plus apparens et mieux
connus, ainsi que le mécanisme de leur action. Il en est de
même des sécrétions, dont les organes sont plus faciles à observer. L'action principale qui opère la reproduction des
êtres, est la même dans les deux règnes, et varie seulement
dans quelques-unes des circonstances accessoires. On retrouve
enfin des rapports marqués dans la nutrition du fœtus animal ou végétal, son premier développement, sa sortie de
l'organe qui a été sa première habitation, et son accroissement hors de cet organe.

Ce tableau abrégé montre la grande différence qui existe
entre les corps inorganisés et les corps organisés. Il fait reconnoître que la partie de l'histoire naturelle qui s'occupe
de ceux-ci, doit avoir pour objet leur organisation ; que
leur composition élémentaire rentre dans le domaine de l'analyse chimique. Si maintenant on ne peut révoquer en doute
que sur l'organisation est fondée la véritable science des corps
organisés, que cette organisation constitue leur véritable
nature, il en résulte nécessairement que, pour avoir une
connoissance complète de cette nature, on ne peut se contenter d'étudier quelques organes, mais que la science doit
les embrasser tous. Dans les temps antérieurs elle n'étendoit
pas ses vues si loin ; elle ne s'attachoit qu'à nommer les êtres,
et, préférant pour cela quelques-uns des organes extérieurs
plus faciles à étudier, elle fondoit sur ces organes les bases
de ses classifications. Se bornant à ce point, elle pensoit
avoir atteint le but, lorsqu'elle étoit parvenue, au moyen
d'un petit nombre d'observations, à nommer l'être soumis à
ses recherches. De plus, se croyant maîtresse de choisir,
pour désigner ces êtres, les organes ou les caractères qui lui
paroissoient les plus commodes, elle a fait successivement
différens choix au gré des auteurs. De cette liberté sont ré-

sultés divers systèmes de distribution, tous arbitraires, lesquels, fondés chacun sur une considération isolée qu'ils met-
toient en première ligne, ont dû nécessiter des rapprochemens désavoués par la nature, ou rompre des réunions formées par elle.

Pour prouver cette assertion, il suffiroit de présenter une
courte analyse des principaux systèmes qui ont joui dans
leur temps d'une réputation méritée, et dont quelques-uns
conservent encore beaucoup de sectateurs, parce qu'ils remplissent au moins un des objets de la science, celui de parvenir à nommer les êtres déjà connus et décrits. Ils peuvent
être regardés comme des tables méthodiques dans lesquelles
ces êtres ont été rangés provisoirement suivant un ordre
convenu, pour que l'on puisse les retrouver facilement lorsqu'on voudra les disposer dans un ordre plus naturel. C'est
cet ordre vers lequel doit se diriger notre étude; il doit être
fondé sur des principes fixes, invariables, qui ne dépendent
pas de la volonté des auteurs, comme ceux des méthodes
artificielles. C'est seulement dans la nature même que l'on
pourra trouver ces principes, en observant sa marche dans la
formation des groupes reconnus généralement comme très-
naturels. En étudiant ces groupes, on reconnoît que les êtres
qui sont réunis dans chacun se ressemblent dans le plus grand
nombre de leurs parties ou caractères, et que parmi ces
caractères il en est qui paroissent plus constans, plus importans que d'autres. De cette double considération dérivent des
conséquences faciles à tirer, en s'élevant du plus simple au
plus composé, de la réunion des individus en espèces et des
espèces en genres, à celle des genres en familles et des
familles en classes. C'est la marche qu'on a suivie pour parvenir à la classification plus naturelle des végétaux, dont
les premiers élémens et les bases se retrouvent dans deux
mémoires publiés en 1773 et 1774, faisant partie du Recueil
de l'Académie des sciences. Ces principes ont été plus ap-
profondis dans un ouvrage spécial en 1789, et les zoologistes
modernes, aidés de l'anatomie comparée, en ont fait plus
récemment l'heureuse application au règne animal. Nous ne
les suivrons pas dans l'exposition de leurs utiles travaux,
qui ont été couronnés du succès. Il nous suffit d'avoir établi

les grands rapports existans entre les deux règnes, et d'avoir montré que les deux sciences des corps organisés reposent sur la même base.

Celle des végétaux doit ici nous occuper exclusivement, et le champ qu'elle offre à parcourir est assez vaste lorsqu'on veut l'étudier suivant les vrais principes. Ce n'est plus alors, comme auparavant, une science artificielle, ou, suivant son ancienne définition, la science qui aide à trouver le nom des plantes connues; c'est, comme on l'a dit plus haut, la science qui observe assidument la nature pour reconnoître sa marche dans la composition des groupes formés par elle, et pour l'imiter dans l'établissement d'autres groupes, en se conformant à ses lois immuables. Mais, pour parvenir à ce but, pour pouvoir instituer ou reconnoître ces lois, il faut avoir une idée précise de l'organisation végétale, étudier toutes les parties des plantes, connoitre les fonctions de chacune, pour mieux déterminer leur importance; et cette étude exige que nous rappellions au moins sommairement ces parties et ces fonctions, en tirant nos exemples d'un végétal connu, tel qu'un tilleul ou un rosier sauvage.

Une longue digression sur ce sujet, qui rentre dans le domaine de la physiologie végétale, seroit ici peut-être inutile. Nous devons supposer que ceux qui liront cet extrait, ont déjà des notions suffisantes sur les fibres et les utricules, les parties les plus simples du végétal, lesquelles, conformées en vaisseaux et en tissu utriculaire, entrent dans la composition de la moelle, du bois et de l'écorce. Ils savent encore que celles-ci servent à la formation de la racine, de la tige, des feuilles, des fleurs et des fruits; que la racine est destinée à pomper les sucs de la terre; la tige, à les transmettre aux autres parties par les vaisseaux qu'elle recèle; les feuilles, à rejeter au dehors la portion surabondante de ce suc par des pores exhalans qui couvrent leur surface supérieure, et à inspirer par les pores inhalans de leur surface inférieure le fluide répandu dans l'atmosphère pour le reporter jusqu'aux racines; et que ces fonctions, exercées par ces trois parties organiques, sont consacrées au maintien de la vie de l'individu.

Les plantes, comme les animaux, ont aussi des organes

sexuels, qui concourent au renouvellement des individus, à
la création de nouveaux êtres semblables aux précédens; ce
qui constitue le maintien de la vie de l'espèce. Ils font partie
de la fleur, dont le centre est occupé par l'organe femelle,
nommé *pistil*, composé de l'*ovaire*, assimilé à la matrice des
animaux, surmonté du *style* que termine le *stigmate* ordinairement spongieux et un peu humide. Ce pistil est entouré
d'un ou plusieurs organes mâles nommés *étamines*, composés
d'un *filet* ou support, et d'une *anthère* ou petite bourse remplie de *poussières* ou très-petites vésicules contenant l'esprit
séminal, *aura seminalis*. La nature a pourvu à la conservation
de ces deux organes principaux, en les entourant de deux
enveloppes florales, dont la plus extérieure nommée *calice*,
ordinairement verte, est continue à l'épiderme du support
de la fleur; l'autre, plus intérieure, diversement colorée
et de forme très-variée, porte le nom de *corolle* : on la prend
vulgairement pour la fleur elle-même, parce qu'elle a plus
d'apparence que les autres parties florales. A un point de
maturité, ces enveloppes, qui couvroient d'abord entièrement
les organes sexuels, s'épanouissent; par l'influence de la végétation et de l'action solaire, les anthères s'ouvrent avec
élasticité, lancent sur le stigmate leurs poussières, qui, se fen-
dant aussitôt, répandent sur lui l'esprit séminal. Cette vapeur prolifique, pénétrant par le style dans l'ovaire, va fé-
conder les ovules qu'il contient. Après avoir rempli ce but
de la nature, ces étamines, devenues inutiles, tombent, ainsi
que la corolle, qui partage leur destinée; et le suc qui ser-
voit à leur entretien, changeant de route, se porte à l'ovaire
fécondé. Celui-ci, devenu alors jeune fruit, et noué, suivant
l'expression vulgaire, prend de l'accroissement, ainsi que les
ovules, qu'il rejette au dehors lorsqu'ils sont parvenus à l'état
de graines parfaites. Ces graines sont alors de nouveaux individus, distincts de celui dont ils émanent, qui n'ont besoin que d'être mis en terre et de germer pour commencer
leur vie. Elles ont une radicule qui doit devenir la racine,
une plumule qui se changera en tige, et des lobes ou cotylédons, qui feront l'office d'organes nourriciers pendant la
première végétation de la jeune plante et cesseront d'exister
lorsqu'elle n'aura plus besoin de leur secours.

Si l'on suit cette plantule dans son développement, on voit d'abord que les parties fluides y sont prédominantes, qu'elle ne contient qu'une moelle très-molle, recouverte d'une écorce ou peau très-mince. Bientôt entre la moelle et l'écorce paroit une couche ligneuse, terminée à son sommet par un bourgeon ou jeune pousse : cette couche s'alonge et grossit par l'addition de nouvelles fibres, qui rejettent sur le côté la pousse terminale d'où sortira une feuille ou un rameau, et vont former au-dessus une seconde pousse, laquelle, écartée à son tour, est surmontée d'une troisième et successivement de plusieurs autres. Les pousses, en s'ouvrant, déploient leurs feuilles, qui commencent aussitôt à exercer leur action transpiratoire, propre à augmenter le volume et la force de la racine, et conséquemment de la tige. C'est ainsi que se fait l'accroissement dans un grand nombre de plantes, jusqu'au point où le nouveau végétal parvient à l'état de station ou de maturité qui annonce le parfait équilibre entre les fluides et les solides, comme on l'a exposé plus haut pour les corps organisés en général. C'est l'époque où il est propre à la reproduction, celle où se développent les fleurs, qui bientôt se changent en fruits et produisent des graines. Plus tard les solides ont la prépondérance, qui augmente au point que quelques vaisseaux s'obstruent. Le cours de la séve est gêné de plus en plus; des rameaux périssent : leur cicatrice donne entrée à l'air et à l'humidité, qui détruisent le tissu utriculaire, lien de toutes les parties, et décomposent les fibres, lesquelles se détachent et laissent des vides intérieurs. Le végétal s'affoiblit de plus en plus: ses diverses fonctions sont successivement interrompues, et enfin il cesse d'exister.

Cet abrégé de la physiologie des plantes suffit pour donner une idée de leurs parties principales et de leurs fonctions les plus importantes. Il convient encore de connoître dans ces parties quelques-unes de leurs différences les plus remarquables, sur lesquelles reposent les *caractères* qui servent à distinguer les diverses espèces, en négligeant ici celles qui influent moins sur la classification générale. Ainsi, en parlant de la racine et de la tige, après avoir distingué les herbacées des ligneuses, les annuelles des vivaces, les rampantes

de celles qui s'enfoncent ou s'élèvent directement, les rameuses de celles qui restent indivises, nous insisterons davantage sur leur structure intérieure. Nous distinguerons celles
qui sont formées de couches fibreuses, concentriques autour
d'une moelle centrale, comme dans tous nos arbres fruitiers
et forestiers, et celles qui présentent intérieurement des
faisceaux de fibres ou vaisseaux épars au milieu d'un tissu
utriculaire, comme dans les palmiers, les bananiers, les
roseaux, la canne à sucre. Dans celles-ci la partie la plus
extérieure, tenant lieu d'écorce, est la plus ferme, et l'accroissement se fait par le centre, qui est d'une constitution
plus molle, à raison de l'abondance du tissu utriculaire. Dans
les premières, au contraire, les couches intérieures sont plus
serrées et plus fermes ; chaque année une nouvelle couche,
d'abord moins dense, nommée *aubier*, se forme sur les précédentes, dont le nombre indique l'âge du végétal. L'écorce
qui recouvre cet aubier est d'un tissu plus lâche ; ses vaisseaux sont disposés en réseau et liés par des chaînes d'utricules. On y retrouve également plusieurs couches, dont l'extérieure, exposée à l'air, est plus ferme ; l'intérieure, plus
molle et presque humide, reçoit le nom de *liber*. C'est entre
ce liber et l'aubier que circule la séve, qui fournit à l'un et
à l'autre un aliment et une nouvelle couche. Ces détails sur
la structure des racines et des tiges étoient nécessaires pour
faire bien connoître un grand caractère qui devra être de
quelque valeur dans la classification.

Si nous passons aux feuilles, il faudra avoir égard à leur
insertion près de la racine, ou sur la tige, ou sous les fleurs ;
à leur situation respective, considérée comme opposée ou
alterne ; à leur forme très-variée, à leur division en plusieurs
folioles diversement unies, à leur foliation ou manière d'être
avant leur développement. Quelques-unes de ces différences
ne seront peut-être pas négligées dans la série des principaux
caractères ; d'autres, omises ici, auront une moindre valeur.

L'inflorescence ou la disposition des fleurs opposées ou
alternes, sessiles ou portées sur une queue nommée pédoncule, isolées ou rapprochées en anneau, en tête, en épi,
en ombelle ou parasol, en grappe, en corymbe, en panicule, pourra mériter encore quelque attention.

L'intérêt augmente, lorsqu'on s'occupe des différences observées dans la fleur. On voit d'abord un calice libre ou adhérent à l'ovaire, persistant ou caduc, variant beaucoup par sa forme, et composé de plusieurs parties nommées *sépales*, ou formé d'une seule pièce, dont le limbe ou bord supérieur est entier ou divisé. Quelques-unes de ces différences se retrouvent aussi dans la corolle, qui est *monopétale* ou *polypétale*, c'est-à-dire, composée d'une ou plusieurs pièces nommées *pétales*; offrant des formes régulières ou irrégulières; insérée sur ou sous l'ovaire, ou au calice, ce que l'on exprime par les termes d'épigyne, hypogyne et périgyne. Dans la préfloraison, c'est-à-dire, avant l'épanouissement du calice et de la corolle, on ne négligera pas de voir si leurs divisions se recouvrent en partie l'une l'autre, ou si elles se touchent simplement par leurs bords, parce que ces enveloppes offrent souvent de l'uniformité en ce point dans les plantes semblables.

On observe dans les étamines ou parties mâles leur insertion aux trois mêmes points, et une quatrième à la corolle elle-même; leur nombre, leur proportion, la séparation ou réunion des filets en un ou deux ou plusieurs corps; la séparation ordinaire ou l'union plus rare des anthères en une gaine, leur attache sur les filets, le nombre de leurs loges, leur manière de s'ouvrir, la forme des poussières qu'elles contiennent.

Dans le pistil ou organe femelle, il faut d'abord considérer l'ovaire comme tantôt *infère*, faisant corps avec le calice, tantôt *supère* et libre; comme simple, *monogyne*, ou rarement multiple, *digyne*, *polygyne*, divisé en deux ou plusieurs; comme uni- ou multiloculaire; contenant dans chaque loge un ou plusieurs *ovules* ou rudimens de graines, dont le nombre, la position et le point d'attache doivent être vérifiés avant qu'un développement ultérieur ait pu les déplacer ou occasioner l'avortement d'un ovule, ou d'une loge, ou de l'ovaire lui-même. Cet ovaire est souvent *monostyle*, portant un seul style; plus rarement *distyle*, *polystyle*, surmonté de deux ou plusieurs; quelquefois *astyle* dépourvu de cet organe. Un ou plusieurs stigmates terminent chaque style, ou sont portés immédiatement sur l'ovaire.

En considérant ces diverses parties de la fleur, on voit que quelques-unes peuvent manquer, rarement le calice, plus souvent la corolle dans les fleurs dites alors *apétales* ou *apétalées*. Quelquefois c'est un des organes sexuels dont l'absence, ou ordinaire, ou occasionée par un avortement, donne lieu à la distinction des fleurs *mâles* et des fleurs *femelles*, tantôt *monoïques* portées sur le même pied, tantôt *dioïques* séparées sur des pieds différens, tantôt *polygames* lorsque des fleurs *hermaphrodites* ou pourvues des deux sexes sont mêlées avec des mâles ou des femelles. Les fleurs *neutres*, dans lesquelles ils manquent tous deux à la fois, sont négligées par la science et n'offrent quelque intérêt que dans les jardins d'ornemens, lorsque la culture les a fait doubler par une surabondance de séve qui a changé leurs étamines en pétales. Cette dégénérescence sert seulement à confirmer la grande analogie entre les filets des étamines et la corolle, dont l'origine et la nature sont les mêmes.

Dans le fruit qui succède à l'ovaire, on distingue le *péricarpe* contenant, et la *graine* contenue. Le premier est de même libre ou adhérent, simple ou multiple, uni- ou multiloculaire. On y distingue son tégument extérieur, et celui qui revêt intérieurement les loges, et la substance intermédiaire entre les deux. On doit encore observer sa conformation extérieure en capsule, gousse, silique, follicule, baie, brou, etc.; sa substance charnue, pulpeuse, membraneuse, coriace, osseuse, etc.; sa manière de s'ouvrir, la disposition des cloisons qui séparent ses loges, et des réceptacles ou *placentaires* auxquels sont attachées les graines; la position et le nombre de celles-ci, et la forme du cordon qui les attache au péricarpe.

Une graine, examinée isolément, est un véritable œuf végétal qui doit devenir une plante nouvelle. Tantôt on la distingue facilement du péricarpe qui la contenoit; tantôt elle fait corps avec lui, ou au moins en est comme revêtue, au point que, ne s'ouvrant pas, il paroît être simplement un des tégumens ou pellicules qui la recouvrent, et alors on la qualifioit de graine nue. Plus récemment on a nommé *cariopse* celle qui avoit contracté une adhérence, comme dans les plantes graminées, et *akène* celle qui étoit seulement recouverte, comme dans les composées. La graine en général, vue à l'extérieur, présente des formes différentes : elle est recouverte d'une ou plus souvent de deux tuniques dont l'intérieure est membraneuse; l'extérieure est souvent pareille, quelquefois coriace ou crustacée, ou même osseuse. On trouve sur sa surface un point en forme de cicatrice, nommé ombilic ou *hile*, par lequel les vaisseaux du placentaire et du cordon ombilical lui apportent son suc nourricier. Le *micropile*, autre point voisin du hile et souvent non apparent, est indiqué comme le vestige d'une autre ouverture, donnant passage dans l'origine à des vaisseaux propres, venant de l'intérieur du style jusqu'à l'ovule, qui lui ont transmis le principe propagateur et qui se sont rompus après avoir rempli leur office, suivant l'observation de M. de Saint-Hilaire.

L'intérieur de la graine dégagée de ses tégumens présente un *embryon* composé de la *radicule*, de la *plumule* et des lobes ou *cotylédons*, au nombre de deux ou d'un seul, lesquels manquent dans une série de plantes : ce qui donne lieu à la distinction des embryons *dicotylédones, monocotylédones* et *acotylédones*. On a encore observé que, dans les plantes à embryon monocotylédone, la radicule est engagée dans une poche particulière un peu charnue, et que dans celles à embryon dicotylédone la poche n'existe pas et la radicule est libre : ce qui a fait nommer les premiers embryons *endorrhizes*, et les seconds *exorrhizes*. Cette radicule, soit libre, soit engagée, devant sortir la première dans la germination, est ordinairement dirigée à l'extérieur vers le hile ou point d'attache de la graine; quelquefois cependant elle est dans une direction différente. Tantôt l'embryon occupe seul tout l'intérieur de la graine, tantôt il est accompagné d'un autre corps nommé *périsperme*, composé uniquement de tissu utriculaire et dénué de vaisseaux, comparé à *l'albumen* ou blanc de l'œuf des animaux ovipares. Ce corps, qui n'a aucune adhérence marquée avec l'embryon et avec ses tégumens, est d'une substance farineuse, ou cornée, ou charnue, ou plus rarement mucilagineuse : il entoure souvent l'embryon, ou plus rarement il est entouré par lui ou placé à son côté; ou, occupant lui-même presque tout l'intérieur, il recèle cet embryon, alors très-petit, dans une cavité ou fossette pratiquée près du hile.

Nous terminons ici l'exposé des principales différences observées dans les parties précédemment énoncées, en négligeant toutes celles que, pour l'objet qui nous occupe, il est moins nécessaire de passer en revue, et qui sont très-détaillées dans les livres élémentaires de botanique. De toutes ces différences dérivent les *caractères*, dont l'étude fait la base de la science qui établit les rapports des plantes en raison de ces caractères semblables ou différens. Les plantes qui se ressemblent dans toutes leurs parties, sont des individus d'une même *espèce*, lesquels, nés d'individus pareils plus anciens, doivent à leur tour en produire d'autres semblables; et ainsi l'espèce doit être définie une succession d'individus entièrement semblables, perpétuée au moyen de la génération. Cette uniformité généralement constante dans la série des êtres qui forment ce premier groupe naturel, peut cependant subir quelques modifications ou dégénérescences déterminées par le sol, le climat, l'exposition, et surtout par la culture, qui a produit des variétés nombreuses dans les fruits, les plantes d'ornemens, les herbes potagères et céréales. La durée de ces variétés dépend de celle de leurs causes; et lorsque celles-ci cessent d'exercer leur influence, la reproduction par graines ramène les variétés à leur espèce primitive après une ou plusieurs générations. Le vrai fondement de la botanique, son objet principal, est cette espèce pure, représentée par un de ses individus; elle en examine tous les caractères, elle les compare avec ceux d'autres espèces représentées de la même manière, et de cette comparaison, qui fait connoître l'organisation ou la nature de chacune, elle déduit leurs divers degrés d'affinité.

Ce travail donne lieu à un premier rapprochement des espèces semblables en beaucoup de points, dont l'assemblage prend le nom de *genre*. Les règles pour établir ces genres ont été d'abord très-incertaines, et les genres dès-lors très-défectueux. On a fait un premier pas vers leur amélioration, en reconnoissant que leurs caractères devoient être choisis dans la fructification de préférence aux autres parties. Mais alors les divers organes de la fleur étoient moins connus;

quelques-uns, négligés comme moins importans, n'étoient
point employés pour caractériser les genres, ce qui donnoit
moins de latitude aux auteurs pour multiplier leurs signes
distinctifs. Tels ont été ceux de Tournefort, le réformateur
de la science, en 1694 : malgré cet inconvénient, beaucoup
de ses genres ont mérité d'être conservés. Il ne connoissoit
pas les sexes des plantes et ne considéroit les étamines que
comme des tuyaux excréteurs. Cette connoissance des organes sexuels, reconnus comme les parties essentielles de la
fleur, fit une nouvelle révolution dans la botanique, et
Linnæus, en 1737, en tira un parti avantageux pour faire
des genres mieux caractérisés et dont la plupart sont maintenant admis. Mais, en accordant à tous les caractères de la
fructification le droit de concourir à la formation des genres,
en rendant pour eux ce droit exclusif, il a contrarié une loi
de la nature, qui dans plusieurs circonstances paroît donner
moins d'importance à certains caractères de la fructification
qu'à quelques-uns existant hors d'elle, comme l'on s'en con-
vaincra dans la suite de cette exposition. Les services rendus
à la science par ce savant professeur suédois ne se bornent
pas à la formation de ses genres; il a fait de plus disparoître
l'ancienne nomenclature de Bauhin et de Morison, adoptée
avec répugnance par Tournefort, et composée de plusieurs
mots qui formoient une phrase entière, trop longue pour
dénommer, insuffisante pour caractériser la plante. Au nom
substantif désignant le genre, Linnæus n'a ajouté qu'un seul
nom, souvent adjectif, pour distinguer l'espèce, ce qui a beaucoup simplifié cette nomenclature. Les phrases descriptives
qu'il a jointes à chaque nom, sont très-utiles pour faire mieux
connoître chaque espèce. Nous ajouterons qu'il a étendu
cette forme de nomenclature et de description aux diverses
classes du règne animal; il les a parcourues successivement,
en inventant pour chacune un langage particulier, en termes
techniques, propres à caractériser brièvement les êtres qui
la composent. Ces innovations ont beaucoup contribué aux
progrès de l'histoire naturelle, en rendant plus facile et plus
expéditive la composition des livres sur ces sciences et la
communication entre les savans; et l'on peut dire que, par
ses genres, sa nomenclature et ses formes descriptives, il

a plus fait pour l'histoire naturelle que ses prédécesseurs.

Après avoir établi les genres, il falloit chercher à les disposer suivant un ordre convenable, pour les retrouver facilement et pouvoir appliquer sans embarras à une plante observée le nom qui lui avoit été donné : objet premier et presque unique de la science, suivant son ancienne définition. Les anciens, qui avoient échoué dans la confection des genres, n'ont pas été plus heureux dans leur classification. Dès qu'on eut attribué aux parties de la fructification le privilége de donner de bons caractères génériques, on reconnut facilement qu'elles seules pouvoient présider à la classification générale. Plusieurs avoient concouru ensemble pour les genres; on jugea que les classes devoient être fondées sur une seule. Comme la science étoit alors arbitraire, les opinions furent partagées sur le choix. Il falloit préférer celle qui donneroit seule et avec facilité un plus grand nombre de divisions bien tranchées, et, par une espèce d'hommage tacite rendu à l'ordre naturel, on étoit disposé à regarder comme plus parfaite la classification qui conserveroit un plus grand nombre des séries reconnues généralement comme très-naturelles.

On avoit essayé infructueusement le calice et le fruit.

Tournefort, en 1694, fut plus heureux en choisissant la corolle, qu'il désignoit toujours sous le nom de la *fleur;* et .il fonda sur elle la première méthode qui ait eu beaucoup de sectateurs. Ses principales divisions étoient tirées de la présence ou de l'absence de cette corolle, de son isolement ou de sa réunion avec d'autres dans un même calice ou involucre, du nombre de ses parties en la considérant comme monopétale ou polypétale, de sa forme régulière ou irrégulière, des différentes figures affectées dans cette forme. De plus, soit pour obéir à un préjugé du temps, soit pour multiplier ses divisions, il a séparé primitivement les herbes des arbres, et a fait dix-sept classes dans les premières et cinq dans les seconds. Cette méthode a l'avantage d'être fondée sur une partie très-apparente, et conséquemment facile à observer, et, de plus, elle conserve dans les classes et les sections beaucoup de séries naturelles. Mais on ne peut adopter sa distinction des herbes et des arbres, qui sont fréquemment réunis dans beaucoup de groupes naturels et même dans plusieurs genres. La distinction des figures des corolles, en cloche, en entonnoir, en rosette, tend également à établir des séparations ou des réunions contraires à la nature; et les classes des liliacées, des caryophyllées, sont caractérisées trop vaguement. Cependant cette méthode a subsisté long-temps au Jardin royal de Paris, où Tournefort lui-même l'avoit établie, et si nous osons ici la critiquer en plusieurs points, c'est avec le respect dû à la mémoire d'un grand homme, à qui la science doit sa première restauration.

La découverte des sexes fit reconnoître qu'il existoit dans la fleur des parties plus essentielles que la corolle. Linnæus en profita habilement en 1737, et choisit les étamines ou organes mâles pour base de son système. Il les considéroit comme apparentes ou cachées, comme réunies avec l'organe femelle, ou séparées; ensuite il avoit égard à leur nombre, leur proportion, la réunion de leurs parties, leur insertion sur le pistil, et il est parvenu ainsi à former vingt-quatre classes, dont treize portent sur le nombre, et une d'elles sur l'insertion au calice, les deux suivantes sur la proportion de deux ou quatre étamines plus longues et deux plus petites. Il en consacre quatre à la réunion des filets en un, ou deux, ou plusieurs paquets, et des anthères en une seule gaine. Sa vingtième mentionne l'insertion au pistil. La séparation des deux organes sexuels dans des fleurs distinctes portées sur le même pied ou sur des pieds différens, et le mélange de ces fleurs avec des hermaphrodites, donnent les moyens de former encore trois classes. Enfin, dans une dernière, il rassemble les plantes dont la fructification est cachée ou inconnue. Ce système est ingénieux; il a l'avantage d'être fondé sur une seule partie, et ses classes sont caractérisées avec simplicité et précision. Les sections formées dans chacune sont tirées ordinairement du nombre des parties du pistil ou organe femelle. Il remplit bien deux des conditions précédemment requises pour la meilleure classification : il est fidèle à l'unité, et il parvient à classer les plantes de manière que l'on puisse facilement les retrouver et les nommer, quoique cependant ses caractères échappent quelquefois à la vue, à cause de leur petitesse, qui exige souvent l'emploi de la loupe. Ce système, étayé de plus par de bons genres, et par une nomenclature facile et expéditive des espèces brièvement décrites, a dû être généralement adopté et faire abandonner celui de Tournefort, qui n'offroit pas la même unité, la même précision, des genres aussi bien caractérisés ni une nomenclature aussi simple; mais, en reconnoissant ses avantages, nous sommes forcés de dire qu'il s'éloigne beaucoup de l'ordre de la nature, dont il conserve à peine quatre ou cinq séries. L'auteur n'a pu, pour ses vingt-quatre classes, tirer des étamines vingt-quatre caractères de valeur égale, et il a été forcé d'en adopter qui sont peu importans et très-variables dans les groupes naturels. Nous pouvons nous contenter de citer ici le nombre qui, dans douze de ses classes, présente des rapprochemens inadmissibles par un vrai naturaliste, tandis qu'il sépare des genres semblables en tout point, excepté dans le caractère classique. Plusieurs de ces genres sont aussi décomposés, et leurs fractions sont dispersées dans diverses classes. Cependant, par l'effet d'une conviction intime du vice de ces décompositions, elles n'ont pas été étendues par lui à tous les genres, et quelques-uns ont été conservés avec des espèces différentes dans le nombre de leurs étamines. Ce nombre varie aussi dans les fleurs d'une même plante, et de plus le moindre avortement peut déranger un caractère de classe : ce qui augmente les difficultés du système, et prouve combien il s'éloigne de la nature.

Nous devons abréger les observations critiques sur les méthodes artificielles. Celles qui ont été présentées, suffisent pour montrer que ces méthodes, même les plus estimées, sont de simples tables disposées suivant des signes de convention, propres, comme on l'a dit en parlant des corps organisés en général, à trouver facilement le nom des plantes; mais elles ne peuvent joindre à cet avantage celui de faire connoître leurs rapports naturels, leur organisation entière, et conséquemment leur nature.

On doit donc diriger les recherches vers l'ordre qui seul peut remplir ces dernières conditions. Il a été l'objet des méditations de quelques savans distingués à diverses époques. Magnol a le premier, en 1689, cherché à faire des rappro-

chemens naturels sous le nom de familles : si son travail,
qui n'étoit qu'un premier essai en ce genre, n'obtint pas
l'assentiment de ses contemporains, il a au moins le mérite d'avoir le premier eu l'idée de la réunion des plantes
en familles. Linnæus, reconnoissant lui-même, dans une
courte préface, l'insuffisance de son système pour établir les
véritables affinités, et avouant la prééminence de la méthode
naturelle vers laquelle les naturalistes doivent porter toutes
leurs vues, proposa peu après, en 1758, une série de groupes, qu'il nomma *fragmenta methodi naturalis;* il les a changés
à plusieurs reprises, jusqu'en 1764, toujours sous la simple
forme de catalogue, sans indiquer les principes adoptés par
lui pour la formation de ces groupes et pour leur ordre de distribution. Bernard de Jussieu, chargé par Louis XV, en 1759,
de former à Trianon un jardin de botanique, disposa en ce lieu
les plantes en familles, n'employant également que la forme
de catalogue, sans autre indication ultérieure. Cette série,
conservée, comme un monument précieux, à la suite de l'introduction de notre *Genera plantarum*, paroit plus naturelle
que les *fragmenta* de Linnæus, comme l'on peut s'en convaincre en les comparant ensemble. Les familles publiées par
Adanson, en 1763, forment un corps d'ouvrage dans lequel
l'auteur caractérise à sa manière, soit les familles, soit les
genres rapportés à chacune ; mais, comme ses prédécesseurs, il
n'indique pas les principes d'après lesquels il a procédé. Cette
omission, jointe à d'autres causes, a probablement empêché
que cet ouvrage ne fût adopté par les botanistes existans à
cette époque.

Pour apprécier avec exactitude ces divers essais, nous devons examiner jusqu'a quel point ils sont conformes aux
principes déjà indiqués pour les corps organisés, et dont il
faut faire ici l'application aux végétaux.

Celui qui est relatif a la *réunion des individus semblables
dans toutes leurs parties*, pour constituer l'espèce, n'a jamais
éprouvé aucune contradiction.

On a également reconnu, au moins tacitement, le principe qui exige le *rapprochement des espèces semblables dans le plus
grand nombre de leurs caractères* pour la formation des genres ;
mais, comme on l'a vu plus haut, il a été diversement in-

terprété ou modifié. Par exemple, Linnæus, adoptant rigoureusement l'opinion ancienne de Gesner, qui vouloit que les caractères génériques fussent tirés des organes de la fructification, avoit assigné, sous forme de loi botanique, à ces organes le privilége exclusif de caractériser les genres. Il différoit en ce point de Tournefort, qui accordoit à la vérité la primauté à ces organes, mais qui leur associoit aussi quelquefois des caractères secondaires pris hors de la fructification. Quoique la loi établie par Linnæus ait été généralement adoptée, et qu'elle ait même contribué au perfectionnement des genres, cependant elle n'est pas toujours conforme à la loi de la nature, qui place assez souvent certains caractères des tiges ou des feuilles au-dessus d'autres tirés des étamines, ou du pistil, ou des enveloppes florales. Ainsi le caractère de feuilles opposées est plus constant dans la valériane et la gentiane, que celui de trois étamines dans le premier de ces genres et de cinq dans le second. Les feuilles sont toujours alternes dans le *delphinium* et la pivoine, dont le nombre des ovaires varie. On sait encore que la corolle peut exister ou manquer entièrement dans les frênes et les érables, qui sont des arbres à rameaux toujours opposés ainsi que les feuilles. Ces exemples, auxquels on pourroit en ajouter beaucoup d'autres, suffiront pour prouver que plusieurs caractères de la fructification sont quelquefois moins importans que d'autres qu'elle ne fournit pas.

Il faut encore observer que la loi qui accordoit une prérogative aux caractères tirés de la fructification, ne déterminoit pas si dans ce nombre quelques-uns devoient avoir une prééminence sur les autres. Cependant ce point important ne peut être réglé d'une manière arbitraire. On doit ici consulter la nature, et voir quelle marche elle a suivie dans les rapprochemens regardés généralement comme très-naturels. Tels sont beaucoup de genres conservés par tous les botanistes et principalement par Linnæus. Indépendamment de ceux mentionnés plus haut, nous citerons le muguet, le lis, l'aristoloche, la renouée, l'amarante, la primevère, le liseron, l'airelle, le nerprun, l'angélique, la renoncule, la saponaire, le ciste, la saxifrage, le jasmin, le laurier, l'eupatoire, le rosier, le mélastome, le trèfle.

Si nous examinons successivement ces vingt genres, nous trouvons d'abord que certains caractères sont constamment uniformes dans toutes leurs espèces. L'embryon est monocotylédone dans les deux premiers, dicotylédone dans tous les autres. L'insertion des étamines est hypogyne dans l'amarante, la renoncule, le ciste et la saponaire ; épigyne dans l'aristoloche et l'angélique ; périgyne dans le muguet, le lis, la renouée, l'airelle, la saxifrage, le laurier, le nerprun, le trèfle et le mélastome ; épipétale dans la primevère, le liseron, le jasmin et l'eupatoire. De plus, relativement aux quatre derniers, dont la corolle est staminifère, on observe que cette corolle est toujours hypogyne dans les trois premiers, épigyne dans le dernier. On remarquera encore que dans ceux des autres genres qui sont munis d'une corolle non staminifère, elle est toujours insérée à la même partie que les étamines.

Quelques caractères moins constans présentent un petit nombre de différences dans les espèces de plusieurs de ces genres. La graine est périspermée dans les quatorze premiers genres, non périspermée dans les cinq derniers ; le jasmin seul a des espèces périspermées, et une ou deux qui ne le sont pas. La corolle n'existe jamais dans le muguet, le lis, l'aristoloche et le laurier : on la trouve constamment dans tous les autres, à l'exception du nerprun, dont une espèce en est dépourvue ; ce qui a déjà été observé précédemment pour quelques frênes et érables. On voit, dans la primevère, le liseron, le jasmin, l'airelle et l'eupatoire, une corolle monopétale ; mais elle est si profondément découpée dans une espèce d'airelle qu'on la croiroit polypétale. D'une autre part, dans neuf genres caractérisés comme polypétales, deux offrent l'exemple d'une corolle monopétale, constamment dans un trèfle, accidentellement dans une saponaire.

Les variations sont plus fréquentes dans le nombre des étamines du muguet, de la renouée, de l'amarante, de l'airelle, du nerprun et du laurier. Le pistil n'a pas le même nombre de parties dans la renoncule et le rosier, ainsi que dans le *delphinium* et la pivoine mentionnés plus haut. Ce pistil ou ovaire, non adhérent au calice dans quatorze genres, adhérent dans l'aristoloche, l'airelle, l'eupatoire et l'angélique, présente la réunion de ces deux caractères dans le mélastome et la saxifrage. Le nombre des loges du fruit varie dans le ciste, le muguet, le liseron, le mélastome. Ce dernier genre montre des fruits en baie et des fruits capsulaires. Nous nous dispenserons de citer encore les différences plus fréquentes dans le nombre des graines, leur point d'attache, la forme de la corolle ; la nature de la tige, considérée comme herbacée ou ligneuse ; la situation des feuilles. Ces variations sont habituelles dans les feuilles simples ou composées, entières ou inégales à leur bordure ; dans la substance, la grandeur, la couleur des diverses parties, etc.

Si on multiplioit les exemples, on auroit toujours les mêmes résultats, et l'on seroit toujours forcé de reconnoître que, dans les genres très-naturels, il existe des caractères invariables, d'autres seulement variables par exception ; d'autres tantôt constans, tantôt variables ; d'autres, enfin, presque toujours variables. On reconnoîtra également la prééminence des caractères constans sur ceux qui ne le sont pas. De là résulte un second principe très-naturel, savoir : *les caractères, dans leur addition, ne doivent pas être comptés comme des unités, mais chacun suivant sa valeur relative, de sorte qu'un seul caractère constant soit équivalent ou même supérieur à plusieurs inconstans, unis ensemble.* Alors, dans la formation des genres, il faut toujours avoir égard à cette valeur relative, et ne jamais rapprocher les espèces qui diffèrent par les caractères de premier ordre. Ceux-ci doivent toujours être mis en première ligne dans chaque genre, et les autres leur sont associés suivant leur degré de constance. Les genres ainsi composés sont toujours naturels. Ils peuvent être plus ou moins nombreux en espèces, et lorsque ce nombre est trop considérable, on les subdivise en sections désignées par des caractères d'ordre inférieur, ou même on fait de ces sections autant de genres distincts, ainsi que Linnæus l'a exécuté pour les genres *Gramen* et *Lychnis* de Tournefort. Ce partage est presque indifférent dans l'ordre naturel, pourvu que la série ne soit pas rompue, comme elle l'a été pour ces deux genres dans le système artificiel, et que les espèces restent dans la place primitive que la nature leur a assignée ; car il n'y a pas d'autres règles naturelles pour la formation d e genres et le nombre de leurs espèces. Nous observerons ici qu'en suivant cette règle naturelle, on passe souvent d'un genre à un autre, par des transitions insensibles, de la dernière espèce de l'un à la première du suivant, pendant que les systèmes artificiels, qui veulent des genres très-tranchés, ne les obtiennent quelquefois qu'en éloignant l'un de l'autre ceux dont l'affinité est plus grande.

Après avoir ainsi établi les genres, nous devons les réunir en groupes plus composés, non en employant pour cela un seul caractère, à la manière des auteurs systématiques, mais en suivant la marche déjà tracée pour la construction des genres : leur caractère général est formé de tous les caractères particuliers communs aux espèces dont ils sont composés. De même, considérant ces genres comme des êtres simples, nous sommes tenus de rapprocher en famille ceux qui se ressemblent par beaucoup de caractères et surtout par les plus constans, et de former le caractère général de chaque famille de la réunion des caractères communs aux genres qui s'y rattachent. C'est ainsi que l'on obéit aux principes simples, précédemment énoncés.

Nous pouvons encore vérifier la rectitude de ces principes et des règles indiquées pour la réunion des genres, en observant la marche de la nature dans la formation de plusieurs familles généralement avouées : telles sont les graminées, les liliacées, les labiées, les composées, les ombellifères, les crucifères, les légumineuses, dont l'examen détaillé offre les mêmes résultats que celui des genres, les mêmes degrés de constance dans les caractères. L'embryon de la graine est toujours monocotylédone dans les deux premières, dicotylédone dans les cinq autres. L'insertion des étamines est hypogyne ou sous le pistil dans les graminées et les crucifères, épigyne ou sur le pistil dans les ombellifères, périgyne ou au calice dans les liliacées et les légumineuses, sur la corolle dans les labiées et les composées. La corolle est nulle dans les graminées et les liliacées ; monopétale dans les labiées et les composées ; polypétale dans les ombellifères, les crucifères et les légumineuses : mais dans ces deux dernières, elle avorte quelquefois, et devient monopétale dans quelques légumineuses. Sa propre insertion, généralement constante

dans toutes ces familles, est la même que celle des étamines,
excepté quand elle les supporte. Les graminées, les ombellifères, ont un périsperme; il manque dans les composées et
les crucifères, ainsi que dans quelques liliacées, dont la majorité est périspermée. La tunique intérieure, qui recouvre
la graine de quelques labiées et d'une grande section des
légumineuses, est épaissie, comme charnue, et imite un
périsperme, que l'on ne retrouve pas dans les autres genres
de ces deux familles. Le nombre des étamines ne paroît
constant que dans les ombellifères, pourvu qu'on en détache
la famille ou section des araliacées; il varie par avortement
dans les crucifères et les labiées, et sans avortement dans
les autres. Le caractère du fruit libre ou du fruit adhérent au calice varie dans les liliacées, divisées maintenant pour cette raison en plusieurs familles; ce fruit est
tantôt charnu, tantôt capsulaire, dans les mêmes. Les feuilles
sont opposées dans les labiées, alternes dans les graminées et
les ombellifères, généralement alternes et très-rarement opposées dans les crucifères et les légumineuses, tantôt alternes
et tantôt opposées dans les liliacées et les composées. Toutes
offrent des exemples de tige herbacée et de tige ligneuse
réunies dans la même. Il est inutile de passer en revue tous
les autres caractères moins importans, qui sont généralement
plus ou moins variables.

On voit ici que la valeur relative de tous les caractères
énoncés n'est pas encore déterminée avec précision; mais ils
peuvent cependant être répartis dans quatre séries ou ordres,
dont la valeur différente n'est pas douteuse. Dans le premier
sont les caractères absolument invariables, toujours les mêmes
dans les groupes, soit partiels soit généraux, regardés comme
très-naturels; tels sont le nombre des lobes de l'embryon,
qui entraîne à sa suite la structure de la tige en couches
concentriques ou en faisceaux épars, la situation respective
des étamines et du pistil, ou autrement l'insertion des étamines sur ou sous le pistil ou au calice, et l'insertion de la
corolle à un de ces trois points lorsqu'elle porte les étamines : tous ces caractères, constans dans chaque famille,
sont incompatibles entre eux et ne peuvent exister ensemble
dans la même. On range dans le second ordre les caractères

généralement constans, mais pouvant varier par exception, tels que celui de la corolle considérée comme monopétale, ou polypétale, ou nulle. La présence ou l'absence du périsperme tient le milieu entre celui-ci et le suivant. Le troisième, plus nombreux que les précédens, réunit les caractères constans dans quelques genres ou familles, inconstans dans d'autres, savoir : le nombre et la proportion des étamines, leur réunion par les filets ou les anthères, la déhiscence et le nombre des loges de celles-ci, l'adhérence ou la non-adhérence du pistil avec le calice, la structure et le nombre des diverses parties de ce pistil, la substance du fruit, le nombre de ses loges, leur déhiscence, la disposition des cloisons intérieures et des placentaires, le nombre, l'attache et la direction des graines, la disposition et la forme de l'embryon, la tige herbacée ou ligneuse, l'opposition ou l'alternation des rameaux et des feuilles. Dans le quatrième ordre on repousse tous les caractères inférieurs trop variables pour aider à caractériser des familles, rarement admis dans la désignation des genres, employés plus habituellement pour distinguer les espèces, comme sont la forme, la grandeur, la couleur de plusieurs parties, la disposition des fleurs, les feuilles considérées comme simples ou composées, sessiles ou pétiolées, radicales ou caulines, etc.

Après avoir établi ou reconnu ces quatre ordres, on sera conduit naturellement à statuer qu'il ne faut réunir dans une même famille que les genres toujours semblables dans les caractères du premier ordre, presque toujours dans ceux du second, et souvent dans ceux du troisième. Chacun de ceux-ci peut varier séparément sans déranger le caractère général qui résulte de la majorité persistante. C'est ainsi que dans les crucifères, qui ont ordinairement six étamines et quatre pétales. on voit une espèce dont les pétales ont disparu. et d'autres qui ont perdu quelques étamines. Dans les labiées, qui doivent avoir quatre étamines, une corolle irrégulière à deux lèvres et quatre graines nues, on observe plusieurs genres réduits par avortement à deux étamines, un *Teucrium* dont la corolle terminale est régulière à cinq lobes et munie de cinq étamines, et le genre *Colinsonia* dont trois graines avortent toujours. Ainsi, sans égard à ces légères variations, le naturaliste ne doit voir que l'ensemble des caractères, en conservant toujours à ceux des ordres supérieurs leur prééminence.

Lorsque les familles auront été formées d'après ces règles invariables qui déterminent le véritable degré d'affinité, elles devront être distribuées en classes; et il est évident que les caractères de ces classes ne peuvent être choisis que parmi les caractères du premier ordre, parmi les invariables, qui ont une valeur infiniment supérieure aux autres. S'il est question d'établir dans ces classes des subdivisions, elles seront désignées par d'autres caractères du même ordre, ou, à défaut des premiers, par ceux du second ordre. C'est ainsi qu'en procédant rigoureusement on obéira aux lois des affinités fondées sur les principes précités, et on ne risquera pas de s'éloigner de la nature, de séparer ce qu'elle a réuni, ou de rapprocher ce qu'elle a séparé. On conçoit qu'il ne peut y avoir d'autre marche à suivre, qu'il ne doit exister qu'une méthode de distribution, laquelle doit être l'objet continuel de nos recherches; que toutes les méthodes qui s'écarteront de ces lois seront artificielles comme les principes qui leur serviront de base, et que, plus les caractères qu'elles auront mis en première ligne seront inférieurs dans l'échelle naturelle, plus elles s'éloigneront de la nature. On peut vérifier cette assertion dans l'examen des diverses méthodes artificielles qui ont eu de la célébrité. Elle expliquera pourquoi la méthode de Tournefort, fondée sur la corolle, organe secondaire, est cependant plus naturelle que le système de Linnæus, quoique plus précis et plus régulier. Le premier a employé, sans le savoir, un caractère du second ordre; le second, au contraire, a préféré dans les étamines, qui sont plus importantes, des caractères qui le sont moins et rentrent dans le troisième ordre.

Les premières divisions des végétaux doivent, comme on vient de le dire, être fondées sur des caractères tirés du premier ordre, et parmi ceux-ci le choix ne sera pas difficile à faire. Il doit rouler sur la graine ou sur les organes sexuels. Ces organes n'existent que pour la formation de la graine, qui est le but principal de la nature, le complément des fonctions des végétaux. La graine, ou plutôt l'embryon qu'elle contient, doit donc donner les premiers caractères, surtout si l'on considère qu'il est moins une partie de la fructification qu'un individu distinct de la plante-mère et non encore développé; que tous les caractères de celle-ci sont concentrés en lui, de manière que les différences remarquables et simples qu'il manifeste en naissant, doivent influer sur son développement général et sur son organisation entière. Ces différences premières, observées dans l'embryon, consistent dans le nombre de ses lobes ou cotylédons, et donnent lieu à une division générale en plantes dicotylédones qui ont deux lobes, plantes monocotylédones qui en ont un seul, plantes acotylédones qui en sont dépourvues. Cette première division est démontrée comme la plus naturelle, non-seulement parce qu'elle porte sur une réunion de caractères resserrés dans le plus petit volume, mais encore parce qu'elle conserve dans leur intégrité toutes les familles avouées, ainsi que les genres généralement adoptés. Elle est fortifiée par la conformité de la structure intérieure des tiges et racines avec le nombre des lobes de l'embryon, lorsque, suivant l'observation de M. Desfontaines, on voit les tiges des plantes monocotylédones composées entièrement de faisceaux de fibres ou vaisseaux dirigés des racines au sommet du végétal, et épars dans un tissu utriculaire sans disposition régulière. Dans les dicotylédones, au contraire, les tiges et les racines présentent ces fibres disposées autour d'une moelle centrale, en couches concentriques, qui se recouvrent les unes les autres. De cette différence dans l'organisation, et par suite dans le cours de la sève, résultent une forme extérieure, un port général, qui ne permettent pas de confondre les végétaux de ces grandes classes. Les palmiers, qui sont monocotylédones, seront aisément distingués des arbres de nos forêts, tous dicotylédones. On ne sera jamais tenté de rapprocher une graminée ou une liliacée d'une sauge, d'une ombellifère, d'une légumineuse.

Lorsque ces premières grandes divisions sont solidement établies, on doit former des subdivisions, et si la graine ne peut en fournir les caractères, il faut les tirer des organes sexuels, qui, après elle, sont les plus essentiels, parce qu'ils concourent à sa formation, c'est-à-dire, à la conservation

de la vie de l'espéce, qui réside dans la succession des individus semblables. Ces organes sont égaux en valeur, puisqu'ils ont une influence égale dans l'acte de la reproduction.
Ils doivent donc aussi se réunir pour donner le caractère
des premières subdivisions. Ce caractère, le seul qu'ils peuvent donner ensemble. le seul aussi qui soit constamment
uniforme dans les familles connues, est leur situation respective, ou autrement l'insertion des étamines relativement
au pistil. Elles peuvent être insérées sur quatre points différens, savoir, sur le pistil, sous le pistil, au calice, à la
corolle. L'observation prouve que de ces quatre insertions
les trois premières sont incompatibles et ne se trouvent jamais ensemble dans une même famille ou un même genre.
La quatriéme, au contraire. peut se retrouver avec chacune
des trois autres dans une même réunion. Cette différence
s'expliquera naturellement, si l'on observe que la corolle,
dont la nature est la même que celle des filets des étamines,
a toujours avec ces filets une origine commune, et peut en
être regardée comme un appendice, d'où il suit qu'elle peut
contracter avec eux une adhérence à sa base. Alors ces filets,
qui partent du même point que la corolle et qui lui sont
seulement unis. ont l'air d'être supportés par elle; ce qui
établit cette quatriéme sorte d'insertion. Mais cette corolle
n'est alors qu'un support intermédiaire. dont la propre insertion indique celle de l'étamine supportée. Il en résulte que
la corolle staminifère, attachée sur le pistil, ou sous le pistil,
ou au calice, présente trois insertions propres, incompatibles
entre elles (comme les insertions des étamines elles-mêmes),
mais compatibles séparément avec chacune des insertions
correspondantes de ces étamines. On peut alors établir pour
règle et pour principe, que *l'insertion des étamines à la corolle
est censée la même que l'insertion des étamines à la partie qui
soutient la corolle.*

Cette règle, qui est confirmée par l'observation et par
des exemples toujours tirés des familles connues, conduit à
distinguer deux insertions principales des étamines: savoir:
l'insertion *immédiate*, lorsqu'elles sont portées immédiatement
sur un des trois points précités, et l'insertion *médiate*, lorsqu'elles sont portées sur ces mêmes points par l'intermède
de la corolle.

En examinant plus attentivement ces deux insertions, l'on observe que, presque toujours, quand les étamines sont portées sur la corolle, elle est monopétale, c'est-à-dire d'une seule pièce : d'où il résulte que généralement les caractères d'insertion médiate et de corolle monopétale sont identiques, et peuvent se substituer l'un à l'autre, soit dans la valeur, soit dans l'expression. Si l'on continue d'observer les mêmes parties, on voit que l'insertion immédiate, qui admet la présence d'une corolle, ne l'exige pas toujours, et que cette insertion a lieu sur des plantes munies d'une corolle, ainsi que sur d'autres qui en sont dépourvues. Lorsque cette corolle n'existe pas, il est évident que cette insertion est *essentiellement immédiate*, puisque, le support voisin manquant, elle ne peut jamais devenir médiate. Quand, au contraire, la corolle existe sans porter les étamines, mais avec la possibilité de les porter quelquefois, l'insertion est *simplement immédiate*. Mais, dans ce dernier cas, l'observation prouve que généralement la corolle existante qui ne porte pas les étamines, est polypétale ou de plusieurs pièces. De là on peut conclure que les caractères de nullité de corolle et d'insertion essentiellement immédiate, sont absolument identiques et synonymes; que ceux de corolle polypétale et d'insertion simplement immédiate le sont également, à quelques exceptions près, et qu'ils peuvent aussi être substitués l'un à l'autre.

Cet exposé fait connoître suffisamment les divers caractères tirés de la situation respective des organes sexuels, ou autrement de l'insertion des étamines relativement au pistil. De plus, il est reconnu que ces caractères suivent ceux de l'embryon végétal dans la série des valeurs relatives, et qu'ils doivent en conséquence servir de base aux premières subdivisions des trois classes primitives. La première idée qui se présente alors, la plus conforme aux principes admis, est de distinguer dans chacune de ces classes les trois insertions principales sur le pistil, sous le pistil, au calice, et de rattacher à chacune d'elles l'insertion correspondante de la corolle portant les étamines. De cette manière on auroit seulement trois divisions dans les dicotylédones, et trois dans les monocotylédones; mais, les organes sexuels étant en gé-

néral peu apparens dans les acotylédones, et leur existence
étant même regardée comme problématique dans un grand
nombre, cette grande division reste indivise jusqu'à ce qu'on
ait des notions plus positives sur les plantes qui la composent.
Alors le nombre des divisions et subdivisions se réduit à sept
classes ou sous-classes.

Il faudroit s'en tenir à ce nombre, si, pour éviter toute
exception ou toute variation, les classes ne peuvent être
fondées que sur des caractères invariables, et nous serions
dans le cas de borner ici l'exposition des principes naturels
et de leur application à la méthode à laquelle ils doivent
servir de base. Il ne seroit plus question que de répartir
dans chacune des sept classes les familles qui ont leurs deux
caractères principaux tirés de l'embryon et de l'insertion
des étamines. Mais, si l'on observe que le nombre des familles
maintenant adoptées s'élève à près de cent cinquante, et
se trouve conséquemment assez considérable pour chaque
classe, on sentira la nécessité de former de nouvelles subdivisions, sans s'écarter cependant des principes admis, et
toujours en s'attachant aux caractères de plus grande valeur.
Celui qui se présente le premier après les invariables, est
le caractère tiré des insertions médiates ou immédiates, ou,
autrement, de la corolle considérée comme existante ou nulle,
comme monopétale ou polypétale. Quoiqu'il soit sujet à quelques variations, comme on l'a dit plus haut, il est cependant
celui qui en présente le moins, et en l'employant pour des
subdivisions, l'on peut multiplier le nombre des classes; ce
qui diminue l'embarras pour la disposition des familles et
peut faciliter beaucoup l'étude. Il est vrai que ce caractère
n'est d'aucune utilité pour diviser, soit les acotylédones à cause
des raisons déjà énoncées, soit les trois classes de monocotylédones dans lesquelles la corolle n'existe pas, puisque la
partie que l'on a prise long-temps pour telle est un véritable
calice. C'est donc dans les seules dicotylédones que l'on peut
employer le caractère des insertions médiates, simplement
immédiates, essentiellement immédiates, ou, en d'autres
termes plus faciles à retenir, le caractère de plantes monopétales, polypétales, apétales. On établit ainsi, en admettant
néanmoins quelques exceptions, dans chacune des trois classes

de dicotylédones trois subdivisions, sans s'écarter des principes adoptés; et le nombre des classes dicotylédones s'élèveroit alors à neuf. De plus, la subdivision ou classe des monopétales à corolle épigyne ou portée sur le pistil peut être séparée en deux, d'après le caractère de ses étamines distinctes dans une de ses divisions, réunies par les anthères en une gaine dans l'autre, qui comprend uniquement la grande série des plantes composées. Cette séparation, qui dans les dicotylédones ajoute une dixième classe, ne divise point des familles et ne contrarie aucune affinité.

Il existe encore dans les dicotylédones plusieurs familles qui ont les organes sexuels constamment séparés dans des fleurs différentes, dites alors mâles ou femelles, selon l'organe qu'elles possèdent. La séparation de ces organes ne permet plus d'établir leur situation respective, ou plutôt elle les indique comme éloignés l'un de l'autre; ce qui fait une nouvelle situation respective, et peut donner lieu à l'établissement d'une classe distincte, qui sera celle des *diclines*, c'est-à-dire, ayant deux lits, lesquelles, à raison de cette séparation, ne sont point soumises aux régles indiquées pour les insertions. En adoptant les diclines, on obtient une nouvelle classe, qui, avec les dix précédentes, porte à onze celles des dicotylédones, dans chacune desquelles il sera plus facile de disposer les familles dans un ordre convenable, parce qu'elle en contiendra un nombre moindre.

Les diclines habituelles et constantes, comprenant des familles entières, sont seules admises dans la classe dont il vient d'être question. Il ne faudra point confondre avec ces plantes les diclines par avortement, dans les fleurs desquelles on voit souvent le rudiment de l'organe sexuel avorté. Ces dernières se trouvent quelquefois dans des familles de plantes à fleurs généralement hermaphrodites, dans lesquelles cet avortement fait une simple exception, lorsque d'ailleurs tous les autres caractères sont conformes. Celui qui est relatif aux insertions se tire alors des fleurs mâles, dont les étamines sont portées sur le calice ou sur le pivot central qui représente le support du pistil avorté. L'insertion est trop variable dans les diclines constantes pour qu'on puisse les rapporter à quelques-unes des classes qui les précèdent, **sans** être forcé de les morceler. Les diclines dans les dicotylédones nous rappellent qu'il en existe aussi dans les monocotylédones, et que ce caractère est généralement propre à des familles entières, telles que les typhinées et les aroïdes. Si on les séparoit de même des autres monocotylédones, on auroit dans cette grande division une classe de plus; mais dans ces familles les organes mâles et femelles sont ordinairement portés sur un même axe nommé *spadice*, tantôt séparés, tantôt rapprochés : conséquemment les étamines ont alors le même support que les pistils, et leur insertion tient en ce point à l'hypogynie, dans laquelle on les a placées depuis long-temps, sans égard à l'adhérence ou la non-adhérence du pistil avec le calice dans les fleurs femelles, parce que ce dernier caractère n'a point de relation essentielle avec l'insertion des étamines. On est d'autant plus disposé à ne point faire cette séparation, que dans les familles diclines il y a quelquefois des genres à fleurs hermaphrodites ou réputées telles, comme le *dracontium* dans les aroïdes, et que dans quelques familles à fleurs hermaphrodites il y a des genres à fleurs diclines par avortement, comme le *carex* dans les cypéracées, et le maïs dans les graminées. Après ces explications, qui lèveront peut-être quelques doutes, il faut passer à d'autres considérations importantes.

Pour bien concevoir ce qui a rapport à la disposition des familles, il faut remonter un moment aux genres et même aux espèces, et examiner d'abord comment celles-ci doivent être arrangées entre elles dans leur genre. La nature les dispose-t-elle suivant une série non interrompue, suivant une chaine dont chaque anneau seroit une espèce, de manière que cette espèce ne répondroit qu'à deux autres, et qu'on auroit une chaine des êtres qui s'élèveroient par une seule ligne du plus simple au plus composé? Est-il plus probable, au contraire, que chacune, par ses affinités, se rapporte également, non pas à toutes ses congénères, mais au moins à plusieurs? Cette dernière opinion est plus conforme à l'observation, puisque dans l'arrangement des espèces on trouve souvent entre plusieurs des affinités tellement multipliées, que l'on est embarrassé pour les disposer en série très-naturelle. La même difficulté existe pour l'arrangement des genres en une famille et des familles en une classe. On peut donc dire avec vérité que l'ordre de la nature n'est pas une simple chaine dont chaque chaînon n'est en contact qu'avec deux autres; mais qu'il peut être plutôt comparé à une carte de géographie dont chaque point, formant pour lui-même un centre, correspond à plusieurs points environnans. Ainsi les expressions de chaine, portion de chaîne et chaînons, expriment moins exactement les véritables rapports des plantes, que celles de faisceaux, groupes et masses.

Quoique l'on soit forcé de reconnoître que tel doit être le plan de la nature, on concevra en même temps que ce plan ne peut pas être suivi rigoureusement dans un livre dans lequel la forme typographique exige de ranger les objets, non en faisceaux, mais en série, pour les passer tous successivement en revue. Dans cette série ou cette exposition successive, le naturaliste, obligé de contrarier quelques rapports, doit s'étudier à conserver ceux qu'il croit les plus forts; ce qui lui sera quelquefois difficile à déterminer, surtout quand ces rapports sont presque égaux, ou quand ils sont fondés sur des caractères du troisième ordre, dont la valeur relative n'est pas encore déterminée avec précision : cette incertitude peut aussi donner lieu à des divergences d'opinions entre les naturalistes. La difficulté doit être la même pour disposer dans une série les genres d'une même famille qui offrent la même multiplicité de rapports ; et si l'on remonte plus haut, elle s'accroîtra pour la distribution des familles dans une classe. L'embarras qui existe dans la rédaction d'un livre, doit être le même dans la disposition d'un jardin de botanique.

Toutes ces vérités seroient susceptibles de plus grands développemens; mais l'exposition abrégée qui vient d'être faite suffit pour prouver qu'il existe une méthode naturelle, pour donner une idée de cette méthode et de sa prééminence sur les méthodes artificielles, pour prouver que la vraie science consiste dans l'étude des affinités, qui conduit à cette méthode, et pour indiquer les nouvelles recherches à faire.

La connoissance des lois naturelles sur lesquelles sont fondées les affinités, nous donne maintenant les moyens d'apprécier les travaux dirigés par quelques auteurs vers la recherche de la méthode naturelle.

Linnæus, dans ses *Classes plantarum*, publiées en 1738, a présenté ses *fragmenta methodi naturalis*, au nombre de 64, qu'il a changés à plusieurs reprises, et réduits à 58 en 1764. Un simple aperçu de ces différentes compositions prouve que la dernière, ne conservant que 15 familles sans mélange de genres étrangers, est inférieure à la première, qui en présentoit plus de 30 conformes aux familles maintenant adoptées. Dans celle-ci, à l'examen de laquelle nous nous bornons, plusieurs familles sont quelquefois réunies dans la même, et doivent tantôt rester voisines, tantôt être très-éloignées. On en trouve plus de quinze surchargées de genres étrangers quelquefois très-disparates, et même on voit des dicotylédones mêlées à des monocotylédones. Enfin, la disposition générale des ordres est très-irrégulière, et l'auteur lui-même déclare dans sa préface qu'il n'a suivi aucune loi naturelle : *Nullà lege naturali ordines post se invicem recensui; sed unicè genera indigitare studui, ordine quæ conveniunt eodem. Class. plant.*, p. 487.

On peut adresser les mêmes reproches et les mêmes éloges aux familles d'Adanson, qui sont au nombre de 58. Plus de la moitié sont naturelles; mais il s'y glisse fréquemment des genres étrangers, et douze ou treize seulement sont sans mélange. Dans quelques-unes on en voit deux ou trois, ou quelquefois jusqu'à six, réunies sous le même titre, et des monocotylédones mêlées avec des dicotylédones, des insertions hypogynes avec des insertions périgynes ou épigynes; et celle des cistes, qui en offre des exemples, contient plus de vingt groupes ou genres appartenant à des familles différentes. Cependant on trouve dans ce travail des rapprochemens heureux; les caractères mis à la tête des familles sont très-détaillés et remplis d'observations intéressantes, et leur disposition générale n'est pas si éloignée des principes maintenant admis que celle des *Fragmenta*, quoiqu'on ne puisse reconnoître sur quelle base elle est fondée.

Les ordres tracés par Bernard de Jussieu dans le jardin de Trianon, sont au nombre de 62, dont plus de la moitié est entièrement conforme aux familles actuelles. Plusieurs autres, également conformes, diffèrent seulement par l'addition de genres étrangers qui ont dû en être séparés. D'autres sont une réunion de plusieurs familles, qui doivent tantôt rester voisines, tantôt être plus ou moins éloignées. L'auteur, n'ayant donné qu'un simple catalogue manuscrit sans aucune autre addition, n'a point caractérisé ses ordres, et de même il n'a pas motivé leur disposition respective. Mais, si on étudie avec soin cette disposition, l'on reconnoit d'abord que, sans indiquer les classes, il a adopté les trois grandes divisions caractérisées par l'embryon. Les premiers ordres appartiennent aux acotylédones, excepté néanmoins les naïades, qui en ont été séparées plus récemment, et les aristoloches, qui doivent être reportées très-loin. Dans les monocotylédones, qui suivent, on voit paroitre successivement les ordres à étamines épigynes, ceux à étamines périgynes, et ceux à étamines hypogynes : ce qui prouve qu'il apprécioit les caractères tirés des insertions. Dans les dicotylédones il suit la même marche, la même distinction, en terminant seulement par la périgynie, et rapportant à chacune les plantes monopétales, polypétales et apétales qui ont la même insertion, tantôt entremêlées, tantôt se suivant séparément. Il termine sa série par les amentacées réunies aux urticées, les euphorbiacées et les conifères. On voit que, sans avoir proclamé les lois naturelles, il leur a presque toujours obéi tacitement. Son travail se rapproche plus de la nature que ceux de Linnæus et d'Adanson, et l'on peut être surpris que celui-ci, écrivant après la plantation du jardin de Trianon, n'en ait pas profité.

La distribution de Bernard de Jussieu, presque conforme à la nature dans la première disposition des masses, ne l'étoit pas de même dans l'arrangement des familles de chaque division principale. Il sentoit lui-même la nécessité de faire de nouvelles observations, pour éclaircir beaucoup de doutes et pour mieux déterminer les véritables affinités qui doivent être le but principal de nos travaux. Nous avons dit que, pour disposer plus facilement les familles, il falloit multiplier les grandes divisions en s'attachant toujours aux caractères les plus solides, et on a vu comment ce nombre de classes a pu être augmenté dans les dicotylédones d'après des considérations tirées de la corolle. Il nous a paru cependant que, pour la facilité de l'étude, qui doit aussi nous occuper, pour avoir dans les grandes divisions des caractères principaux aisés à saisir. pour se rapprocher un peu en ce point de la méthode de Tournefort. fondée sur la corolle, il falloit donner la préférence aux insertions médiates et immédiates sur les insertions hypogynes, périgynes et épigynes. et ne pas suivre à la rigueur les premiers principes établis. On aura les mêmes classes. mais présentées dans les dicotylédones suivant une autre série. Ainsi, en laissant subsister les quatre classes des deux premières grandes divisions dans leur intégrité et sans aucun changement, nous distinguerons d'abord les dicotylédones en plantes apétales, monopétales et polypétales. Dans les apétales ou à insertion essentiellement immédiate, on distinguera les trois classes, à étamines épigynes, périgynes et hypogynes. Si l'on passe ensuite aux plantes à corolle monopétale ou à insertion médiate, et si l'on se rappelle que l'insertion de cette corolle devient alors caractère essentiel et de premier ordre, on subdivisera les monopétales en corolle hypogyne, périgyne et épigyne; et les épigynes seront encore divisées en synanthères ou à anthères réunies, et en corisanthères ou à anthères distinctes. Les plantes polypétales ou à insertion simplement immédiate seront divisées, comme les apétales, d'après les insertions des étamines épigynes, hypogynes et périgynes, sans aucune subdivision ultérieure. La classe des diclines, déjà mentionnée, terminera cette série de onze classes, qui, jointes aux quatre précédentes, en portent le nombre total à quinze, dans lesquelles on peut disposer toutes les familles connues sans les décomposer. Il faut seulement reconnoître que les caractères de la corolle employés ici, étant du second ordre, peuvent varier par exception : ainsi, dans une famille monopétale on trouve rarement une plante polypétale et d'ailleurs semblable dans tous les autres points, comme la pyrole dans les éricinées, ou quelques plantes apétales, comme le frêne dans les jasminées: et parmi des polypétales se glissent quelquefois des monopétales, comme un trèfle dans les légumineuses, ou des apétales, comme le caroubier dans les mêmes et un *lepidium* dans les crucifères : mais ces exceptions sont rares et beaucoup moins nombreuses que dans les systèmes arbitraires.

Dans les classes apétales on ne voit pas de monopétales; car il ne faut pas citer ici le plantain et le *plumbago*, sur la corolle desquels il reste des doutes à éclaircir : mais il seroit moins surprenant d'y trouver des plantes polypétales, surtout si l'on prend pour pétales de petits appendices existans dans les fleurs de quelques thymélées et amaranthacées, lesquels manquent dans les autres genres de ces familles. Ces appendices sont plus grands dans plusieurs genres de celle des euphorbiacées faisant partie de la classe des diclines; mais, comme beaucoup de genres voisins en sont dépourvus, comme de plus ils manquent souvent dans les fleurs femelles des genres dont les mâles en sont munies, il paroîtra peut-être plus naturel de les considérer moins comme des pétales que comme des filets élargis d'étamines avortées. D'ailleurs, la classe des diclines n'étant pas soumise à la loi des insertions, puisque les organes sexuels sont séparés, les anomalies de cette classe, relativement à la corolle, deviennent étrangères à cette loi, et n'augmentent pas le nombre des exceptions résultantes de l'emploi que l'on fait des insertions médiates et immédiates, dans l'intention de multiplier les classes et de faire une répartition plus facile des familles.

Pour ne rien négliger de ce qui peut faciliter l'étude et aider la mémoire en simplifiant la nomenclature, nous avons cru devoir, à l'imitation des méthodes arbitraires. désigner chaque classe par un seul nom. Ceux d'acotylédones et de diclines sont conservés. Les monocotylédones sont divisées en *monohypogynes*, *monopérigynes* et *monoépigynes*. Si dans les dicotylédones on nomme les apétales *staminées*, les monopétales *corollées*, les polypétales *pétalées*, et si l'on fait précéder chacun de ces mots par les termes *hypo*, *péri*, *épi*, qui expriment les trois points d'insertion, on aura les neuf classes de *épi*, *péri* et *hypostaminées; hypo*, *péri* et *épicorollées; épi*, *hypo* et *péripétalées;* et les épicorollées seront divisées en *synanthères* ou à anthères réunies, et *corisanthères* ou à anthères distinctes. Nous avons déjà proposé cette nomenclature, avec les dispositions précédentes, dans l'article Dicotylédones de ce Dictionnaire, en reconnoissant qu'elle péchoit un peu contre les principes de la langue grecque, mais en observant qu'il falloit pardonner cette inversion en faveur de l'utilité. Cette nomenclature peut être ainsi présentée en tableau.

Acotylédones			*Acotylédones*	1
Monocotylédones		Étamines hypogynes.	*Monohypogynes.*	2
		Étamines périgynes.	*Monopérigynes.*	3
		Étamines épigynes..	*Monoépigynes.*	4
Dicotylédones	Apétales	Étamines épigynes..	*Épistaminées*	5
		Étamines périgynes.	*Péristaminées*	6
		Étamines hypogynes.	*Hypostaminées*	7
	Monopétales.	Corolle hypogyne..	*Hypocorollées*	8
		Corolle périgyne...	*Péricorollées.*	9
		Corolle épigyne....	*Épicorollées :*	
		Anthères réunies..	*Synanthères*	10
		Anthères distinctes.	*Corisanthères.*	11
	Polypétales..	Étamines épigynes..	*Épipétalées.*	12
		Étamines hypogynes.	*Hypopétalées.*	13
		Étamines périgynes.	*Péripétalées.*	14
	Diclines		*Diclines*	15

Les quinze classes étant adoptées, il convient ensuite de les diviser en familles. Pour établir celles-ci, on ne peut employer, outre les caractères de la classe, que ceux du périsperme, et d'autres de valeur inférieure tirés du troisième ordre, c'est-à-dire, tantôt constans, tantôt variables; et on ne leur donnera de la force que par la réunion de plusieurs, qui peuvent varier chacun séparément, mais dont l'ensemble doit subsister. C'est ainsi que sont formées les familles très-naturelles et généralement avouées. On extrait de tous les genres qui composent chacune d'elles les caractères communs à tous, sans excepter ceux qui n'appartiennent pas à la fructification, et la réunion de ces caractères communs constitue celui de la famille. Plus les ressemblances sont nombreuses, plus les familles sont naturelles, et par suite le caractère général est plus chargé. En procédant ainsi, on parvient plus sûrement au but principal de la science, qui est, non de nommer une plante, mais de connoître sa nature et son organisation entière, puisqu'il suffira de savoir quelle est sa famille pour apercevoir déjà l'ensemble de ses principaux caractères. On n'aura plus alors qu'à étudier les différences moindres qui la distinguent des autres plantes de la même famille. Si l'on éprouve quelque difficulté pour graver dans sa mémoire les caractères de familles, toujours plus ou moins nombreux, on en est dédommagé par la facilité de distinguer les genres, dont les caractères sont d'autant moins chargés que ceux des familles le sont plus. C'est l'inverse dans les méthodes arbitraires, qui ont les caractères de classes et de sections très-simples et faciles à retenir, pendant que ceux des genres sont nombreux et plus compliqués.

A ces avantages de la méthode naturelle sur le système artificiel on ajoutera que la première ne peut omettre aucun caractère important, pendant que le système qui se contente des caractères saillans propres à faire nommer la plante, en néglige beaucoup d'autres, quelquefois supérieurs. Celui de Linnaeus ne dit souvent rien de l'insertion des étamines, de la structure intérieure du fruit, et jamais il ne parle de celle de la graine ni de son embryon. On a vu aussi plus haut l'inconvénient de donner trop d'importance à des caractères de moindre valeur, inconvénient qui est évité par la méthode naturelle. De plus, comme celle-ci emploie tous les caractères communs aux genres d'une famille, même ceux, étrangers à la fructification, qui constituent ce qu'on nomme le port de la plante, elle peut souvent, d'après ce port, déterminer la famille d'une plante sans le secours des caractères de la fructification, toujours nécessaires au système pour la classer. Ainsi des feuilles opposées avec une stipule intermédiaire indiquent ordinairement une rubiacée ; de jeunes feuilles roulées en-dessous, ayant une gaine à leur base, font reconnoître une polygonée.

Cette méthode offre encore un intérêt d'un genre particulier, en montrant plusieurs caractères tellement associés qu'ils ne peuvent exister l'un sans l'autre, de sorte que leur variation est moins possible, parce qu'il faudroit qu'elle portât sur tous ensemble. Cela aide à expliquer pourquoi certaines variations sont plus communes ou plus rares dans une famille que dans une autre, et à résoudre ce qu'on peut nommer des problèmes en botanique. Ainsi, comme la corolle monopétale exige un calice d'une seule pièce, et porte ordinairement les étamines qui sont en nombre défini, il est plus facile à la corolle des légumineuses et des caryophyllées, qui ont ce calice et ce nombre défini, de devenir monopétale et staminifère, qu'à la corolle des cistées et des papavéracées, qui ont des étamines nombreuses et un calice divisé. Cette union entre certains caractères particuliers n'a point été omise dans l'ouvrage qui présente l'ensemble des familles, et on la trouve énoncée à la suite du caractère général de chaque classe. On peut, par son moyen, rectifier des descriptions fautives, de même que la loi sur les affinités doit empêcher la discordance dans les réunions d'espèces, de genres et de familles. L'inégalité de valeur des caractères a introduit dans la botanique actuelle, sinon une géométrie positive, au moins une espèce de calcul qui se perfectionnera à mesure que les valeurs relatives seront mieux déterminées. L'obligation d'étudier des problèmes, de calculer des valeurs, et d'appliquer ce calcul à beaucoup de parties, donne une nouvelle direction à la science dégagée des lois arbitraires. Elle doit exercer l'imagination, et ouvrir un vaste champ à l'observateur qui, cherchant à deviner les secrets de la nature, pourra en même temps, et jusque dans les moindres choses, reconnoître et admirer l'œuvre du Créateur.

Enfin, la méthode naturelle procure encore un avantage réel à la médecine et aux arts, en faisant connoître les propriétés d'une plante à l'inspection de ses caractères, en montrant l'identité de propriété entre les espèces d'un genre et les genres d'une famille, avec les nuances qui dépendent de la différente proportion des mêmes élémens existant dans les plantes qui ont à peu près la même organisation. Les labiées, qui possèdent un principe aromatique et un principe amer, sont céphaliques comme le romarin, ou simplement stomachiques comme la germandrée, selon le principe qui prédomine. Dans la famille des lichens beaucoup d'espèces sont tinctoriales. Le médecin qui a étudié cette méthode, peut, dans sa pratique à la campagne, substituer avec succès une plante indigène à une autre plus rare de la même famille. Il pourra aussi dans les pays lointains, dans les relâches des navigateurs, reconnoître, par analogie, les végétaux propres à restaurer les équipages épuisés par de longues privations.

Ce rapport des propriétés avec les caractères a été reconnu depuis long-temps. Linnæus en parle dans son *Philosophia botanica*; il est l'objet d'un petit mémoire que nous avons inséré dans le Recueil de la Société royale de médecine, année 1786; mais plus récemment M. De Candolle l'a développé avec sa sagacité ordinaire dans un ouvrage spécial, en passant en revue toutes les familles connues.

Ainsi l'utilité de cette méthode dans l'économie, la médecine et les arts, ne peut être douteuse; elle affermit aussi la marche dans l'étude des végétaux. Celui qui s'occupera constamment des moyens de la perfectionner, en suivant cette marche, ne fera aucun pas rétrograde, et chaque rapprochement qu'il aura fait sera un point admis pour toujours. L'inversion des classes, adoptée pour la facilité de l'étude, ne peut nuire aux progrès de la science, tant que ces classes seront simplement transposées sans éprouver aucune décomposition, et que les familles seront conservées dans leur intégrité. Si dans ces classes on n'a pas toujours réussi à disposer les familles suivant un ordre invariable et naturel, de manière qu'elles se suivent toutes sans interruption, au moins on est déjà parvenu à déterminer les rapports naturels de plusieurs et à les rassembler en groupes partiels indissolubles, lesquels pourront, dans la suite, se lier les uns aux autres par l'intermède de familles nouvelles non encore découvertes, ou de quelque ancienne dont les caractères auront été mieux étudiés. En attendant que cette liaison générale puisse être solidement établie, on devra chercher à multiplier ces groupes, et à diminuer ainsi le nombre des lacunes existantes.

Relativement aux exceptions nécessitées dans certaines classes par suite du choix forcé des caractères du second ordre quelquefois variables, on pourra observer qu'elles sont plus rares dans certaines classes que dans d'autres. Ainsi, dans les classes monopétales, la corolle devient rarement polypétale, et manque dans un seul genre. Il n'en est pas de même dans les classes polypétales et apétales, lesquelles, à raison de l'insertion immédiate qui leur est commune, ont entre elles plus d'affinité qu'avec les monopétales. La corolle manque plus souvent dans les polypétales; d'une autre part celles-ci

contiennent moins de monopétales, parce que ce dernier
changement exige pour l'ordinaire celui d'un second caractère,
c'est-à-dire, la transposition des étamines sur cette corolle ;
et l'on sait qu'il est plus difficile que deux caractères varient
à la fois qu'un seul. Si l'on refuse le nom de pétales à certains appendices de la fleur observés dans quelques classes
apétales, on trouvera dans celles-ci moins d'exceptions.

Cet exposé des principes naturels et de leur application
à l'établissement de la méthode, est une traduction libre,
ou plutôt un extrait abrégé d'un plus grand travail publié
depuis long-temps dans une autre langue, rédigé ici sous une
forme un peu différente et dans un style simple, convenable
au recueil auquel cet article est destiné, et à la manière de
traiter ce sujet. On y aura remarqué des répétitions nécessaires pour mieux fixer l'attention et donner plus de suite
aux raisonnemens, lorsqu'il falloit parler d'abord des corps
organisés en général, puis des végétaux en particulier, considérés soit systématiquement, soit dans l'ordre naturel. Cet
extrait pourra au moins donner une idée du but actuel de la
science des plantes, aux personnes détournées par d'autres
occupations, et pour lesquelles ceci est spécialement écrit.
Les naturalistes qui y jetteront les yeux, reconnoîtront l'expression de leurs pensées sur plusieurs points ; et leurs méditations ultérieures, leurs observations nouvelles donneront
les moyens d'agrandir ce plan, d'ajouter de nouveaux caractères, d'apprécier plus sûrement la valeur relative de ceux
qui sont connus, et de mieux déterminer ainsi les véritables degrés d'affinité qui font la base fondamentale de la
science des végétaux.

Déjà nous jouissons du résultat des travaux de plusieurs
zélés partisans de l'ordre naturel. Les uns, dans leurs voyages
et leurs excursions botaniques, ont recueilli beaucoup de
plantes nouvelles, décrites avec soin, et sans omettre les caractères essentiels de leurs espèces et de leurs genres dont ils
ont déterminé les familles. Ces diverses recherches ont plus que
doublé depuis trente ans le nombre des plantes connues, qui
ne s'élevoit pas alors à plus de vingt mille. D'autres ont fait
mieux connoître certains caractères auparavant négligés et
maintenant jugés plus importans ; ils ont su, en les employant,

bien diviser certains genres trop nombreux en espèces, mieux caractériser quelques familles, disposer quelques-unes dans une série plus naturelle, sans décomposer les classes primitives, les augmenter toutes des nouvelles productions de pays étrangers, établir de nouvelles familles, soit en détachant quelques sections des anciennes, soit en les formant de genres entièrement nouveaux.

Chargés de donner, dans ce Dictionnaire, le caractère des familles, nous les traçons suivant les principes précédemment énoncés, en insistant particulièrement sur celles qui ont été récemment établies, en joignant à toutes l'énumération des genres qui s'y rapportent, et citant partout le nom des auteurs auxquels nous devons toutes ces publications nouvelles, pour signaler à la reconnoissance et à l'estime publique les savans qui ont par là contribué aux progrès de cette partie si intéressante de l'histoire naturelle. (J.)

MÉTHONIQUE. (*Bot.*) Voyez Gloriosa. (Poir.)

MÉTHOQUE. (*Entom.*) M. Latreille a donné ce nom de genre à quelques espèces de mutilles, insectes hyménoptères qui ont le dessus du corselet comme noueux ou articulé. (C. D.)

MÉTICULEUSE. (*Entom.*) Godaërt, et par suite Geoffroy, ont nommé ainsi une espèce de noctuelle, dont la chenille est très-craintive, ne sortant que la nuit pour se nourrir de diverses plantes potagères. (C. D.)

MÉTIS. (*Zool.*) On donne ce nom à l'individu qui naît de l'union de deux espèces différentes. Le cheval et l'ânesse produisent le métis qu'on nomme bardeau. Le mulet est le métis de l'âne et de la jument. Quelques auteurs ont prétendu, mais sans raison, que du cheval et de la vache naissait un métis qui portoit le nom de jumar, etc.

Jusqu'à présent on ne connoît qu'un très-petit nombre de métis, et deux seulement, le mulet et le bardeau, sont des objets d'utilité et d'industrie; tous les autres n'ont été qu'un produit fortuit de quelques circonstances particulières. Les exemples de métis qu'on possède, sont donc en petit nombre; et tout ce qu'il est permis d'en conclure, ainsi que des observations auxquelles ils ont donné lieu, c'est que, pour que la femelle d'une espèce soit fécondée par le mâle d'une autre espèce, il faut que tous deux appartiennent à un même genre, mais à un genre naturel. En effet, le cheval, l'âne et le zèbre; le loup et le chien; les chacals, le belier et la chèvre; le mouflon et la brebis; le bison et la vache, parmi les mammifères; le serin, le chardonneret, la linotte, le verdier, le miloni et le canard de la Caroline, les faisans dorés, argentés et communs, entre eux et, dit-on, avec la poule, sont à peu près les seuls animaux dont l'accouplement bien constaté ait été fécond : car l'accouplement peut avoir lieu entre beaucoup d'animaux, sans qu'il y ait fécondation. Ces exemples nous conduisent encore à cette autre conclusion, que l'union de deux espèces différentes n'a lieu que lorsque l'une d'elles au moins est privée ou domestique.

Si ces sortes de phénomènes eussent été plus nombreux, on auroit pu peut-être apprécier l'influence de chaque sexe dans la fécondation; mais il ne paroit pas que ce qu'on a cru pouvoir déduire de général à cet égard, ait rien de rigoureux; et si dans quelques cas certains métis ressemblent plus à leur père qu'à leur mère, c'est le contraire dans d'autres : de sorte que la seule chose vraisemblable aujourd'hui en ce point, est que l'influence des sexes est accidentelle et relative à l'état des individus.

Une vérité reconnue depuis long-temps, c'est que les métis sont tout-à-fait stériles ou peu féconds; mais cette infécondité est un peu moindre dans les pays chauds que dans les pays froids ou tempérés. Les mulets chez nous sont tout-à-fait inféconds, et l'on a des exemples de leur reproduction dans les contrées plus rapprochées de l'équateur. Il paroit que sous ce rapport il y a aussi de la différence suivant la nature des animaux. Ainsi, les métis du loup et du chien ne sont pas stériles ; en les unissant à des chiens ou des loups, on les ramèneroit, après quelques générations, à l'une ou à l'autre de ces espèces : mais entre eux leur fécondité est très-foible; les petits auxquels ils donnent naissance, sont communément assez chétifs; ils se développent mal et ils ont encore moins de faculté fécondante que leurs parens, de sorte qu'après la seconde génération il est bien rare qu'il reste rien de cettte race métisse. Il en est de même pour le métis du belier et de la chèvre, quelques soins qu'on prenne pour leur conservation; ce qui permet de présumer que, s'il y avoit dans l'état de nature quelques rapprochemens entre des espèces différentes, la race mixte qu'elles produiroient ne subsisteroit pas. On peut aussi conclure avec quelque fondement de ces faits, qu'il est peu probable qu'on soit autorisé à considérer aucun des animaux sauvages ou domestiques que nous voyons se propager, comme appartenant à des races métisses. En effet, on n'a jamais vu cette opinion appuyée sur autre chose que sur des hypothèses gratuites, ou sur des faits obscurs ou incertains. Voyez Hybride. (F. C.)

METL. (*Bot.*) Voyez Maguey. (J.)

METNAN. (*Bot.*) Nom arabe d'une passerine, nommée par cette raison *passerina metnan* par Forskal, mais reportée par Vahl au *passerina hirsuta* de Linnæus. (J.)

MÉTOPIE. (*Entom.*) Nom donné par M. Meigen à un genre de diptères voisin des mouches proprement dites. (C. D.)

METOPIUM. (*Bot.*) Ce genre de plantes de P. Browne, qui nous a fait connoître beaucoup de plantes de la Jamaïque, est le *rhus metopium* de Linnæus. Plumier en avoit fait un *borbonia*, qui avoit été adopté par Adanson. (J.)

METOPOLEUCOS. (*Ornith.*) Nom spécifique d'une petite hirondelle de mer de Russie, sous lequel seul est désigné l'oiseau figuré pl. 26, n.° 3, de l'atlas ornithologique de l'Encyclopédie méthodique. Voyez Sterne. (Ch. D.)

METRIDIUM. (*Actinoz.*) M. Ocken, dans son Syst. gén. d'histoire naturelle, 3.e partie, p. 349, a donné ce nom à une petite section générique, qu'il établit parmi les actinies de Linnæus, et qu'il caractérise ainsi : Bouche angulaire, entourée de tentacules de deux sortes, les externes les plus longs et pinnés, comme les branchies des serpules. La seule espèce que M. Ocken place dans ce genre, qu'il nomme M. *dianthus*, est l'*actinia plumosa* de Linnæus. (De B.)

METROCYNIA. (*Bot.*) Pet. Thouars, *Nov. gen. Madag.*, pag. 22. Genre de plantes dicotylédones, à fleurs complètes, polypétalées, de la famille des *légumineuses*, de la *décandrie monogynie* de Linnæus; offrant pour caractère essentiel : Un calice monophylle, dont le tube est campanulé ; le limbe à cinq découpures alongées, colorées, réfléchies ; cinq pétales droits et alternes ; dix filamens hérissés ; les anthères arrondies, insérées au sommet des filamens; un ovaire court, supérieur, pédicellé, hérissé; le style de la longueur des étamines. Le fruit est une gousse courte, un peu en rein, verruqueuse ou plissée, renfermant une semence épaisse.

Ce genre a été etabli par M. du Petit-Thouars pour une plante de l'ile de Madagascar, qui paroît avoir de très-grands rapports avec le *scholia*. Ses tiges sont ligneuses; ses feuilles alternes, ailées, sans impaire, composées de petites folioles plus ou moins nombreuses; les fleurs disposées en épis axillaires et touffus. (Poir.)

MÉTROSIDEROPS. (*Bot.*) L'arbre de Macassar auquel Rumph donnoit ce nom, est maintenant le *mimusops kauki* de Linnæus. (J.)

MÉTROSIDEROS. (*Bot.*) Genre de plantes dicotylédones, à fleurs complètes, polypétalées, régulières, de la famille des *myrtées*, de l'*icosandrie monogynie* de Linnæus, offrant pour caractère essentiel : Un calice, faisant corps avec l'ovaire ; le limbe à cinq lobes ; cinq pétales attachés au collet du calice ; des étamines nombreuses, très-longues ; les filamens libres ; un ovaire inférieur ; un style ; une capsule polysperme, à trois ou quatre loges.

Les métrosideros, originaires de la Nouvelle-Hollande, sont de charmans arbrisseaux, aujourd'hui très-communs dans les jardins de l'Europe. Leur présence rappelle avec reconnoissance les botanistes distingués qui, les premiers, en ont fait la découverte, et les ont ajoutés aux richesses de nos bosquets : tels sont les noms célèbres de Banks, Forster, Solander, Labillardière, Rob. Brown, etc. Les fleurs des métrosideros ont une beauté qui leur est particulière. La plupart des autres plantes brillent par l'éclat ou la forme élégante de leurs pétales : ici le calice n'est qu'un vase, une petite coupe, entourant une corolle courte, mais vivement colorée; il en sort une houpe de filamens qui se divergent en aigrette, se teignent des plus vives couleurs : c'est un pourpre écarlate, un jaune de soufre, un blanc mat. Dans plusieurs de ces arbrisseaux les fleurs sont nombreuses, rapprochées les unes des autres en une sorte d'épi serré et touffu ; elles forment de superbes panaches, surmontés souvent d'une touffe de jeunes feuilles d'un vert argenté et soyeux. Le port de ces arbrisseaux répond très-bien, par son élégance, à la beauté des fleurs ; leur tige est chargée de branches et de rameaux souples, élancés, garnis de feuilles persistantes, d'un beau vert, d'une forme gracieuse, ovales ou lancéolées, opposées ou alternes, la plupart répandant, lorsqu'on les froisse entre les doigts, une odeur aromatique très-agréable.

La dénomination de *metrosideros* avoit été employée par Rumph pour désigner plusieurs arbres du Malabar, dont quelques-uns appartiennent aux *mimusops* de Linnæus. Ce nom est composé de deux mots grecs qui, dit-on, signifient un arbre dont le bois a la dureté ou la couleur du fer. Quoiqu'on ne puisse guère l'appliquer aux *metrosideros*, il n'a pas moins été adopté par Banks et Solander pour le genre dont il est ici question. Ces arbrisseaux se propagent de drageons, de marcottes, de boutures et de graines, qu'il faut semer sur couche au printemps. On les cultive dans le terreau de bruyère mélangé de terre franche. Ils fleurissent en été. On les abrite dans l'orangerie pendant l'hiver ; ils supportent quelques degrés de froid, ce qui pourroit faire espérer de les acclimater en pleine terre dans les départemens du Midi de la France.

* *Feuilles opposées.*

MÉTROSIDEROS A FLEURS NOMBREUSES : *Metrosideros floribunda*, Vent., Jard. Malm., tab. 75. Arbrisseau d'un bel aspect, dont les tiges sont hautes de trois ou six pieds et plus ; les rameaux souples, opposés, d'un vert cendré ; les feuilles opposées, pétiolées, ovales-lancéolées, aiguës, glabres, entières, coriaces, luisantes et ponctuées, d'une odeur aromatique. Les fleurs sont petites, d'un blanc jaunâtre, inodores, disposées en une panicule droite, étalée, rameuse et terminale, munies de bractées opposées, lancéolées ; le calice tubulé à sa partie inférieure, dilaté à son limbe en une cupule entière ; la corolle très-courte ; les pétales arrondis, crénelés, caducs, ponctués ; les étamines saillantes, inclinées sur l'ovaire ; les anthères d'un jaune de soufre, à deux lobes arrondis. Cette plante est cultivée au Jardin du Roi.

MÉTROSIDEROS EN OMBELLES; *Metrosideros umbellata*, Cavan., *Icon. rar.*, 4, pag. 20, tab. 337. Arbrisseau du port Jackson, dont les tiges sont hautes de huit à dix pouces ; les rameaux glabres opposés ; les feuilles presque sessiles, opposées, lancéolées, aiguës à leurs deux extrémités, ponctuées en-dessous, longues de deux à trois pouces ; les fleurs terminales, presque en ombelle sessile ; le calice campanulé, à cinq dents épaisses, ovales, colorées, scarieuses à leur bord, couvert d'un duvet court, soyeux et blanchâtre ; les pétales rouges, ovales, concaves ; les filamens rouges, trois fois plus longs que la corolle ; les anthères réniformes ; l'ovaire situé au fond du calice ; le stigmate tronqué.

MÉTROSIDEROS ANOMALE : *Metrosideros anomala*, Vent., Jard. Malm., tab. 5 ; *Metrosideros hirsuta*, Andr., *Bot. repos.*, tab. 281 ; *Metrosideros hispida*, Smith, *Exot. bot.*, tab. 4 ; *Angophora cordifolia*, Cavan., *Icon. rar.*, 4, tab. 338. Ses tiges sont hautes de trois ou quatre pieds, cylindriques, d'un vert cendré, très-rameuses. hérissées à leur sommet ; les feuilles, ainsi que les rameaux, opposées, presque sessiles, ovales, en cœur, entières, obtuses, coriaces, non ponctuées, un peu rudes, d'abord de couleur d'ocre, puis d'un vert foncé en-dessus, presque glauques en-dessous, médiocrement aromatiques ; les fleurs terminales, quelquefois solitaires, pédonculées, d'un blanc jaunâtre ; leur calice turbiné, pubescent ; le limbe tronqué, à quatre ou cinq lobes distans, linéaires, quatre ou cinq pétales blanchâtres, réfléchis, légèrement crénelés, verdâtres et hérissés en dehors ; les filamens très-saillans, d'un blanc jaunâtre ; les anthères comprimées, à quatre sillons, d'un jaune de soufre ; une capsule à trois loges polyspermes. Cette plante est cultivée au Jardin du Roi, originaire de la Nouvelle-Hollande.

MÉTROSIDEROS A FLEURS AGGLOMÉRÉES : *Metrosideros glomulifera*, Smith, *Act. soc. Linn. Lond.*, vol. 5, pag. 269. Arbre de la Nouvelle-Hollande, d'une grandeur médiocre, dont les branches se divisent en rameaux opposés, garnis de feuilles médiocrement pétiolées. ovales, entières, veinées, réticulées, glabres en-dessus. pubescentes en-dessous, légèrement ondulées à leurs bords. Les fleurs sont latérales, d'un vert jaunâtre, réunies en petites têtes tomenteuses, globu-

leuses, soutenues par des pédoncules velus, opposés, situés
un peu au-dessus de l'insertion des feuilles supérieures :
deux bractées oblongues et pubescentes placées sous chaque
tête de fleurs.

MÉTROSIDEROS A FEUILLES ÉTROITES : *Metrosideros angustifolia*,
Smith, *Act. soc. Linn. Lond.*, vol. 3. pag. 270 ; *Myrtus angustifolia*, Linn., *Mant.?* Il est très-probable que cette
plante est la même que le myrte à feuilles étroites, dont le
fruit est une capsule et non une baie. Les pédoncules sont
axillaires, latéraux, opposés, un peu pubescens, à peine
plus longs que les pétioles, soutenant de petites ombelles
simples, accompagnées de bractées glabres, lancéolées. Les
feuilles sont opposées, linéaires-lancéolées, glabres à leurs
deux faces, vertes en-dessus, un peu jaunâtres en-dessous :
les tiges s'élèvent à cinq ou six pieds ; elles sont chargées
de rameaux opposés, revêtus d'une écorce brune. Cette plante
croit au cap de Bonne-Espérance : on la cultive au Jardin
du Roi.

** *Feuilles alternes ou éparses.*

MÉTROSIDEROS A PANACHES ; *Metrosideros lophanta*, Vent.,
Jard. de Cels, tab. 69. Arbrisseau de cinq à six pieds, un des
plus répandus de ce genre, et des plus beaux par l'élégance
de son feuillage, par l'éclat de ses fleurs, d'une belle couleur
écarlate, disposées en panache épais, nombreux, couronné
par une touffe de feuilles. Ses tiges sont hautes de six pieds,
les rameaux étalés, de couleur grisâtre ; les feuilles éparses,
presque sessiles, fermes, ponctuées, lancéolées, d'un vert
gai, glabres, entières, molles et soyeuses dans leur jeunesse,
d'une odeur agréable lorsqu'on les froisse entre les doigts :
ces feuilles sont une fois plus étroites dans une variété. Les
fleurs sont nombreuses, sessiles, très-rapprochées, formant,
par leur ensemble, un bel épi touffu, d'un rouge vif ; le
calice pubescent et ponctué, de couleur purpurine à son
limbe ; les pétales ovales, concaves, pubescens en dehors,
d'un vert blanchâtre lavé de pourpre, les filamens capillaires, cinq à six fois plus longs que la corolle, d'un beau
rouge ; les anthères linéaires, purpurines, puis noirâtres ;
l'ovaire globuleux et velu ; le style pourpre ; les capsules

globuleuses. Cette belle plante est originaire de la Nouvelle-Hollande.

Métrosideros a feuilles lancéolées : *Metrosideros lanceolata;* Smith, *Act. soc. Linn. Lond.*, 3, pag. 272 ; *Metrosideros citrina,* Curt., *Bot. Magaz.*, tab. 260. Cette espèce, qui a beaucoup d'élégance, ne paroît être qu'une simple variété de la précédente. Ses tiges sont droites, hautes de quelques pieds ; ses rameaux souples, effilés, garnis de feuilles alternes, presque sessiles, lancéolées, mucronées, glabres, entières. Les fleurs sont sessiles, latérales, très-rapprochées, plus ou moins pubescentes ; les filamens des étamines trèslongs, d'un pourpre clair. Cette plante est cultivée au Jardin du Roi : elle croît à la Nouvelle-Hollande.

Métrosideros a feuilles de saule ; *Metrosideros saligna,* Vent., Jard. de Cels, tab. 70 ; Smith, *l. c.* Cette espèce ressemble par son port au *metrosideros lophanta :* elle en diffère par ses fleurs plus petites, moins nombreuses ; par son calice glabre, ponctué, couleur de rouille à son limbe ; par ses pétales ovales, par ses étamines d'un jaune pâle, à peine trois fois plus longues que le calice ; les anthères à quatre sillons : d'ailleurs les rameaux sont grêles, pubescens, anguleux vers le sommet ; les feuilles très-médiocrement pétiolées, glabres, lancéolées, ponctuées, répandant une odeur aromatique. Cette plante croît à la Nouvelle-Hollande : on la cultive au Jardin du Roi.

Métrosideros a feuilles de coris : *Metrosideros corifolia,* Vent., Jard. Malm., tab. 46 ; *Leptospermum ambiguum,* Smith, *Exot.*, tab. 59. Arbuste élégant de la Nouvelle-Hollande, distingué par ses feuilles très-courtes, semblables à celles des coris ou d'une bruyère, et par ses petites fleurs. Ses tiges sont rameuses, cendrées, hautes d'environ trois pieds ; les feuilles très-rapprochées, éparses, presque sessiles, luisantes, ponctuées, linéaires, aiguës, un peu ciliées à leurs bords, d'une odeur aromatique : les fleurs sessiles, axillaires, d'un blanc de lait, formant par leur ensemble un épi grêle ; le calice campanulé, luisant, ponctué ; ses découpures lancéolées, aiguës ; les étamines trois fois plus longues que la corolle, les filamens blancs. On la cultive au Jardin du Roi.

Métrosideros a feuilles linéaires : *Metrosideros linearis,*

Smith , *l. c.; Melaleuca linearis*, Wendl. et Schrad., *Sert. Hanov.*, tab. 11. Arbrisseau de ia Nouvelle-Hollande, dont les tiges se divisent en rameaux glabres, alongés, garnis de feuilles presque sessiles, éparses ou alternes, roides, linéaires, aiguës, canaliculées ou courbées en carène, entières, glabres à leurs deux faces, velues dans leur jeunesse ; les fleurs sessiles, latérales, réunies vers l'extrémité des jeunes rameaux en un épi touffu, un peu alongé. On cultive cette plante au Jardin du Roi.

Métrosideros cilié : *Metrosideros ciliata*, Smith, *l. c.; Melaleuca ciliata*, Forst. , *Prodr.*, n.° 217 ; *Leptospermum ciliatum*, Forst., *Gen.*, 56, n.° 5. Ses rameaux sont pileux dans leur jeunesse, garnis de feuilles roides, épaisses, coriaces, elliptiques, un peu roulées à leurs bords, obtuses, d'un vert pâle en-dessous, les inférieures éparses, les supérieures presque opposées, un peu pileuses à leur base. Les fleurs sont grandes, élégantes, d'un beau rouge, disposées en corymbe ou presque en ombelle terminale ; les pédoncules, le calice et la corolle munis de longs poils étalés ; les capsules grandes, aplaties à leur sommet, à trois lobes, plus longues que le calice. Cette plante croît dans la Nouvelle-Calédonie.

Métrosideros a feuilles de pin : *Metrosideros pinifolia*, Wendl. , *Collect. plant.*, 1, pag. 53, tab. 16 ; Willd., *Enum.*, 1, pag. 515. Cet arbrisseau a de très-grands rapports avec le métrosideros à feuilles linéaires ; il en diffère par ses feuilles deux fois plus étroites, alternes et non éparses, linéaires, alongées, presque filiformes, rudes au toucher, canaliculées, mucronées à leur sommet, point velues, même dans leur jeunesse, les rameaux très-grêles, jaunâtres ; les fleurs glabres, verdâtres, latérales, réunies en paquets sessiles. Cette plante est cultivée au Jardin du Roi : elle est originaire de la Nouvelle-Hollande.

Métrosideros a grandes feuilles : *Metrosideros macrophylla*, Poir., Encycl., Suppl., Lamk., *Ill. gen.*, tab. 421, fig. 1. C'est une très-belle espèce, dont les tiges ligneuses sont garnies de feuilles alternes, pétiolées, coriaces, entières, assez semblables à celles des mélastomes, ovales, oblongues, un peu aiguës, longues de quatre à cinq pouces, sur deux ou trois de large, glabres en-dessus, couvertes en-dessous de petites écailles blanchâtres, caduques, pulvérulentes, traversées par trois nervures; les fleurs nombreuses, disposées en une panicule terminale, étalée; les ramifications divariquées, presque dichotomes; le calice un peu globuleux, couvert d'un duvet très-court, ferrugineux, à cinq découpures courtes, ovales, un peu obtuses; les pétales oblongs, linéaires-lancéolés; les étamines peu nombreuses, à peine plus longues que la corolle; les anthères ovales, à deux lobes; le stigmate en tête, hémisphérique. Le fruit n'a pas été observé. Cette plante croît à l'île de Madagascar. (Poir.)

METROXYLON. (*Bot.*) Voyez Sagouier. (Poir.)

METROXYLUM. (*Bot.*) Rottboll, dans les Actes de Copenhague, désigne sous ce nom le sagou, plus connu sous celui de *sagus*, cité par Rumph. On sait que la moelle du tronc de ce palmier est une nourriture estimée, que l'on conseille surtout aux convalescens et à ceux qui ont la poitrine délicate. (J.)

METY. (*Bot.*) Nom brame du henné, *lawsonia spinosa*, qui est le *mail-anschi* du Malabar. (J.)

METZCANAUTHLI. (*Ornith.*) Nom mexicain d'une espèce de canard qui est indiquée par Fernandez, p. 45, ch. 152, comme ayant beaucoup de rapports avec le canard domestique. Ce nom et celui de *toltecoloctli* sont aussi donnés par le même auteur à une sarcelle dont le mâle et la femelle sont par lui décrits aux chapitres 105 et 106, p. 36, et dont Gmelin a fait sa 94.ᵉ espèce du genre *Anas*, avec la dénomination d'*Anas novæ Hispaniæ* ou sarcelle du Mexique. Fernandez, qui traduit le nom de Metzcanauthli par *avis lunaris*, dit que cette dénomination vient de ce que l'on chasse ces oiseaux dans les marais pendant les nuits où la lune répand sa clarté. (Ch. D.)

METZGERIA. (*Bot.*) Raddi donne ce nom à un genre qu'il a établi pour loger les *jungermannia furcata*, Linn., et *pubescens*, Schranck, qui toutes deux sont des *jungermannia* foliacées. Ce genre offre une coiffe, et se distingue en outre, 1.º par le calice ou périchèse ascendant, membraneux, turbiné, prenant naissance à la base et sur la surface inférieure de la fronde; 2.º par les séminules adhérentes à des filamens élastiques fixés à l'extrémité de la surface interne des valves de la capsule. Les autres caractères du *Metzgeria* lui sont communs avec les genres *Rumeria* et *Pellia*.

L'une des espèces de ce genre, le *M. glabra*, est décrite à l'article JUNGERMANNIA, vol. XXIV, p. 279. (LEM.)

MEU. (*Bot.*) Voyez MEUM. (LEM.)

MEUCHLEIN. (*Ornith.*) Ce nom est donné à la fauvette à tête noire, *motacilla atricapilla*, Linn., en Saxe et en Silésie, où il s'écrit *Meunchlin*. (CH. D.)

MEUDA. (*Bot.*) Voyez LIMONION. (J.)

MEUDHEUDI. (*Bot.*) Une espèce de scamonée, *cynanchum acutum*, est ainsi nommée aux environs de Tripoli, dans la Syrie, où elle croît sur le bord de la mer, suivant Rauwolf. (J.)

MEULE. (*Ichthyol.*) Voyez MOLF. (H. C.)

MEULE. (*Term.*) C'est la base élargie du bois des cerfs. (F. C.)

MEULIÈRE. (*Min.*) Sorte de SILEX (voyez ce mot) employée dans les constructions de nos édifices. (LEM.)

MEUM. (*Bot.*) Ce nom a été donné à trois ombellifères de genres différens. Le *meum vulgare* (nommé aussi *meu* dans quelques livres anciens) est l'*athamantha meum*; le *meum adulterinum* est le *seseli montanum*; le *meum alpinum* est le *phellandrium mutellina*. L'utriculaire, genre d'une autre famille, étoit aussi nommé *meum aquaticum* par Gesner. Voyez MÉON. (J.)

MEUNIER. (*Entom.*) On donne ce nom vulgaire à plusieurs espèces de coléoptères : 1.° au mâle du hanneton commun, dont les élytres sont couverts de poils blanchâtres qu'on a comparés à de la poussière de farine; 2.° au ténébrion, appelé en latin *molitor*, dont la larve se nourrit de farine, et se trouve par conséquent chez les meuniers ou chez les boulangers, où elle est connue sous le nom de *ver de la farine*, et dont les rossignols sont très-friands : c'est pourquoi on les recherche pour servir d'appât et pour attirer ces oiseaux dans les piéges. (C. D.)

MEUNIER. (*Ichthyol.*) Voyez CHABOT et CHEVANNE. (H. C.)

MEUNIER ou L'ENFARINÉ. (*Bot.*) Champignon du genre *Agaricus*, blanc, non lactescent ni âcre, à chapeau ample, et dont le stipe est court. On le mange à Florence, où sa couleur blanche et son aspect farineux le font appeler *mugnajo*, meunier, selon Michéli : c'est l'*agaricus mugnaius* de Scopoli. (Lem.)

MEUNIER. (*Ornith.*) On donne ce nom au crick poudré, espèce de perroquet. (Ch. D.)

MEUNIER DE MER. (*Ichthyol.*) On donne vulgairement ce nom à l'holocentre philadelphien, poisson que nous avons décrit dans ce Dictionnaire, tom. XXI, p. 298. (H. C.)

MEUNIÈRE. (*Ornith.*) Ce nom est donné, 1.º à la mésange à longue queue, *parus caudatus*, Linn.; 2.º à la corneille mantelée, *corvus cornix*, Linn. (Ch. D.)

MEURE ou MEURIER. (*Bot.*) Voyez Murier et Ronce. (L. D.)

MEURIER. (*Ornith.*) Voyez Murier. (Ch. D.)

MEURON. (*Bot.*) Dans quelques cantons on donne ce nom au fruit de la ronce des haies. (L. D.)

MEURTE. (*Bot.*) Nom ancien et vulgaire du myrte dans quelques lieux. (J.)

MEUSCHE. (*Ornith.*) C'est ainsi que les Bas-Allemands nomment le moineau franc, *fringilla domestica*, Linn. (Ch. D.)

MEUTE. (*Mamm.*) Assemblage de plusieurs chiens dressés pour chasser de concert. (F. C.)

MEVELK. (*Ornith.*) Nom que, suivant Anderson, l'eider, *anas mollissima*, Linn., porte au Groënland. (Ch. D.)

MEWE. (*Ornith.*) Ce nom désigne en allemand les goélands et les mouettes, que les Polonois appellent *mewa*. (Ch. D.)

MEX. (*Bot.*) Voyez Munco. (J.)

MEXIQUIN. (*Bot.*) Nom vulgaire du *momordica balsamina* à Cayenne, suivant Richard. (J.)

MEXOCOTL, MANGUEI. (*Bot.*) Noms mexicains, cités par Hernandez, du citronnier de terre, *karatas* des Antilles et de Plumier, *bromelia karatas* de Linnæus. (J.)

MEYERA. (*Bot.*) Le genre *Meyera* de Schreber est indubitablement le même que le genre *Enydra* de Loureiro ; et comme le second volume des *Genera plantarum* de Schreber, dans lequel se trouve le genre *Meyera*, n'a été publié qu'en 1791, tandis que la *Flora Cochinchinensis* de Loureiro, dans laquelle se trouve le genre *Enydra*, étoit publiée dès 1790.

le nom générique d'*Enydra* doit être préféré à celui de *Meyera*, conformément à la règle établie. Il est vrai que la description de Schreber paroit plus exacte que celle de Loureiro, parce que celui-ci a mal à propos considéré les squamelles du clinanthe comme autant de périclines uniflores et monophylles; mais ce n'est qu'une simple erreur de qualification, par laquelle l'exactitude de la description n'est aucunement altérée. D'ailleurs, les botanistes prétendent qu'on ne doit consulter que les dates, sans avoir aucun égard au mérite réel des descriptions; et quoique notre opinion soit contraire à ce système, nous convenons que le nom générique le plus ancien doit être préféré, quand la description publiée avec ce nom n'offre que de légères inexactitudes, comme celle que Loureiro a donnée de l'*Enydra*. M. R. Brown préfère, à cause de leur antériorité, le nom de *Tridax* à celui de *Balbisia*, et le nom de *Craspedia* à celui de *Richea*, quoique le *Tridax* et le *Craspedia* aient été si mal décrits par leurs auteurs, qu'on n'auroit jamais pu y reconnoître le *Balbisia* et le *Richea*, si cette synonymie n'étoit pas établie par des traditions authentiques. Pourquoi donc M. Brown, abandonnant tout à coup la rigueur de ses principes, préfère-t-il le nom de *Meyera* à celui d'*Enydra*? C'est une inconséquence contre laquelle nous protestons, parce qu'il en résulte une injustice envers Loureiro. Le lecteur trouvera une description suffisante du genre *Meyera* dans notre article ENYDRE (tom. XIV, pag. 555), où il devra corriger une erreur que nous avons commise, en disant (pag. 555) que Schreber avoit publié son *Meyera* en 1789, et par conséquent avant que Loureiro eût publié son *Enydra*.

M. Kunth affirme (*Nov. gen. et Sp. pl.*, tom. IV, p. 269) que le *Cæsulia axillaris* de Roxburgh ne diffère génériquement des *Meyera* que parce que sa calathide est incouronnée. Mais M. Brown avoit démontré (Journ. de phys., tom. 66, pag. 599) que le *Cæsulia* a un capitule composé de calathides uniflores, ayant chacune un péricline formé de deux squames; d'où il suit que le genre *Cæsulia* et le genre *Meyera* ou *Enydra*, considérés par M. Kunth comme étant à peine distincts l'un de l'autre, ne se ressemblent réellement presque point par leurs caractères génériques. Cependant nous persistons à croire, comme nous l'avions dit avant de connoître la remarque de M. Brown, que le *Cæsulia* appartient à notre section naturelle des Hélianthées-Millériées, qui comprend l'*Enydra*, le *Navenburgia*, etc. Depuis la rédaction de notre article C*æsulia* (tom. VI, Suppl., pag. 9), nous avons observé un échantillon sec, provenant d'un individu cultivé de *Cæsulia axillaris* : le style portoit deux stigmatophores très-courts, arrondis, non divergens, comme demi-avortés et assez analogues à ceux d'une fleur mâle ; cependant ils paroissoient être munis d'un bourrelet stigmatique marginal, et les anthères étoient avortées ; la corolle sembloit être jaunâtre. Il est presque indubitable que les fleurs de notre échantillon n'étoient pas dans leur état ordinaire et naturel ; cependant nous osons conclure de notre observation sur ces fleurs imparfaites, 1.° que le *Cæsulia* n'appartient point à la tribu des Vernoniées ; 2.° qu'il doit probablement être rangé parmi les Hélianthées-Millériées, auprès du *Navenburgia*. (H. Cass.)

MEYERA. (*Bot.*) Sous ce nom générique Adanson désignoit l'*holosteum umbellatum*, qui a les fleurs en ombelle, et souvent plus de trois étamines et de trois styles. (J.)

MEY (MAY)-SPECHT. (*Ornith.*) Nom allemand de la sittelle, *sitta europæa*, Linn. (Ch. D.)

MEYSSLIN. (*Ornith.*) Nom générique des mésanges en allemand. (Ch. D.)

MEY (MAY)-VOGEL. (*Ornith.*) Dans les environs de Strasbourg on nomme ainsi la guifette noire, *sterna nigra*, L. (Ch.D.)

MÉZANGE, MÉZENGE, MÉZENGÈRE. (*Ornith.*) Divers noms de la mésange charbonnière, en vieux françois. (Desm.)

MÉZÉRÉON ou MÉZÉRION. (*Bot.*) Suivant Matthiole, les Maures d'Espagne donnoient ces noms à la camelée, et ensuite on les a appliqués à une espèce de daphné. (L. D.)

MEZEREUM. (*Bot.*) Ce nom d'une espèce de thymélée, *daphne mezereum*, a été aussi donné par les Arabes, suivant Lobel et C. Bauhin, à la camelée, *cneorum tricoccum*. (J.)

MEZONEVRON. (*Bot.*) Genre de plantes dicotylédones, à fleurs complètes, polypétalées, irrégulières, de la famille des *légumineuses*, de la *décandrie monogynie* de Linnæus ; offrant pour caractère essentiel : Un calice à cinq divisions profondes, l'inférieure en casque, enveloppant les autres avant la floraison ; cinq pétales inégaux ; dix étamines ; les filamens inclinés, plus longs que la corolle, recourbés, portant des anthères versatiles ; un ovaire supérieur ; un style recourbé ; une gousse plane, foliacée, indéhiscente, partagée en deux parties inégales par une nervure saillante, à plusieurs semences oblongues, comprimées, attachées par leur sommet le long de la nervure saillante.

Ce genre a été établi par M. Desfontaines ; rapproché du *Cæsalpinia*, il en est bien distingué par sa gousse, qui le rapproche encore de l'*hæmatoxylum*, dont il diffère par la suture saillante et longitudinale du milieu. Dans ce dernier genre le fruit se divise en deux portions naviculaires, et les semences sont adhérentes latéralement et non par leur sommet.

Mezonevron glabre : *Mezonevron glabrum*, Desf., Mém. du Mus., 2.ᵉ ann., pag. 246, tab. 10 ; Poir., *Ill. gen.*, *Suppl.*, tab. 951. Ses tiges sont ligneuses ; elles portent des rameaux anguleux, pubescens, ainsi que les calices et les pétioles. Ses feuilles sont alternes, deux fois ailées, sans impaire : les pinnules opposées, accompagnées à leur base de deux aiguillons courts, recourbés ; composées d'environ sept à huit paires de folioles alternes, un peu pédicellées, glabres, elliptiques, obtuses, très-entières. Les fleurs sont disposées en grappes terminales ; leur calice est pubescent, à cinq divisions, dont quatre presque orbiculaires, la cinquième inférieure, concave, en casque, enveloppant les autres avant la floraison ; la corolle composée de cinq pétales presque orbiculaires, onguiculés ; le supérieur plus petit ; les filamens sont libres, inclinés, plus longs que la corolle, recourbés, velus à leur partie inférieure ; les anthères oblongues, versatiles, à deux loges ; l'ovaire est alongé ; le style incliné et recourbé ; le stigmate arrondi. Le fruit est une gousse plane, ovale-oblongue, foliacée, rétrécie à ses deux extrémités, longue d'environ six pouces, large de deux et plus, à une seule loge indéhiscente, partagée, dans sa longueur, en deux parties inégales, par une nervure saillante : l'inférieure plus large, portant les semences dans son milieu, la supérieure vide, ondulée. Les semences sont lisses, oblongues, comprimées, attachées le long de la nervure par leur sommet. Cette plante croit à l'île de Timor.

MEZONEVRON PUBESCENT ; *Mezonevron pubescens*, Desfont., *l. c.*, tab. 11. Cette espèce a beaucoup de rapports avec la précédente ; elle en diffère par ses feuilles pubescentes, ses gousses renflées dans leur partie moyenne, réticulées ; ses tiges ligneuses ; ses feuilles deux fois ailées sans impaire ; les folioles elliptiques. Cette plante croit à l'île de Java. (POIR.)

MEZY. (*Ornith.*) Salerne, p. 18, dit qu'en Sologne (Loir-et-Cher) on appelle ainsi la cresserelle, *falco tinnunculus*, Linn. (CH. D.)

FIN DU TRENTIÈME VOLUME.

STRASBOURG, de l'imprimerie de F. G. LEVRAULT.